Fritz Schuster

Handbuch der Brenngase und ihrer Eigenschaften

Fritz Schuster

Handbuch der Brenngase und ihrer Eigenschaften

Mit 63 Abb. und 236 Tabellen

Springer Fachmedien Wiesbaden GmbH

CIP-Kurztitelaufnahme der Deutschen Bibliothek

Schuster, Fritz
Handbuch der Brenngase und ihrer Eigenschaften.
– 1. Aufl. – Braunschweig: Vieweg, 1978.
ISBN 978-3-663-01909-1 ISBN 978-3-663-01908-4 (eBook)
DOI 10.1007/978-3-663-01908-4

Verlagsredaktion: *Alfred Schubert, Willy Ebert*

1978

Satz: Vieweg, Braunschweig

Geleitwort

Das vom Verfasser aufgrund seiner eigenen wissenschaftlichen Arbeiten und seines großen Erfahrungsumfangs mit den praktischen Problemen der Gasindustrie und insbesondere der Gasanwendung geschriebene Buch wird nicht nur dem Studenten und Anfänger, sondern auch dem erfahrenen Praktiker eine wertvolle Hilfe sein. Die Umstellung auf die neuen SI-Einheiten nimmt dem Praktiker das Gefühl für bekannte Größenordnungen. Der Umdenk- und Umlernprozeß zur Gewöhnung an die neuen Einheiten wird durch ein Buch, das alle betroffenen Eigenschaften vergleichend parallel angibt, wesentlich erleichtert. Hierfür ist dem Verfasser von der Gasindustrie besonderer Dank zu sagen. Dem Studenten wird gleichzeitig ein Lehrbuch angeboten, das ihm auch die Beschäftigung mit älteren Veröffentlichungen und eine Rückschau auf die bisherige Entwicklung der Gastechnik wesentlich vereinfacht. In diesem Sinn danke ich dem Autor und wünsche seinem Buch einen vollen Erfolg.

Christoph Brecht

Präsident des DVGW
Deutscher Verein des Gas- und Wasserfaches e.V.
– Technisch-wissenschaftliche Vereinigung –

Gewidmet mit tiefempfundenen Dank meiner Frau

– Grete –

Sie hat selbst in allen schwersten Zeiten, denen gerade unsere Generation jahrelang ausgesetzt war, aufopfernd dafür gesorgt, daß ich mich meinen beruflichen und technisch-wissenschaftlichen Arbeiten möglichst ungestört widmen konnte.

Fritz Schuster

Vorwort

Die Bemühungen um eine Vereinheitlichung der Grundwerte von technisch wichtigen Größen und ihren Einheiten haben auf nationalen Ebenen praktisch für alle industriellen Zweige beachtliche Übereinstimmungen gebracht – siehe die DIN-Normen und das DVGW-Regelwerk. International gibt es in verschiedenen Ländern für die jeweils benutzten Grundwerte zum Teil Unterschiede, die einen unmittelbaren Vergleich von zusammengesetzten Berechnungs- und Meßergebnissen erschweren. Im Gasfach bietet die Internationale Gas-Union (IGU) mit ihren Fachkommissionen eine wertvolle Sammel- und Zentralstalle zur weltweiten Vereinheitlichung allgemeiner Grundgrößen und ihrer Einheiten. Was die Eigenschaften von Brenngasen der öffentlichen Gasversorgung betrifft, hat *I. Lorenz* in einem dem IGU-Kongreß 1973 vorgelegten Bericht jeweils neueste Grundwerte zusammengestellt, von denen im vorliegenden Handbuch ausgegangen wurde. Da das vorliegende Handbuch das Gebiet der Brenngase weit erfaßt, mußte bei fehlenden Lorenzwerten von Unterlagen aus anderen Quellen ausgegangen werden.

Durch den deutschen offiziellen Übergang von „klassischen" Einheiten zu den internationalen SI-Einheiten ergaben sich Vorschläge, die für den Stoff des vorliegenden Buches unter anderem bezüglich der Energie-Einheiten einen völligen Wandel brachten. Um den Weg vom „Klassischen" zum „Neuen" für die praktisch mit Brenngas-Aufgaben in gleich welchem Betrieb Beauftragen zu erleichtern, also eine Brücke zu vermitteln, wurden für alle betroffenen Eigenschaften als Energie-Einheiten die Kilokalorie (kcal), das Kilojoule (kJ) und die Kilowattstunde (kWh) vergleichend zugrunde gelegt. Ferner wurde bei allen Eigenschaften von stickstoffhaltigen Gasen, wo notwendig, neben dem reinen Stickstoff (N_2) der Luftstickstoff ($N_{2,atm}$) berücksichtigt.

Was die zitierten oder im Kapitel „Vertiefungsliteratur" zusammengestellten Veröffentlichungen betrifft, wurde, so weit der Titel den Inhalt nicht ausreichend erklärt, eine konzentriert gehaltene Inhaltskennzeichnung beigegeben.

Der Inhalt des Buches soll zwar den in der technischen Praxis Arbeitenden als fachliche Unterlage oder Hilfe dienen, er kommt jedoch auch für wissenschaftlich oder wirtschaftlich tätige Fachkreise und für das Studium in Betracht.

Verschiedene Personen und Fachstellen haben mich bei der Bearbeitung mit Unterlagen unterstützt. Ihnen allen gebührt mein aufrichtiger Dank! Besonders hervorzuheben ist die anregungsreiche und harmonische Zusammenarbeit mit allen für das Zustandekommen des Buches zuständigen Verlagsangehörigen.

Fritz Schuster
TH Aachen – Essen

Inhaltsverzeichnis

Name	Klein-buchstabe	Groß-buchstabe
Alpha	α	A
Beta	β	B
Gamma	γ	Γ
Delta	δ	Δ
Epsilon	ϵ	E
Zeta	ζ	Z
Eta	η	H
Theta	ϑ	Θ
Jota	ι	I
Kappa	κ	K
Lambda	λ	Λ
My	μ	M
Ny	ν	N
Xi	ξ	Ξ
Omikron	o	O
Pi	π	Π
Rho	ρ	P
Sigma	σ	Σ
Tau	τ	T
Ypsilon	υ	Y
Phi	φ	ϕ
Chi	χ	X
Psi	ψ	Ψ
Omega	ω	Ω

A. Einleitung

Eigenschaften von Stoffen können *qualitativ* gekennzeichnet werden, bei Gasen z. B. farblos oder farbig. In der technischen und wissenschaftlichen Praxis zieht man *quantitative* Festlegungen vor, die sich für Berechnungen, Messungen und Anwendungen eignen. Die „Größe" einer Eigenschaft wird dann durch *Zahlenwerte* angegeben, die sich entweder aus Messungen oder aus mathematischen Funktionen ergeben. Solche Zahlenwerte erreichen bei einer bestimmten Ziffernstelle vor oder hinter dem Komma eine Genauigkeitsgrenze, gegeben aus dem Meßverfahren oder bei Ergebnissen mathematischer Funktionen durch die letzte Ziffer, die man zur Festlegung des für die Kennzeichnung der Eigenschafts-„Größe" oder für die praktische Benutzungsart des Zahlenwerts für ausreichend hält.

Ein Beispiel bilden die auf S. 161 f. wiedergegebenen Werte der mittleren spezifischen Wärmekapazitäten in Abhängigkeit von der Temperatur. In Bild 1 sind die je 100 Grad sich ergebenden Differenzbeträge zwischen den einzelnen Werten von CO_2 graphisch über den Temperaturen zwischen 0 °C und 1500 °C aufgetragen. Die c-Werte sind sowohl für die Tabellenwerte im Ruhrkohlen-Handbuch (○) wie auch für die aus den Zusammenstellungen von *Baehr* (X) sich ergebenden Werte eingezeichnet. In beiden Fällen müßten sie auf einer kontinuierlich verlaufenden Kurve liegen, was praktisch nicht zutrifft, weil es sich um in der 3. Stelle der Werte hinter dem Komma „gerundete" Zahlen handelt.

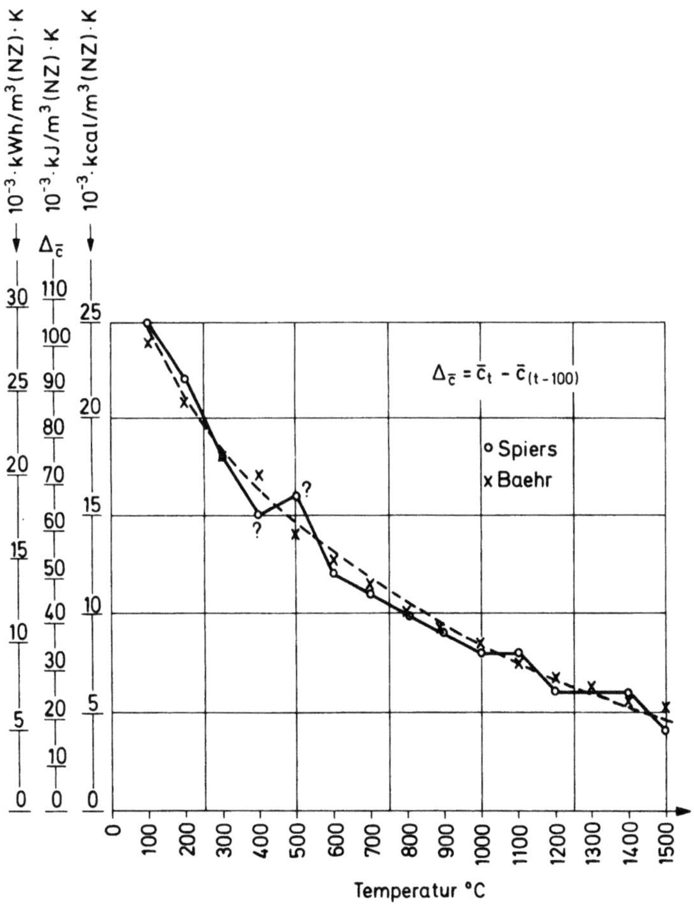

Bild 1.
Differenzbeträge der mittleren spezifischen Wärmekapazitäten von CO_2 zwischen 0 °C und 1500 °C betreffend Genauigkeitsabweichungen

Man kann von „Näherungswerten" sprechen [1]. Die Differenz zwischen dem genauen Wert einer Zahl x und ihrem Näherungswert a nennt man den „Fehler" des Näherungswertes. In der Ungleichung $(x - a) < \Delta_a$ wird Δ_a als *äußerster absoluter Fehler* des Näherungswertes a bezeichnet. Der Quotient $\Delta_a : a = \delta_a$ heißt *äußerster relativer Fehler*, der häufig in Prozenten angegeben wird. Das Wort „äußerst" kann der Kürze wegen weggelassen werden.

Das Ergebnis einer Rechnung mit Näherungswerten ist wieder ein Näherungswert, für dessen Fehler folgende Regeln gelten:

1. *Summen* und *Differenzen*
   1.1 Der absolute Fehler einer algebraischen Summe (wozu auch der Unterschied zweier Zahlen gehört), ist gleich der Summe der absoluten Fehler der Summanden.
   1.2 Der relative Fehler liegt zwischen dem größten und dem kleinsten relativen Fehler der Summanden.
2. *Produkte* und *Quotienten*
   Ihr relativer Fehler ist gleich den relativen Fehlern der Faktoren bzw. des Dividenden und des Divisors.
3. *Potenzen*
   Der relative Fehler der n-Potenz einer Näherungszahl ist das n-fache des relativen Fehlers der Basis, unabhängig vom Zahlenwert des Exponenten.

Die in Tabellen oder Kurvendarstellungen für Berechnungen vorliegenden Ausgangszahlenwerte sind in der Regel Ergebnisse von Messungen oder Auswertungen mathematischer Funktionen für bestimmte Bedingungen, z. B. der Temperatur. Die Ergebnisse von Messungen sind mehr oder weniger mit verschiedenartigen Fehlern behaftet. So gibt es *methodische* Fehler (man denke z. B. an die Entwicklung der Methoden zur Bestimmung der Zündgeschwindigkeit von Gasen), ferner *persönliche* Fehler, wenn jemand dazu neigt, immer in einem bestimmten Sinn falsch zu messen. Diese beiden Fehlerarten lassen sich durch systematische Bemühungen ausmerzen. Wenn jedoch n gleichwertige Einzelmessungen zu den Ergebniswerten $m_1, m_2, m_3 \ldots m_n$ führen, so liegt doch keine unbeschränkt absolute Genauigkeit vor, sondern es verbleiben als *zufällige* Fehler Abweichungen, die den Bereich der *Fehlerrechnung* [2] liefern.

Ausgangsgröße der Fehlerrechnung ist der (arithmetische) *Mittelwert* M:

$$M = \frac{m_1 + m_2 + m_3 + \ldots + m_n}{n} \tag{1}$$

Die Abweichungen der einzelnen Meßergebnisse von M heißen *Einzelfehler* f, die positiv oder negativ sein können:

$$f_1 = m_1 - M \ldots f_2 = m_2 - M \ldots f_n = m_n - M. \tag{2}$$

Alle positiv ausfallenden Fehlerquadrate f^2 stellen in ihrer Summe für den Bereich der Fehlerrechnung eine wichtige Größe dar:

$$\Sigma (f^2) = f_1^2 + f_2^2 + \ldots f_n^2. \tag{3}$$

Es gilt als *mittlerer Fehler* f_m der *Einzelmessung*:

$$f_m = \sqrt{\frac{\Sigma (f^2)}{n-1}}, \tag{4}$$

der *mittlere Fehler* F_m des *Mittelwerts*:

$$F_m = \sqrt{\frac{\Sigma (f^2)}{n \cdot (n-1)}}, \tag{5}$$

der *wahrscheinliche Fehler* f_w der *Einzelmessung*:

$$f_w = 0{,}6745 \cdot f_m \approx \frac{2}{3} \cdot f_m, \tag{6}$$

der *wahrscheinliche Fehler* F_w des *Mittelwerts*:

$$F_w = 0{,}6745 \cdot F_m \approx \frac{2}{3} \cdot F_m. \tag{7}$$

Das Endergebnis wird zumeist angegeben als:

$$E_m = M \pm F_m, \tag{5'}$$

doch gibt es auch:

$$E_w = M \pm F_w. \tag{7'}$$

In der Praxis beurteilt man manchmal die einzelnen Messungen hinsichtlich ihrer Genauigkeit verschieden. Auf Grund einer sehr strengen Selbstkritik muß man die Einzelergebnisse mit einem „Gewichts"-Faktor p multiplizieren. Für F_m (Gl. (5)) ist dann n (jedoch nicht in n − 1) durch $\Sigma(p) = p_1 + p_2 + p_3 + \ldots + p_n$ zu ersetzen.

Die Fehlerrechnung führt in gewissem Sinn zur *Wahrscheinlichkeitsrechnung.* Eine klare Definition des Begriffs der mathematischen Wahrscheinlichkeit gibt die hier sprachlich leicht gewandelte Literaturstelle [1]: „Wenn unter bestimmten Bedingungen von n Ergebnissen keines von ihnen den anderen vorzuziehen ist, spricht man von *gleicher Wahrscheinlichkeit* p = 1: n." Wegen Einzelheiten sei auf den Abschnitt „Vertiefungs-Literatur", S. 237 ff., verwiesen.

Im vorliegenden Buch wurden die Genauigkeitsgrenzen weitgehend zu beachten versucht. Künftige Verbesserungen werden bei etwa folgenden Auflagen angestrebt werden. Erfahrungen und Anregungen der Benutzer würden mich zu Dank verpflichten.

Bei ganzzahligen Tabellenwerten liegt die Ungenauigkeit meist in der Einer-Ziffer. Bei großen Zahlen kann sie auch die Hunderter-Ziffer erfassen. Man könnte z. B. einen Zahlenwert 4768321 auch $47683{,}\underline{21} \cdot 10^2$ schreiben[1]), doch halte ich letztere Art im praktischen Gebrauch für weniger übersichtlich.

Werden Zwischenwerte zwischen zwei Tabellenzahlen gebraucht, muß interpoliert werden. In vielen praktischen Fällen genügt lineare Interpolation.

Abschnitts-Literatur

[1] *I. Bronstein* und *K. Semendjajew*, Taschenbuch der Mathematik. 6. Auflage, S. 96/100 (Näherungswerte), S. 507 (Wahrscheinlichkeit). Verlag H. Deutsch, Zürich und Frankfurt/Main 1965.

[2] *K. Fischbeck*, Logarithmische Rechentafeln (*F. W. Küster*), 84. bis 93. Auflage, S. 188/189. W. De Gruyter & Co., Berlin 1962.

---

[1]) In diesem Buch sind die letzten „ungenauen" oder „unsicheren" Ziffern eines Zahlenwertes durch *Unterstreichen gekennzeichnet.*

B. Allgemeines – gasfachlich und brenngasfachlich

1. Bestandteile technischer Brenngase

Gase und Dämpfe – Begriffsinhalt

Ehe auf die Grund- oder Einzelbestandteile technischer Brenngase, die selten reine Einzelstoffe im gasförmigen Zustand, sondern in der Regel Gemische aus mehreren verschiedenen Einzelstoffen sind, eingegangen wird, erscheint es nicht uninteressant, sich mit dem Unterschied zwischen einem *Dampf* und einem *Gas* begrifflich zu beschäftigen, da in technischen Brenngasen manche Bestandteile als Dämpfe gasförmig vorliegen (z. B. Benzol in Kohlengasen), andere aber für sich im Bereich atmosphärischer Druck- und Temperaturbedingungen bereits als Gase (z. B. Wasserstoff oder Methan) anzusprechen sind. Von den verschiedenen Möglichkeiten eine Begriffsgrenze zu schaffen, haben *W. Bertelsmann* und *F. Schuster* (Abschnitts-Lit. [1]) die kritische Temperatur (siehe S. 83) angenommen und sich auf eine physikalisch-wissenschaftliche eindeutig festliegende Stoffgröße gestützt. Von der technischen Praxis her erscheint es zweckmäßiger, wenn auch weniger exakt, die normale Siedetemperatur (Druck: 760 Torr = 1013,25 mbar, siehe S. 6) als Grenzwert zu wählen. Liegt sie bei Stoffen unterhalb der üblicher Weise niedrigsten Celsiusgrad-Werte des „atmosphärischen" Bereichs, dann mögen die betreffenden Stoffe als *Gase* angesprochen werden, sonst soll ein Stoff als *Dampf* gelten. Die folgende Übersicht von Einzelstoffen, die in technischen Brenngasen enthalten sein können, gibt daher auch die normalen Siedetemperaturen (nach Abschnitts-Lit. [2]) an.

Brennbare Einzelgase oder -dämpfe technischer Brenngase

Wasserstoff H_2	t_s = – 252,77 °C	
Kohlenmonoxid CO	– 191,55 °C	
Methan CH_4	t_s = – 161,5 °C	**Alkane** (Paraffine) allg. Formel: C_nH_{2n+2}
Äthan C_2H_6	– 88,6 °C	
Propan C_3H_8	– 42,1 °C	
n-Butan C_4H_{10}	– 0,5 °C	
i-Butan C_4H_{10} (2-Methylpropan)	– 11,7 °C	
Äthen C_2H_4 (Äthylen)	– 103,78 °C	**Alkene** (Olefine) allg. Formel: C_nH_{2n}
Propen C_3H_6 (Propylen)	– 47,70 °C	
Butene C_4H_8 (Butylene versch. Isomerie)		
z. B. 1-Buten	– 6,25 °C	
Äthin C_2H_2 (Acetylen)	– 84,03 °C	**Alkine** allg. Formel: C_nH_{2n-2}
Benzol C_6H_6	+ 80,1 °C	**Aromaten** allg. Formel: C_nH_{2n-6} (t_s-Werte: Abschnitts-Lit. [3])
Toluol C_7H_8 ($C_6H_5.CH_3$)	+ 110,6 °C	
Xylole C_8H_{10}		
ortho-Xylol (1,2-Dimethylbenzol)	+ 144 °C	
meta-Xylol (1,3-Dimethylbenzol)	+ 139 °C	
para-Xylol (1,4-Dimethylbenzol)	+ 138 °C	

Manche technischen Brenngase der Paraffin-Reihe enthalten geringe Mengen an Kohlenwasserstoff-Dämpfen (höhere KWstoffe C_{4+}).

Unbrennbare Einzelgase technischer Brenngase

Die unbrennbaren Bestandteile technischer Brenngase werden auch als *Inerte* bezeichnet.

Kohlendioxid CO_2	$t_s = +\ 6{,}\underline{8}\ ^\circ C$
Stickstoff N_2	$-\ 195{,}\underline{82}\ ^\circ C$
Luft-Stickstoff $N_{2,atm}$	
Sauerstoff O_2	$-\ 182{,}\underline{97}\ ^\circ C$
Luft (Hauptbestandteile O_2 und $N_{2,atm}$, siehe S. 150 f.)	
Helium He (in Erdgasen)	$-\ 268{,}\underline{94}\ ^\circ C$

Verunreinigungen oder Gasbegleitstoffe

Die technisch erzeugten oder bei anderen Verfahren als denen der Gewinnung eines der öffentlichen Gasversorgung dienenden Produktes anfallenden Brenngase (z. B. Restgase petrochemischer Prozesse) sind zunächst *Rohgase*, die erst auf die für die unmittelbare bestimmte Verwendung notwendige *Reingas*-Beschaffenheit aufbereitet oder gereinigt werden müssen. Aber auch dann sind noch in geringen, die Verwendung, insbesondere wenn es sich um die Verbrennung handelt, als solche zwar kaum störende, jedoch durch ihr Verhalten in Verteilungs-, Regel-Einrichtungen und nach der Verbrennung aus Umweltschutz-Forderungen nur in sehr niedrigen Konzentrationen zulässige Stoffe vorhanden, die man klarer als Verunreinigungen bezeichnen sollte, während sie in den DVGW-Regeln G 260 (Abschnitts-Lit. [4]) unter dem milderen Namen Gasbegleitstoffe aufgeführt werden, wobei ihnen auch Bestandteile wie CO_2 und N_2 oder O_2 zugezählt werden, während z. B. Naphthalin oder Harzbildner nicht genannt sind.

Hier sollen vor allem jene Bestandteile der Reingase berücksichtigt werden, die wegen störenden oder unerwünschten Verhaltens tatsächlich besser die Bezeichnung Vereunreinigungen verdienen, auch wenn ihre Konzentration bis zu praktisch vernachlässigbaren Werten erniedrigt ist. Es handelt sich teils um Stoffe von physikalischer Wirkung, meist aber um chemisch oder hygienisch störend wirksame Bestandteile.

S-Verbindungen

Die Restschwefelverbindungen der von Schwefelwasserstoff H_2S befreiten Reingase wurden früher als „organischer Gasschwefel" zusammengefaßt. Tatsächlich handelt es sich jedoch überwiegend um chemisch anorganische Stoffe. Der Hauptbestandteil der „organischen" Gasschwefelverbindungen ist der anorganische Schwefelkohlenstoff.

Schwefelkohlenstoff CS_2	$t_s = +\ 46{,}\underline{25}\ ^\circ C$	(Abschnitts-Lit. [2])
Kohlenoxysulfid COS	$-\ 50{,}\underline{28}\ ^\circ C$	
Thiophen C_4H_4S (höhere C_{4+} bekannt)	$+\ 84{,}\underline{12}\ ^\circ C$	(Abschnitts-Lit. [5])
Merkaptane $C_nH_{2n+1}SH$ (z. B. C_2H_5SH)		

N-Verbindungen

Ammoniak NH_3	$-\ 33{,}\underline{41}\ ^\circ C$	(Abschnitts-Lit. [2])
Cyanwasserstoff HCN	$+\ 25{,}\underline{65}\ ^\circ C$	(Abschnitts-Lit. [6])

Stickoxide N_xO_y:

x = 2, y = 1 – N_2O	– 88,56 °C	(Abschnitts-Lit. [2])
x = 1, y = 1 – NO	– 151,73 °C	
x = 2, y = 3 – N_2O_3 ($N_2O_3 \rightleftharpoons NO + NO_2$)	+ 3,5 °C	
x = 2, y = 4 – N_2O_4 ($N_2O_4 \rightleftharpoons 2\,NO_2$)	+ 21,10 °C	
x = 2, y = 5 – N_2O_5	+ 47 °C	

Anmerkung: Die Bezeichnungen der Stickstoffoxide richtet sich für y = 3 bis 5 nach dieser Zahl, also III-Oxid, IV-Oxid, V-Oxid. Für N_2O gilt I-Oxid, für NO II-Oxid. N_2O_5 gibt mit Wasser H_2O Salpetersäure HNO_3.

KWstoffe und verwandte Verbindungen

Naphthalin $C_{10}H_8$ + 218,0 °C (Abschnitts-Lit. [7])
Harzbildner (ungesättigte höhere KWstoffe)
Teerreste

Sonstige Verunreinigungen

Gasfeuchtigkeit H_2O_D + 100,00 °C
(Feuchte, Nässe)
Staub

Mit den zulässigen Grenzkonzentrationen an Verunreinigungen oder Gasbegleitstoffen in Versorgungsbrenngasen beschäftigen sich die DVGW-Regeln G 260 bei der Festlegung der brenntechnischen Beschaffenheit der einzelnen Gasarten oder Gasfamilien (siehe S. 89 ff.).

2. Normzustand[1])

Kurzzeichen: NZ (0 °C – 1013,25 mbar).

Da der von einer (z. B. in kg) gegebenen Gasmenge eingenommene Raum, ihr *Volumen* (v), von dem darauf lastenden *Druck* (p), von ihrer (früher *absoluten*, heute Kelvin-Temperatur genannten) *Temperatur* (T) oder der Celsius-Temperatur (t) und von ihrem *Feuchtigkeits-* oder *Wasserdampfgehalt* (w H_2O_D), der sich von absolut *trocken* bis zu *gesättigt* für die jeweils vorliegenden Zustandsbedingungen (Gesamtdruck, Temperatur) betragen kann[2]), abhängt, wird für Vergleichs-, Meß- und Berechnungszwecke, im Gas- und Brenngasfach innerhalb von einzelnen Ländern oder Ländergruppen vereinbart, auf bestimmte Werte der den Zustand kennzeichnenden, vorgenannten Größen (p, T, w) bezogen. Der Bezugszustand heißt *Normzustand* (NZ) oder auch Standardzustand. Die vor allem in der öffentlichen Gasversorgung am häufigsten benutzten Normzustandsbedingungen sind:

I. 0 °C, 760 Torr (= 1013,25 mbar), trocken.
II. 15 °C, 760 Torr, feucht (für 15 °C mit H_2O_D gesättigt: w = 12,781 Torr = 17,04 mbar).
III. 20 °C, 1 at (= 735,56 Torr = 980,67 mbar), trocken (in der Regel praktisch abgelöst durch I.).
IV. [3]) 15,5 °C, 762 Torr (= 1015,92 mbar), feucht (für 15,56 °C mit H_2O_D gesättigt: w = 13,25 Torr = 17,665 mbar).

---

1) Bezüglich der hier vorkommenden Größen, ihre Einheiten und Umrechnungen siehe S. 59 ff.

2) Praktisch werden nur die Grenzwerte *trocken* und *gesättigt* benutzt.

3) Diese auf die bei uns gebräuchlichen Einheiten umgewandelten Bedingungen ergeben sich aus dem in den entsprechenden Ländern am häufigsten angenommenen angloamerikanischen Standardzustand (Abschnitts-Lit. [8]):
60 F (= 15,56 °C), 30 inch Hg/0 °C (= 25,4 · 30 = 762 Torr = 1015,92 mbar), feucht (w für 15,56 °C: 13,25 Torr = 17,665 mbar).

Reduktion auf Normzustand

Für den Bereich der Gültigkeit der Zustandsgleichung des „idealen" Gases (siehe S. 76), wofür man mit technisch ausreichender Genauigkeit die atmosphärischen Temperatur- und Druckwerte ohne Extremverhältnisse annehmen kann (etwa 0 °C bis 40 °C und 700 Torr bis 800 Torr, Abschnitts-Lit. [2]), geht man zur Umrechnung oder *Reduktion* von unter beliebigen atmosphärischen Zustandsbedingungen gemessenen Gasvolumen und linear volumenabhängigen Gaseigenschaftswerten (z. B. Brennwert, Heizwert) auf einen der Norm- oder Standardzustände von einer *allgemeinen* Gleichung für die Umrechnung eines Gasvolumens $v_1 (T_1, p_1, w_1)$ auf ein anderes Gasvolumen $v_2 (T_2, p_2, w_2)$ aus (Abschnitts-Lit. [3]):

$$v_1 \cdot T_1 \cdot (p_1 - w_1) = v_2 \cdot T_2 \cdot (p_2 - w_2). \tag{8}$$

Darin bedeutet der Druck p die Summe aus dem Barometerstand + dem Gasüberdruck im Volumenmeßgerät.

Aus dieser allgemeinen Gl. (8) lassen sich die speziellen *Reduktionsgleichungen* ableiten. Nach der Zusammenstellung der Normbedingungen (I. bis IV., S. 6) ergeben sich folgende Sonderformen:

Meßzustand		*Normzustand*
feucht (w_t)		*feucht* (w_n)
Umrechnung:	II. → IV. IV. → II.	
feucht (w_t)		*trocken* ($w_n = 0$)
Umrechnung:	II. → I. II. → III. IV. → I. IV. → III.	
trocken ($w_t = 0$)		*feucht* (w_n)
Umrechnung:	I. → II. I. → IV. III. → II. III. → IV.	
trocken ($w_t = 0$)		*trocken* ($w_n = 0$)
Umrechnung:	I. → III. III. → I.	

Dies führt zu folgenden Reduktions-Gleichungen:

II. → IV./IV. → II.: feucht → feucht

$$v_n = v_t \cdot \frac{273{,}15 + t_n}{273{,}15 + t_v} \cdot \frac{p_t - w_t}{p_n - w_n}. \tag{9}$$

II. → I./II. → III./IV. → I./IV. → III.: feucht → trocken

$$v_n = v_t \cdot \frac{273{,}15 + t_n}{273{,}15 + t_v} \cdot \frac{p_t - w_t}{p_n}. \tag{10}$$

I. → II./I. → IV./III. → II./III. → IV.: trocken → feucht

$$v_n = v_t \cdot \frac{273{,}15 + t_n}{273{,}15 + t_v} \cdot \frac{p_t}{p_n - w_n}. \tag{11}$$

I. → III./III. → I.: trocken → trocken

$$v_n = v_t \cdot \frac{273{,}15 + t_n}{273{,}15 + t_v} \cdot \frac{p_t}{p_n}. \tag{12}$$

Anmerkung: Zum Wert 273,15 (0 °C) findet sich in der offiziellen Kelvin-Temperaturskala 273,16 (0,01 °C). Über den Unterschied siehe S. 63.

Die mit der (absoluten) Kelvin-Temperatur (°R = Grad Rankine, siehe S. 65) rechnende anglo-amerikanische Reduktionsgleichung feucht gemessener Gase lautet (Abschnitts-Lit. [8]):

$$v_n = v_{t\,°F} \cdot \frac{459{,}7 + 60\,°F}{459{,}7 + t\,°F} \cdot \frac{p_{t\,°F} - w_{t\,°F}}{30\ \text{inch Hg} - 0{,}5217\ \text{inch Hg}} \cdot \qquad (13)$$

Drücke sind ebenfalls in inch Hg einzusetzen.

Der in Abschnitts-Lit. [8] berücksichtigte Meßbereich einer Reduktions-Tabelle umfaßt für die Temperatur 32 °F bis 110 °F (gleich gerundet 0 °C bis ungefähr 43,5 °C) und einen Meßbereich für den Druck von 25,0 bis 30,9 inch Hg/0 °C (ungefähr gleich 635 Torr bis 785 Torr, entsprechend 846 mbar bis 1047 mbar).

In *Amerika* wird Erdgas auf trocken umgerechnet. 1 m³ (NZ) trocken entspricht 1,0174 m³ (NZ) feucht.

Die Zahlenwerte für die Anwendung der Reduktions-Gleichungen (9) bis (12) auf die Norm- oder Standard-Bedingungen I. bis IV. sind in Tabelle 1 zusammengestellt.

Tabelle 1: Zahlenwerte der Normzustandsgrößen

	t °C	p Torr	p mbar	w Torr	w mbar	273,15+t °C	p-w Torr	p-w mbar
I.	0	760	1013,25	0	0	273,15	760	1013,25
II.	15	760	1013,25	12,781	17,04	288,15	747,219	996,21
III.	20	735,56	980,67	0	0	293,15	735,56	980,67
IV.	15,56	762	1015,92	13,255	17,665	288,71	748,75	998,25

Daraus ergeben sich die Beziehungen zwischen den Normvolumen der Zustandsbedingungen I. bis IV. nach Tabelle 2.

Tabelle 2: Numerische Beziehungen zwischen Norm- oder Standard-Einheitswerten

Norm- oder Standard-Kubikmeter v_n	I.	II.	III.	IV.
I. 0 °C–1013,25 mbar-trocken 1 m³ =	1 m³	1,0730 m³	1,1089 m³	1,0728 m³
II. 15 °C–1013,25 mbar-feucht 1 m³ =	0,9320 m³	1 m³	1,0335 m³	0,9999 m³
III. 20 °C–1 at/980,67 mbar-trocken 1 m³ =	0,9018 m³	0,9676 m³	1 m³	0,9675 m³
IV. 60 °F–30 inch Hg/0 °C-feucht 1 m³ =	0,9321 m³	1,0001 m³	1,0336 m³	1 m³

3. Umrechnung von Volumen idealer Gase auf verschiedene Zustandsbedingungen

Als Ergänzung zur Reduktion von Gasvolumen auf Normzustand seien die folgenden allgemeinen Betrachtungen angestellt.

Die Ausgangsgleichung zu den allgemeinen Umrechnungen lautet

$$\frac{V_2 \cdot P_2}{°T_{abs.2}} = \frac{V_1 \cdot P_1}{°T_{abs.1}} \qquad (14)$$

V_1, V_1 — Volumina (m³) einer gegebenen Masse (kg, kmol ...) eines idealen Gases bei den Zustandsbedingungen 1 und 2.

P_1, P_2 — Gasdrücke für die Zustände 1 und 2.

$°T_{abs.1}, °T_{abs.2}$ — absolute Temperaturen für die Zustände 1 und 2.

Die absoluten Temperaturen in Grad Kelvin (K) beziehen sich hier für die weiteren Ableitungen auf die Celsius-Temperatur t = 0 °C, wofür die Kelvin-Temperatur den Zahlenwert 273,15 hat. Danach läßt sich Gl. (14) auf folgende Form bringen:

$$V_2 = V_1 \cdot \frac{273{,}15 + t_2}{273{,}15 + t_1} \cdot \frac{P_1}{P_2} \tag{15}$$

t_1, t_2 Celsius-Temperaturen (°C) der Zustände 1 und 2.

Für $t_1 = t_2$ ergibt sich das Gesetz von *R. Boyle* (1627 bis 1691) und *E. Mariotte* (~ 1620 bis 1684), der es unabhängig entdeckt hat:

$$V_2 = V_1 \cdot \frac{P_1}{P_2}, \tag{16}$$

für $P_1 = P_2$ das Gesetz von *L. J. Gay-Lussac* (1778 bis 1850):

$$V_2 = V_1 \cdot \frac{273{,}15 + t_2}{273{,}15 + t_1}, \tag{17}$$

für $V_1 = V_2$ das Gesetz von *J. A. Charles* (1746 bis 1823):

$$P_2 = P_1 \cdot \frac{273{,}15 + t_2}{273{,}15 + t_1}.$$

Je nach der Aufgliederung der Drücke P_1 und P_2 ergeben sich für die Praxis verschiedene Formen der Umrechnungsgleichung (15).

1. $P = B + p$ (Zustand: *trocken*)

B Barometerstand in mbar (früher: Torr)
p Gaszählerüberdruck in gleicher Einheit

$$V_2 = V_1 \cdot \underbrace{\frac{273{,}15 + t_2}{273{,}15 + t_1} \cdot \frac{B_1 + p_1}{B_2 + p_2}}_{f_{tr}}. \tag{18}$$

2. $P = B + p - p_s$ (Zustand: *feuchtigkeitsgesättigt*)

p_s Wasserdampfsättigungsdruck in den Einheiten von B und p

$$V_2 = V_1 \cdot \underbrace{\frac{273{,}15 + t_2}{273{,}15 + t_1} \cdot \frac{B_1 + p_1 - p_{s,1}}{B_2 + p_2 - p_{s,2}}}_{f_f}. \tag{19}$$

Die Umrechnungs-Faktoren f_{tr} (Gl. (18)) und f_f (Gl. (19)) sind für die vor allem in Betracht kommenden atmosphärischen Zustandsbedingungen in den Tabellen 5.1 bis 5.14 zusammengestellt.

Sättigungsdrücke (Dampfdrücke) sind nicht nur Temperatur-, sondern auch Gesamtdruck-abhängig. Im Bereich der atmosphärischen Zustandsbedingungen kann von der Druckabhängigkeit abgesehen werden.

Die Abhängigkeit der Sättigungs- oder Dampfdruckwerte p_s von der Temperatur läßt sich in nicht zu weiten Bereichen mit einer für viele Zwecke ausreichenden Genauigkeit durch eine einfache Gleichung wiedergeben:

$$\log p_s = -\frac{A}{273{,}15 + t\,°C} + B. \tag{20}$$

Die Werte der Konstanten A und B für einen bestimmten Temperaturbereich ermittelt man zweckmäßig aus den p_s-Werten für die t °C-Grenzwerte. Für Wasser ergeben sich aus den p_s-Werten für 0 °C und 40 °C bei *Torr* als p_s-Einheit:

$$\log p_s = -\frac{2312{,}\underline{64}}{273{,}15 + t} + 9{,}127\underline{53} \tag{21}$$

und

mbar als p_s-Einheit:

$$\log p_s = -\frac{2313{,}68}{273{,}15 + t} + 9{,}25618. \tag{22}$$

Die p_s-Ergebnisse zwischen 0 °C und 49 °C nach diesen beiden Gleichungen sind in die Tabelle 3 aufgenommen.

Für die Reduktion von (gemessenen) Gasvolumen auf Normzustand (NZ) nach den Gln. (9) bis (12) werden die Sättigungsdrücke w (Dampfdrücke) von H_2O_D gebraucht. Sie sind für den in Betracht kommenden Temperaturbereich in Tabelle 3 zusammengestellt. Die Torr-Werte stützen sich auf die Angaben in *D'Ans-Lax* (Abschnitts-Lit. [2a]). Für die Umrechnung auf mbar gilt die Beziehung 1 Torr = 1,333224 mbar (siehe auch S. 68).

Tabelle 3: Sättigungsdruck w von H_2O_D zwischen 0 und 49 °C

Torr	Einer Torr									
	0	1	2	3	4	5	6	7	8	9
Zehner Torr 0 °C	4,581	4,924	5,291	5,681	6,097	6,539	7,010	7,510	8,041	8,066
10	9,204	9,839	10,512	11,226	11,982	12,781	13,628	14,524	15,47	16,47
20	17,53	18,64	19,82	21,06	22,37	23,75	25,20	26,73	28,34	30,03
30	31,81	33,69	35,65	37,72	39,89	42,17	44,55	47,06	49,69	52,44
40	55,32	58,33	61,49	64,80	68,25	71,87	75,65	79,60	83,72	88,03
mbar	Einer mbar									
	0	1	2	3	4	5	6	7	8	9
Zehner mbar 0 °C	6,107	6,565	7,054	7,574	8,129	8,718	9,346	10,103	10,720	11,474
10	12,271	13,118	14,015	14,967	15,975	17,040	18,169	19,364	20,625	21,958
20	23,371	24,851	26,424	28,078	29,824	31,664	33,597	35,637	37,784	40,037
30	42,410	44,916	47,529	50,289	53,182	56,222	59,355	62,742	66,248	69,914
40	73,754	77,677	81,980	86,393	90,993	95,819	100,858	106,125	111,617	117,364

Tabelle 3 zeigt eine raumsparende Anordnung der Zahlenwerte. In der Dampfdruck-Tabelle 4 wurde die meist übliche Anordnung der Zahlenwerte gewählt, jedoch ergänzt durch mit Hilfe einer einfachen Gleichung *berechneten* Vergleichs-Zahlenwerten, die für praktische Berechnungen in den meisten Fällen ausreichend genaue Ergebnisse liefert.

Tabelle 4: Sättigungsdruck (Dampfdruck) von Wasser bei atmosphärischen Temperaturen und Barometerständen

Temp. t °C	p_s Torr	p_s Torr ber.	p_s mbar	p_s mbar ber.
0	4,581	4,581	6,107	6,107
1	4,924	4,919	6,565	6,557
2	5,291	5,279	7,054	7,037
3	5,681	5,662	7,574	7,548
4	6,097	6,070	8,129	8,092
5	6,539	6,505	8,718	8,671
6	7,010	6,967	9,346	9,287
7	7,510	7,458	10,013	9,942
8	8,041	7,980	10,720	10,638
9	8,606	8,534	11,474	11,376
10	9,204	9,122	12,271	12,161
11	9,839	9,747	13,118	12,993
12	10,512	10,419	14,015	13,876
13	11,226	11,112	14,967	14,812
14	11,982	11,856	15,975	15,805
15	12,781	12,644	17,040	16,856
16	13,628	13,479	18,169	17,969
17	14,524	14,363	19,364	19,147
18	15,47	15,298	20,625	20,393
19	16,47	16,286	21,958	21,712
20	17,53	17,331	23,371	23,105
21	18,64	18,436	24,851	24,577
22	19,82	19,602	26,424	26,132
23	21,06	20,834	28,078	27,775
24	22,37	22,135	29,824	29,508
25	23,75	23,507	31,664	31,337
26	25,20	24,954	33,597	33,266
27	26,73	26,478	35,637	35,300
28	28,34	28,086	37,784	37,442
29	30,03	29,780	40,037	39,700
30	31,81	31,562	42,410	42,077
31	33,69	33,440	44,916	44,580
32	35,65	35,416	47,529	47,214
33	37,72	37,494	50,289	49,985
34	39,89	39,679	53,182	52,898
35	42,17	41,977	56,222	55,961
36	44,55	44,390	59,395	59,181
37	47,06	46,927	62,742	62,561
38	49,69	49,591	66,248	66,112
39	52,44	52,386	69,914	69,840
40	55,32	55,321	73,754	73,752
	*)		**)	

*) Quelle: D'Ans-Lax, S. 608

Anmerkung: 1 Torr = 1,333224 mbar
1 mbar = 0,750062 Torr

**) Die aus den Grenzwerten (0 °C, 40 °C) berechneten p_s-Werte liegen alle etwas niedriger als die Originalwerte. Der größte Unterschied findet sich bei 20 °C. Er beträgt aber nur rd. 1,1 % vom Originalwert.

Ergänzungsliteratur

F. Schuster, gwf-Arbeitsblatt Nr. 22 (Oktober 1971): Taupunkt feuchter Gase.
Inhalt: Abhängigkeit des Taupunkts feuchter Gase vom Gasgesamtdruck (650 bis 850 Torr = 866,6 bis 1133,2 mbar) im Bereich von −50 bis +103 °C.

F. Schuster, gwf-Arbeitsblatt Nr. 28 (April 1972): Dampfdruck (Sättigungsdruck) von Wasser zwischen 0 und 100 °C.
Inhalt: Wirkung verschieden hoher Grenztemperaturen und Verbesserung der Übereinstimmung zwischen den Original- und den berechneten p_s-Werten durch Einführung einer Ergänzungskonstante im Temperaturwert $T_{abs.1}$ der rechten Gleichungsseite.

Die Tabellen 5.1 bis 5.14 folgen auf den Seiten 12 bis 18.

Tabelle 5.1: Umrechnungsfaktoren f_{tr} und f_f für atmosphärische Zustands- und Meßbedingungen
Druckeinheit: Torr

$P_1 = B_1 + p_1$ $(-p_{s,1})$ Torr		675 Torr							
$P_2 = B_2 + p_2$ $(-p_{s,2})$ Torr (mbar)		675 (899,9)	700 (933,3)	725 (966,6)	750 (999,9)	775 (1033,2)	800 (1066,6)	825 (1099,1)	850 (1133,2)
Temperatur t_1 °C	t_2 °C								
0	0	1,0000	0,9643	0,9310	0,9000	0,8710	0,8438	0,8182	0,7941
	10	1,0366	0,9996	0,9651	0,9329	0,9029	0,8746	0,8481	0,8232
	20	1,0732	1,0349	0,9992	0,9659	0,9347	0,9055	0,8781	0,8523
	30	1,1098	1,0702	1,0333	0,9988	0,9666	0,9364	0,9080	0,8813
	40	1,1464	1,1055	1,0674	1,0318	0,9985	0,9673	0,9380	0,9104
10	0	0,9647	0,9302	0,8982	0,8682	0,8402	0,8140	0,7893	0,7661
	10	1,0000	0,9643	0,9310	0,9000	0,8710	0,8438	0,8182	0,7941
	20	1,0353	0,9983	0,9639	0,9318	0,9017	0,8735	0,8471	0,8222
	30	1,0706	1,0324	0,9968	0,9636	0,9325	0,9033	0,8760	0,8502
	40	1,1060	1,0665	1,0297	0,9954	0,9632	0,9331	0,9049	0,8783
20	0	0,9318	0,8985	0,8675	0,8386	0,8115	0,7862	0,7624	0,7399
	10	0,9659	0,9315	0,8993	0,8693	0,8413	0,8150	0,7903	0,7670
	20	1,0000	0,9643	0,9310	0,9000	0,8710	0,8438	0,8182	0,7941
	30	1,0341	0,9972	0,9628	0,9307	0,9007	0,8725	0,8461	0,8212
	40	1,0682	1,0301	0,9946	0,9614	0,9304	0,9013	0,8740	0,8483
30	0	0,9010	0,8689	0,8389	0,8109	0,7848	0,7603	0,7372	0,7155
	10	0,9340	0,9007	0,8696	0,8406	0,8135	0,7881	0,7642	0,7417
	20	0,9670	0,9325	0,9003	0,8703	0,8422	0,8159	0,7912	0,7679
	30	1,0000	0,9643	0,9310	0,9000	0,8710	0,8438	0,8182	0,7941
	40	1,0330	0,9961	0,9617	0,9297	0,8997	0,8716	0,8452	0,8203
40	0	0,8722	0,8411	0,8121	0,7850	0,7597	0,7360	0,7137	0,6927
	10	0,9042	0,8719	0,8418	0,8138	0,7875	0,7629	0,7398	0,7180
	20	0,9361	0,9027	0,8716	0,8425	0,8153	0,7899	0,7659	0,7434
	30	0,9681	0,9335	0,9013	0,8713	0,8432	0,8168	0,7921	0,7688
	40	1,0000	0,9643	0,9310	0,9000	0,8710	0,8438	0,8182	0,7941

Tabelle 5.2: Umrechnungsfaktoren f_{tr} und f_f für atmosphärische Zustands- und Meßbedingungen
Druckeinheit: Torr

$P_1 = B_1 + p_1$ $(-p_{s,1})$ Torr		700 Torr							
$P_2 = B_2 + p_2$ $(-p_{s,2})$ Torr (mbar)		675 (899,9)	700 (933,3)	725 (966,6)	750 (999,9)	775 (1033,2)	800 (1066,6)	825 (1099,1)	850 (1133,2)
Temperatur t_1 °C	t_2 °C								
0	0	1,0370	1,0000	0,9655	0,9333	0,9032	0,8750	0,8485	0,8235
	10	1,0750	1,0366	1,0009	0,9675	0,9363	0,9070	0,8795	0,8537
	20	1,1130	1,0732	1,0362	1,0017	0,9694	0,9391	0,9106	0,8838
	30	1,1509	1,1098	1,0716	1,0358	1,0024	0,9711	0,9417	0,9140
	40	1,1889	1,1464	1,1069	1,0700	1,0355	1,0031	0,9727	0,9441
10	0	1,0004	0,9647	0,9314	0,9004	0,8713	0,8441	0,8185	0,7944
	10	1,0370	1,0000	0,9655	0,9333	0,9032	0,8750	0,8485	0,8235
	20	1,0737	1,0353	0,9996	0,9663	0,9351	0,9059	0,8785	0,8526
	30	1,1103	1,0706	1,0337	0,9993	0,9670	0,9368	0,9084	0,8817
	40	1,1469	1,1059	1,0678	1,0322	0,9989	0,9677	0,9384	0,9108
20	0	0,9663	0,9318	0,8996	0,8697	0,8416	0,8153	0,7906	0,7673
	10	1,0017	0,9659	0,9326	0,9015	0,8724	0,8452	0,8195	0,7954
	20	1,0370	1,0000	0,9655	0,9333	0,9032	0,8750	0,8485	0,8235
	30	1,0724	1,0341	1,0694	0,9652	0,9340	0,9048	0,8774	0,8516
	40	1,1078	1,0682	1,1047	0,9970	0,9648	0,9347	0,9064	0,8797
30	0	0,9344	0,9010	0,8700	0,8410	0,8138	0,7884	0,7645	0,7420
	10	0,9686	0,9340	0,9018	0,8718	0,8436	0,8173	0,7925	0,7692
	20	1,0028	0,9670	0,9337	0,9025	0,8734	0,8461	0,8205	0,7964
	30	1,0370	1,0000	0,9655	0,9333	0,9032	0,8750	0,8485	0,8235
	40	1,0712	1,0330	0,9974	0,9641	0,9330	0,9039	0,8765	0,8507
40	0	0,9046	0,8723	0,8422	0,8141	0,7879	0,7632	0,7401	0,7183
	10	0,9377	0,9042	0,8730	0,8439	0,8167	0,7912	0,7672	0,7446
	20	0,9708	0,9361	0,9039	0,8737	0,8455	0,8191	0,7943	0,7709
	30	1,0039	0,9681	0,9347	0,9035	0,8744	0,8471	0,8214	0,7972
	40	1,0370	1,0000	0,9655	0,9333	0,9032	0,8750	0,8485	0,8235

Tabelle 5.3: Umrechnungsfaktoren f_{tr} und f_f für atmosphärische Zustands- und Meßbedingungen
Druckeinheit: Torr

$P_1 = B_1 = p_1\ (-p_{s,1})$ Torr		725 Torr							
$P_2 = B_2 + p_2\ (-p_{s,2})$ Torr (mbar)		675 (889,9)	700 (933,3)	725 (966,6)	750 (999,9)	775 (1033,2)	800 (1066,6)	825 (1099,1)	850 (1133,2)
Temperatur t_1 °C	t_2 °C								
0	0	1,0741	1,0357	1,0000	0,9667	0,9355	0,9063	0,8788	0,8529
	10	1,1134	1,0736	1,0366	1,0021	0,9697	0,9394	0,9110	0,8842
	20	1,1527	1,1115	1,0733	1,0374	1,0040	0,9726	0,9431	0,9154
	30	1,1920	1,1495	1,1098	1,0728	1,0382	1,0058	0,9753	0,9466
	40	1,2314	1,1874	1,1464	1,1082	1,0725	1,0390	1,0075	0,9778
10	0	1,0361	0,9991	0,9647	0,9325	0,9024	0,8742	0,8478	0,8228
	10	1,0741	1,0357	1,0000	0,9667	0,9355	0,9063	0,8788	0,8529
	20	1,1120	1,0723	1,0353	1,0008	0,9685	0,9383	0,9098	0,8831
	30	1,1499	1,1089	1,0706	1,0349	1,0016	0,9703	0,9409	0,9132
	40	1,1879	1,1454	1,1060	1,0691	1,0346	1,0023	0,9719	0,9433
20	0	1,0008	0,9651	0,9318	0,9007	0,8717	0,8444	0,8188	0,7947
	10	1,0374	1,0004	0,9659	0,9337	0,9036	0,8753	0,8488	0,8238
	20	1,0741	1,0357	1,0000	0,9667	0,9355	0,9063	0,8788	0,8529
	30	1,1107	1,0710	1,0341	0,9996	0,9674	0,9372	0,9088	0,8820
	40	1,1474	1,1064	1,0682	1,0326	0,9993	0,9681	0,9387	0,9111
30	0	0,9678	0,9332	0,9010	0,8710	0,8429	0,8166	0,7918	0,7685
	10	1,0032	0,9674	0,9340	0,9029	0,8738	0,8465	0,8208	0,7967
	20	1,0386	1,0015	0,9670	0,9348	0,9046	0,8764	0,8498	0,8248
	30	1,0741	1,0357	1,0000	0,9667	0,9355	0,9063	0,8788	0,8529
	40	1,1095	1,0699	1,0330	0,9986	0,9663	0,9361	0,9078	0,8811
40	0	0,9369	0,9034	0,8723	0,8432	0,8160	0,7905	0,7665	0,7440
	10	0,9712	0,9365	0,9042	0,8741	0,8459	0,8194	0,7946	0,7712
	20	1,0055	0,9696	0,9361	0,9049	0,8757	0,8484	0,8227	0,7985
	30	1,0398	1,0026	0,9681	0,9358	0,9056	0,8773	0,8507	0,8257
	40	1,0741	1,0357	1,0000	0,9667	0,9355	0,9063	0,8788	0,8529

Tabelle 5.4: Umrechnungsfaktoren f_{tr} und f_f für atmosphärische Zustands- und Meßbedingungen
Druckeinheit: Torr

$P_1 = B_1 + p_1\ (-p_{s,1})$ Torr		750 Torr							
$P_2 = B_2 + p_2\ (-p_{s,2})$ Torr (mbar)		675 (889,9)	700 (933,3)	725 (966,6)	750 (999,9)	775 (1033,2)	800 (1066,6)	825 (1099,1)	850 (1133,2)
Temperatur t_1 °C	t_2 °C								
0	0	1,1111	1,0714	1,0345	1,0000	0,9677	0,9375	0,9091	0,8824
	10	1,1518	1,1107	1,0724	1,0366	1,0032	0,9718	0,9424	0,9147
	20	1,1925	1,1499	1,1102	1,0732	1,0386	1,0061	0,9757	0,9470
	30	1,2333	1,1891	1,1481	1,1098	1,0740	1,0405	1,0089	0,9793
	40	1,2738	1,2283	1,1860	1,1464	1,1095	1,0748	1,0422	1,0116
10	0	1,0719	1,0336	0,9979	0,9647	0,9336	0,9044	0,8770	0,8512
	10	1,1111	1,0714	1,0345	1,0000	0,9677	0,9375	0,9091	0,8824
	20	1,1504	1,1093	1,0710	1,0353	1,0019	0,9706	0,9412	0,9135
	30	1,1896	1,1471	1,1076	1,0706	1,0361	1,0037	0,9733	0,9447
	40	1,2288	1,1849	1,1441	1,1060	1,0703	1,0368	1,0054	0,9758
20	00	1,0353	0,9983	0,9639	0,9318	0,9017	0,8735	0,8471	0,8222
	10	1,0732	1,0349	0,9992	0,9659	0,9347	0,9055	0,8781	0,8523
	20	1,1111	1,0714	1,0345	1,0000	0,9677	0,9375	0,9091	0,8824
	30	1,1490	1,1080	1,0698	1,0341	1,0008	0,9695	0,9401	0,9125
	40	1,1869	1,1445	1,1051	1,0682	1,0338	1,0015	0,9711	0,9426
30	0	1,0012	0,9654	0,9321	0,9010	0,8720	0,8447	0,8191	0,7950
	10	1,0378	1,0007	0,9662	0,9340	0,9039	0,8756	0,8491	0,8241
	20	1,0745	1,0361	1,0004	0,9670	0,9358	0,9066	0,8791	0,8532
	30	1,1111	1,0714	1,0345	1,0000	0,9677	0,9375	0,9091	0,8824
	40	1,1478	1,1068	1,0686	1,0330	0,9997	0,9684	0,9391	0,9115
40	0	0,9692	0,9346	0,9023	0,8723	0,8441	0,8177	0,7930	0,7696
	10	1,0047	0,9688	0,9354	0,9042	0,8750	0,8477	0,8220	0,7978
	20	1,0401	1,0030	0,9684	0,9361	0,9059	0,8776	0,8510	0,8260
	30	1,0756	1,0372	1,0014	0,9681	0,9368	0,9076	0,8801	0,8542
	40	1,1111	1,0714	1,0345	1,0000	0,9677	0,9375	0,9091	0,8824

Tabelle 5.5: Umrechnungsfaktoren f_{tr} und f_f für atmosphärische Zustands- und Meßbedingungen
Druckeinheit: Torr

$P_1 = B_1 + p_1 (-p_{s,1})$ Torr		775 Torr							
$P_2 = B_2 + p_2 (-p_{s,2})$ Torr (mbar)		675 (889,9)	700 (933,3)	725 (966,6)	750 (999,9)	775 (1033,2)	800 (1066,6)	825 (1099,1)	850 (1133,2)
Temperatur t_1 °C	t_2 °C								
0	0	1,1481	1,1071	1,0690	1,0333	1,0000	0,9688	0,9394	0,9118
	10	1,1902	1,1477	1,1081	1,0712	1,0366	1,0042	0,9738	0,9451
	20	1,2322	1,1882	1,1472	1,1090	1,0732	1,0397	1,0082	0,9785
	30	1,2742	1,2287	1,1864	1,1468	1,1098	1,0751	1,0426	1,0119
	40	1,3163	1,2693	1,2255	1,1847	1,1464	1,1106	1,0770	1,0453
10	0	1,1076	1,0680	1,0312	0,9968	0,9647	0,9374	0,9062	0,8796
	10	1,1481	1,1071	1,0690	1,0333	1,0000	0,9688	0,9394	0,9118
	20	1,1887	1,1462	1,1067	1,0698	1,0353	1,0030	0,9726	0,9440
	30	1,2292	1,1853	1,1445	1,1063	1,0706	1,0372	1,0057	0,9762
	40	1,2698	1,2244	1,1822	1,1428	1,1060	1,0714	1,0389	1,0084
20	0	1,0698	1,0316	0,9960	0,9628	0,9318	0,9027	0,8753	0,8496
	10	1,1090	1,0694	1,0325	0,9981	0,9659	0,9357	0,9073	0,8807
	20	1,1481	1,1071	1,0690	1,0333	1,0000	0,9688	0,9394	0,9118
	30	1,1873	1,1449	1,1045	1,0686	1,0341	1,0018	0,9714	0,9429
	40	1,2265	1,1827	1,1419	1,1038	1,0682	1,0348	1,0035	0,9740
30	0	1,0345	0,9976	0,9640	0,9311	0,9010	0,8729	0,8464	0,8215
	10	1,0724	1,0341	0,9984	0,9652	0,9340	0,9048	0,8774	0,8516
	20	1,1103	1,0706	1,0337	0,9992	0,9670	0,9368	0,9084	0,8817
	30	1,1481	1,1071	1,0690	1,0333	1,0000	0,9688	0,9394	0,9118
	40	1,1860	1,1426	1,1042	1,0674	1,0330	1,0007	0,9704	0,9418
40	0	1,0015	0,9657	0,9324	0,9013	0,8722	0,8450	0,8194	0,7953
	10	1,0382	1,0011	0,9666	0,9343	0,9042	0,8759	0,8494	0,8244
	20	1,0748	1,0364	1,0007	0,9673	0,9361	0,9069	0,8794	0,8535
	30	1,1115	1,0718	1,0348	1,0003	0,9681	0,9378	0,9094	0,8826
	40	1,1481	1,1071	1,0690	1,0333	1,0000	0,9688	0,9394	0,9118

Tabelle 5.6: Umrechnungsfaktoren f_{tr} und f_f für atmosphärische Zustands- und Meßbedingungen
Druckeinheit: Torr

$P_1 = B_1 + p_1 (-p_{s,1})$ Torr		800 Torr							
$P_2 = B_2 + p_2 (-p_{s,2})$ Torr (mbar)		675 (889,9)	700 (933,3)	725 (966,6)	750 (999,9)	775 (1033,2)	800 (1066,6)	825 (1099,1)	850 (1133,2)
Temperatur t_1 °C	t_2 °C								
0	0	1,1852	1,1429	1,1034	1,0667	1,0323	1,0000	0,9697	0,9412
	10	1,2286	1,1847	1,1438	1,1057	1,0700	1,0366	1,0052	0,9756
	20	1,2720	1,2265	1,1842	1,1448	1,1078	1,0732	1,0407	1,0101
	30	1,3154	1,2684	1,2246	1,1838	1,1456	1,1098	1,0762	1,0445
	40	1,3587	1,3102	1,2650	1,2229	1,1834	1,1464	1,1117	1,0790
10	0	1,1433	1,1025	1,0645	1,0290	0,9958	0,9647	0,9355	0,9079
	10	1,1852	1,1429	1,1034	1,0667	1,0323	1,0000	0,9697	0,9412
	20	1,2270	1,1832	1,1424	1,1043	1,0687	1,0353	1,0039	0,9744
	30	1,2689	1,2236	1,1814	1,1420	1,1052	1,0706	1,0382	1,0077
	40	1,3108	1,2639	1,2204	1,1797	1,1416	1,1060	1,0724	1,0409
20	0	1,1043	1,0649	1,0282	0,9939	0,9618	0,9318	0,9035	0,8770
	10	1,1448	1,1039	1,0658	1,0303	0,9970	0,9659	0,9366	0,9091
	20	1,1852	1,1429	1,1034	1,0667	1,0323	1,0000	0,9697	0,9412
	30	1,2256	1,1818	1,1411	1,1031	1,0675	1,0341	1,0028	0,9733
	40	1,2660	1,2208	1,1787	1,1394	1,1027	1,0682	1,0359	1,0054
30	0	1,0679	1,0298	0,9942	0,9611	0,9301	0,9010	0,8737	0,8480
	10	1,1070	1,0675	1,0306	0,9963	0,9642	0,9340	0,9057	0,8791
	20	1,1461	1,1052	1,0670	1,0315	0,9982	0,9670	0,9377	0,9101
	30	1,1852	1,1429	1,1034	1,0667	1,0323	1,0000	0,9697	0,9412
	40	1,2243	1,1806	1,1398	1,1019	1,0663	1,0330	1,0017	0,9722
40	0	1,0338	0,9969	0,9625	0,9304	0,9004	0,8723	0,8458	0,8210
	10	1,0716	1,0334	0,9977	0,9645	0,9334	0,9042	0,8768	0,8510
	20	1,1095	1,0699	1,0330	0,9985	0,9663	0,9361	0,9078	0,8811
	30	1,1473	1,1064	1,0682	1,0326	0,9993	0,9681	0,9387	0,9111
	40	1,1852	1,1429	1,1034	1,0667	1,0323	1,0000	0,9697	0,9412

Tabelle 5.7: Umrechnungsfaktoren f_{tr} und f_f für atmosphärische Zustands- und Meßbedingungen
Druckeinheit: Torr

$P_1 = B_1 + p_1 (- p_{s,1})$ Torr		825 Torr							
$P_2 = B_2 + p_2 (- p_{s,2})$ Torr (mbar)		675 (889,9)	700 (933,3)	725 (966,6)	750 (999,9)	775 (1033,2)	800 (1066,6)	825 (1099,1)	850 (1133,2)
Temperatur t_1 °C	t_2 °C								
0	0	1,2222	1,1786	1,1379	1,1000	1,0645	1,0313	1,0000	0,9706
	10	1,2670	1,2217	1,1796	1,1403	1,1035	1,0690	1,0366	1,0061
	20	1,3117	1,2649	1,2213	1,1805	1,1425	1,1068	1,0732	1,0417
	30	1,3565	1,3080	1,2629	1,2208	1,1814	1,1445	1,1098	1,0772
	40	1,4012	1,3512	1,3046	1,2611	1,2204	1,1823	1,1464	1,1127
10	0	1,1791	1,1369	1,0977	1,0612	1,0269	0,9948	0,9647	0,9363
	10	1,2222	1,1786	1,1379	1,1000	1,0645	1,0313	1,0000	0,9706
	20	1,2654	1,2202	1,1781	1,1388	1,1021	1,0677	1,0353	1,0049
	30	1,3086	1,2518	1,2183	1,1777	1,1397	1,1041	1,0706	1,0391
	40	1,3517	1,3034	1,2585	1,2165	1,1773	1,1405	1,1060	1,0734
20	0	1,1388	1,0982	1,0603	1,0250	0,9919	0,9609	0,9318	0,9044
	10	1,1805	1,1384	1,0991	1,0625	1,0282	0,9961	0,9659	0,9375
	20	1,2222	1,1786	1,1379	1,1000	1,0645	1,0313	1,0000	0,9706
	30	1,2639	1,2188	1,1767	1,1375	1,1008	1,0664	1,0341	1,0037
	40	1,3056	1,2590	1,2156	1,1750	1,1371	1,1016	1,0682	1,0368
30	0	1,1013	1,0619	1,0253	0,9911	0,9592	0,9292	0,9010	0,8745
	10	1,1416	1,1008	1,0629	1,0274	0,9943	0,9632	0,9340	0,9066
	20	1,1819	1,1397	1,1004	1,0637	1,0294	0,9972	0,9670	0,9386
	30	1,2222	1,1786	1,1379	1,1000	1,0645	1,0313	1,0000	0,9706
	40	1,2625	1,2174	1,1755	1,1363	1,0996	1,0653	1,0330	1,0026
40	00	1,0661	1,0280	0,9926	0,9595	0,9285	0,8995	0,8722	0,8466
	10	1,1051	1,0657	1,0289	0,9946	0,9625	0,9325	0,9042	0,8776
	20	1,1442	1,1033	1,0653	1,0297	0,9965	0,9654	0,9361	0,9086
	30	1,1832	1,1409	1,1016	1,0649	1,0305	0,9983	0,9681	0,9396
	40	1,2222	1,1786	1,1379	1,1000	1,0645	1,0313	1,0001	0,9706

Tabelle 5.8: Umrechnungsfaktoren f_{tr} und f_f für atmosphärische Zustands- und Meßbedingungen
Druckeinheit: Torr

$P_1 = B_1 + p_1 (- p_{s,1})$ Torr		850 Torr							
$P_2 = B_2 + p_2 (- p_{s,2})$ Torr (mbar)		675 (889,9)	700 (933,3)	725 (966,6)	750 (999,9)	775 (1033,2)	800 (1066,6)	825 (1099,1)	850 (1133,2)
Temperatur t_1 °C	t_2 °C								
0	0	1,2593	1,2143	1,1724	1,1333	1,0968	1,0625	1,0303	1,0000
	10	1,3054	1,2587	1,2153	1,1748	1,1369	1,1014	1,0680	1,0366
	20	1,3515	1,3032	1,2583	1,2163	1,1771	1,1403	1,1057	1,0732
	30	1,3976	1,3477	1,3012	1,2578	1,2172	1,1792	1,1435	1,1098
	40	1,4437	1,3921	1,3441	1,2993	1,2574	1,2181	1,1812	1,1464
10	0	1,2148	1,1714	1,1310	1,0933	1,0580	1,0250	0,9939	0,9647
	10	1,2593	1,2143	1,1724	1,1333	1,0968	1,0625	1,0303	1,0000
	20	1,3037	1,2572	1,2138	1,1734	1,1355	1,1000	1,0667	1,0353
	30	1,3482	1,3001	1,2552	1,2134	1,1742	1,1375	1,1031	1,0706
	40	1,3927	1,3429	1,2966	1,2534	1,2130	1,1751	1,1395	1,1060
20	0	1,1733	1,1314	1,0924	1,0560	1,0219	0,9900	0,9600	0,9318
	10	1,2163	1,1729	1,1324	1,0947	1,0594	1,0263	0,9952	0,9659
	20	1,2593	1,2143	1,1724	1,1333	1,0968	1,0625	1,0303	1,0000
	30	1,3022	1,2557	1,2124	1,1720	1,1342	1,0987	1,0654	1,0341
	40	1,3452	1,2971	1,2524	1,2107	1,1716	1,1350	1,1006	1,0682
30	0	1,1346	1,0941	1,0564	1,0212	0,9882	0,9574	0,9283	0,9010
	10	1,1762	1,1342	1,0951	1,0586	1,0244	0,9924	0,9623	0,9340
	20	1,2177	1,1742	1,1337	1,0959	1,0606	1,0275	0,9963	0,9670
	30	1,2593	1,2143	1,1724	1,1333	1,0968	1,0625	1,0303	1,0000
	40	1,3008	1,2543	1,2111	1,1707	1,1330	1,0975	1,0643	1,0330
40	0	1,0984	1,0592	1,0227	0,9886	0,9567	0,9268	0,8987	0,8723
	10	1,1386	1,0980	1,0601	1,0248	0,9917	0,9607	0,9316	0,9042
	20	1,1788	1,1367	1,0975	1,0610	1,0267	0,9946	0,9645	0,9361
	30	1,2190	1,1755	1,1350	1,0971	1,0617	1,0286	0,9974	0,9681
	40	1,2593	1,2143	1,1724	1,1333	1,0968	1,0625	1,0303	1,0000

Tabelle 5.9: Umrechnungsfaktoren f_{tr} und f_f für atmosphärische Zustands- und Meßbedingungen
Druckeinheit: mbar

$P_1 = B_1 + p_1 (- p_{s,1})$ mbar		900 mbar					
$P_2 = B_2 + p_2 (- p_{s,2})$ mbar (Torr)		900 (675,1)	950 (712,6)	1000 (750,1)	1050 (787,6)	1100 (825,1)	1150 (862,6)
Temperatur t_1 °C	t_2 °C						
0	0	1,0000	0,9474	0,9000	0,8571	0,8182	0,7826
	10	1,0366	0,9821	0,9329	0,8885	0,8481	0,8113
	20	1,0732	1,0167	0,9659	0,9199	0,8781	0,8399
	30	1,1098	1,0514	0,9988	0,9513	0,9080	0,8686
	40	1,1464	1,0861	1,0318	0,9827	0,9380	0,8972
10	0	0,9647	0,9139	0,8682	0,8269	0,7893	0,7550
	10	1,0000	0,9474	0,9000	0,8571	0,8182	0,7826
	20	1,0353	0,9808	0,9318	0,8874	0,8471	0,8102
	30	1,0706	1,0143	0,9636	0,9177	0,8760	0,8379
	40	1,1060	1,0477	0,9954	0,9480	0,9049	0,8655
20	0	0,9318	0,8827	0,8386	0,7987	0,7624	0,7292
	10	0,9659	0,9151	0,8693	0,8277	0,7903	0,7559
	20	1,0000	0,9474	0,9000	0,8571	0,8182	0,7826
	30	1,0341	0,9797	0,9307	0,8864	0,8461	0,8093
	40	1,0682	1,0120	0,9614	0,9156	0,8740	0,8360
30	0	0,9010	0,8536	0,8109	0,7723	0,7372	0,7052
	10	0,9340	0,8849	0,8406	0,8006	0,7642	0,7310
	20	0,9670	0,9161	0,8703	0,8289	0,7912	0,7568
	30	1,0000	0,9474	0,9000	0,8571	0,8182	0,7826
	40	1,0330	0,9786	0,9297	0,8854	0,8452	0,8084
40	0	0,8723	0,8264	0,7850	0,7477	0,7137	0,6826
	10	0,9042	0,8566	0,8138	0,7750	0,7398	0,7076
	20	0,9361	0,8869	0,8425	0,8024	0,7659	0,7326
	30	0,9681	0,9171	0,8713	0,8298	0,7921	0,7576
	40	1,0000	0,9474	0,9000	0,8571	0,8182	0,7826

Tabelle 5.10: Umrechnungsfaktoren f_{tr} und f_f für atmosphärische Zustands- und Meßbedingungen
Druckeinheit: mbar

$P_1 = B_1 + p_1 (- p_{s,1})$ mbar		950 mbar					
$P_2 = B_2 + p_2 (- p_{s,2})$ mbar (Torr)		900 (675,1)	950 (712,6)	1000 (750,1)	1050 (787,6)	1100 (825,1)	1150 (862,6)
Temperatur t_1 °C	t_2 °C						
0	0	1,0556	1,0000	0,9500	0,9048	0,8636	0,8261
	10	1,0942	1,0366	0,9848	0,9379	0,8953	0,8563
	20	1,1328	1,0732	1,0196	0,9710	0,9269	0,8866
	30	1,1715	1,1098	1,0543	1,0041	0,9585	0,9168
	40	1,2101	1,1464	1,0891	1,0373	0,9901	0,9471
10	0	1,0183	0,9647	0,9164	0,8728	0,8331	0,7969
	10	1,0556	1,0000	0,9500	0,9048	0,8636	0,8261
	20	1,0928	1,0353	0,9836	0,9367	0,8941	0,8553
	30	1,1301	1,0706	1,0171	0,9687	0,9246	0,8844
	40	1,1674	1,1060	1,0507	1,0006	0,9551	0,9136
20	0	0,9835	0,9318	0,8852	0,8430	0,8047	0,7697
	10	1,0195	0,9659	0,9176	0,8739	0,8342	0,7979
	20	1,0556	1,0000	0,9500	0,9048	0,8636	0,8261
	30	1,0916	1,0341	0,9824	0,9356	0,8931	0,8543
	40	1,1276	1,0682	1,0148	0,9665	0,9226	0,8824
30	0	0,9511	0,9010	0,8560	0,8152	0,7782	0,7443
	10	0,9859	0,9340	0,8873	0,8451	0,8067	0,7716
	20	1,0207	0,9670	0,9187	0,8749	0,8351	0,7988
	30	1,0556	1,0000	0,9500	0,9048	0,8636	0,8261
	40	1,0904	1,0330	0,9813	0,9346	0,8921	0,8533
40	0	0,9207	0,8723	0,8287	0,7892	0,7533	0,7206
	10	0,9544	0,9042	0,8590	0,8181	0,7809	0,7469
	20	0,9881	0,9361	0,8898	0,8470	0,8085	0,7733
	30	1,0218	0,9681	0,9196	0,8759	0,8361	0,7997
	40	1,0556	1,0000	0,9500	0,9048	0,8636	0,8261

Tabelle 5.11: Umrechnungsfaktoren f_{tr} und f_f für atmosphärische Zustands- und Meßbedingungen
Druckeinheit: mbar

$P_1 = B_1 + p_1 (-p_{s,1})$ mbar		1000 mbar					
$P_2 = B_2 + p_2 (-p_{s,2})$ mbar (Torr)		900 (675,1)	950 (712,6)	1000 (750,1)	1050 (787,6)	1100 (825,1)	1150 (862,6)
Temperatur t_1 °C	t_2 °C						
0	0	1,1111	1,0526	1,0000	0,9524	0,9091	0,8696
	10	1,1518	1,0912	1,0366	0,9872	0,9424	0,9014
	20	1,1925	1,1297	1,0732	1,0221	0,9757	0,9332
	30	1,2331	1,1682	1,1098	1,0570	1,0089	0,9651
	40	1,2738	1,2068	1,1464	1,0918	1,0422	0,9969
10	0	1,0719	1,0155	0,9647	0,9187	0,8770	0,8389
	10	1,1111	1,0526	1,0000	0,9524	0,9091	0,8696
	20	1,1504	1,0898	1,0353	0,9860	0,9412	0,9003
	30	1,1896	1,1270	1,0706	1,0197	0,9733	0,9310
	40	1,2288	1,1642	1,1060	1,0533	1,0054	0,9617
20	0	1,0353	0,9808	0,9318	0,8874	0,8471	0,8102
	10	1,0732	1,0167	0,9659	0,9199	0,8781	0,8399
	20	1,1111	1,0526	1,0000	0,9524	0,9091	0,8696
	30	1,1490	1,0880	1,0341	0,9849	0,9401	0,8992
	40	1,1869	1,1244	1,0682	1,0174	0,9711	0,9289
30	0	1,0012	0,9485	0,9010	0,8581	0,8191	0,7835
	10	1,0378	0,9832	0,9340	0,8895	0,8491	0,8122
	20	1,0745	1,0179	0,9670	0,9210	0,8791	0,8409
	30	1,1111	1,0526	1,0000	0,9524	0,9091	0,8696
	40	1,1478	1,0874	1,0330	0,9838	0,9391	0,8982
40	0	0,9692	0,9182	0,8723	0,8307	0,7930	0,7585
	10	1,0047	0,9518	0,9042	0,8611	0,8220	0,7863
	20	1,0401	0,9854	0,9361	0,8916	0,8510	0,8140
	30	1,0756	1,0190	0,9681	0,9220	0,8801	0,8418
	40	1,1111	1,0526	1,0000	0,9524	0,9091	0,8696

Tabelle 5.12: Umrechnungsfaktoren f_{tr} und f_f für atmosphärische Zustands- und Meßbedingungen
Druckeinheit: mbar

$P_1 = B_1 + p_1 (-p_{s,1})$ mbar		1050 mbar					
$P_2 = B_2 + p_2 (-p_{s,2})$ mbar (Torr)		900 (675,1)	950 (712,6)	1000 (750,1)	1050 (787,6)	1100 (825,1)	1150 (862,6)
Temperatur t_1 °C	t_2 °C						
0	0	1,1667	1,1053	1,0500	1,0000	0,9545	0,9130
	10	1,2094	1,1457	1,0884	1,0366	0,9895	0,9465
	20	1,2521	1,1862	1,1269	1,0732	1,0244	0,9799
	30	1,2948	1,2267	1,1653	1,1098	1,0594	1,0133
	40	1,3375	1,2671	1,2038	1,1464	1,0943	1,0467
10	0	1,1255	1,0662	1,0129	0,9647	0,9208	0,8808
	10	1,1667	1,1053	1,0500	1,0000	0,9545	0,9130
	20	1,2079	1,1443	1,0871	1,0353	0,9883	0,9453
	30	1,2491	1,1833	1,1242	1,0706	1,0220	0,9775
	40	1,2903	1,2224	1,1612	1,1060	1,0557	1,0098
20	0	1,0871	1,0299	0,9784	0,9318	0,8894	0,8508
	10	1,1269	1,0676	1,0142	0,9659	0,9220	0,8819
	20	1,1667	1,1053	1,0500	1,0000	0,9545	0,9130
	30	1,2065	1,1430	1,0858	1,0341	0,9871	0,9442
	40	1,2463	1,1807	1,1216	1,0682	1,0197	0,9753
30	0	1,0512	0,9959	0,9461	0,9010	0,8601	0,8227
	10	1,0897	1,0323	0,9807	0,9340	0,8916	0,8528
	20	1,1282	1,0688	1,0154	0,9670	0,9231	0,8829
	30	1,1667	1,1053	1,0500	1,0000	0,9545	0,9130
	40	1,2052	1,1417	1,0846	1,0330	0,9860	0,9432
40	0	1,0176	0,9641	0,9159	0,8723	0,8326	0,7964
	10	1,0549	0,9994	0,9494	0,9042	0,8631	0,8256
	20	1,0922	1,0347	0,9829	0,9361	0,8936	0,8547
	30	1,1294	1,0700	1,0165	0,9681	0,9241	0,8839
	40	1,1667	1,1053	1,0500	1,0000	0,9545	0,9130

Tabelle 5.13: Umrechnungsfaktoren f_{tr} und f_f für atmosphärische Zustands- und Meßbedingungen
Druckeinheit: mbar

$P_1 = B_1 + p_1 (- p_{s,1})$ mbar		1100 mbar					
$P_2 = B_2 + p_2 (- p_{s,2})$ mbar (Torr)		900 (675,1)	950 (712,6)	1000 (750,1)	1050 (787,6)	1100 (825,1)	1150 (862,6)
Temperatur t_1 °C	t_2 °C						
0	0	1,2222	1,1579	1,1000	1,0476	1,0000	0,9565
	10	1,2670	1,2003	1,1403	1,0860	1,0366	0,9915
	20	1,3117	1,2427	1,1805	1,1243	1,0732	1,0266
	30	1,3565	1,2851	1,2208	1,1627	1,1098	1,0616
	40	1,4012	1,3275	1,2611	1,2010	1,1464	1,0966
10	0	1,1791	1,1170	1,0612	1,0106	0,9647	0,9227
	10	1,2222	1,1579	1,1000	1,0476	1,0000	0,9565
	20	1,2654	1,1988	1,1388	1,0846	1,0353	0,9903
	30	1,3086	1,2397	1,1777	1,1216	1,0706	1,0241
	40	1,3517	1,2806	1,2165	1,1586	1,1060	1,0579
20	0	1,1388	1,0789	1,0250	0,9761	0,9318	0,8913
	10	1,1805	1,1184	1,0625	1,0119	0,9659	0,9239
	20	1,2222	1,1579	1,1000	1,0476	1,0000	0,9565
	30	1,2639	1,1974	1,1375	1,0834	1,0341	0,9892
	40	1,3056	1,2369	1,1750	1,1191	1,0682	1,0218
30	0	1,1013	1,0433	0,9911	0,9439	0,9010	0,8619
	10	1,1416	1,0815	1,0274	0,9785	0,9340	0,8934
	20	1,1819	1,1197	1,0637	1,0131	0,9670	0,9250
	30	1,2222	1,1579	1,1000	1,0476	1,0000	0,9565
	40	1,2625	1,1961	1,1363	1,0822	1,0330	0,9881
40	0	1,0661	1,0100	0,9595	0,9138	0,8722	0,8343
	10	1,1051	1,0470	0,9946	0,9473	0,9042	0,8649
	20	1,1442	1,0839	1,0297	0,9807	0,9361	0,8954
	30	1,1832	1,1209	1,0649	1,0142	0,9681	0,9260
	40	1,2222	1,1579	1,1000	1,0476	1,0000	0,9565

Tabelle 5.14: Umrechnungsfaktoren f_{tr} und f_f für atmosphärische Zustands- und Meßbedingungen
Druckeinheit: mbar

$P_1 = B_1 + p_1 (- p_{s,1})$ mbar		1150 mbar					
$P_2 = B_2 + p_2 (- p_{s,2})$ mbar (Torr)		900 (675,1)	950 (712,6)	1000 (750,1)	1050 (787,6)	1100 (825,1)	1150 (862,6)
Temperatur t_1 °C	t_2 °C						
0	0	1,2778	1,2105	1,1500	1,0952	1,0455	1,0000
	10	1,3246	1,2548	1,1921	1,1353	1,0837	1,0366
	20	1,3713	1,2992	1,2342	1,1754	1,1220	1,0732
	30	1,4181	1,3435	1,2763	1,2155	1,1603	1,1098
	40	1,4649	1,3878	1,3184	1,2556	1,1986	1,1464
10	0	1,2327	1,1678	1,1094	1,0566	1,0085	0,9647
	10	1,2778	1,2105	1,1500	1,0952	1,0455	1,0000
	20	1,3229	1,2533	1,1906	1,1339	1,0824	1,0353
	30	1,3680	1,2960	1,2312	1,1726	1,1193	1,0706
	40	1,4132	1,3388	1,2718	1,2113	1,1562	1,1060
20	0	1,1906	1,1279	1,0715	1,0205	0,9741	0,9318
	10	1,2342	1,1692	1,1108	1,0579	1,0098	0,9659
	20	1,2778	1,2105	1,1500	1,0952	1,0455	1,0000
	30	1,3214	1,2518	1,1892	1,1326	1,0811	1,0341
	40	1,3650	1,2931	1,2285	1,1700	1,1168	1,0682
30	0	1,1513	1,0907	1,0362	0,9869	0,9420	0,9010
	10	1,1935	1,1307	1,0741	1,0230	0,9765	0,9340
	20	1,2356	1,1706	1,1121	1,0591	1,0110	0,9670
	30	1,2778	1,2105	1,1500	1,0952	1,0455	1,0000
	40	1,3199	1,2505	1,1879	1,1314	1,0799	1,0330
40	0	1,1146	1,0559	1,0031	0,9553	0,9119	0,8723
	10	1,1554	1,0946	1,0398	0,9903	0,9453	0,9042
	20	1,1962	1,1332	1,0766	1,0253	0,9787	0,9361
	30	1,2370	1,1719	1,1133	1,0603	1,0121	0,9681
	40	1,2778	1,2105	1,1500	1,0952	1,0455	1,0000

4. Wärmewert (Brennwert, Heizwert)

Der Wärmewert H kann als zusammenfassender Oberbegriff für die Größen *Brennwert* H_o (früher „oberer Heizwert") und *Heizwert* H_u (früher „unterer Heizwert", auch kurz Heizwert) immer dann als Bezeichnung benutzt werden, wenn übergeordnete, von den speziellen Größen H_o oder H_u nicht allein abhängige Gesetzmäßigkeiten von Einfluß sind. Nach internationaler Vereinbarung werden die Werte von H_o und H_u bei 25 °C bestimmt, aber gasfachlich auf eine Gasmenge von 1 Normkubikmeter (m^3 NZ) bezogen.

Nach den international vereinheitlichten 7 Basis- oder Grundeinheiten (siehe SI-Einheiten, S. 63) ist eine von ihnen das *Mol* (mol). In der gasfachlichen Praxis pflegt man das Kilomol (kmol) zugrunde zu legen. Es wird in Volumeneinheiten je chemischen Mengeneinheiten ausgedrückt (z. B. m^3 NZ je kmol). Hier wird das *Molvolumen* grundlegend primär auf das Kilomol bezogen (V_M m^3 NZ je kmol).

Die Werte für das *reale* Molvolumen gasfachlich und brenngasfachlich wichtiger Gase und Dämpfe im Normzustand (0 °C – 1013,25 mbar – trocken) bringt Tabelle 6.

Tabelle 6: Molvolumen von Gasen und Dämpfen im Normzustand nach *I. Lorenz* (Abschnitts-Lit. [9]) und Realgasfaktor Z

	Molvolumen V_M m^3_{NZ}/kmol	Realgasfaktor $Z = \frac{V_{m,real}}{V_{m,ideal}}$	
Wasserstoff H_2	22,4270	1,0006	
Kohlenmonoxid CO	22,3984	0,9993	
Methan CH_4	22,3621	0,9977	
Äthan C_2H_6	22,1872	0,9899	
Propan C_3H_8	21,9362	0,9787	
n-Butan C_4H_{10}	21,5036	0,9594	
i-Butan C_4H_{10}	21,5977	0,9636	
Äthen (Äthylen) C_2H_4	22,2567	0,9930	
Propen (Propylen) C_3H_6	21,9900	0,9811	
Buten (Butylen) 1-C_4H_8	21,6067	0,9640	
Äthin (Acetylen) C_2H_2	22,166	0,9890	(D'Ans-Lax)
Benzol C_6H_6	20,3609	0,9084	
Schwefelwasserstoff H_2S	22,1802	0,9896	
Sauerstoff O_2	22,3923	0,99905	
Stickstoff N_2	22,4035	0,9995	
Luftstickstoff $N_{2,atm}$	22,4034	0,9995	
Luft	22,4003	0,9994	
Kohlendioxid CO_2	22,2601	0,9932	
Wasserdampf H_2O_D	21,629	0,9650	
Helium He	22,430	1,0007	(D'Ans-Lax)

Anmerkung: Die Werte für H_2S wurden wegen des Einsatzes von Rohgasen in der Praxis hier aufgenommen.

Tabelle 7 bringt die Lorenzwerte für H_o und H_u (Realwerte für 25 °C). Die DVGW-Regel G 260 empfiehlt bei Bezug auf den Normzustand der Volumeneinheit als Kurzzeichen $H_{o,n}$ und $H_{u,n}$.

Tabelle 7: $H_{o,n}$ und $H_{u,n}$ für gasfachlich und brenngasfachlich wichtige Gase und Dämpfe

	$H_{o,n}$			$H_{u,n}$		
	kcal/kmol	kJ/kmol	kWh/kmol	kcal/kmol	kJ/kmol	kWh/kmol
H_2	68272	285841	79,40028	57762	241838	67,17723
CO	67591	282990	78,60834	67591	282990	78,60834
CH_4	212660	890365	247,32363	191640	802358	222,87724
C_2H_6	372570	1559876	433,29892	341040	1427866	396,62948
C_3H_8	530250	2220051	616,68088	488210	2044038	567,78838
n-C_4H_{10}	687180	2877085	799,19034	634630	2657069	738,07478
i-C_4H_{10}	685880	2871642	797,67840	633330	2651626	736,56284
C_2H_4	337000	1410952	391,93114	315980	1322945	367,48475
C_3H_6	491660	2058482	571,80060	460130	1926472	535,13115
1-C_4H_8	649020	2717317	754,81034	606980	2541304	705,91785
C_2H_2 (Abschnitts-Lit.)	310408	1299616	361,00447	299905	1255642	348,78947
C_6H_6	788550	3301501	917,08368	757020	3169491	880,41424
H_2S	134279	562199	156,16640	123788	518276	143,96557
	kcal/m³ (NZ)	kJ/m³ (NZ)	kWh/m³ (NZ)	kcal/m³ (NZ)	kJ/m³ (NZ)	kWh/m³ (NZ)
H_2	3044	12745	3,54028	2576	10785	2,99583
CO	3018	12636	3,51000	3018	12636	3,51000
CH_4	9510	39816	11,06000	8570	35881	9,96695
C_2H_6	16792	70305	19,52917	15371	64355	17,87639
C_3H_8	24172	101203	28,11195	22256	93181	25,88361
n-C_4H_{10}	31957	133796	37,16556	29513	123565	34,32361
i-C_4H_{10}	31757	132960	36,93334	29324	122774	34,10389
C_2H_4	15142	63397	17,61028	14197	59440	16,51111
C_3H_6	22358	93608	26,00222	20925	87609	24,33584
1-C_4H_8	30038	125763	34,93417	28092	117616	32,67111
C_2H_2 (V_M nach D'Ans-Lax)	14004	58632	16,28667	13530	56647	15,73528
C_6H_6	38729	162151	45,04195	37180	155665	43,24028
H_2S	6054	25347	7,04088	5581	23367	6,49083
	kcal/kg	kJ/kg	kWh/kg	kcal/kg	kJ/kg	kWh/kg
H_2	33865	141786	39,38500	28652	119960	33,32222
CO	2413	10103	2,80639	2413	10103	2,80639
CH_4	13256	55500	15,41667	11945	50011	13,89195
C_2H_6	12390	51874	14,40945	11342	47487	13,19083
C_3H_8	12025	50346	13,98500	11071	46352	12,87556
n-C_4H_{10}	11823	49501	13,75028	10919	45716	12,69889
i-C_4H_{10}	11800	49404	13,72333	10896	45619	12,67195
C_2H_4	12013	50296	13,97111	11263	47156	13,09889
C_3H_6	11684	48919	13,58861	10934	45778	12,71611
1-C_4H_8	11567	48429	13,45250	10818	45293	12,58139
C_2H_2	11921	49911	13,86417	11518	48224	13,39556
C_6H_6	10095	42266	11,74056	9691	40574	11,27056
H_2S	3941	16500	4,58333	3633	15211	4,22528

Ausgangswerte für Tabelle 7 waren die *Lorenz*angaben in kcal/m³ (NZ). Die übrigen Werte wurden nach den bekannten Beziehungen zwischen den verschiedenen Einheiten, wie sie auch *I. Lorenz* angibt, berechnet.

Der Begriffsinhalt (= Definition) von H_o und H_u wird in der Regel als bei der Verbrennung von 1 m³ Gas frei werdende Wärmemenge, bezogen auf die Wärmewerte von 25 °C, gekennzeichnet. In manchen Fachveröffentlichungen wird statt einfach „Verbrennung“ der Ausdruck „vollständige Verbrennung“ benutzt. Die Bezeichnung *„vollständig“* kann sich, sprachlich richtig angewandt, nur auf die *Menge* des verbrannten oder verbrennenden Brennstoffs beziehen. Stillschweigend wird daher bei „vollständig“ vorausgesetzt, daß die Verbrennungsprodukte keine brennbaren Bestandteile (CO, H_2 usw.) enthalten. In diesem Fall ist aber der sich auf die Zusammensetzung der Verbrennungsgase beziehende Ausdruck *„vollkommene* Verbrennung“ sprachlich und fachlich richtiger. Man sollte daher beim Begriffsinhalt der Wärmewerte H_o und H_u von *vollständiger und vollkommener* Verbrennung sprechen. Damit würde man nicht nur auf Brenn*gase* beschränkt bleiben, sondern auch die *flüssigen* und *festen* Brennstoffe erfassen.

Der Unterschied zwischen H_o und H_u stammt von der Verdampfungsenthalpie (= Kondensationsenthalpie) der Menge des Verbrennungswassers. Nach *H. D. Baehr* (Abschnitts-Lit. [10]) ist die Temperaturabhängigkeit des Heizwerts H_u sehr gering und liegt innerhalb der Genauigkeit, mit der die Brennwerte experimentell bestimmt werden, so weit das Temperaturgebiet zwischen 0 °C und 100 °C betrachtet wird. Da aber die Verdampfungsenthalpie in diesem Temperaturbereich temperaturabhängig ist, würde sich dies auf die Brennwerte auswirken, wenn von den Heizwerten ausgegangen wird. Demnach ist es von Interesse, die wichtigen Größenwerte von Wasser zwischen 0 °C und 100 °C kennen zu lernen. Nennt man mit h' die Enthalpie von flüssigem Wasser und mit h'' die des Wasserdampfs im gesättigten Zustand, dann wird die Verdampfungsenthalpie r gleich $h' - h''$. Die Tabellen 8 bis 10 bringen diese Werte in verschiedenen Einheiten.

Tabelle 8: Enthalpie h' des flüssigen Wassers in verschiedenen Einheiten (Abschnitts-Lit. [11])

	kcal/kmol	kcal/kg	kcal/m³ NZ	kJ/kmol	kJ/kg	kJ/m³ NZ
0 °C	0,0	0,0	0,00	0,00	0,00	0,00
5	90,4	5,0	4,18	378,50	21,01	17,50
10	180,7	10,0	8,35	756,47	41,99	34,97
15	270,8	15,0	12,52	1133,89	62,94	52,42
20	360,8	20,0	16,68	1510,77	83,86	69,85
25	450,8	25,0	20,84	1887,47	104,77	87,27
30	540,7	30,0	25,00	2263,82	125,66	104,67
35	630,6	35,0	29,16	2640,34	146,56	122,07
40	720,5	40,0	33,31	3016,68	167,45	139,47
45	810,5	45,0	37,47	3393,20	188,35	156,88
50	900,4	50,0	41,63	3769,90	209,26	174,30
55	990,4	55,0	45,79	4146,60	230,17	191,72
60	1080,4	60,0	49,95	4523,49	251,09	209,14
65	1170,5	65,0	54,12	4900,55	272,02	226,57
70	1260,6	70,0	58,28	5277,97	292,97	244,02
75	1350,9	75,0	62,46	5655,75	313,94	261,49
80	1441,1	80,0	66,63	6033,72	334,92	278,96
85	1531,5	85,0	70,81	6412,04	355,92	296,46
90	1621,9	90,0	74,99	6790,72	376,94	313,96
95	1712,5	95,1	79,18	7169,95	397,99	331,50
100	1803,2	100,1	83,37	7549,53	419,06	349,05

Die der Abschnitts-Lit. [11] entnommenen Ausgangs- oder Originalwerte für die Zusammenstellung der Tabelle 8 sind die Zahlen der Spalte „kJ/kg“. Für die Umrechnungen wurden folgende von *I. Lorenz* stammenden realen, wenn auch „hypothetischen“ Wasserwerte benutzt:

$$1 \text{ kmol } H_2O_D = 18{,}0154 \text{ kg } H_2O_D = 21{,}629 \text{ m}^3 \text{ NZ } H_2O_D$$

$$1 \text{ kg } H_2O_D = 21{,}629 : 18{,}0154 = 1{,}200584 \text{ m}^3 \text{ NZ } H_2O_D$$

$$1 \text{ m}^3 \text{ NZ } H_2O_D = 1 : 1{,}200584 = 0{,}832928 \text{ kg } H_2O_D.$$

Daraus ergibt sich, da außerdem 1 kcal = 4,1868 kJ ist, folgendes im einzelnen:

kcal/kmol = kJ/kmol : 4,1868
kcal/kg = kJ/kg : 4,1868
$kcal/m^3$ NZ = kJ/m^3 NZ : 4,1868
kJ/kmol = kJ/kg mal 18,0154
kJ/m^3 NZ = kJ/kg mal 0,832928

ferner: 1 kWh = 3600 kJ
1 kJ = 0,000277778 kWh

Tabelle 9: Enthalpie h″ des Wasserdampfs in verschiedenen Einheiten (Abschnitts-Lit. [11])

	kcal/kmol	kcal/kg	$kcal/m^3$ NZ	kJ/kmol	kJ/kg	kJ/m^3 NZ
0 °C	10764,1	597,5	497,7	45067,3	2501,6	2083,7
5	10803,3	599,7	499,5	45231,3	2510,7	2091,2
10	10842,9	601,9	501,3	45397,0	2519,9	2098,9
15	10882,5	604,1	503,2	45562,7	2529,1	2106,6
20	10921,6	606,2	504,9	45726,7	2538,2	2114,1
25	10960,8	608,4	506,8	45890,6	2547,3	2121,7
30	11000,0	610,6	508,6	46054,6	2556,4	2129,3
35	11038,7	612,7	510,4	46216,7	2565,4	2136,8
40	11077,4	614,9	512,2	46378,8	2574,4	2144,3
45	11115,7	617,0	513,9	46539,2	2583,3	2151,7
50	11154,0	619,1	515,7	46699,5	2592,2	2159,1
55	11191,9	621,2	517,4	46858,1	2601,0	2166,4
60	11229,3	623,3	519,2	47014,8	2609,7	2173,7
65	11266,7	625,4	520,9	47171,5	2618,4	2180,9
70	11303,3	627,4	522,6	47324,7	2626,9	2188,0
75	11339,9	629,5	524,3	47477,8	2635,4	2195,1
80	11376,0	631,5	526,0	47629,1	2643,8	2202,1
85	11411,3	633,4	527,6	47776,8	2652,0	2208,9
90	11446,2	635,4	529,2	47922,8	2660,1	2215,7
95	11480,6	637,3	530,8	48066,9	2668,1	2222,3
100	11514,6	639,2	532,4	48209,2	2676,0	2228,9

Als Ausgangs- oder Originalwerte gelten auch in der Tabelle 9 die Zahlen der Spalte „kJ/kg". Die Umrechnungen beziehen sich auf die in der Tabelle 8 angegebenen Beziehungen.

Tabelle 10: Verdampfungs-Enthalpie r (= h″ − h′) von Wasser in verschiedenen Einheiten (Abschnitts-Lit. [11])

	kcal/kmol	kcal/kg	$kcal/m^3$ NZ	kJ/kmol	kJ/kg	kJ/m^3 NZ
0°C	10764,1	597,5	497,7	45067,3	2501,6	2083,7
5	10712,9	594,7	495,3	44852,9	2489,7	2073,7
10	10662,2	591,8	493,0	44640,4	2477,9	2063,9
15	10611,4	589,0	490,6	44427,8	2466,1	2054,1
20	10560,6	586,2	488,3	44215,2	2454,3	2044,3
25	10509,8	583,4	485,9	44002,6	2442,5	2034,4
30	10459,1	580,6	483,6	43790,0	2430,7	2024,6
35	10407,9	577,7	481,2	43575,6	2418,8	2014,7
40	10356,7	574,9	478,8	43361,3	2406,9	2004,8
45	10305,0	572,0	476,4	43145,1	2394,9	1994,8
50	10253,4	569,1	474,1	42928,9	2382,9	1984,8
55	10201,3	566,3	471,6	42710,4	2370,8	1974,7
60	10148,8	563,3	469,2	42491,1	2358,6	1964,5
65	10095,9	560,4	466,8	42269,5	2346,3	1954,3
70	10043,0	557,5	464,3	42047,9	2334,0	1944,1
75	9989,2	554,5	461,8	41822,8	2321,5	1933,6
80	9934,6	551,4	459,3	41594,0	2308,8	1923,1
85	9881,6	548,5	456,9	41372,4	2296,5	1912,8
90	9824,4	545,3	454,2	41132,8	2283,2	1901,7
95	9768,5	542,2	451,6	40898,6	2270,2	1890,9
100	9711,2	539,1	449,0	40659,0	2256,9	1879,8

Als Ausgangs- oder Originalwerte gelten auch in Tabelle 10 die Zahlen der Spalte „kJ/kg". Die Umrechnungen beziehen sich auf die in der Tabelle angegebenen Beziehungen. Im *D'Ans-Lax* (Abschnitts-Lit. [12]) sind für h', h" und r nur wenig abweichende Werte angegeben. Die maximale Abweichung beträgt dort nur 0,2 %.

Die Unterschiede zwischen H_o und H_u in Tabelle 7 entsprechen praktisch genau den r-Werten für 25 °C der Tabelle 10.

5. Dichte

Die Dichte ist der Quotient einer Massenmenge durch das von ihr eingenommene Volumen. Für Gase ergibt sich danach z. B. die Einheit kg: m³ NZ. Diese Einheit fällt unter den allgemeinen Oberbegriff „*Absolute Dichte*", wofür das Kurzzeichen ρ benutzt wird. Bezogen auf den Normzustand von 0 °C, 760 Torr (= 1013,25 mbar), trocken gilt der Ausdruck *Normdichte* ρ_n. Das Gasfach hat daneben als Besonderheit, die sich aus der experimentellen Dichtebestimmung nach manchen Methoden ableitet, eine *relative Dichte* (auch Dichteverhältnis d_v genannt): $d_n = \rho_n : 1{,}2931$, also bezogen auf die absolute Normdichte der Luft. Wenngleich sich die Dichte der realen Gase mit der Temperatur verschieden ändert, kann man doch mit ausreichender Genauigkeit im Bereich der atmosphärischen Verhältnisse mit dem Wert 1,2931 bei Umrechnungen zwischen absoluter und relativer Dichte arbeiten.

Aus den Molvolumen nach Tabelle 6 (siehe S. 19) und der Molmasse (früher Molgewicht oder Molekulargewicht) ergeben sich für die Normdichten ρ_n und d_n die Werte der Tabelle 11.

Tabelle 11: Molmasse und Normdichte von Gasen

	Molmasse M kg/V_M	reale abs. Normdichte ρ_n kg/m³ NZ	reale rel. Normdichte d_n (Luft = 1)
Wasserstoff H_2	2,0160	0,08989	0,06952
Kohlenmonoxid CO	28,0104	1,2506	0,9671
Methan CH_4	16,0430	0,7174	0,5548
Äthan C_2H_6	30, 0700	1,3553	1,0481
Propan C_3H_8	44,0970	2,0102	1,5546
n-Butan C_4H_{10}	58,1240	2,7030	2,0903
i-Butan C_4H_{10}	58,1240	2,6912	2,0812
Äthen C_2H_4	28,0540	1,2605	0,9748
Propen C_3H_6	42,0810	1,9136	1,4799
Buten 1-C_4H_8	56,1080	2,5968	2,0082
Äthin C_2H_2	26,038	1,1747	0,9084
Benzol C_6H_6	78,1140	3,8365	2,9669
Schwefelwasserstoff H_2S	34,076	1,5363	1,1881
Sauerstoff O_2	31,9988	1,4290	1,1051
Stickstoff N_2	28,0134	1,2504	0,9670
Luftstickstoff $N_{2,atm}$	28,1542	1,2567	0,9718
Luft	28,966	1,2931	1,0000
Kohlendioxid CO_2	44,0098	1,9770	1,5289
Wasserdampf H_2O_D	18,0154	0,8329	0,6441
Helium He	4,003	0,1785	0,1380

Anmerkung. Die Normdichten ρ_n und d_n von atmosphärischem Stickstoff ($N_{2,atm}$) können auch aus der Zusammensetzung der atmosphärischen Luft (siehe S. 151) – 20,95 Vol.-% O_2 + 79,05 Vol.-% $N_{2,atm}$ – und den entsprechenden Dichtewerten von Luft und O_2 nach Tabelle 11 ermittelt werden:

$$\rho_n = \frac{1{,}2931 - 0{,}2095 \cdot 1{,}4290}{0{,}7905} = 1{,}257$$

$$d_n = \frac{1 - 0{,}2095 \cdot 1{,}1051}{0{,}7905} = 0{,}972$$

Umrechnung von Dichtearten ineinander

Die Umrechnung von absoluter Dichte ρ ind d und umgekehrt kann mit den raumsparenden Tabellen 12 und 13 in verschiedener Weise durchgeführt werden.

Für die Bereiche der Brenngase der öffentlichen Gasversorgung wurden in der Reihe der gwf-Arbeitsblätter Dichtewerte (d = 0,34 bis 2,10 – ρ = 0,44 bis 2,72) zusammengestellt (Abschnitts-Lit. [13]).

Tabelle 12: Umrechnung von absoluter Dichte ρ (kg/m³) in relative Dichte d (Luft = 1). d = 0,773335 ρ

	Tausendstel ρ									
ρ	0,000	0,001	0,002	0,003	0,004	0,005	0,006	0,007	0,008	0,009
Hundertstel ρ 0,00	0	0,00077	0,00157	0,00232	0,00309	0,00387	0,00464	0,00541	0,00619	0,00696
0,01	0,00773	0,00851	0,00928	0,01005	0,01160	0,01160	0,01237	0,01315	0,01392	0,01469
0,02	0,01547	0,01624	0,01701	0,01799	0,01856	0,01933	0,02011	0,02088	0,02165	0,02243
0,03	0,02320	0,02397	0,02475	0,02552	0,02629	0,02707	0,02784	0,02861	0,02939	0,03016
0,04	0,03093	0,03171	0,03248	0,03325	0,03403	0,03480	0,03557	0,03635	0,03712	0,03789
0,05	0,03867	0,03944	0,04021	0,04099	0,04176	0,04253	0,04331	0,04408	0,04485	0,04563
0,06	0,04640	0,04717	0,04795	0,04872	0,04949	0,05027	0,05104	0,05181	0,05259	0,05336
0,07	0,05413	0,05491	0,05568	0,05645	0,05723	0,05800	0,05877	0,05955	0,06032	0,06109
0,08	0,06187	0,06264	0,06341	0,06419	0,06496	0,06573	0,06651	0,06728	0,06805	0,06883
0,09	0,06960	0,07037	0,07115	0,07192	0,07269	0,07347	0,07424	0,07501	0,07579	0,07656
0,10	0,07733	0,07811	0,07888	0,07965	0,08043	0,08120	0,08197	0,08275	0,08352	0,08429

	Hundertstel ρ									
ρ	0,00	0,01	0,02	0,03	0,04	0,05	0,06	0,07	0,08	0,09
Zehntel ρ 0,1	0,07733	0,08507	0,09280	0,10053	0,10827	0,11600	0,12373	0,13147	0,13920	0,14693
0,2	0,15467	0,16240	0,17013	0,17787	0,18560	0,19333	0,20107	0,20880	0,21653	0,22427
0,3	0,23200	0,23973	0,24747	0,25520	0,26293	0,27067	0,27840	0,28613	0,29387	0,30160
0,4	0,30933	0,31707	0,32480	0,33253	0,34027	0,34800	0,35573	0,36347	0,37120	0,37893
0,5	0,38667	0,39440	0,40213	0,40987	0,41760	0,42533	0,43307	0,44080	0,44853	0,45627
0,6	0,46400	0,47173	0,47947	0,48720	0,49493	0,50267	0,51040	0,51813	0,52587	0,53360
0,7	0,54133	0,54907	0,55680	0,56453	0,57227	0,58000	0,58773	0,59547	0,60320	0,61093
0,8	0,61867	0,62640	0,63413	0,64187	0,64960	0,65733	0,66577	0,67280	0,68053	0,68827
0,9	0,69600	0,70373	0,71147	0,71920	0,72693	0,73467	0,74240	0,75014	0,75787	0,76560
1,0	0,77334	–	–	–	–	–	–	–	–	–

Beispiel

ρ = 1,683 kg/m³ d = ?

Lösungswege

a) 1,0 .... 0,77334 unterer Tabellen-Teil
0,68 .... 0,52587 unterer Tabellen-Teil
0,003 .... 0,00309 oberer Tabellen-Teil
1,30230

b) 10 mal 0,10 0,77334 oberer Tabellen-Teil
0,68 .... 0,52587 unterer Tabellen-Teil
0,003 .... 0,00309 oberer Tabellen-Teil
1,30230

c) 1,0 .... 0,77334 unterer Tabellen-Teil
0,6 .... 0,46400 unterer Tabellen-Teil
0,083 .... 0,06419 oberer Tabellen-Teil
1,30153

d) 10 mal 0,10 0,77334 oberer Tabellen-Teil
0,6 .... 0,46400 unterer Tabellen-Teil
0,083 .... 0,06419 oberer Tabellen-Teil
1,30153

e) 1,0 .... 0,77334 unterer Tabellen-Teil
0,6 .... 0,46400 unterer Tabellen-Teil
0,08 .... 0,06187 oberer Tabellen-Teil
0,003 .... 0,00309 oberer Tabellen-Teil
1,30230

Lösung: d = 1,302

Tabelle 13: Umrechnung von relativer Dichte d (Luft = 1) in absolute Dichte ρ (kg/m^3). ρ = 1,2931 d

	d	Tausendstel d 0,000	0,001	0,002	0,003	0,004	0,005	0,006	0,007	0,008	0,009
Hundertstel d	0,00	0	0,00129	0,00259	0,00388	0,00517	0,00647	0,00776	0,00905	0,01034	0,01164
	0,01	0,01293	0,01422	0,01552	0,01681	0,01810	0,01940	0,02069	0,02198	0,02328	0,02457
	0,02	0,02586	0,02716	0,02845	0,02974	0,03103	0,03233	0,03362	0,03491	0,03621	0,03750
	0,03	0,03879	0,04009	0,04138	0,04267	0,04397	0,04526	0,04655	0,04784	0,04914	0,05043
	0,04	0,05172	0,05302	0,05431	0,05560	0,05690	0,05819	0,05948	0,06078	0,06207	0,06336
	0,05	0,06466	0,06595	0,06724	0,06853	0,06983	0,07112	0,07241	0,07371	0,07500	0,07629
	0,06	0,07759	0,07888	0,08017	0,08147	0,08276	0,08405	0,08534	0,08664	0,08793	0,08922
	0,07	0,09052	0,09181	0,09310	0,09440	0,09569	0,09698	0,09828	0,09957	0,10086	0,10215
	0,08	0,10345	0,10474	0,10603	0,10733	0,10862	0,10991	0,11121	0,11250	0,11379	0,11509
	0,09	0,11638	0,11767	0,11897	0,12026	0,12155	0,12284	0,12414	0,12543	0,12672	0,12802
	0,10	0,12931	0,13060	0,13190	0,13319	0,13448	0,13578	0,13707	0,13836	0,13965	0,14095

	d	Hundertstel d 0,00	0,01	0,02	0,03	0,04	0,05	0,06	0,07	0,08	0,09
Zehntel d	0,1	0,12931	0,14224	0,15517	0,16810	0,18103	0,19397	0,20690	0,21983	0,23276	0,24569
	0,2	0,25862	0,27155	0,28448	0,29741	0,31034	0,32328	0,33621	0,34914	0,36207	0,37500
	0,3	0,38793	0,40086	0,41379	0,42672	0,43965	0,45259	0,46552	0,47845	0,49138	0,50431
	0,4	0,51724	0,53017	0,54310	0,55603	0,56896	0,58190	0,59483	0,60776	0,62069	0,63362
	0,5	0,64655	0,65948	0,67241	0,68534	0,69827	0,71121	0,72414	0,73707	0,75000	0,76293
	0,6	0,77586	0,78879	0,80172	0,81465	0,82758	0,84052	0,85345	0,86638	0,87931	0,89224
	0,7	0,90517	0,91810	0,93103	0,94396	0,95689	0,96983	0,98276	0,99569	1,00862	1,02155
	0,8	1,03448	1,04741	1,06034	1,07327	1,08620	1,09914	1,11207	1,12500	1,13793	1,15086
	0,9	1,16379	1,17672	1,18965	1,20258	1,21551	1,22845	1,24138	1,25431	1,26724	1,28017
	1,0	1,29310	–	–	–	–	–	–	–	–	–

Beispiel

d = 0,456 (Luft = 1) ρ = ?

Lösungswege

a) 0,45 .... 0,58190 unterer Tabellen-Teil
0,006 .... 0,00776 oberer Tabellen-Teil
0,58966

b) 0,4 .... 0,51724 unterer Tabellen-Teil
0,056 .... 0,07241 oberer Tabellen-Teil
0,58965

c) 0,4 .... 0,51724 unterer Tabellen-Teil
0,05 .... 0,06466 oberer Tabellen-Teil
0,006 .... 0,00776 oberer Tabellen-Teil
0,58966

Lösung: ρ = 0,590 kg/m^3

6. Wobbewert

Die mit zwei stofflichen Gaseigenschaften (Wärmewert und Dichte) gekennzeichnete *Energiebelastung* eines Gasgerätes oder einer Gasfeuerstätte bestimmt die durch die Düse oder Zuleitung zuströmende Gasmenge. Die Energiebelastung ist eine Größe, die früher nach ihrem sie erstmals als Gasleistungsziffer vorschlagenden Fachmann *Wobbe-Zahl* genannt wurde. Da die Bezeichnung „Zahl" normgerecht nur für dimensionslose Größen angewandt werden soll, eine Voraussetzung, die hier nicht gegeben ist, ging man nach fremdsprachigen Vorbildern zu *Wobbe-Index* über. Auf Grund des Zusammenhangs mit den Wärmewert-Größen Brennwert H_o und Heizwert H_u scheint mir der jüngste Vorschlag *Wobbewert* am zweckmäßigsten zu sein. Aus der allgemeinen Grundform:

$$\text{Wobbewert } W = \frac{\text{Wärmewert}}{\sqrt{\text{Dichte}}} \qquad (23)$$

kommt man zu vier Möglichkeiten.

$$W_1 = \frac{H_o}{\sqrt{\rho}}, \tag{24}$$

$$W_2 = \frac{H_u}{\sqrt{\rho}}, \tag{25}$$

$$W_3 = \frac{H_o}{\sqrt{d}}, \tag{26}$$

$$W_4 = \frac{H_u}{\sqrt{d}}. \tag{27}$$

Die Grundform (23) und ihre 4 verschiedenen Fassungen setzen zunächst einen gegebenen gleichen Gasdruck voraus, als der normaler Weise der Druck des Normzustandes (760 Torr = 1013,25 mbar) gilt, auf den man auch andere Gasgrößen, wie die Wärmewerte (H_o, H_u) oder die Dichten (ρ und d) zu beziehen pflegt. In der gasfachlichen Praxis in der Regel, insbesondere auch bei Austauschbarkeitsberechnungen, wird die Form W_3 benutzt. Neuerdings wendet man sich vom Brennverhalten her mehr und mehr W_4 zu.

Ein besonderes Problem bietet die physikalische *Dimension* des Wobbewerts. Geht man von der Grundform W_1 oder W_2 aus, dann ergibt sich die Dimension gleich $M^{0,5} \cdot L^{-0,5} \cdot Z^{-2}$ (M Masse, L Länge, Z Zeit siehe S. 60). Für W_3 und W_4 würde sich, da die Dichte d dimensionslos ist, die Dimension der Wärmewerte (Brennwert H_o, Heizwert H_u) ergeben, was bei z.B. der Einheit kcal/m^3 für den Wärmewert auch für den Wobbewert die gleiche Einheit ergäbe. Da aber ein gegebenes Gas verschiedene Zahlenwerte für Wärmewert und Wobbewert hat, sind Verwechslungen nicht ausgeschlossen. Es ist daher sehr zu begrüßen, daß man bei uns in der Gaspraxis den Wobbewert ohne Einheit, sondern nur durch seinen Zahlenwert nennt. Siehe hierzu auch Abschnitts-Lit. [4].

In Tabelle 14 sind für die bisher immer angegebenen Einzelgase die Werte W_3 und W_4 (Wärmewerte bezogen auf kcal/m^3 NZ und kJ/m^3 NZ) sowie die Quadratwurzelwerte der Dichten d_n zusammengestellt. Außerdem sind in Bild 2, einem Diagramm mit H_o (H_u) in kcal/m^3 NZ als Abszisse und $\sqrt{d_n}$ als Ordinate die entsprechenden Werte der brennbaren Einzelgase und die $\sqrt{d_n}$-Werte der Inerten eingetragen. Sie bilden mit den Werten von H_2–N_2–CO_2–C_4H_{10} ein Feld, in welchem praktisch alle üblichen technischen Brenngase liegen würden (siehe hierzu auch S. 92). Die rechten Punkte der waagrechten Verbindungsstrecken bei den einzelnen brennbaren Gasen entsprechen H_o, die linken Punkte H_u.

Eine allgemeine Tabelle 15 gilt unabhängig von der Gasart (Wärmewertart) und von der Dichteart, ebenso von der gewählten Einheit für die H-Werte. Sie entspricht also eigentlich der Grundgleichung (23). Wenn diese Tabelle sich auch den üblichen Bereichen von H und d (ρ) etwa bis zu den höchsten Gaskohlenwasserstoffen anpaßt, ist sie doch bezüglich H vielfältig ausnutzbar, wie einige Beispiele zeigen sollen.

1. 0,1 mal H: Der Wert für H = 18000 liefert mal 0,1 für H = 1800 und d = 0,4 den Wobbewert W = 28460 : 10 = 2846.
2. 10 mal H: Der Wert für W = 60000 ergibt sich aus den W-Werten für 6000 nach Multiplikation mit 10.
3. Für ein H = 4180 und ein d = 0,5 findet man den W-Wert wie folgt:

W für 4000	5657
W für 18000 : 100	255
gesuchter W-Wert	5912

4. Für H = 21000 und d = 0,5 verfährt man wie folgt:

W für 20000	28284
W für 10000 : 10	1414
gesuchter W-Wert	29698

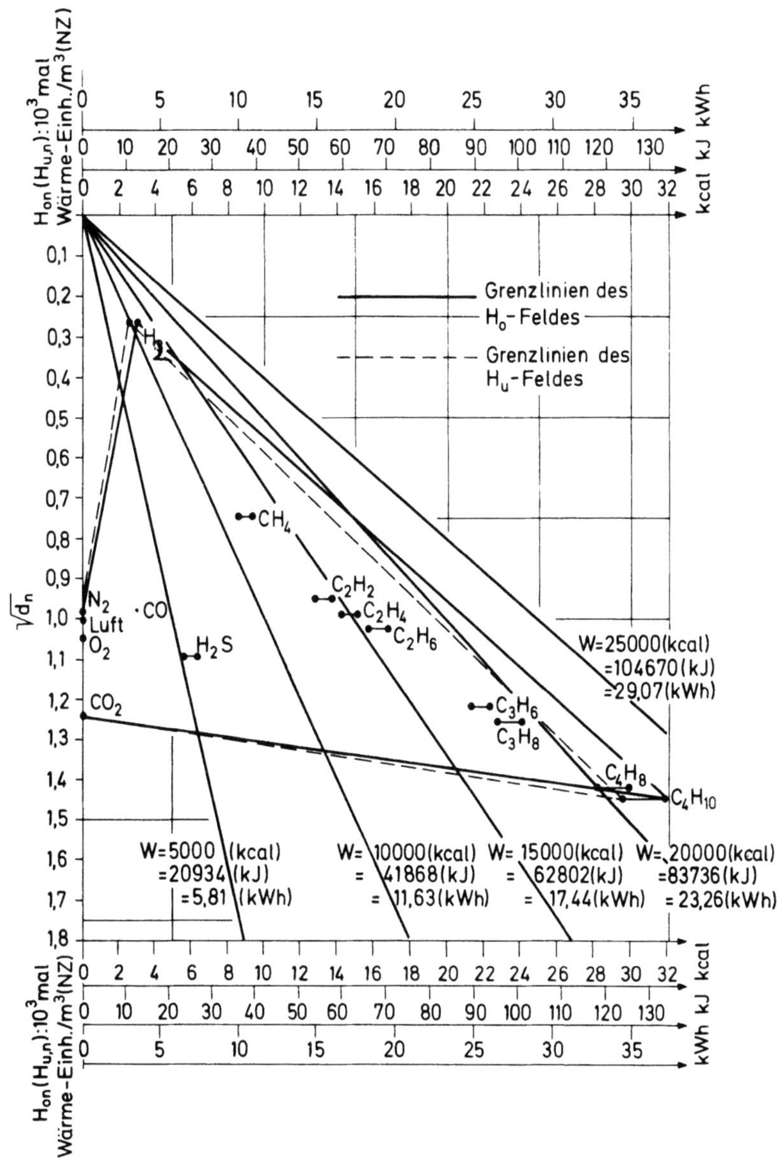

Bild 2. Wobbewerte W_o und W_u von Einzelgasen im H_n- $\sqrt{d_n}$-Diagramm

Tabelle 14: Wobbewerte ($W_o = H_{o,n} : \sqrt{d_n}$) und ($W_u = H_{u,n} : \sqrt{d_n}$) sowie Quadratwurzeln $\sqrt{d_n}$

	W_3 ($H_{o,n}: \sqrt{d_n}$) (kcal)	W_3 ($H_{o,n}: \sqrt{d_n}$) (kJ)	W_4 ($H_{u,n}: \sqrt{d_n}$) (kcal)	W_4 ($H_{u,n}: \sqrt{d_n}$) (kJ)	$\sqrt{d_n}$
H_2	11545	48339	9770	40897	0,263660
CO	3069	12847	3069	12877	0,983411
CH_4	12768	53455	11506	48171	0,744853
C_2H_6	16402	68673	15014	62861	1,023763
C_3H_8	19387	81170	17850	74734	1,246832
n-C_4H_{10}	22103	92542	20413	85465	1,445793
i-C_4H_{10}	22013	92165	20327	85104	1,442640
C_2H_4	15337	64209	14380	64016	0,987304
C_3H_6	18379	76950	17201	72015	1,216506
C_4H_8-1	21197	88746	19824	82997	1,417105
C_2H_2	14693	61515	14196	59434	0,953112
C_6H_6	22485	94138	21585	90374	1,722463
H_2S	5554	23254	5120	21438	1,089998
O_2	0	0	0	0	1,051239
N_2	0	0	0	0	0,983352
$N_{2,atm}$	0	0	0	0	0,985822
Luft	0	0	0	0	1,000000
CO_2	0	0	0	0	1,236503
H_2O_D	0	0	0	0	0,802579
He	0	0	0	0	0,371503

Tabelle 16 bringt die f-Werte für – 25 °C bis 100 °C und für Drücke von 1 atm bis 2 atm, Tabelle 17 außerdem die $\sqrt{f'}$-Werte für – 20 °C bis 40 °C und Normzustandsdruck. Diese Werte können für Wobbe-Berechnungen im atmosphärischen Temperaturbereich unmittelbar angewendet werden. Bild 3 zeigt die Veränderung von W mit der Temperatur bei konstantem Druck.

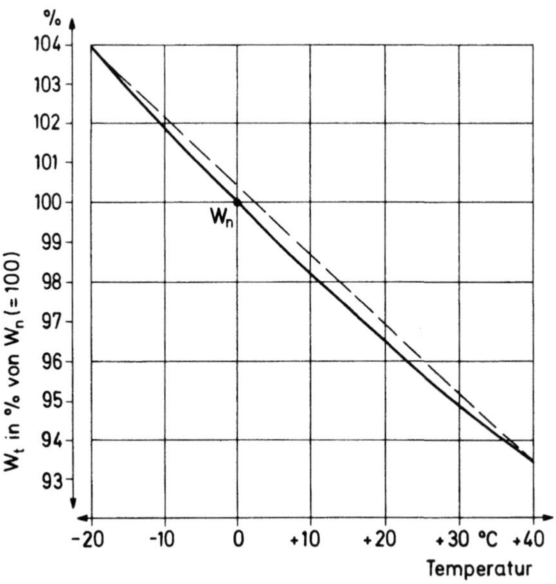

Bild 3.
Temperaturabhängigkeit von W bei konstantem Druck, bezogen auf W (0 °C) = 100 %

Tabelle 15: Allgemeine Übersicht der Wobbewerte für beliebige Wärmewerte und beliebige Dichten

d (ρ)	$\sqrt{d}$ ($\sqrt{\rho}$)	2000	4000	6000	8000	10000	12000	14000	16000	18000	20000	22000	24000	26000	28000	30000	32000	34000
0,1	0,316228	6325	12649	18974	25298	31623	37947	44272	50596	56921	63246	69570	75895	82219	88544	94868	101193	107517
0,2	0,447214	4472	8944	13416	17889	22361	26833	31305	35777	40249	44721	49193	53666	58138	62610	67082	71554	76026
0,3	0,547723	3651	7303	10954	14606	18257	21909	25560	29212	32863	36515	40166	43818	47469	51121	54772	58424	62075
0,4	0,632456	3162	6325	9487	12649	15811	18974	22136	25298	28460	31623	34785	37947	41110	44272	47434	50596	53759
0,5	0,707107	2828	5657	8485	11314	14142	16971	19799	22627	25456	28284	31113	33941	36770	39598	42426	45255	48083
0,6	0,774597	2582	5164	7746	10328	12910	15492	18074	20656	23238	25820	28402	30984	33566	36148	38730	41312	43894
0,7	0,836660	2390	4781	7171	9562	11952	14343	16733	19124	21514	23905	26295	28685	31076	33466	35857	38247	40638
0,8	0,894427	2236	4472	6708	8944	11180	13416	15652	17889	20125	22361	24597	26833	29069	31305	33541	35777	38013
0,9	0,948683	2108	4216	6325	8433	10541	12649	14757	16865	18974	21082	23190	25298	27406	29515	31623	33731	35839
1,0	1,000000	2000	4000	6000	8000	10000	12000	14000	16000	18000	20000	22000	24000	26000	28000	30000	32000	34000
1,1	1,048809	1907	3814	5721	7628	9535	11442	13348	15255	17162	19069	20976	22883	24790	26697	28604	30511	32418
1,2	1,095445	1826	3651	5477	7303	9129	10954	12780	14606	16432	18257	20083	21909	23735	25560	27386	29212	31038
1,3	1,140175	1754	3508	5262	7016	8771	10525	12279	14033	15787	17541	19295	21049	22804	24558	26312	28066	29820
1,4	1,183216	1690	3381	5071	6761	8452	10142	11832	13522	15213	16903	18593	20284	21974	23664	25355	27045	28735
1,5	1,224745	1633	3266	4899	6532	8165	9798	11431	13064	14697	16330	17963	19596	21229	22862	24495	26128	27761
1,6	1,264911	1581	3162	4743	6325	7906	9487	11068	12649	14230	15811	17393	18974	20555	22136	23717	25298	26879
1,7	1,303840	1534	3068	4602	6136	7670	9204	10738	12271	13805	15339	16873	18407	19941	21475	23009	24543	26077
1,8	1,341641	1491	2981	4472	5963	7454	8944	10435	11926	13416	14907	16398	17889	19379	20870	22361	23851	25342
1,9	1,378405	1451	2902	4353	5804	7255	8706	10157	11608	13059	14510	15960	17411	18862	20313	21764	23215	24666
2,0	1,414214	1414	2828	4243	5657	7071	8485	9899	11314	12728	14142	15556	16971	18385	19799	21213	22627	24042
2,1	1,449138	1380	2760	4140	5521	6901	8281	9661	11041	12421	13801	15181	16562	17942	19322	20702	22082	23462
2,2	1,483240	1348	2697	4045	5394	6742	8090	9439	10787	12136	13484	14832	16181	17529	18878	20226	21574	22923
2,3	1,516575	1319	2638	3956	5275	6594	7913	9231	10550	11869	13188	14506	15825	17144	18463	19781	21100	22419
2,4	1,549193	1291	2582	3873	5164	6455	7746	9037	10328	11619	12910	14201	15492	16783	18074	19365	20656	21947
2,5	1,581139	1265	2530	3795	5060	6325	7589	8854	10119	11384	12649	13914	15179	16444	17709	18974	20239	21503
2,6	1,612452	1240	2481	3721	4961	6208	7442	8682	9923	11163	12403	13644	14884	16125	17365	18605	19846	21086
2,7	1,643168	1217	2434	3651	4869	6086	7303	8520	9737	10954	12172	13389	14606	15823	17040	18257	19475	20692
2,8	1,673320	1195	2390	3586	4781	5976	7171	8367	9562	10757	11952	13148	14343	15538	16733	17928	19124	20319
2,9	1,702939	1174	2349	3523	4698	5872	7047	8221	9396	10570	11744	12919	14093	15268	16442	17617	18791	19965
3,0	1,732051	1155	2309	3464	4619	5774	6928	8083	9238	10392	11547	12701	13856	15011	16166	17321	18475	19630
3,1	1,760682	1136	2272	3408	4544	5680	6816	7951	9087	10223	11359	12495	13631	14767	15903	17039	18175	19311
3,2	1,788850	1118	2236	3354	4472	5590	6708	7826	8944	10062	11180	12298	13416	14534	15653	16771	17889	19007
3,3	1,816590	1101	2202	3303	4404	5505	6606	7707	8808	9909	11010	12111	13212	14313	15414	16514	17615	18716
3,4	1,843909	1085	2169	3254	4339	5423	6508	7593	8677	9762	10847	11931	13016	14100	15185	16270	17354	18439
3,5	1,870829	1069	2138	3207	4276	5345	6414	7483	8552	9621	10690	11759	12829	13898	14967	16036	17105	18174

Tabelle 16: $f = \dfrac{273{,}15 + t\,°C}{273{,}15 \cdot p} = \dfrac{°K}{273{,}15 \cdot p}$

p = atm			1	1,1	1,2	1,3	1,4	1,5	1,6	1,7	1,8	1,9	2,0
		Bar	1,013	1,115	1,216	1,317	1,419	1,520	1,621	1,723	1,824	1,925	2,0265
°C	K	Torr	760	836	912	988	1064	1140	1216	1292	1368	1444	1520
− 25	248,15		0,9085	0,8259	0,7571	0,6988	0,6489	0,6057	0,5678	0,5344	0,5047	0,4781	0,4542
− 24	249,15		0,9121	0,8292	0,7601	0,7016	0,6515	0,6081	0,5701	0,5366	0,5067	0,4801	0,4561
− 23	250,15		0,9158	0,8325	0,7631	0,7045	0,6541	0,6105	0,5724	0,5387	0,5088	0,4820	0,4579
− 22	251,15		0,9195	0,8359	0,7662	0,7073	0,6568	0,6130	0,5747	0,5409	0,5108	0,4839	0,4597
− 21	252,15		0,9231	0,8392	0,7693	0,7101	0,6594	0,6154	0,5769	0,5430	0,5128	0,4859	0,4616
− 20	253,15		0,9268	0,8425	0,7723	0,7129	0,6620	0,6179	0,5792	0,5452	0,5149	0,4878	0,4634
− 19	254,15		0,9304	0,8459	0,7754	0,7157	0,6646	0,6203	0,5815	0,5473	0,5169	0,4897	0,4652
− 18	255,15		0,9341	0,8492	0,7784	0,7185	0,6672	0,6227	0,5838	0,5497	0,5189	0,4916	0,4671
− 17	256,15		0,9378	0,8525	0,7815	0,7214	0,6698	0,6252	0,5861	0,5516	0,5210	0,4936	0,4689
− 16	257,15		0,9414	0,8558	0,7845	0,7242	0,6724	0,6276	0,5884	0,5538	0,5230	0,4955	0,4707
− 15	258,15		0,9451	0,8592	0,7876	0,7270	0,6751	0,6301	0,5907	0,5559	0,5250	0,4974	0,4725
− 14	259,15		0,9487	0,8625	0,7906	0,7298	0,6777	0,6325	0,5930	0,5581	0,5271	0,4993	0,4744
− 13	260,15		0,9524	0,8658	0,7937	0,7326	0,6803	0,6349	0,5953	0,5602	0,5291	0,5013	0,4762
− 12	261,15		0,9570	0,8692	0,7967	0,7354	0,6829	0,6374	0,5975	0,5624	0,5311	0,5032	0,4780
− 11	262,15		0,9597	0,8725	0,7998	0,7383	0,6855	0,6398	0,5998	0,5645	0,5332	0,5051	0,4799
− 10	263,15		0,9634	0,8758	0,8028	0,7411	0,6881	0,6423	0,6021	0,5667	0,5352	0,5070	0,4817
− 9	264,15		0,9671	0,8791	0,8059	0,7439	0,6908	0,6447	0,6044	0,5689	0,5373	0,5090	0,4835
− 8	265,15		0,9707	0,8825	0,8089	0,7467	0,6934	0,6471	0,6067	0,5710	0,5393	0,5109	0,4854
− 7	266,15		0,9744	0,8858	0,8120	0,7495	0,6960	0,6496	0,6090	0,5732	0,5413	0,5128	0,4872
− 6	267,15		0,9780	0,8891	0,8150	0,7523	0,6986	0,6520	0,6113	0,5753	0,5434	0,5148	0,4890
− 5	268,15		0,9817	0,8925	0,8181	0,7552	0,7012	0,6545	0,6136	0,5775	0,5454	0,5167	0,4908
− 4	269,15		0,9854	0,8958	0,8211	0,7588	0,7038	0,6569	0,6158	0,5796	0,5474	0,5186	0,4927
− 3	270,15		0,9890	0,8991	0,8242	0,7608	0,7064	0,6593	0,6181	0,5818	0,5495	0,5205	0,4945
− 2	271,15		0,9927	0,9024	0,8272	0,7636	0,7091	0,6618	0,6204	0,5839	0,5515	0,5225	0,4963
− 1	272,15		0,9963	0,9058	0,8303	0,7664	0,7117	0,6642	0,6227	0,5861	0,5535	0,5244	0,4982
0	273,15		1	0,9091	0,8333	0,7692	0,7143	0,6667	0,6250	0,5882	0,5556	0,5263	0,5000
+ 1	274,15		1,0037	0,9124	0,8364	0,7720	0,7169	0,6691	0,6273	0,5904	0,5576	0,5282	0,5018
+ 2	275,15		1,0073	0,9157	0,8394	0,7749	0,7195	0,6715	0,6296	0,5925	0,5596	0,5302	0,5037
+ 3	276,15		1,0110	0,9191	0,8425	0,7777	0,7221	0,6740	0,6319	0,5947	0,5617	0,5321	0,5055
+ 4	277,15		1,0146	0,9224	0,8455	0,7805	0,7247	0,6764	0,6342	0,5968	0,5637	0,5340	0,5073
+ 5	278,15		1,0183	0,9257	0,8486	0,7833	0,7274	0,6789	0,6364	0,5990	0,5657	0,5360	0,5092
+ 6	279,15		1,0220	0,9291	0,8516	0,7861	0,7300	0,6813	0,6387	0,6012	0,5678	0,5379	0,5110
+ 7	280,15		1,0256	0,9324	0,8547	0,7889	0,7326	0,6838	0,6410	0,6033	0,5698	0,5398	0,5128
+ 8	281,15		1,0293	0,9357	0,8577	0,7918	0,7352	0,6862	0,6433	0,6055	0,5718	0,5417	0,5146
+ 9	282,15		1,0329	0,9390	0,8608	0,7946	0,7378	0,6886	0,6456	0,6076	0,5739	0,5437	0,5165
+ 10	283,15		1,0366	0,9424	0,8638	0,7974	0,7404	0,6911	0,6479	0,6098	0,5759	0,5456	0,5183
+ 11	284,15		1,0403	0,9457	0,8669	0,8002	0,7431	0,6935	0,6502	0,6119	0,5779	0,5475	0,5201
+ 12	285,15		1,0439	0,9490	0,8699	0,8030	0,7457	0,6960	0,6525	0,6141	0,5800	0,5494	0,5220
+ 13	286,15		1,0476	0,9524	0,8730	0,8058	0,7483	0,6984	0,6547	0,6162	0,5820	0,5514	0,5238
+ 14	287,15		1,0513	0,9557	0,8760	0,8087	0,7509	0,7008	0,6570	0,6184	0,5840	0,5533	0,5256
+ 15	288,15		1,0549	0,9590	0,8791	0,8115	0,7535	0,7033	0,6593	0,6205	0,5861	0,5552	0,5275
+ 16	289,15		1,0586	0,9623	0,8821	0,8143	0,7561	0,7057	0,6616	0,6227	0,5881	0,5571	0,5293
+ 17	290,15		1,0622	0,9657	0,8852	0,8171	0,7587	0,7082	0,6639	0,6248	0,5901	0,5591	0,5311
+ 18	291,15		1,0659	0,9690	0,8882	0,8199	0,7614	0,7106	0,6662	0,6270	0,5922	0,5610	0,5329
+ 19	292,15		1,0696	0,9723	0,8913	0,8227	0,7640	0,7130	0,6685	0,6292	0,5942	0,5629	0,5348
+ 20	293,15		1,0732	0,9757	0,8944	0,8256	0,7666	0,7155	0,6708	0,6313	0,5962	0,5648	0,5366
+ 21	294,15		1,0769	0,9790	0,8974	0,8284	0,7692	0,7179	0,6731	0,6335	0,5983	0,5668	0,5384
+ 22	295,15		1,0805	0,9823	0,9005	0,8312	0,7718	0,7204	0,6753	0,6356	0,6003	0,6587	0,5403
+ 23	296,15		1,0842	0,9856	0,9035	0,8340	0,7744	0,7228	0,6776	0,6378	0,6023	0,5706	0,5421
+ 24	29715,		1,0879	0,9890	0,9066	0,8368	0,7770	0,7252	0,6799	0,6399	0,6044	0,5726	0,5439
+ 25	298,15		1,0915	0,9923	0,9096	0,8396	0,7797	0,7277	0,6822	0,6421	0,6064	0,5745	0,5458
+ 26	299,15		1,0952	0,9956	0,9127	0,8425	0,7823	0,7301	0,6845	0,6442	0,6084	0,5764	0,5476
+ 27	300,15		1,0988	0,9990	0,9157	0,8453	0,7849	0,7326	0,6868	0,6464	0,6105	0,5783	0,5494
+ 28	301,15		1,1025	1,0023	0,9188	0,8481	0,7875	0,7350	0,6891	0,6485	0,6125	0,5803	0,5513
+ 29	302,15		1,1062	1,0056	0,9218	0,8509	0,7901	0,7374	0,6914	0,6507	0,6145	0,5822	0,5531
+ 30	303,15		1,1098	1,0089	0,9249	0,8537	0,7927	0,7399	0,6936	0,6528	0,6166	0,5841	0,5549
+ 31	304,15		1,1135	1,0123	0,9279	0,8565	0,7954	0,7423	0,6959	0,6550	0,6186	0,5860	0,5567
+ 32	305,15		1,1172	1,0156	0,9310	0,8593	0,7980	0,7448	0,6982	0,6571	0,6206	0,5880	0,5586
+ 33	306,15		1,1208	1,0189	0,9340	0,8622	0,8006	0,7472	0,7005	0,6593	0,6227	0,5899	0,5604
+ 34	307,15		1,1245	1,0222	0,9371	0,8650	0,8032	0,7496	0,7028	0,6615	0,6247	0,5918	0,5622
+ 35	308,15		1,1281	1,0256	0,9401	0,8678	0,8058	0,7521	0,7051	0,6636	0,6267	0,5938	0,5641

p = atm			1	1,1	1,2	1,3	1,4	1,5	1,6	1,7	1,8	1,9	2,0
		Bar	1,013	1,115	1,216	1,317	1,419	1,520	1,621	1,723	1,824	1,925	2,0265
°C	K	Torr	760	836	912	988	1064	1140	1216	1292	1368	1444	1520
+ 36	309,15		1,1318	1,0289	0,9432	0,8706	0,8084	0,7545	0,7074	0,6658	0,6288	0,5957	0,5659
+ 37	310,15		1,1355	1,0322	0,9462	0,8734	0,8110	0,7570	0,7097	0,6679	0,6308	0,5976	0,5677
+ 38	311,15		1,1391	1,0356	0,9493	0,8762	0,8137	0,7594	0,7119	0,6701	0,6328	0,5995	0,5696
+ 39	312,15		1,1428	1,0389	0,9523	0,8791	0,8163	0,7619	0,7142	0,6722	0,6349	0,6015	0,5714
+ 40	313,15		1,1464	1,0422	0,9554	0,8819	0,8189	0,7643	0,7165	0,6744	0,6369	0,6034	0,5732
+ 41	314,15		1,1501	1,0455	0,9584	0,8847	0,8215	0,7667	0,7188	0,6765	0,6389	0,6053	0,5751
+ 42	315,15		1,1538	1,0489	0,9615	0,8875	0,8241	0,7692	0,7211	0,6787	0,6410	0,6072	0,5769
+ 43	316,15		1,1574	1,0522	0,9645	0,8903	0,8267	0,7716	0,7234	0,6808	0,6430	0,6092	0,5787
+ 44	317,15		1,1611	1,0555	0,9676	0,8931	0,8293	0,7741	0,7257	0,6830	0,6450	0,6111	0,5805
+ 45	318,15		1,1647	1,0589	0,9706	0,8960	0,8320	0,7765	0,7280	0,6851	0,6471	0,6130	0,5824
+ 46	319,15		1,1684	1,0622	0,9737	0,8988	0,8346	0,7789	0,7303	0,6873	0,6491	0,6150	0,5842
+ 47	320,15		1,1721	1,0655	0,9767	0,9016	0,8372	0,7814	0,7325	0,6895	0,6511	0,6169	0,5860
+ 48	321,15		1,1757	1,0688	0,9798	0,9044	0,8398	0,7838	0,7348	0,6916	0,6532	0,6188	0,5879
+ 49	322,15		1,1794	1,0722	0,9828	0,9072	0,8424	0,7863	0,7371	0,6938	0,6552	0,6207	0,5897
+ 50	323,15		1,1831	1,0755	0,9859	0,9100	0,8450	0,7887	0,7394	0,6959	0,6573	0,6227	0,5915
+ 51	324,15		1,1867	1,0788	0,9889	0,9129	0,8477	0,7911	0,7417	0,6981	0,6593	0,6246	0,5934
+ 52	325,15		1,1904	1,0822	0,9920	0,9157	0,8503	0,7936	0,7440	0,7002	0,6613	0,6265	0,5952
+ 53	326,15		1,1940	1,0855	0,9950	0,9185	0,8529	0,7960	0,7463	0,7024	0,6634	0,6284	0,5970
+ 54	327,15		1,1977	1,0888	0,9981	0,9213	0,8555	0,7985	0,7486	0,7045	0,6654	0,6304	0,5988
+ 55	328,15		1,2014	1,0921	1,0011	0,9241	0,8581	0,8009	0,7508	0,7067	0,6674	0,6323	0,6007
+ 56	329,15		1,2050	1,0955	1,0042	0,9269	0,8607	0,8033	0,7531	0,7088	0,6695	0,6342	0,6025
+ 57	330,15		1,2087	1,0988	1,0072	0,9298	0,8633	0,8058	0,7554	0,7110	0,6715	0,6361	0,6043
+ 58	331,15		1,2123	1,1021	1,0103	0,9326	0,8660	0,8082	0,7577	0,7131	0,6735	0,6380	0,6062
+ 59	332,15		1,2160	1,1055	1,0133	0,9354	0,8686	0,8107	0,7600	0,7153	0,6756	0,6400	0,6080
+ 60	333,15		1,2197	1,1088	1,0164	0,9382	0,8712	0,8131	0,7623	0,7174	0,6776	0,6419	0,6098
+ 61	334,15		1,2233	1,1121	1,0194	0,9410	0,8738	0,8155	0,7646	0,7196	0,6796	0,6439	0,6117
+ 62	335,15		1,2270	1,1154	1,0225	0,9438	0,8764	0,8180	0,7669	0,7218	0,6817	0,6458	0,6135
+ 63	336,15		1,2306	1,1188	1,0255	0,9466	0,8790	0,8204	0,7692	0,7239	0,6837	0,6477	0,6153
+ 64	337,15		1,2343	1,1221	1,0286	0,9495	0,8816	0,8229	0,7714	0,7261	0,6857	0,6496	0,6172
+ 65	338,15		1,2380	1,1254	1,0316	0,9523	0,8843	0,8253	0,7737	0,7282	0,6878	0,6516	0,6190
+ 66	339,15		1,2416	1,1288	1,0347	0,9551	0,8869	0,8278	0,7760	0,7304	0,6898	0,6535	0,6208
+ 67	340,15		1,2453	1,1321	1,0377	0,9579	0,8895	0,8302	0,7783	0,7325	0,6918	0,6554	0,6226
+ 68	341,15		1,2489	1,1354	1,0408	0,9607	0,8921	0,8326	0,7806	0,7347	0,6939	0,6573	0,6245
+ 69	342,15		1,2526	1,1387	1,0438	0,9635	0,8947	0,8351	0,7829	0,7368	0,6959	0,6593	0,6263
+ 70	343,15		1,2563	1,1421	1,0469	0,9664	0,8973	0,8375	0,7852	0,7390	0,6979	0,6612	0,6281
+ 71	344,15		1,2599	1,1454	1,0499	0,9692	0,9000	0,8400	0,7875	0,7411	0,7000	0,6631	0,6300
+ 72	345,15		1,2636	1,1487	1,0530	0,9720	0,9026	0,8424	0,7897	0,7433	0,7020	0,6650	0,6318
+ 73	346,15		1,2673	1,1520	1,0560	0,9748	0,9052	0,8448	0,7920	0,7454	0,7040	0,6670	0,6336
+ 74	347,15		1,2709	1,1554	1,0591	0,9776	0,9078	0,8473	0,7943	0,7476	0,7061	0,6689	0,6355
+ 75	348,15		1,2746	1,1587	1,0621	0,9804	0,9104	0,8497	0,7966	0,7498	0,7081	0,6708	0,6373
+ 76	349,15		1,2782	1,1620	1,0652	0,9833	0,9130	0,8522	0,7989	0,7519	0,7101	0,6728	0,6391
+ 77	350,15		1,2819	1,1654	1,0682	0,9861	0,9156	0,8546	0,8012	0,7541	0,7122	0,6747	0,6409
+ 78	351,15		1,2856	1,1687	1,0713	0,9889	0,9183	0,8570	0,8035	0,7562	0,7142	0,6766	0,6428
+ 79	352,15		1,2892	1,1720	1,0743	0,9917	0,9209	0,8595	0,8058	0,7584	0,7162	0,6785	0,6446
+ 80	353,15		1,2929	1,1753	1,0774	0,9945	0,9235	0,8619	0,8081	0,7605	0,7183	0,6805	0,6464
+ 81	354,15		1,2965	1,1787	1,0805	0,9973	0,9261	0,8644	0,8103	0,7627	0,7203	0,6824	0,6483
+ 82	355,15		1,3002	1,1820	1,0835	1,0002	0,9287	0,8668	0,8126	0,7648	0,7223	0,6843	0,6501
+ 83	356,15		1,3039	1,1853	1,0866	1,0030	0,9313	0,8692	0,8149	0,7670	0,7244	0,6862	0,6519
+ 84	357,15		1,3075	1,1887	1,0896	1,0058	0,9339	0,8718	0,8172	0,7691	0,7264	0,6882	0,6538
+ 85	358,15		1,3112	1,1920	1,0927	1,0086	0,9366	0,8741	0,8195	0,7713	0,7284	0,6901	0,6556
+ 86	359,15		1,3148	1,1953	1,0957	1,0114	0,9392	0,8766	0,8218	0,7734	0,7305	0,6920	0,6574
+ 87	360,15		1,3185	1,1986	1,0988	1,0142	0,9418	0,8790	0,8241	0,7756	0,7325	0,6940	0,6593
+ 88	361,15		1,3222	1,2020	1,1018	1,0171	0,9444	0,8814	0,8264	0,7777	0,7345	0,6959	0,6611
+ 89	362,15		1,3258	1,2053	1,1049	1,0199	0,9470	0,8839	0,8286	0,7799	0,7366	0,6978	0,6629
+ 90	363,15		1,3295	1,2086	1,1079	1,0227	0,9496	0,8863	0,8309	0,7821	0,7386	0,6997	0,6647
+ 91	364,15		1,3333	1,2120	1,1110	1,0255	0,9523	0,8888	0,8332	0,7842	0,7406	0,7017	0,6666
+ 92	365,15		1,3368	1,2153	1,1140	1,0283	0,9549	0,8912	0,8355	0,7864	0,7427	0,7036	0,6684
+ 93	366,15		1,3405	1,2186	1,1171	1,0311	0,9575	0,8936	0,8378	0,7885	0,7447	0,7055	0,6702
+ 94	367,15		1,3441	1,2219	1,1201	1,0339	0,9601	0,8961	0,8401	0,7907	0,7467	0,7074	0,6721
+ 95	368,15		1,3478	1,2253	1,1232	1,0368	0,9627	0,8985	0,8424	0,7928	0,7488	0,7094	0,6739
+ 96	369,15		1,3515	1,2286	1,1262	1,0396	0,9653	0,9010	0,8447	0,7950	0,7508	0,7113	0,6757
+ 97	370,15		1,3551	1,2319	1,1293	1,0424	0,9679	0,9034	0,8469	0,7971	0,7528	0,7132	0,6776
+ 98	371,15		1,3588	1,2353	1,1323	1,0452	0,9706	0,9059	0,8492	0,7993	0,7549	0,7151	0,6794
+ 99	372,15		1,3624	1,2386	1,1354	1,0480	0,9732	0,9083	0,8515	0,8014	0,7569	0,7171	0,6812
+ 100	373,15		1,3661	1,2419	1,1384	1,0508	0,9758	0,9107	0,8538	0,8036	0,7589	0,7190	0,6831

Im Rahmen dieses Unterabschnitts ist auch der Einfluß der *Konzentration* eines Gasbestandteils in einem *Gemisch* auf dessen *Eigenschaftswerte* zu betrachten, weil es sich für den Bestandteil des Gemischs eigentlich um eine Druckabhängigkeit handelt. Es ist, technisch-praktisch durchaus berechtigt, einen Eigenschaftswert eines Gasgemischs aus den Werten der reinen Bestandteile und deren Konzentrationsmengen im Gemisch zu bilden:

$$E_{Gemisch} = E_1 \cdot k_1 + E_2 \cdot k_2 + \ldots \qquad (28)$$

E_1, E_2 Eigenschaftswerte der reinen Komponenten Gas 1, Gas 2 usw.
k_1, k_2 (meist) Volumanteile der Komponenten Gas 1, Gas 2 usw. im Gasgemisch.

Tatsächlich nähert sich ein Eigenschaftswert eines reinen Gases mit Annäherung an den Druckgrenzwert $p_{limes} = 0$ dem Idealzustands-Wert. Bild 4 zeigt schematisch diese Beziehung. Theoretisch wäre daher der Eigenschaftswert E_x für eine Konzentration x im Gemisch bei der Ermittlung von dessen Eigenschaftswert einzusetzen. Die Praxis hat diese Theorie noch nicht bzw. nicht bestätigt.

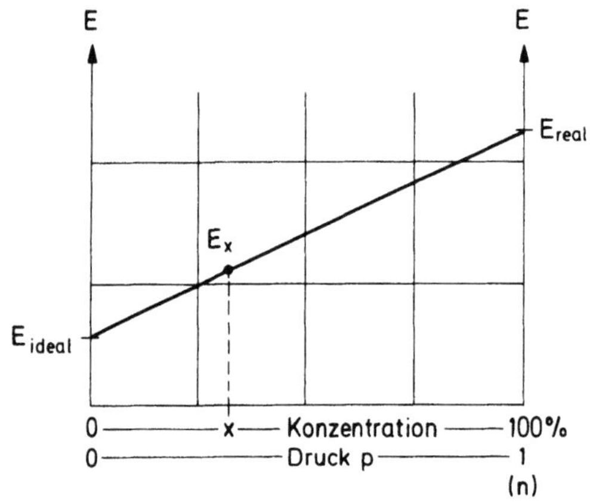

Bild 4.
Eigenschaftswerte $E_{real} \rightarrow E_{ideal}$ mit der Stoffkonzentration und dem Druck

Die Wärmebelastung eines Gasbrenners ist auch druckabhängig. Der *Gasdruck* läßt sich in den Wobbewert einbauen, wodurch man einen sogenannten *erweiterten Wobbewert* W_e erhält von der allgemeinen Gleichung

$$W_e = W \cdot \sqrt{\text{Gasdruck } p_{ü}}. \qquad (29)$$

Auch hier wird zwischen dem oberen ($W_{o,e}$) und dem unteren ($W_{u,e}$) Wert unterschieden.

Die Gasbeschaffenheits-Regeln des DVGW (G 260) verlangen einen Anschlußdruck am Gerät des Abnehmers in der

1. Gasfamilie mindestens 75 mm WS (= ~ 7,5 mbar)
2. Gasfamilie mindestens 180 mm WS (= ~ 18 mbar)
3. Gasfamilie 500 mm WS (= ~ 50 mbar)
(im Ausland gelten 300 mm WS (= ~ 30 mbar)

KWstoff + Luft-Gemische (W_o = 6000) mindestens 75 mm WS (= ~ 7,5 mbar)

Über den Einsatz der internationalen IS-Einheiten (siehe S. 63) in die Gleichungen für W und W_e vergleiche Abschnitts-Lit. [14].

Es sei noch darauf hingewiesen, daß die Wärmebelastung einer Gasbrennstelle nicht nur von den bisher genannten Größen abhängt, sondern ferner vom Düsenbeiwert, von der Gaszusammensetzung (siehe Abschnitts-Lit. [15]) dem Düsenmaterial, der Materialrauhigkeit und der Düsenform (siehe Abschnitts-Lit. [16]).

7. Literatur

(Abschnitt B. Allgemeines)

[1] *W. Bertelsmann* u. *F. Schuster*, Einführung in die technische Behandlung gasförmiger Stoffe. S. 1/2. Springer-Verlag, Berlin 1930.

[2] *D'Ans-Lax*, Taschenbuch für Chemiker und Physiker. 1. Bd., 3. Aufl., S. 434/435, 828 ff. Springer-Verlag, Berlin/Heidelberg/New York 1967.

[2a] wie [2], S. 608.

[3] *Chemical Rubber Co.*, Handbook of Chemistry and Physics. 45. Aufl., Cleveland, Ohio 1964.
Inhalt:
Benzol S.C–146/b 202 – Toluol S.C–571/t 275 – o-Xylol S.C–162/b 660 – m-Xylol S.C–162/b 661 – p-Xylol S.C–162/b 662.

[4] *DVGW-Regelwerk*, G 260 Technische Regeln für die Gasbeschaffenheit. Januar 1973.
Inhalt betreffend Gasbegleitstoffe:
Kohlenwasserstoff. Wasser. Nebel. Staub. Sauerstoff. Kohlendioxid. Stickoxide, Ammoniak, Cyanwasserstoff. Schwefelverbindungen.

[5] wie [3] S.C–567/t 187.

[6] *E. Asendorf* und *W. Klempt*, Ullmanns Enzyklopädie der technischen Chemie. 3. Aufl. (Herausgeber *W. Foerst*), 5. Bd., S. 628 (im Abschnitt Cyanverbindungen). Verlag Urban & Schwarzenberg, München/Berlin 1954.

[7] *L. Shnidman*, Gaseous Fuels. 2. Aufl., S. 87. American Gas Association, New York 1954.

[8] wie [7]: Anhang auf innerer Einband-Rückseite.

[9] *I. Lorenz*, Constantes Physiques des Gaz Combustibles et des Gaz Associés. – Numerical Values of Properties of Combustible Gases and Related Materials. Bericht IGU-E 17–73, S. 15. Nizza 1973.

[10] *H. D. Baehr*, Thermodynamik. 3. Aufl., S. 340. Springer-Verlag, Berlin/Heidelberg/New York 1973.

[11] *H. D. Baehr*, wie [10], S. 429.
E. Schmidt, Technische Thermodynamik. 11. Aufl. (*K. Stephan* und *F. Mayinger*: Bd. 1. Einstoffsysteme), S. 377. Springer-Verlag, Berlin/Heidelberg/New York 1975.

[12] wie [2], S. 619.

[13] *F. Schuster*, gwf-Arbeitsblatt Nr. 67 (Juli 1975): Absolute und relative Gasdichte.

[14] *G. Woede*, Krupp-Koppers-Nachrichten 22/75, S. 21: Der Wobbe-Index im neuen Maßsystem.

[15] *G. Schäfer*, Gaswärme 16 (1967) Nr. 8, S. 414/417: Der Einfluß des Düsenbeiwerts auf das Verhältnis von Wärmebelastung zu Wobbezahl.

[16] *P. Hostalier*, Les brûleurs industriels à gaz: Die Industriellen Gasbrenner. S. 48. R. Oldenbourg Verlag, München/Wien 1974.

[17] *F. Schuster*, gwf-Arbeitsblatt Nr. 66 (Juni 1975): Molvolumen des idealen Gases bei verschiedenen Temperaturen (– 50 °C bis 100 °C) und verschiedenen Drücken (1 atm bis 5 atm).

8. Umrechnung der brenngastechnischen Grundwerte auf verschiedene Temperaturen und Drücke

Wenn auch meistens mit den Normzustandswerten der brenngastechnischen Grundgrößen Berechnungen vorgenommen werden, ergibt sich praktisch doch gelegentlich die Aufgabe, den Zahlenwert einer Grundgröße für einen Zustand (Temperatur, Druck) abweichend von den Normzustandsbedingungen zu ermitteln. So weit es sich um Zustandsbereiche handelt, in denen man mit praktisch ausreichender „Genauigkeit" die Ideal-Verhältnisse (siehe S. 76) zugrunde legen kann, ist die Umrechnung, vom Normzustand ausgehend, einfach.

Für *Volumen* (allgemein: V, Normzustandsvolumen: V_M) gilt die Gleichung

$$V_{t,p} = V_n \cdot \frac{273{,}15 + t\,°C}{273{,}15 \cdot p} = \frac{K}{273{,}15 \cdot p} \tag{30}$$

p Druck.

Die technisch wichtigen Einzelgase haben (siehe Tabelle 6, S. 19) verschiedene V_M-Werte. Es gilt daher V_n praktisch nie gleich $V_{M,ideal}$. Es ist zwar interessant, die $V_{t,p,ideal}$-Werte zu kennen (siehe Abschnitts-Lit. [17]). Soll aber der Gültigkeitsbereich der Gl. (30) auf die Gase mit verschiedenen V_M-Werten (Normzustand) erweitert werden, dann ist es zweckmäßiger, nur die Temperatur- und Druckveränderung des Quotienten $\frac{273{,}15 + t\,°C}{273{,}15 \cdot p}$, der kurz als f bezeichnet werden soll, zu wissen.

Dieser Quotient f kann für *Volumen*abhängigkeiten benutzt werden. Auf *Wärmewerte* (H_o, H_u) und *Dichtewerte* (ρ, d) ist

$$\frac{1}{f} = f' = \frac{273{,}15 \cdot p}{273{,}15 + t\,°C} = \frac{273{,}15 \cdot p}{K} \tag{31}$$

anzuwenden. Für *Wobbewerte* (W_o, W_u) läßt sich folgende Beziehung ableiten:

$$W_t = \frac{H_t}{\sqrt{d_t}} = \frac{H_n \cdot f'}{\sqrt{d_n \cdot f'}} = \frac{H_n}{\sqrt{d_n}} \cdot \sqrt{f'}. \tag{32}$$

Tabelle 17: Temperaturabhängigkeit von $\sqrt{\frac{273{,}15}{°K}}$ für den Bereich von −20 °C bis +40 °C

Celsius-Temperatur °C	Kelvin-Temperatur K	$\sqrt{\frac{273{,}15}{K}}$	Celsius-Temperatur °C	Kelvin-Temperatur K	$\sqrt{\frac{273{,}15}{K}}$
−20	253,15	1,0388	+11	284,15	0,9805
−19	254,15	1,0367	+12	285,15	0,9787
−18	255,15	1,0347	+13	286,15	0,9770
−17	256,15	1,0327	+14	287,15	0,9753
−16	257,15	1,0306	+15	288,15	0,9736
−15	258,15	1,0286	+16	289,15	0,9719
−14	259,15	1,0267	+17	290,15	0,9703
−13	260,15	1,0247	+18	291,15	0,9686
−12	261,15	1,0227	+19	292,15	0,9669
−11	262,15	1,0208	+20	293,15	0,9653
−10	263,15	1,0188	+21	294,15	0,9636
−9	264,15	1,0169	+22	295,15	0,9620
−8	265,15	1,0150	+23	296,15	0,9504
−7	266,15	1,0131	+24	297,15	0,9588
−6	267,15	1,0112	+25	298,15	0,9572
−5	268,15	1,0093	+26	299,15	0,9556
−4	269,15	1,0074	+27	300,15	0,9540
−3	270,15	1,0055	+28	301,15	0,9524
−2	271,15	1,0037	+29	302,15	0,9508
−1	272,15	1,0018	+30	303,15	0,9492
0	273,15	1,0000			
+1	274,15	0,9982	+31	304,15	0,9477
+2	275,15	0,9964	+32	305,15	0,9461
+3	276,15	0,9946	+33	306,15	0,9446
+4	277,15	0,9928	+34	307,15	0,9430
+5	278,15	0,9910	+35	308,15	0,9415
+6	279,15	0,9892	+36	309,15	0,9400
+7	280,15	0,9874	+37	310,15	0,9385
+8	281,15	0,9858	+38	311,15	0,9369
+9	282,15	0,9839	+39	312,15	0,9354
+10	283,15	0,9822	+40	313,15	0,9340

C. Mathematische Hilfsmittel

In diesen Hauptabschnitt wurde nur wenig Abschnitts-Literatur aufgenommen, jedoch ist das gesamte Gebiet ausführlicher im Hauptkapitel J, S. 237 ff. zitiert.

1. Logarithmus

Wenn heutzutage weitverbreitet Rechner herangezogen werden, die dem Benutzer vielfach die gedankliche Beschäftigung mit mathematischen Grundlagen und Zusammenhängen entbehrlich machen, bleiben doch in der Praxis Fälle, in denen man mit Hilfe von logarithmischen Tabellen Betriebs-, Näherungs- oder Richtwerte ermittelt. Im Rahmen solcher Unterlagen sind die bei uns selten in der Fachliteratur zu findenden „Antilogarithmen"-Tafeln von erwähnensberechtigtem Sonderwert. Die Antilogarithmen ermöglichen, aus der Kenntnis von Mantissen des 10er Logarithmus dessen zugehörige Zahl (Numerus) zu entnehmen.

Die Grundgleichung für alle logarithmischen Betrachtungen lautet

$$Z = B^{l} \tag{33}$$

Z Zahl (numerus), deren Logarithmus l ist
B Basis der Potenz B^{l}
l Logarithmus von Z

B gleich der irrationalen Zahl e – l natürlicher Logarithmus ln. e = 2,718281828 ... Diese Basiszahl des natürlichen Logarithmus ist der Grenzwert der Funktion

$$\left[\left(1 + \frac{1}{n}\right)^{n}\right]_{n \to \infty}$$

B = 10-Zehner oder Briggsscher Logarithmus log. In diesem Fall werden nur die Stellen hinter dem Komma von l (Mantissen) tabelliert, weil sich die Zahl vor dem Komma von l aus der Ziffernanzahl von Z ergibt (Z – 1). Die Grundwerte für Z ergeben die Antilogarithmen in Abhängigkeit von den Mantissen des Exponenten l in Gl. (33).

Tabelle 18: Vierziffrige Mantissen von 10er oder Briggsschen Logarithmen

	0	1	2	3	4	5	6	7	8	9
10	0000	0043	0086	0128	0170	0212	0253	0294	0334	0374
11	0414	0453	0492	0531	0569	0607	0645	0682	0719	0755
12	0792	0828	0864	0899	0934	0969	1004	1038	1072	1106
13	1139	1173	1206	1239	1271	1303	1335	1367	1399	1430
14	1461	1492	1523	1553	1584	1614	1644	1673	1703	1732
15	1761	1790	1818	1847	1875	1903	1931	1959	1987	2014
16	2041	2068	2095	2122	2148	2175	2201	2227	2253	2279
17	2304	2330	2355	2380	2405	2430	2455	2480	2504	2529
18	2553	2577	2601	2625	2648	2672	2695	2718	2742	2765
19	2788	2810	2833	2856	2878	2900	2823	2945	2967	2989
20	3010	3032	3054	3075	3096	3118	3139	3160	3181	3201
21	3222	3243	3263	3284	3304	3324	3345	3365	3385	3404
22	3424	3444	3464	3483	3502	3522	3541	3560	3579	3598
23	3617	3636	3655	3674	3692	3711	3729	3747	3766	3784
24	3802	3820	3838	3856	3874	3892	3909	3927	3945	3962
25	3979	3997	4014	4031	4048	4065	4082	4099	4116	4133
26	4150	4166	4183	4200	4216	4232	4249	4265	4281	4298
27	4314	4330	4346	4362	4378	4393	4409	4425	4440	4456
28	4472	4487	4502	4518	4533	4548	4564	4579	4594	4609
29	4624	4639	4654	4669	4683	4698	4713	4728	4742	4757
30	4771	4786	4800	4814	4829	4843	4857	4871	4886	4900

Tabelle 18 (Fortsetzung)

	0	1	2	3	4	5	6	7	8	9
31	4914	4928	4942	4955	4969	4983	4997	5011	5024	5038
32	5051	5065	5079	5092	5105	5119	5132	5145	5159	5172
33	5185	5198	5211	5224	5237	5250	5263	5276	5289	5302
34	5315	5328	5340	5353	5366	5378	5391	5403	5416	5428
35	5441	5453	5465	5478	5490	5502	5514	5527	5539	5551
36	5563	5575	5587	5599	5611	5623	5635	5647	5658	5670
37	5682	5694	5705	5717	5729	5740	5752	5763	5775	5786
38	5798	5809	5821	5832	5843	5855	5866	5877	5888	5899
39	5911	5922	5933	5944	5955	5966	5977	5988	5999	6010
40	6021	6031	6042	6053	6064	6075	6085	6096	6107	6117
41	6128	6138	6149	6160	6170	6180	6191	6201	6212	6222
42	6232	6243	6253	6263	6274	6284	6294	6304	6314	6325
43	6335	6345	6355	6365	6375	6385	6395	6405	6315	6425
44	6435	6444	6454	6464	6474	6484	6493	6503	6513	6522
45	6532	6542	6551	6561	6571	6580	6590	6599	6609	6618
46	6628	6637	6646	6656	6665	6675	6684	6693	6702	6712
47	6721	6730	6739	6749	6758	6767	6776	6785	6794	6803
48	6812	6821	6830	6839	6948	6857	6866	6875	6884	6893
49	6902	6911	6920	6928	6937	6946	6955	6964	6972	6981
50	6990	6998	7007	7016	7024	7033	7042	7050	7059	7067
51	7076	7084	7093	7101	7110	7118	7126	7135	7143	7152
52	7160	7168	7177	7185	7193	7202	7210	7218	7226	7235
53	7243	7251	7259	7267	7275	7284	7292	7300	7308	7316
54	7324	7332	7340	7348	7356	7364	7372	7380	7388	7396
55	7404	7412	7419	7427	7435	7443	7451	7459	7466	7474
56	7482	7490	7497	7505	7513	7520	7528	7536	7543	7551
57	7559	7566	7574	7582	7589	7597	7604	7612	7619	7627
58	7634	7642	7649	7657	7664	7672	7679	7686	7694	7701
59	7709	7716	7723	7731	7738	7745	7752	7760	7767	7774
60	7782	7789	7796	7803	7810	7818	7825	7832	7839	7846
61	7853	7860	7868	7875	7882	7889	7896	7903	7910	7919
62	7924	7931	7938	7945	7952	7959	7966	7973	7980	7987
63	7993	8000	8007	8014	8021	8028	8035	8041	8048	8055
64	8062	8069	8075	8082	8089	8096	8102	8109	8116	8122
65	8129	8136	8142	8149	8156	8162	8169	8176	8182	8189
66	8195	8202	8209	8215	8222	8228	8235	8241	8248	8254
67	8261	8267	8274	8280	8287	8293	8299	8306	8312	8319
68	8325	8331	8338	8344	8351	8357	8363	8370	8376	8382
69	8388	8395	8401	8407	8414	8420	8426	8432	8439	8445
70	8451	8457	8463	8470	8476	8482	8488	8494	8500	8506
71	8513	8519	8525	8531	8537	8543	8549	8555	8561	8567
72	8573	8579	8585	8591	8597	8603	8609	8615	8621	8627
73	8633	8639	8645	8651	8657	8663	8669	8675	8681	8686
74	8692	8698	8704	8710	8716	8722	8727	8733	8739	8745
75	8751	8756	8762	8768	8774	8779	8785	8791	8797	8802
76	8808	8814	8820	8825	8831	8837	8842	8848	8854	8859
77	8865	8871	8876	8882	8887	8893	8899	8904	8910	8915
78	8921	8927	8932	8938	8943	8949	8954	8960	8965	8971
79	8976	8982	8987	8993	8998	9004	9009	9015	9020	9025
80	9031	9036	9042	9047	9053	9058	9063	9069	9074	9079
81	9085	9090	9096	9101	9106	9112	9117	9122	9128	9133
82	9138	9143	9149	9154	9159	9165	9170	9175	9180	9186
83	9191	9196	9201	9206	9212	9217	9222	9227	9232	9238
84	9243	9248	9253	9258	9263	9269	9274	9279	9284	9289
85	9294	9299	9304	9309	9315	9320	9325	9330	9335	9340
86	9345	9350	9355	9360	9365	9370	9375	9380	9385	9390
87	9395	9400	9405	9410	9415	9420	9425	9430	9435	9440
88	9445	9450	9455	9460	9465	9469	9474	9479	9484	9489
89	9494	9499	9504	9509	9513	9518	9523	9528	9533	9538
90	9542	9547	9552	9557	9562	9566	9571	9576	9581	9586
91	9590	9595	9600	9605	9609	9614	9619	9624	9628	9633
92	9638	9643	9647	9652	9657	9661	9666	9671	9675	9680
93	9685	9689	9694	9699	9703	9708	9713	9717	9722	9727
94	9731	9736	9741	9745	9750	9754	9759	9763	9768	9773
95	9777	9782	9786	9791	9795	9800	9805	9809	9814	9818
96	9823	9827	9832	9836	9841	9845	9850	9854	9859	9863
97	9868	9872	9877	9881	9886	9890	9894	9899	9903	9908
98	9912	9917	9921	9926	9930	9934	9939	9943	9948	9952
99	9956	9961	9965	9969	9974	9978	9983	9987	9991	9996

Anmerkung:
H. Briggs, 1556–1630, benutzte als erster Logarithmen mit der Basis 10.

Tabelle 19: Natürliche oder Naperian-Logarithmen (ln) – Basis: l = 2,718281828 ...

Teil 1: 1,0 bis 9,9

	,0	,1	,2	,3	,4	,5	,6	,7	,8	,9
1,	0,0000	0,0953	0,1832	0,2623	0,3365	0,4055	0,4700	0,5306	0,5878	0,64185
2,	0,69315	0,7419	0,7885	0,8329	0,8755	0,9163	0,9555	0,99325	1,0296	1,0647
3,	1,0986	1,1314	1,16315	1,1939	1,2238	1,2528	1,2809	1,3083	1,3350	1,3610
4,	1,3863	1,4110	1,4351	1,4586	1,4816	1,5041	1,5261	1,5476	1,5686	1,5892
5,	1,6094	1,6292	1,6487	1,6677	1,6864	1,70475	1,7228	1,7405	1,7579	1,77495
6,	1,7918	1,8083	1,82455	1,84055	1,8563	1,8718	1,8871	1,9021	1,9169	1,9315
7,	1,9459	1,9601	1,9741	1,9879	2,0015	2,0149	2,02815	2,0412	2,0541	2,0669
8,	2,0794	2,0919	2,1041	2,1163	2,1282	2,1401	2,1518	2,1633	2,17475	2,18605
9,	2,1972	2,2083	2,2192	2,2300	2,2407	2,2513	2,2618	2,2721	2,2824	2,2925

Teil 2: 10 bis 999

	0	1	2	3	4	5	6	7	8	9
10 × 1	2,3026	2,3979	2,4849	2,56495	2,6391	2,70805	2,7726	2,8332	2,8904	2,9444
2	2,9957	3,0445	3,0910	3,1355	3,17805	3,2189	3,2581	3,2958	3,3322	3,3673
3	3,4012	3,4340	3,4657	3,4965	3,5264	3,55535	3,5835	3,6109	3,6376	3,6636
4	3,6889	3,7136	3,7377	3,7612	3,7842	3,8067	3,8286	3,8501	3,8712	3,8918
5	3,9120	3,9318	3,9512	3,9703	3,9890	4,0073	4,02535	4,04305	4,0604	4,0775
10 × 6	4,0943	4,1109	4,1271	4,1431	4,1589	4,1744	4,18965	4,2047	4,2195	4,2341
7	4,2485	4,2627	4,2767	4,2905	4,3145	4,3175	4,3307	4,3438	4,3567	4,36945
8	4,3820	4,39445	4,4067	4,4188	4,4308	4,44265	4,45435	4,4659	4,4773	4,4886
9	4,4998	4,5109	4,5218	4,5326	4,5433	4,5539	4,56435	4,5747	4,5850	4,5951
10	4,6052	4,6151	4,6250	4,6347	4,6444	4,6540	4,6634	4,6728	4,6821	4,69135
100 × 1,1	4,7005	4,7095	4,7185	4,7274	4,7362	4,7449	4,7540	4,7622	4,7707	4,7791
1,2	4,7875	4,7958	4,8040	4,8122	4,8203	4,8283	4,8363	4,8442	4,8520	4,8598
1,3	4,8675	4,8752	4,8828	4,89035	4,8978	4,9053	4,91265	4,9200	4,92725	4,9345
1,4	4,9416	4,9488	4,9558	4,9628	4,9698	4,9767	4,9836	4,9904	4,9972	5,00395
1,5	5,0106	5,0173	5,0239	5,0304	5,03695	5,0434	5,0499	5,05625	5,0626	5,0689
100 × 1,6	5,0752	5,0814	5,0876	5,09375	5,0999	5,10595	5,1120	5,1180	5,1240	4,1299
1,7	5,1358	5,1417	5,1475	5,1533	5,1591	5,1648	5,1705	5,17615	5,1818	5,1874
1,8	5,1930	5,1985	5,2040	5,2095	5,2149	5,2204	5,22575	5,2311	5,2364	5,24175
1,9	5,2470	5,2523	5,2575	5,2627	5,2679	5,2730	5,2781	5,2832	5,2883	5,2933
2,0	5,2983	5,3033	5,3083	5,3132	5,3181	5,3230	5,3279	5,3327	5,3375	5,3423
100 × 2,1	5,3471	5,3519	5,3566	5,3613	5,3660	5,3706	5,3753	5,3799	5,3845	5,3891
2,2	5,3936	5,3982	5,4027	5,4072	5,4116	5,4161	5,4205	5,42495	5,42935	5,4337
2,3	5,4381	5,4424	5,4467	5,4510	5,4553	5,4596	5,4638	5,4681	5,4723	5,4765
2,4	5,4806	5,4848	5,4889	5,4931	5,4972	5,5013	5,5053	5,5094	5,5134	5,51745
2,5	5,5215	5,52545	5,5294	5,5334	5,5373	5,5413	5,5452	5,5491	5,5530	5,5568
100 × 2,6	5,5607	5,5645	5,5683	5,57215	5,57595	5,5797	5,5835	5,58725	5,5910	5,5947
2,7	5,5984	5,6021	5,6058	5,6095	5,6131	5,6168	5,6204	5,6240	5,6276	5,6312
2,8	5,6348	5,63835	5,6419	5,64545	5,6490	5,6525	5,6560	5,6595	5,6630	5,6664
2,9	5,6699	5,6733	5,67675	5,6802	5,6836	5,6870	5,6904	5,6937	5,6971	5,7004
3,0	5,7038	5,7071	5,7104	5,7137	5,7170	5,7203	5,7236	5,72685	5,7301	5,7333
100 × 3,1	5,7366	5,7398	5,7430	5,7462	5,7494	5,7526	5,7557	5,7589	5,76205	5,7652
3,2	5,7683	5,7714	5,77455	5,77765	5,7807	5,7838	5,7869	5,7900	5,7930	5,7961
3,3	5,7991	5,8021	5,8051	5,8081	5,8111	5,8141	5,8171	5,8201	5,82305	5,8260
3,4	5,82895	5,8319	5,8348	5,8377	5,8406	5,8435	5,8464	5,8493	5,8522	5,8551
3,5	5,8579	5,8608	5,8636	5,8665	5,8693	5,8721	5,8749	5,8777	5,8805	5,8833
100 × 3,6	5,8861	5,8889	5,8916	5,8944	5,89715	5,8999	5,9026	5,9054	5,9081	5,9108
3,7	5,9135	5,9162	5,9189	5,9216	5,9243	5,9269	5,9296	5,93225	5,9349	5,9375
3,8	5,9402	5,9428	5,9454	5,9480	5,9506	5,9532	5,9558	5,9584	5,9610	5,9636
3,9	5,96615	5,9687	5,9713	5,9738	5,97635	5,9789	5,9814	5,9839	5,98645	5,9890
4,0	5,9915	5,9940	5,99645	5,9989	6,0014	6,0039	6,00635	6,0088	6,0113	6,0137
100 × 4,1	6,0162	6,0186	6,0210	6,02345	6,0259	6,0283	6,0307	6,0331	6,0355	6,0379
4,2	6,04025	6,0426	6,0450	6,0474	6,0497	6,0521	6,0544	6,0568	6,0591	6,0615
4,3	6,0638	6,0661	6,0684	6,0707	6,0730	6,07535	6,0776	6,0799	6,0822	6,0845
4,4	6,0868	6,0890	6,0913	6,0936	6,0958	6,0981	6,1003	6,1026	6,1048	6,1070
4,5	6,1092	6,1115	6,1137	6,1159	6,1181	6,1203	6,1225	6,1247	6,1269	6,12905

Tabelle 19 (Fortsetzung)

	0	1	2	3	4	5	6	7	8	9
100 × 4,6	6,1312	6,1334	6,1356	6,1377	6,1399	6,1420	6,1442	6,1463	6,1485	6,1506
4,7	6,1527	6,1549	6,1570	6,1591	6,1612	6,1633	6,1654	6,1675	6,1696	6,1717
4,8	6,1738	6,1759	6,1779	6,1800	6,1821	6,1841$\underline{5}$	6,1862	6,1883	6,1903	6,1923
4,9	6,1944	6,1964	6,1985	6,2005	6,2025	6,2046	6,2066	6,2086	6,2106	6,2126
5,0	6,2146	6,2166	6,2186	6,2206	6,2226	6,2246	6,2265	6,2285	6,2305	6,2324$\underline{5}$
100 × 5,1	6,2344	6,2364	6,2383	6,2403	6,2422	6,2442	6,2461	6,2480	6,2500	6,2519
5,2	6,2538	6,2557$\underline{5}$	6,2577	6,2596	6,2615	6,2634	6,2653	6,2672	6,2691	6,2710
5,3	6,2729	6,2748	6,2766	6,2785	6,2804	6,2823	6,2841	6,2860	6,2879	6,2897
5,4	6,2916	6,2934	6,2953	6,2971	6,2989$\underline{5}$	6,3008	6,3026	6,3044$\underline{5}$	6,3063	6,3081
5,5	6,3099	6,3117	6,3135$\underline{5}$	6,3154	6,3172	6,3190	6,3208	6,3226	6,3244	6,3261$\underline{5}$
100 × 5,6	6,3279	6,3297	6,3315	6,3333	6,3350$\underline{5}$	6,3368	6,3386	6,3404	6,3421	6,3439
5,7	6,3456	6,3474	6,3491	6,3509	6,3526	6,3544	6,3561	6,3578	6,3596	6,3613
5,8	6,3630	6,3647$\underline{5}$	6,3665	6,3682	6,3699	6,3716	6,3733	6,3750	6,3767	6,3784
5,9	6,3801	6,3818	6,3835	6,3852	6,3869	6,3886	6,3902	6,3919	6,3936	6,3953
6,0	6,3969	6,3986	6,4003	6,4019	6,4036	6,4052	6,4069	6,4085	6,4102	6,4118
100 × 6,1	6,4135	6,4151	6,4167	6,4184	6,4200	6,4216	6,4232$\underline{5}$	6,4249	6,4265	6,4281
6,2	6,4297	6,4313	6,4329	6,4345$\underline{5}$	6,4361$\underline{5}$	6,4377$\underline{5}$	6,4393$\underline{5}$	6,4409$\underline{5}$	6,4425	6,4441
6,3	6,4457	6,4473	6,4489	6,4505	6,4520$\underline{5}$	6,4536	6,4552	6,4568	6,4583	6,4599
6,4	6,4615	6,4630	6,4646	6,4661	6,4677	6,4692$\underline{5}$	6,4708	6,4723$\underline{5}$	6,4739	6,4754
6,5	6,4770	6,4785	6,4800	6,4816	6,4831	6,4846	6,4862	6,4877	6,4892	6,4908
100 × 6,6	6,4922	6,4937$\underline{5}$	6,4953	6,4968	6,4983	6,4998	6,5013	6,5028	6,5043	6,5058
6,7	6,5073	6,5088	6,5103	6,5117$\underline{5}$	6,5132	6,5147	6,5162	6,5177	6,5191$\underline{5}$	6,5206
6,8	6,5221	6,5236	6,5250	6,5265	6,5280	6,5294	6,5309	6,5323	6,5338	6,5352
6,9	6,5367	6,5381	6,5396	6,5410	6,5425	6,5439	6,5453$\underline{5}$	6,5468	6,5482	6,5496$\underline{5}$
7,0	6,5511	6,5525	6,5539	6,5554	6,5568	6,5582	6,5596	6,5610	6,5624	6,5639
100 × 7,1	6,5653	6,5667	6,5681	6,5695	6,5709	6,5723	6,5737	6,5751	6,5765	6,5779
7,2	6,5792$\underline{5}$	6,5806	6,5820	6,5834	6,5848	6,5862	6,5875$\underline{5}$	6,5889	6,5903	6,5917
7,3	6,5930	6,5944	6,5958	6,5971$\underline{5}$	6,5985	6,5999	6,6012	6,6026	6,6039	6,6053
7,4	6,6066$\underline{5}$	6,6080	6,6093$\underline{5}$	6,6107	6,6120	6,6134	6,6147	6,6161	6,6174	6,6187
7,5	6,6201	6,6214	6,6227	6,6241	6,6254	6,6267	6,6280	6,6294	6,6307	6,6320
100 × 7,6	6,6333	6,6346	6,6359$\underline{5}$	6,6373	6,6386	6,6399	6,6412	6,6425	6,6438	6,6451
7,7	6,6464	6,6477	6,6490	6,6503	6,6516	6,6529	6,6541$\underline{5}$	6,6554	6,6567	6,6580
7,8	6,6593	6,6606	6,6618$\underline{5}$	6,6631	6,6644	6,6657	6,6670	6,6682	6,6695	6,6708
7,9	6,6720	6,6733	6,6746	6,6758	6,6771	6,6783	6,6796	6,6808$\underline{5}$	6,6821	6,6834
8,0	6,6846	6,6859	6,6871	6,6883$\underline{5}$	6,6896	6,6908	6,6921	6,6933	6,6946	6,6958
100 × 8,1	6,6970	6,6983	6,6995	6,7007	6,7020	6,7032	6,7044	6,7056	6,7069	6,7081
8,2	6,7093	6,7105	6,7117	6,7130	6,7142	6,7154	6,7166	6,7178	6,7190	6,7202
8,3	6,7214	6,7226	6,7238	6,7250	6,7262	6,7274	6,7286	6,7298	6,7310	6,7322
8,4	6,7334	6,7346	6,7358	6,7370	6,7381$\underline{5}$	6,7393	6,7405	6,7417	5,7429	6,7441
8,5	6,7452	6,7464	6,7476	6,7488	6,7499	6,7511	6,7523	6,7534	6,7546	6,7558
100 × 8,6	6,7569	6,7581	6,7593	6,7604	6,7616	6,7627	6,7639	6,7650	6,7662	6,7673
8,7	6,7685	6,7696	6,7708	6,7719	6,7731	6,7742	6,7754	6,7765	6,7776$\underline{5}$	6,7788
8,8	6,7799	6,7811	6,7822	6,7833	6,7845	6,7856	6,7867	6,7878	6,7890	6,7901
8,9	6,7912	6,7923	6,7935	6,7946	6,7957	6,7968	6,7979	6,7991	6,8002	6,8013
9,0	6,8024	6,8035	6,8046	6,8057	6,8068	6,8079	6,8090	6,8101	6,8112	6,8123$\underline{5}$
100 × 9,1	6,8134	6,8145	6,8156	6,8167	6,8178	6,8189	6,8200	6,8211	6,8222	6,8233
9,2	6,8244	6,8255	6,8265$\underline{5}$	6,8276	6,8287	6,8298	6,8309	6,8319$\underline{5}$	6,8330	6,8341
9,3	6,8352	6,8363	6,8373	6,8384	6,8395	6,8405$\underline{5}$	6,8416	6,8427	6,8437$\underline{5}$	6,8448
9,4	6,8459	6,8469	6,8480	6,8491	6,8501	6,8512	6,8522	6,8533	6,8543	6,8554
9,5	6,8565	6,8575	6,8586	6,8596	6,8607	6,8617	6,8628	6,8638	6,8648$\underline{5}$	6,8659
100 × 9,6	6,8669	6,8680	6,8690	6,8700	6,8711	6,8721	6,8732	6,8742	6,8752	6,8763
9,7	6,8773	6,8783	6,8794	6,8804	6,8814	6,8824	6,8835	6,8845	6,8855	6,8865
9,8	6,8875$\underline{5}$	6,8886	6,8896	6,8906	6,8916	6,8926	6,8937	6,8947	6,8957	6,8967
9,9	6,8977	6,8987	6,8997	6,9007	6,9017	6,9027	6,9037$\underline{5}$	6,9047$\underline{5}$	6,9057$\underline{5}$	6,9067$\underline{5}$

Anmerkung: J. Napier (Neper), 1550–1617, Haupterfinder der Logarithmen.

Literatur zu ln

R. C. Weast, S. M. Selby und *Ch. D. Hodgman,* Handbook of Chemistry and Physics, 45. Auflage 1964/65, S. A–74/A77. The Chemical Rubber Co., Cleveland (Ohio) 1964.

Inhalt zu ln: Bereiche 0,000/0,499–0,500/0,999–1,00/4,99–5,00/9,99–10,0/49,9–50,0/99,9–0/499–500/999. Zahlenwerte mit 5 Stellen nach dem Komma.

Antilogarithmen

Sie sind die Zahlen, die zu gegebenen Mantissenwerten als Numeri gehören. Die folgende Tabelle enthält die Numeri, die den 3-ziffrigen Mantissen entsprechen. Zwischenwerte sind linear zu interpolieren.

Tabelle 20: Numeri zu 3-ziffrigen 10er-Logarithmus-Mantissen

Mantissen	0	1	2	3	4	5	6	7	8	9
.00	1000	1002	1005	1007	1009	1012	1014	1016	1019	1021
.01	1023	1026	1028	1030	1033	1035	1038	1040	1042	1045
.02	1047	1050	1052	1054	1057	1059	1062	1064	1067	1069
.03	1072	1074	1076	1079	1081	1084	1086	1089	1091	1094
.04	1096	1099	1102	1104	1107	1109	1112	1114	1117	1119
.05	1122	1125	1127	1130	1132	1135	1138	1140	1143	1146
.06	1148	1151	1153	1156	1159	1161	1164	1167	1169	1172
.07	1175	1178	1180	1183	1186	1189	1191	1194	1197	1199
.08	1202	1205	1208	1211	1213	1216	1219	1222	1225	1227
.09	1230	1233	1236	1239	1242	1245	1247	1250	1253	1256
.10	1259	1262	1265	1268	1271	1274	1276	1279	1282	1285
.11	1288	1291	1294	1297	1300	1303	1306	1309	1312	1315
.12	1318	1321	1324	1327	1330	1334	1337	1340	1343	1346
.13	1349	1352	1355	1358	1361	1365	1368	1371	1374	1377
.14	1380	1384	1387	1390	1393	1396	1400	1403	1406	1409
.15	1413	1416	1419	1422	1426	1429	1432	1435	1439	1442
.16	1445	1449	1452	1455	1459	1462	1466	1469	1472	1476
.17	1479	1483	1486	1489	1493	1496	1500	1503	1507	1510
.18	1514	1517	1521	1524	1528	1531	1535	1538	1542	1545
.19	1549	1552	1556	1560	1563	1567	1570	1574	1578	1581
.20	1585	1589	1592	1596	1600	1603	1607	1611	1614	1618
.21	1622	1626	1629	1633	1637	1641	1644	1648	1652	1656
.22	1660	1663	1667	1671	1675	1679	1683	1687	1690	1694
.23	1698	1702	1706	1710	1714	1718	1722	1726	1730	1734
.24	1738	1742	1746	1750	1754	1758	1762	1766	1770	1774
.25	1778	1782	1786	1791	1795	1799	1803	1807	1811	1816
.26	1820	1824	1828	1832	1837	1841	1845	1849	1854	1958
.27	1862	1866	1871	1875	1879	1884	1888	1892	1897	1901
.28	1805	1910	1914	1919	1923	1928	1932	1936	1941	1945
.29	1950	1954	1959	1963	1968	1972	1977	1982	1986	1991
.30	1995	2000	2004	2009	2014	2018	2023	2028	2032	2037
.31	2042	2046	2051	2056	2061	2065	2070	2075	2080	2084
.32	2089	2094	2099	2104	2109	2113	2118	2123	2128	2133
.33	2138	2143	2148	2153	2158	2163	2168	2173	2178	2183
.34	2188	2193	2198	2203	2208	2213	2218	2223	2228	2234
.35	2239	2244	2249	2254	2259	2265	2270	2275	2280	2286
.36	2291	2296	2301	2307	2312	2317	2323	2328	2333	2339
.37	2344	2350	2355	2360	2366	2371	2377	2382	2388	2393
.38	2399	2404	2410	2415	2421	2427	2432	2438	2443	2449
.39	2455	2460	2466	2472	2477	2483	2489	2495	2500	2506
.40	2512	2518	2423	2529	2535	2541	2547	2553	2559	2564
.41	2570	2576	2582	2588	2594	2600	2606	2612	2618	2624
.42	2630	2636	2642	2649	2655	2661	2667	2673	2679	2685
.43	2692	2698	2704	2710	2716	2723	2729	2735	2742	2748
.44	2754	2761	2767	2773	2780	2786	2793	2799	2805	2812
.45	2818	2825	2831	2838	2844	2851	2858	2864	2871	2877
.46	2884	2891	2897	2904	2911	2917	2924	2931	2938	2944
.47	2951	2958	2965	2972	2979	2985	2992	2999	3006	3013
.48	3020	3027	3034	3041	3048	3055	3062	3069	3076	3083
.49	3090	3097	3105	3112	3119	3126	3133	3141	3148	3155
.50	3162	3170	3177	3184	3192	3199	3206	3214	3221	3228

Tabelle 20 (Fortsetzung)

Mantissen	0	1	2	3	4	5	6	7	8	9
.51	3236	3243	3251	3258	3266	3273	3281	3289	3296	3304
.52	3311	3319	3327	3334	3342	3350	3357	3365	3373	3381
.53	3388	3396	3404	3412	3420	3428	3436	3443	3451	3459
.54	3467	3475	3483	3491	3499	3508	3516	3524	3532	3540
.55	3548	3556	3565	3573	3581	3589	3597	3606	3614	3622
.56	3631	3639	3648	3656	3664	3673	3681	3690	3698	3707
.57	3715	3724	3733	3741	3750	3758	3767	3776	3784	3793
.58	3802	3811	3819	3828	3837	3846	3855	3864	3873	3882
.59	3890	3899	3908	3917	3926	3936	3945	3954	3963	3972
.60	3981	3990	3999	4009	4018	4027	4036	4046	4055	4065
.61	4074	4083	4093	4102	4111	4121	4130	4140	4150	4159
.62	4169	4178	4188	4198	4207	4217	4227	4236	4246	4256
.63	4266	4276	4285	4295	4305	4315	4325	4335	4345	4355
.64	4365	4375	4385	4395	4406	4416	4426	4436	4446	4457
.65	4467	4477	4487	4498	4508	4519	4529	4539	4550	4560
.66	4571	4581	4592	4603	4613	4624	4634	4645	4656	4667
.67	4677	4688	4699	4710	4721	4732	4742	4753	4764	4775
.68	4786	4797	4808	4819	4831	4842	4853	4864	4875	4887
.69	4898	4909	4920	4932	4943	4955	4966	4977	4989	5000
.70	5012	5023	5035	5047	5058	5070	5082	5093	5105	5117
.71	5129	5140	5152	5164	5176	5188	5200	5212	5224	5236
.72	5248	5260	5272	5284	5297	5309	5321	5333	5346	5358
.73	5370	5383	5395	5408	5420	5433	5445	5458	5470	5483
.74	5495	5508	5521	5534	5546	5559	5572	5585	5598	5610
.75	5623	5636	5649	5662	5675	5689	5702	5715	5728	5741
.76	5754	5768	5781	5794	5808	5821	5834	5848	5861	5875
.77	5888	5902	5916	5929	5943	5957	5970	5984	5998	6012
.78	6062	6039	6053	6067	6081	6095	6109	6124	6138	6152
.79	6166	6180	6194	6209	6223	6237	6252	6266	6281	6295
.80	6310	6324	6339	6353	6368	6383	6397	6412	6427	6442
.81	6457	6471	6486	6501	6516	6531	6546	6561	6577	6592
.82	6607	6622	6637	6653	6668	6683	6699	6714	6730	6745
.83	6761	6776	6792	6808	6823	6839	6855	6871	6887	6902
.84	6918	6934	6950	6966	6982	6998	7015	7031	7047	7063
.85	7079	7096	7112	7129	7145	7161	7178	7194	7211	7228
.86	7244	7261	7278	7295	7311	7328	7345	7362	7379	7396
.87	7413	7430	7447	7464	7482	7499	7516	7534	7551	7568
.88	7586	7603	7621	7638	7656	7674	7691	7709	7727	7745
.89	7762	7780	7798	7816	7834	7852	7870	7889	7907	7925
.90	7943	7962	7980	7998	8017	8035	8054	8072	8091	8110
.91	8128	8147	8166	8185	8204	8222	8241	8260	8279	8299
.92	8318	8337	8356	8375	8395	8414	8433	8453	8472	8492
.93	8511	8531	8551	8570	8590	8610	8630	8650	8670	8690
.94	8710	8730	8750	8770	8790	8810	8831	8851	8872	8892
.95	8913	8933	8954	8974	8995	9016	9036	9057	9078	9099
.96	9120	9141	9162	9183	9204	9226	9247	9268	9290	9311
.97	9333	9354	9376	9397	9419	9441	9462	9484	9506	9528
.98	9550	9572	9594	9616	9638	9661	9683	9705	9727	9750
.99	9772	9795	9817	9840	9863	9886	9908	9931	9954	9977

Beispiel

Logarithmus von x = 0,7160
Aus Antilogarithmus-Tabelle zu .716: 5200 daher x = 5,2000

Literatur (Antilogarithmen)

I. N. Bronstein und *K. A. Semendjajew*, Taschenbuch der Mathematik. 5. Aufl., S. 27 und 30/31. Verlag H. Deutsch, Zürich Frankfurt/Main 1965.

Chemical Rubber Co., Handbook of Chemistry and Physics. 45. Aufl., S. A–10. Cleveland, Ohio 1964.

2. Graphische Methoden

So wichtig für die Bearbeitung oder Berechnung von Einzelfällen die Zahlenwerte von Tabellen, die für Funktionen (Begriffserläuterung siehe Unterabschnitts-Lit. [1] und [2]) aufgestellt wurden, sind, lassen sich Gesetzmäßigkeiten besser durch Kurvendarstellungen, also graphisch, überblicken. Eine Zusammenfassung dieses Sondergebiets gibt ein Buch nach der Unterabschnitts-Lit. [3].

In den folgenden Unterabschnitten werden *Diagramme* und *Nomogramme* getrennt behandelt, entsprechend ihren spezifischen Eigenschaften. Es wird zwar von Mathematiker-Kreisen u. a. auch angenommen, daß unter die „Nomographie" (*I. Szabo, K. Wellnitz* und *W. Zander*, Mathematik. 2. Aufl., „Nomographie" S. 269/270: Hütte – Taschenbuch der Technik. Springer-Verlag, Berlin/Heidelberg/New York 1974) sowohl Diagramme wie auch Nomogramme fallen. Wenn sich auch die beiden Darstellungsarten begrifflich zusammenfassend festlegen lassen, halte ich doch die Trennung im Rahmen der Anwendungsziele dieses Handbuchs für zweckmäßiger.

Diagramm zahlenmäßige Abhängigkeiten zwischen zwei oder mehr Größen in Form der Schaubilder (Kurventafeln) von Funktionen in einem Koordinaten-System, wobei die rechnerische Auswertung zwar möglich ist, aber nicht im Vordergrund des Zwecks der zeichnerischen Darstellung, die sehr *anschaulich* ist, liegt.

Nomogramm zeichnerische Netz-, Leitertafeln oder Funktionsleitern ausschließlich zur *rechnerischen* Auswertung von mathematischen Beziehungen zwischen zwei oder mehreren Größen, jedoch *ohne* Ziel einer *anschaulichen* Darstellung.

Diagramme

Sie sind (siehe oben) zeichnerische Darstellungen in einfachster Begriffsbestimmung errechneter Werte in einem Koordinatensystem (siehe auch Unterabschnitts-Lit. [4]). Umfassender ist die Erläuterung, daß es sich bei Diagrammen um Schaubilder handelt, die zahlenmäßige Abhängigkeiten (in Koordinatensystemen) zwischen zwei oder mehr Größen wiedergeben (siehe auch Unterabschnitts-Lit. [5]).

In der Regel wird mit zwei Koordinaten gearbeitet, der *Abszisse* (x-Achse) und der normalerweise dazu senkrechten *Ordinate* (y-Achse), die je nach Bedarf drei verschiedene Größenabstands-Einteilungen ermöglichen: linear, logarithmisch und verkehrt logarithmisch (Bilder 5 und 6). Es sind folgende Kombinationen der Achsen-Einteilungen denkbar:

Abszisse (x)	*Ordinate* (y)
(1) linear	(1) linear
(2) linear	(2) logarithmisch
(3) linear	(3) verkehrt logarithmisch
(4) logarithmisch	(4) linear
(5) logarithmisch	(5) logarithmisch
(6) logarithmisch	(6) verkehrt logarithmisch
(7) verkehrt logarithmisch	(7) linear
(8) verkehrt logarithmisch	(8) logarithmisch
(9) verkehrt logarithmisch	(9) verkehrt logarithmisch

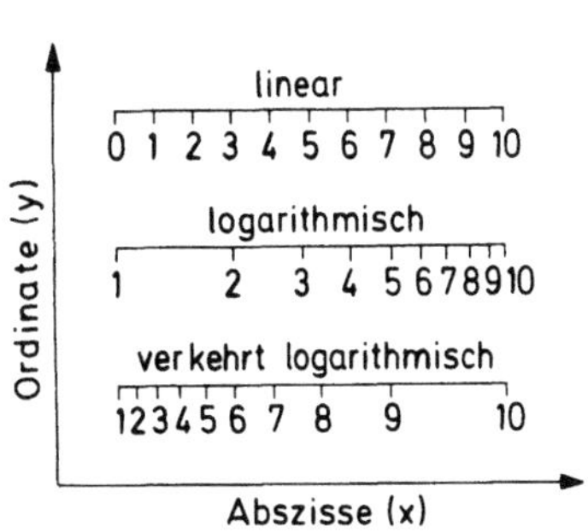

Bild 5. Möglichkeiten der Abszissen-(x-)-Teilungen

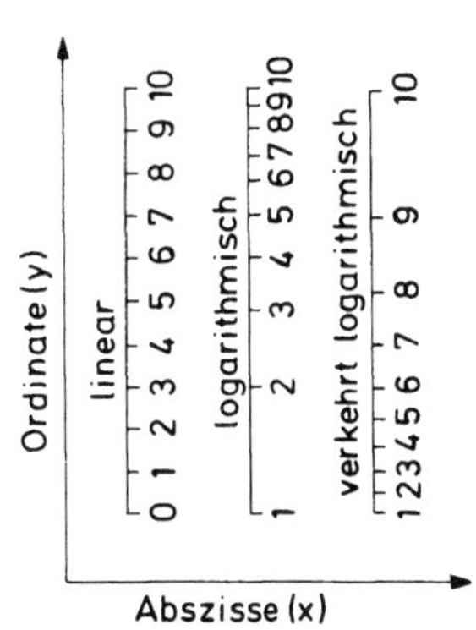

Bild 6. Möglichkeiten der Ordinaten-(y-)-Teilungen

Um zu verdeutlichen, wie sich die verschiedenen Kombinationen der Achsen-Einteilungen auf die Kurvenverläufe auswirken, werden als Grundlage drei Funktionen verfolgt: die *Gerade* und ein *Kreisbogen* von 90°, alle beide *aufsteigend* und *abfallend.*

Gerade

Die allgemeine Gleichung einer Geraden lautet:

$$y = a \cdot x + b. \tag{34}$$

Der einfachste Fall für eine *aufsteigende* Gerade ergibt sich für a = 1 und b = 0:

$$y = x. \tag{35}$$

Eine gerade Linie tritt immer dann auf, wenn die Teilungen der beiden Achsen (Abszisse, Ordinate) gleich sind, entsprechend den obigen Achsen-Kombinationen (1)–(1), (5)–(5) und (9)–(9). Bei anderen Kombinationen ergeben sich gekrümmte Kurven. Diese Feststellungen werden durch die Bilder 7, 8, 9 und das erweiterte Diagramm Bild 10 bestätigt, so weit es die *aufsteigende* Gerade (I) betrifft.

Eine *abfallende* Gerade ergibt sich, wenn in der allgemeinen Geradengleichung (34) a = – 1 und zum Beispiel b = 10 gesetzt wird:

$$y = -x + 10 = 10 - x. \tag{36}$$

Für diesen Fall ist lediglich das Bild 11 gezeichnet worden, in welchem die Ordinate (y-Achse) linear geteilt wurde. Analog würden sich – Bild 11 entspricht Bild 7 – die Bilder 8, 9 und 10 wandeln.

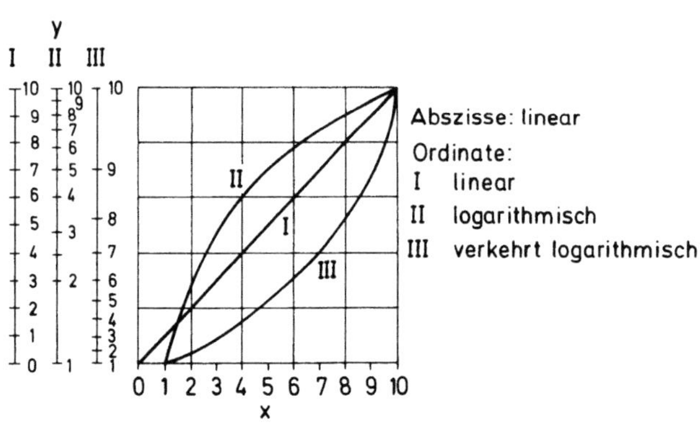

Bild 7.
Kurvenverlauf für y = x bei linearer geteilter Abszisse (x) und verschiedenen Ordinaten-(y-)-Teilungen

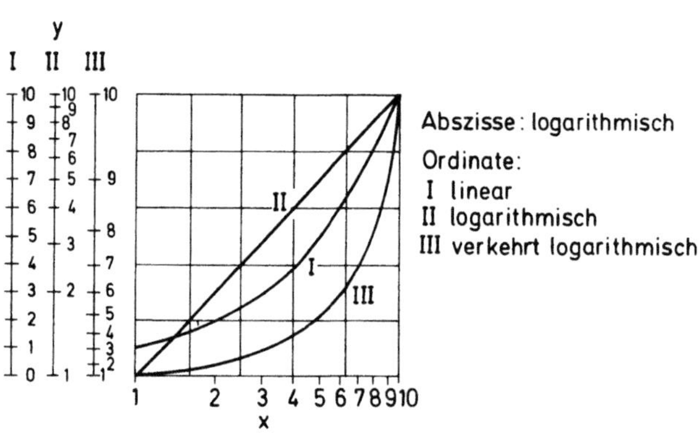

Bild 8.
Kurvenverlauf für y = x bei logarithmisch geteilter Abszisse (x) und verschiedenen Ordinaten-(y-)-Teilungen

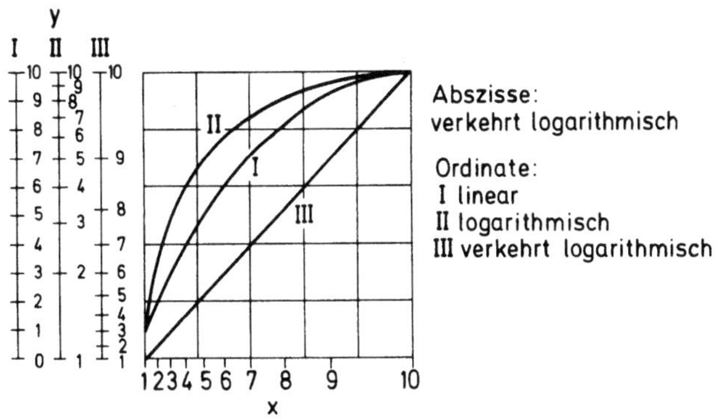

Bild 9.
Kurvenverlauf für y = x bei verkehrt logarithmisch geteilter Abszisse (x) und verschiedenen Ordinaten-(y-)-Teilungen

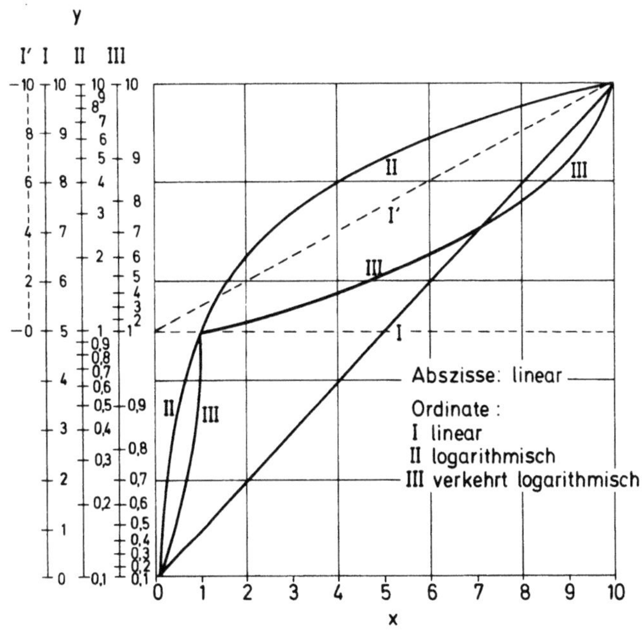

Bild 10.
Kurvenverlauf für y = x bei linear geteilter Abszisse (x) und erweiterten Ordinaten-(y-)-Teilungen

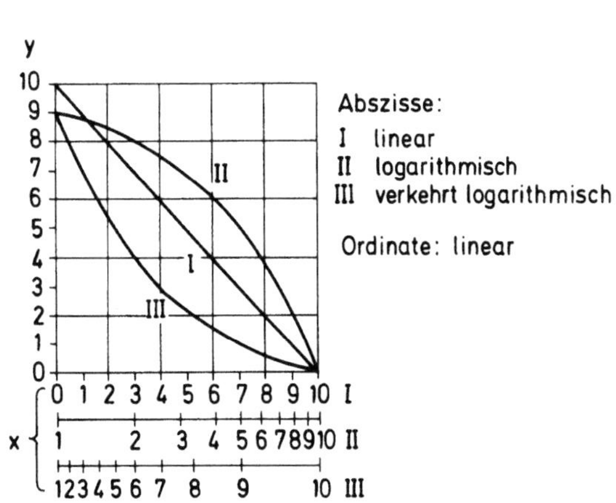

Bild 11.
Kurvenverlauf für y = 10 − x bei linear geteilter Ordinate (y) und verschiedenen Abszissen-(x-)-Teilungen

Eine Gesetzmäßigkeit zeigt sich bei allen Geraden-Bildern: die Kurve I liegt immer zwischen den beiden anderen Kurven (II und III), und zwar ergibt sich II immer *über* I liegend, III weiter unten, also *tiefer* als I.

Die Gleichung

$$y = \frac{1}{ax + b} \tag{37}$$

ist u. a. für die Form

$$y = \frac{10}{x} \tag{38}$$

in einem gwf-Arbeitsblatt (Unterabschnitts-Lit. [6]) ebenso wie $y = x$ betrachtet und gezeichnet worden. Es handelt sich jedoch um getrennte Diagramme mit je einer Koordinatenteilung.

In die Zweikoordinaten-Diagramme, die primär für die Darstellung der funktionellen Abhängigkeiten zwischen zwei Größen (x, y) dienen, lassen sich Veränderungen von dritten Größen als Parameter einbauen. Es soll dies an dem einfachen Fall der Geraden gezeigt werden. In der Geradengleichung

$$y = x + b \tag{39}$$

soll auch b verschiedene Werte annehmen. Die folgende tabellarische Übersicht greift einige Werte zu dieser Gl. (39) heraus:

b =	0	1	2	3	4	5
x = 1	y = 1	2	3	4	5	6
x = 5	5	6	7	8	9	10
x = 10	10	11	12	13	14	15

Bild 12 bringt die Zusammenhänge graphisch.

Diese Darstellungsart wurde z. B. für die Reduktionsfaktoren auf Normzustand (siehe S. 7) angewandt – Unterabschnitts-Literatur [6, 7, 8]).

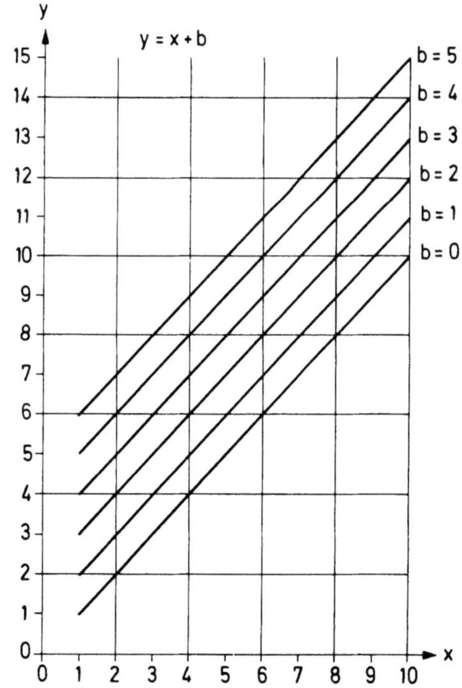

Bild 12.
Geradenlage für y = x + b bei b-Werten von 0 bis 5. Lineare Teilung beider Achsen (x, y)

Eine Erweiterung oder Fortentwicklung der bisher behandelten Diagramme stellen die *Dreiecksdarstellungen*[1]) von Größen dar, die sich aus drei Komponenten zusammensetzen, z. B. Wärmewerte, Dichten oder Wobbewerte von Gemischen aus drei Stoffen oder Komponenten. In solchen Dreiecken gibt jeder

[1]) Auch Gibbs'sches Dreieck genannt. – *J. W. Gibbs*, 1839 bis 1903.

Punkt P die Zusammensetzung des aus drei Stoffen oder Komponenten bestehenden Gemischs an (Bild 13). Setzt man nun zu jedem Punkt P des Dreiecks den Wert einer Größe des Dreistoffgemischs, so lassen sich für die Gemischgröße Iso-Linien zeichnen. Bild 14 tut dies für die Brennwerte von Gemischen aus Wasserstoff H_2, Methan CH_4 und Stickstoff N_2.

Zur Ermittlung des Verlaufs der H_o-Geraden (dies gilt auch für andere linear von der Zusammensetzung von 3-Stoff-Gemischen abhängigen Eigenschaften) berechnet man die Endpunkte der Geraden auf den Dreiecksseiten. Für sie gelten (betr. H_o) folgende Gleichungen:

auf der Dreiecksseite $N_2 \rightarrow H_2$: $$x_{H_2} = \frac{H_o}{30{,}44}\,\% \tag{40}$$

auf der Dreiecksseite $CH_4 \rightarrow N_2$: $$x_{N_2} = \frac{9510 - H_o}{95{,}10}\,\% \tag{41}$$

auf der Dreiecksseite $H_2 \rightarrow CH_4$: $$x_{CH_4} = \frac{9510 - H_o}{95{,}10 - 30{,}44} = \frac{9510 - H_o}{64{,}66}\,\% \tag{42}$$

H_o sind die Brennwertzahlen der gewünschten H_o-Isolinien (1000 Wärmeeinheiten/m^3 NZ ...).

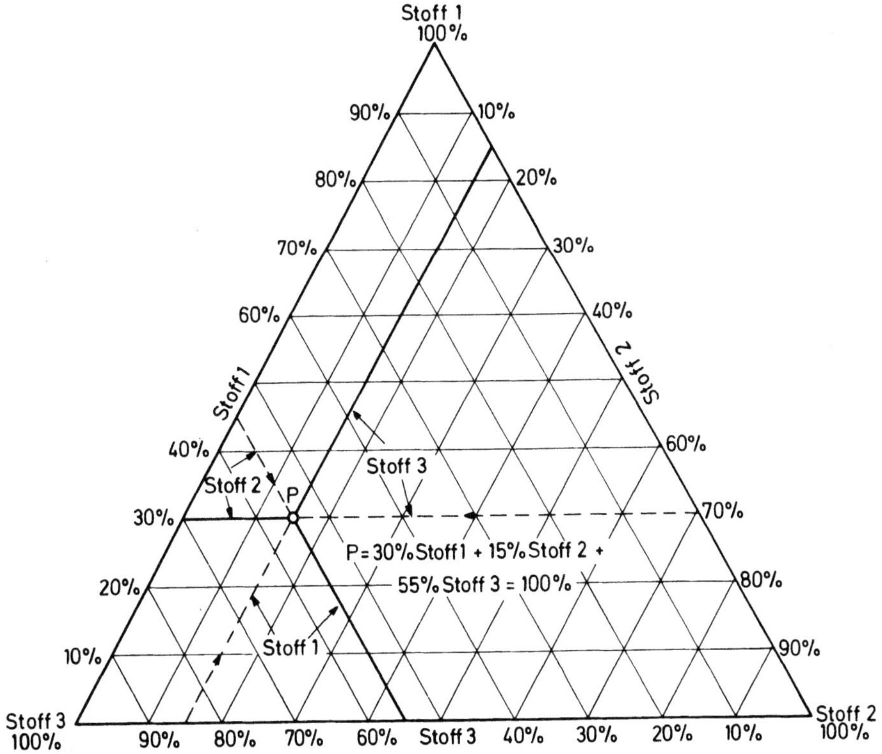

Bild 13. Dreiecksdarstellung der Zusammensetzung von Dreistoff- oder ternären Gemischen

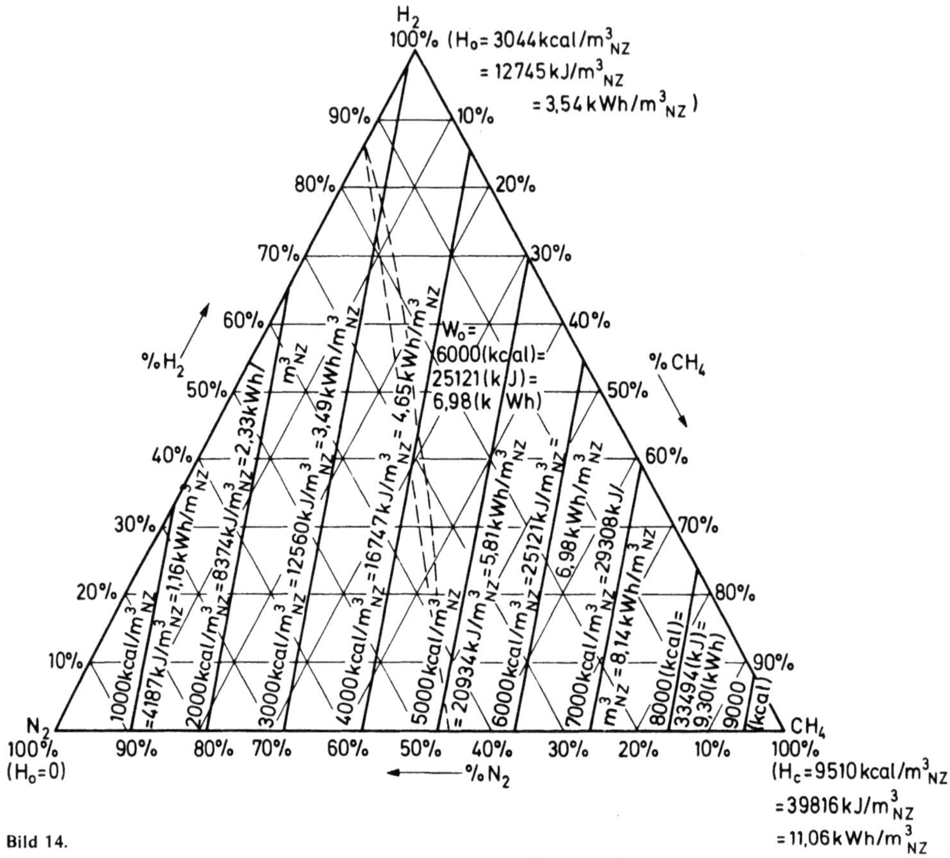

Bild 14.
Iso-Brennwertlinien im H_2-CH_4-N_2-Dreieck und W_o-Linie 6000 (betr. kcal)

Bei Größen, die nicht durch Geraden-Funktionen in der Abhängigkeit von der 3-Stoff-Zusammensetzung gekennzeichnet sind, ergeben sich für die Isolinien entsprechende Krumm-Kurven. Ein Beispiel bildet der Wobbewert, dessen Zahl 6000 (H_o: $\sqrt{d}$) in Bild 14 eingetragen ist.

Im gwf-Arbeitsblatt Nr. 26 (Unterabschnitts-Lit. [8]) sind in ein H_2–CH_4–N_2–Dreieck die Linien für einen bestimmten Fall (H_o = 4800 kcal/m³ NZ; d = 0,64/Luft = 1; $W_o = 4800 : \sqrt{0{,}64} = 4800 : 0{,}8 = 6000$) eingezeichnet.

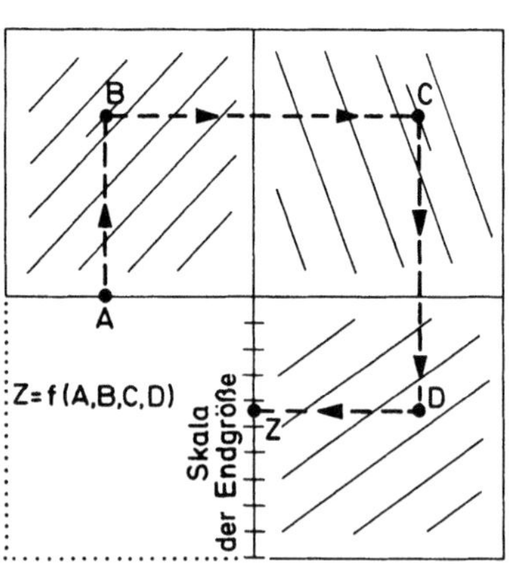

Bild 15.
Mehrteilige Netztafel in Mäanderform

Eine weitere Fortbildung der graphischen Methoden, die meistens mit Geraden als Hilfslinien arbeiten und deshalb im Rahmen der Diagramme angeführt werden, sind die mehrteiligen Netztafeln in Mäanderform (Grundschema: Bild 15), die 3- oder 4-flächig für Funktionen mit einer entsprechenden Anzahl von Teilgrößen arbeiten (siehe z. B. Unterabschnitts-Lit. [9]).

Kreisbögen

Alle Krumm-Kurven der verschiedenen wichtigen gas- und brenngastechnischen Funktionen zeigen *vier* Grundformen:

Krümmung gegen x-Achse	Kurvenverlauf im Diagramm	Kurven-Nr. in den Bildern 16 und 17
konvex	steigend	I a
konvex	fallend	II a
konkav	steigend	I b
konkav	fallend	II b

Eine Reihe von grundlegenden Gesetzmäßigkeiten der Krumm-Kurven läßt sich an Kreisbögen in Diagrammen betrachten. Bild 16 bringt die Kreisbogen-Grundformen innerhalb eines Kreisradius-Quadrats. Deutlicher werden die Grundtypen der Kurven, wenn sie, wie in Bild 17 getrennt gezeichnet sind.

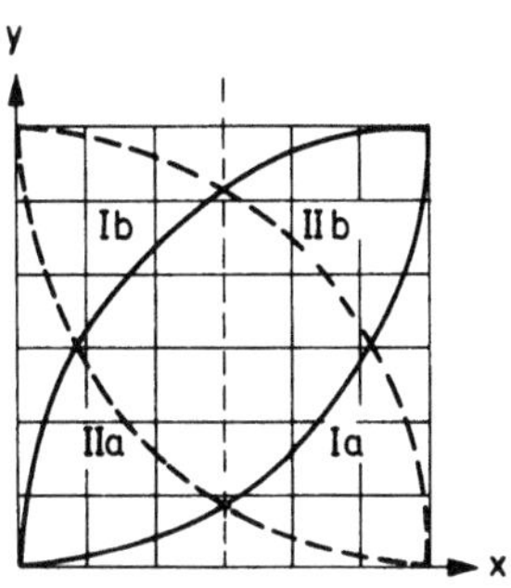

Bild 16. Kreisbögen getrennt im x,y-Diagramm

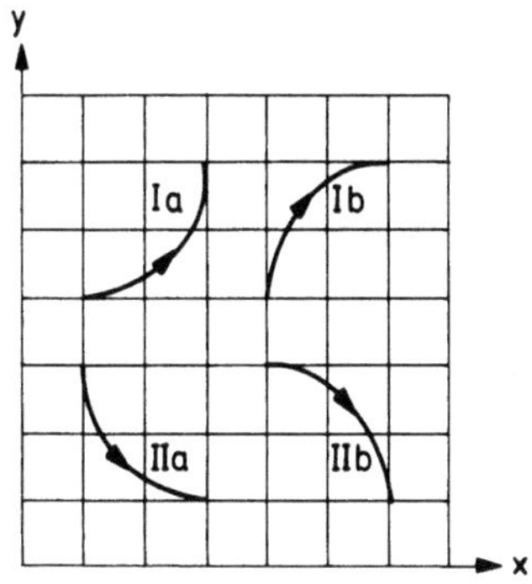

Bild 17. Möglichkeiten der Ordinaten-(y-)-Teilungen

Bild 18 enthält die Kurven I b und II a, an denen die funktionellen Beziehungen abgeleitet werden sollen. Die allgemeine Grundgleichung lautet:

$$y_s^2 = r^2 - (r - x)^2, \qquad (43)$$

daraus I b: $$y_s = \sqrt{2x\,(r - x)} \qquad (44)$$

und II a: $$y_a = r - \sqrt{2x\,(r - x)}. \qquad (45)$$

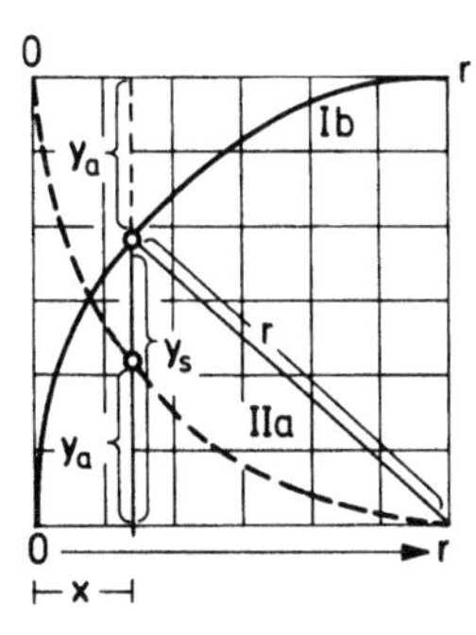

Bild 18.
Beziehungen in den Kreisbögen I b und II a (siehe Bilder 16 und 17) zwischen den Bestimmungsgrößen

Tabelle 21a

r = 10		
x	y_s (I b)	y_a (II a)
0	0	10
0,1	1,411	8,589
0,25	2,222	7,778
0,5	3,123	6,877
1	4,359	5,641
2	6,000	4,000
3	7,141	2,859
4	8,000	2,000
5	8,660	1,340
6	9,166	0,834
7	9,539	0,461
8	9,798	0,202
9	9,950	0,050
10	10	0

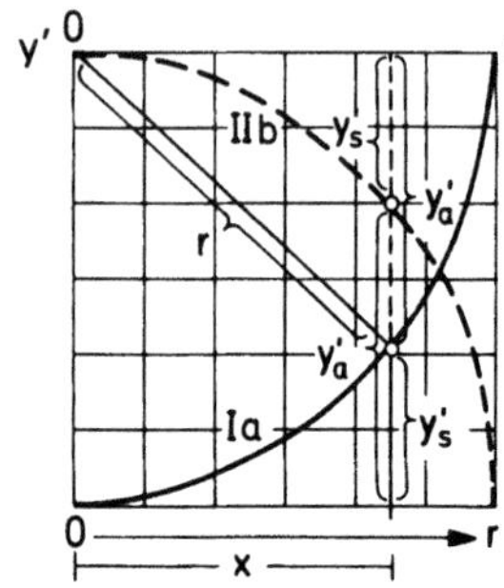

Bild 19. Beziehungen in den Kreisbögen Ia und IIb (siehe Bilder 16 und 17 sowie 18) zwischen den Bestimmungsgrößen

Die Tabelle 21a bringt für r = 10 die den Kurvenverlauf kennzeichnenden y_s- und y_a-Werte für x = 0 bis 10.

Ergänzend zeigt Bild 19 spiegelbildlich den Verlauf der Kurven I a und II b, woraus sich folgende Berechnungsgleichungen ergeben:

$$(y_a')^2 = r^2 - x^2, \qquad (46)$$

daraus II b: $$y_a' = \sqrt{(r+x)\cdot(r-x)} \qquad (47)$$

und I a: $$y_s' = r - \sqrt{(r+x)\cdot(r-x)}. \qquad (48)$$

Die Tabelle 21b bringt vergleichend für r = 10 die den Kurvenverlauf erfassenden y_s'- und y_a'-Werte für x = 0 bis 10.

Tabelle 21b

r = 10		
x	y_s' (I a)	y_a' (II b)
0	0	10
0,1	0,001	10,000
0,25	0,003	9,997
0,5	0,013	9,988
1	0,050	9,950
2	0,202	9,798
3	0,461	9,539
4	0,835	9,165
5	1,340	8,660
6	2,000	8,000
7	2,859	7,141
8	4,000	6,000
9	5,641	4,359
10	10	0

Die Bilder 20, 21 und 22 zeigen den Verlauf der Kurve I b in Diagrammen bei verschiedener Koordinatenteilung. Es bestätigen sich wie bei den Geraden die Kurvenverlagerungen bei Anwendung logarithmischer oder verkehrt logarithmischer Koordinatenteilung (siehe S. 41).

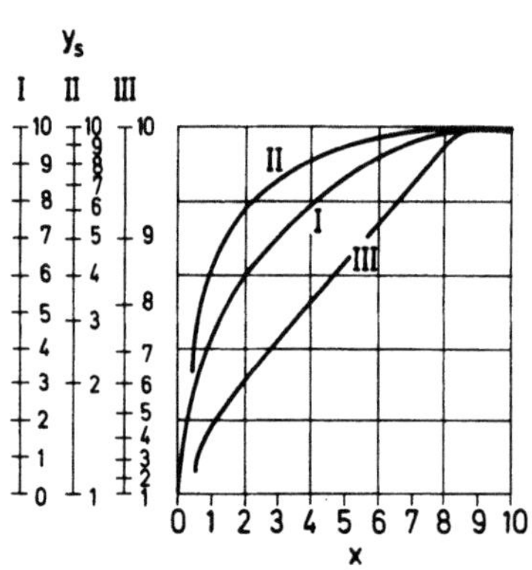

Abszisse: linear

Ordinate:
I linear
II logarithmisch
III verkehrt logarithmisch

Bild 20.
Verlauf des Kreisbogens I b (siehe Bild 18) bei linear geteilter Abszisse (x) und verschiedenen Ordinaten-(y-)-Teilungen

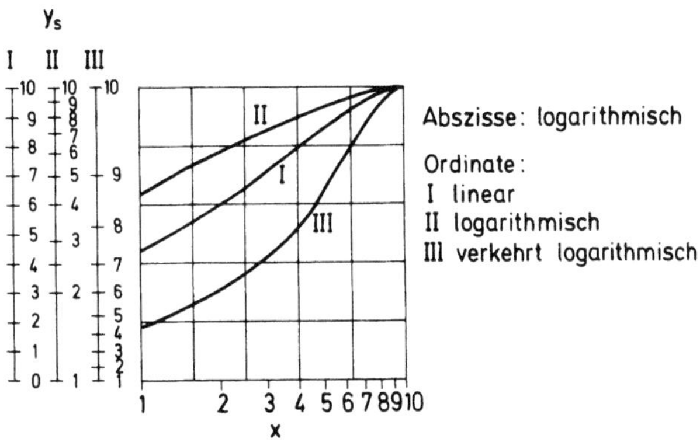

Bild 21.
Verlauf des Kreisbogens I b (siehe Bild 18) bei logarithmisch geteilter Abszisse (x) und verschiedenen Ordinaten-(y-)-Teilungen

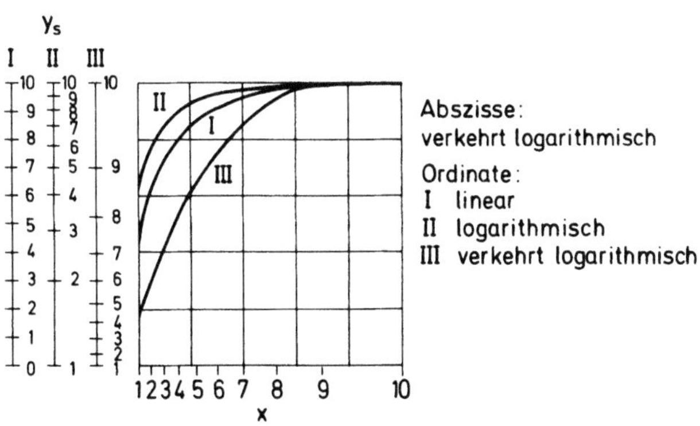

Bild 22.
Verlauf des Kreisbogens I b (siehe Bild 18) bei verkehrt logarithmisch geteilter Abszisse (x) und verschiedenen Ordinaten-(y-)-Teilungen

Zusammenfassend seien die Berechnungsgleichungen für die vier Kreisbogenarten angegeben:

I a: $y = r - \sqrt{(r + x) \cdot (r - x)}$,

II a: $y = r - \sqrt{2x \cdot (r - x)}$,

I b: $y = \sqrt{2x \cdot (r - x)}$,

II b: $y = \sqrt{(r + x) \cdot (r - x)}$.

Allgemein kann r als Konstante irgend eines Zahlenwertes angenommen werden. Man würde dann analoge Kurvenverläufe erhalten.

Potenzfunktion $y = x^m$

Potenzfunktionen treten bei gas- und brenngastechnischen Berechnungen verschiedener Sonder-Gassparten auf. Im vorliegenden Unterabschnitt wird zunächst die Funktion $y = x^m$ (m beliebige Zahl) für m-Werte zwischen 0 und 1 behandelt. Die umfassende Tabelle 22 enthält die y-Werte für x von 0,01 bis 0,1, gefolgt von 0,1 bis 1 und weiteren Zwischenwerten von 1 bis 5 bei m-Werten, gestuft in der 1. Stelle hinter dem Komma von m gleich 0 bis 1. Die Tabelle 22 ist ergänzt durch das Doppelbild 23/24. Für x-Werte über 1 bringt Tabelle 23 y-Werte für $m > 1$. Auch hier wieder eine graphische Ergänzung durch Bild 25.

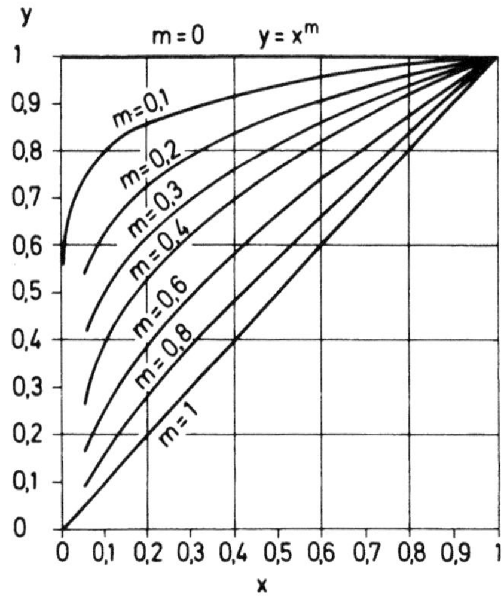

Bild 23. Kurven der Funktion $y = x^m$ für x = 0 bis 1 (linear geteilt), m = 1 bis 0 bei linear geteilter Ordinate (y = 0 bis 1)

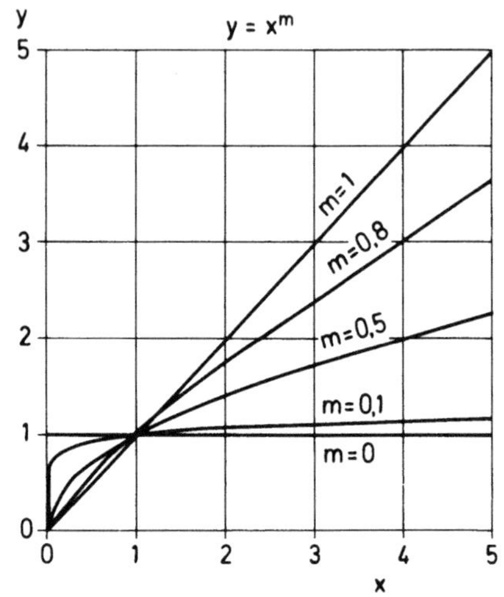

Bild 24. Kurven der Funktion $y = x^m$ für x = 0 bis 5 (linear geteilt), m = 0 bis 1 bei linear geteilter Ordinate (y = 0 bis 5)

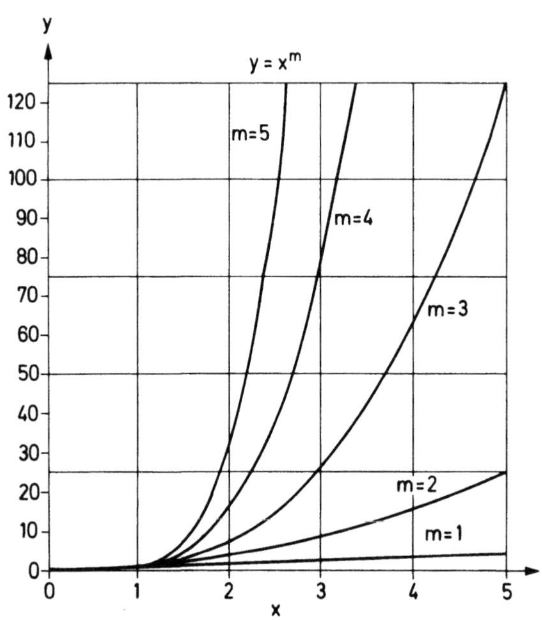

Bild 25. Kurven der Funktion $y = x^m$ für x = 0 bis 5 (linear geteilt), m = 1 bis 5 bei linear geteilter Ordinate (y = 0 bis 120)

In diesem Zusammenhang sei hingewiesen auf das gwf-Arbeitsblatt Nr. 26 (Febr. 1972), das Diagramme vergleichend die Kurven der Funktionen $y = x$, $y = x^2$ und $y = 10 : x$, in Einzeldiagrammen, getrennt nach verschiedenen Koordinatenteilungen zeigt. Die Tabellen und Bilder dieses Buches zu den beiden ersten Funktionen sind wesentliche Verallgemeinerungen und Erweiterungen von $y = x$ (siehe S. 42) und $y = x^2$ (entsprechend $y = x^m$). Die Funktion $y = 10 : x$ läßt sich verallgemeinert auf $y = f : x$ mit beliebigen

Tabelle 22: y-Werte der Funktion $y = x^m$ für die Bereiche x 0 bis 5 und m 0 bis 1

↓x \ →m	0	0,1	0,2	0,3	0,4	0,5	0,6	0,7	0,8	0,9	1
0	0	0	0	0	0	0	0	0	0	0	0
0,01		0,6310	0,3981	0,2512	0,1585	0,1000	0,0631	0,0398	0,0251	0,0158	0,01
0,02		0,6762	0,4573	0,3093	0,2091	0,1414	0,0956	0,0647	0,0437	0,0296	0,02
0,03	1	0,7042	0,4959	0,3493	0,2460	0,1732	0,1220	0,0859	0,0605	0,0426	0,03
0,04		0,7248	0,5253	0,3807	0,2759	0,2000	0,1450	0,1051	0,0761	0,0552	0,04
0,05		0,7411	0,5493	0,4071	0,3017	0,2236	0,1657	0,1228	0,0910	0,0675	0,05
0,06		0,7548	0,5697	0,4300	0,3245	0,2449	0,1849	0,1395	0,1053	0,0795	0,06
0,07		0,7665	0,5875	0,4503	0,3452	0,2646	0,2028	0,1554	0,1191	0,0913	0,07
0,08	1	0,7768	0,6034	0,4687	0,3641	0,2828	0,2197	0,1707	0,1326	0,1030	0,08
0,09		0,7860	0,6178	0,4856	0,3817	0,3000	0,2358	0,1853	0,1457	0,1145	0,09
0,10		0,7943	0,6310	0,5012	0,3981	0,3162	0,2512	0,1995	0,1585	0,1259	0,10
0,1		0,7943	0,6310	0,5012	0,3981	0,3162	0,2512	0,1995	0,1585	0,1259	0,1
0,2		0,8513	0,7249	0,6170	0,5253	0,4472	0,3807	0,3241	0,2759	0,2349	0,2
0,3	1	0,8866	0,7860	0,6968	0,6178	0,5477	0,4856	0,4305	0,3817	0,3384	0,3
0,4		0,9124	0,8326	0,7641	0,6931	0,6325	0,5771	0,5266	0,4805	0,4384	0,4
0,5		0,9330	0,8705	0,8123	0,7579	0,7071	0,6598	0,6155	0,5744	0,5359	0,5
0,6		0,9502	0,9029	0,8579	0,8152	0,7746	0,7360	0,6994	0,6645	0,6315	0,6
0,7		0,9650	0,9312	0,8985	0,8670	0,8367	0,8074	0,7791	0,7518	0,7254	0,7
0,8	1	0,9779	0,9564	0,9353	0,9146	0,8944	0,8747	0,8554	0,8365	0,8181	0,8
0,9		0,9895	0,9791	0,9689	0,9587	0,9487	0,9387	0,9289	0,9192	0,9095	0,9
1,0		1	1	1	1	1	1	1	1	1	1
1,5		1,0414	1,0845	1,1294	1,1761	1,2247	1,2754	1,3282	1,3832	1,4404	1,5
2		1,0715	1,1487	1,2311	1,3195	1,4142	1,5157	1,6245	1,7411	1,8661	2
2,5		1,0960	1,2011	1,3164	1,4427	1,5811	1,7329	1,8992	2,0814	2,2811	2,5
3	1	1,1161	1,2457	1,3904	1,5519	1,7320	1,9332	2,1577	2,4082	2,6879	3
3,5		1,1335	1,2847	1,4562	1,6503	1,8708	2,1205	2,4036	2,7243	3,0879	3,5
4		1,1487	1,3195	1,5157	1,7411	2,0000	2,2974	2,6390	3,0314	3,4822	4
4,5		1,1623	1,3509	1,5702	1,8251	2,1213	2,4656	2,8658	3,3310	3,8716	4,5
5		1,1748	1,3797	1,6207	1,9036	2,2361	2,6265	3,0851	3,6239	4,2367	5

Tabelle 23: y-Werte der Funktion $y = x^m$ für die Bereiche x 1 bis 5 und m 1 bis 3

↓x \ →m	1	2	3
1	1	1	1
1,5	1,5	2,25	3,375
2	2	4,00	8,000
2,5	2,5	6,25	15,625
3	3	9,00	27,000
3,5	3,5	12,25	42,875
4	4	16,00	64,000
4,5	4,5	20,25	91,125
5	5	25,00	125,000

f-Werten auffassen und gehört umgeformt auf $y = f \cdot x^{-1}$ zur Potenzfunktion dieses Buchabschnitts. m hat eben den Wert −1. Bild 26 bringt die Kurven der y-Werte für x 0 bis 10 in Abhängigkeit von den f-Werten 0,25 bis 10.

Zur rechnerischen Auswertung der Potenzfunktion $y = x^m$ logarithmiert man zweckmäßig:

$$\log y = m \cdot \log x, \tag{49}$$

mit welcher Gleichung an Hand von Logarithmen- oder Antilogarithmen-Tafeln (siehe S. 35–40) y leicht ermittelt werden kann.

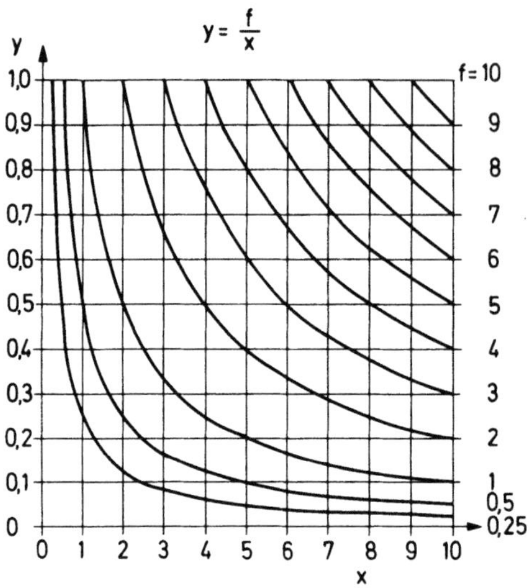

Bild 26.
Kurven der Funktion $y = \frac{f}{x}$ für x = 0 bis 10 (linear geteilt), f = 0,25 bis 10 (linear geteilt) bei linear geteilter Ordinate (y = 0 bis 1)

Potenzfunktion $y = e^x$

Die Potenzfunktion $y = e^x$ (e Basis des natürlichen Logarithmus, siehe S. 35) läßt sich (wie die im vorangehenden Unterabschnitt $y = x^m$) über Logarithmieren am einfachsten rechnerisch auswerten:

$$\log y = x \cdot \log e\,. \tag{50}$$

Log e hat den Zahlenwert $0{,}43429\underline{5}$:

$$\log y = 0{,}43429\underline{5} \cdot x\,. \tag{51}$$

Die zahlenmäßigen Beziehungen zwischen y und x sind in Bild 27 tabellarisch den Kurvendarstellungen beigegeben, einmal auf Grund der obigen Gl. (51), dann aus der Gleichung

$$x = \frac{\log y}{\log e} = \frac{\log y}{0{,}43429\underline{5}}\,. \tag{52}$$

Ein entsprechender Rechengang gilt für die Quotientenfunktion

$$x = \frac{1}{e^x} = e^{-x}\,. \tag{53}$$

$$\log y = -x \cdot \log e$$

$$-x = \frac{\log y}{\log e}\,,$$

$$x = -\frac{\log y}{\log e}\,. \tag{54}$$

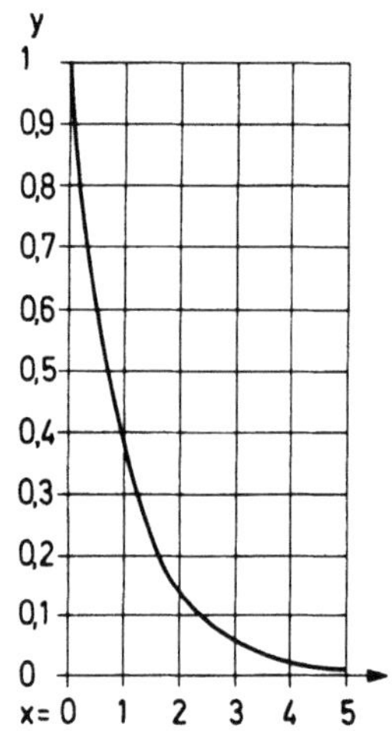

$y = \frac{1}{e^x}$

x =	y =
0	1
1	0,3672
2	0,1354
3	0,04979
4	0,01832
5	0,006738
6	0,002479
7	0,0009119
8	0,0003355
9	0,0001234
10	0,0000454

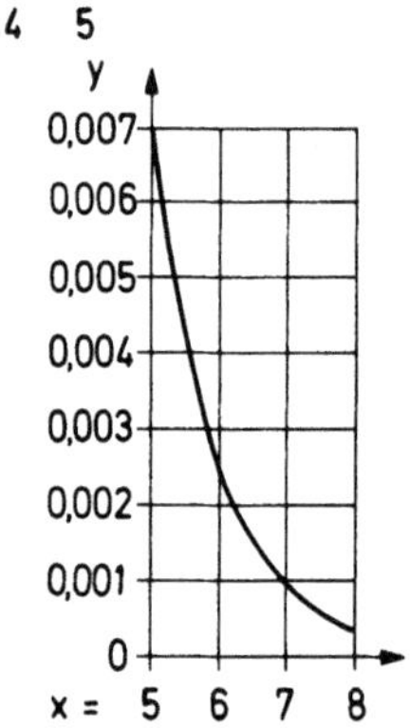

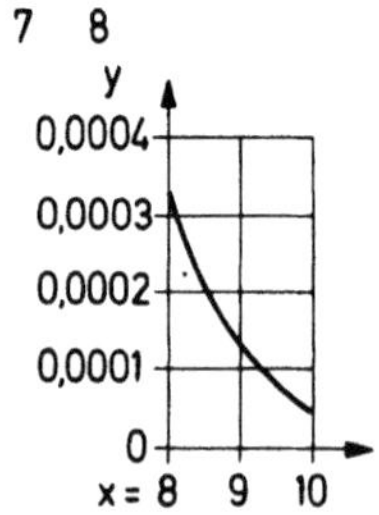

Bild 27.
Kurven der Funktion $y = \frac{1}{e^x}$ für x = 0 bis 10, y = 0 bis 1 (lineare Teilungen für x und y)

Der Quotientenfunktion entspricht Bild 28. In den tabellarischen Übersichten der Bilder wären die x-Zahlenwerte des log-Quotienten negativ zu setzen.

Da in den beiden Funktionen der Gln. (51) bis (53) nur die eine der beiden Koordinaten, nämlich y, im Logarithmus vorkommt, werden die Kurven der beiden Potenzfunktionen bei linearer Teilung der x-Achse und logarithmischer Teilung der y-Achse zu Geraden (Bilder 29 und 30).

Den Diagramme-Unterabschnitt abschließend, sei auf das gwf-Arbeitsblatt Nr. 44 (Aug. 1973) hingewiesen, in dem in mehreren Einzeldiagrammen mit verschiedenen Koordinatenteilungen die Funktionen $y = \log x$ und $y = 1 : \log x$ eingezeichnet sind.

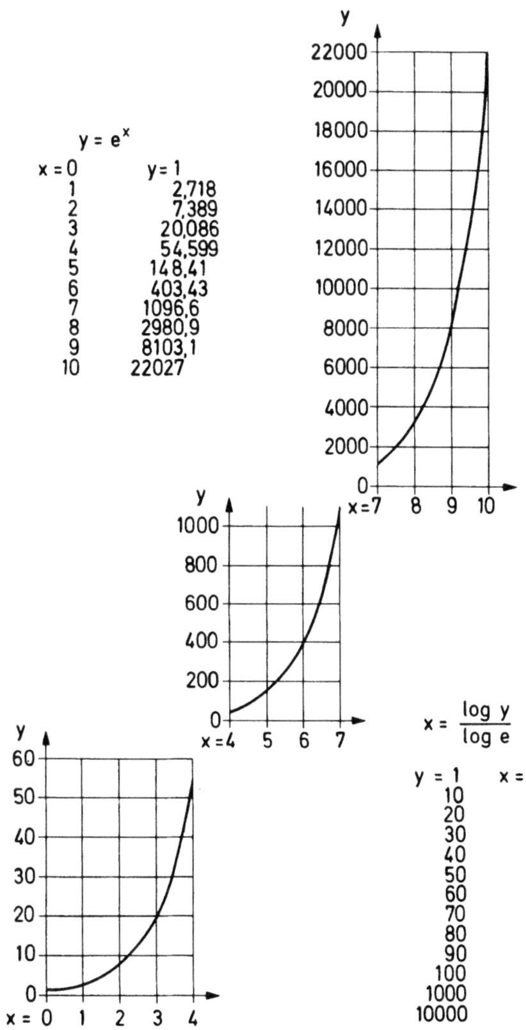

$y = e^x$

x = 0	y = 1
1	2,718
2	7,389
3	20,086
4	54,599
5	148,41
6	403,43
7	1096,6
8	2980,9
9	8103,1
10	22027

$$x = \frac{\log y}{\log e}$$

y = 1	x = 0
10	2,303
20	2,996
30	3,401
40	3,689
50	3,912
60	4,094
70	4,248
80	4,382
90	4,500
100	4,605
1000	6,908
10000	9,210

Bild 28. Kurven der Funktion $y = e^x$ für x = 0 bis 10, y = 1 bis 22 000 (lineare Teilungen für x und y)

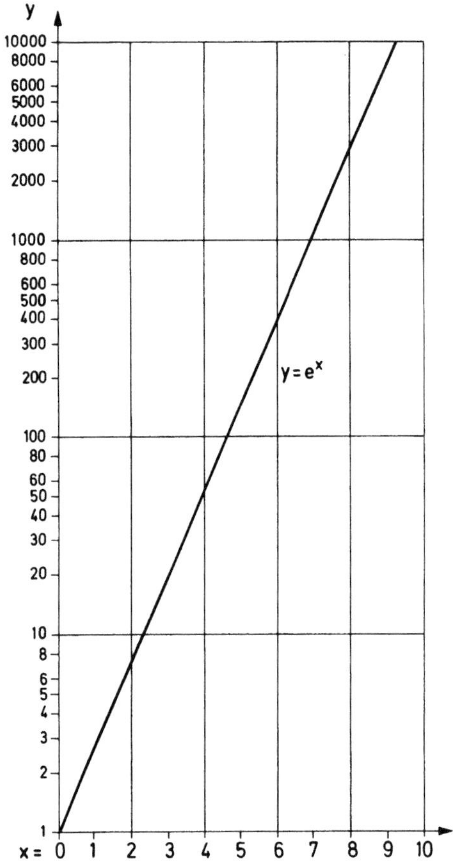

Bild 29. Gerader Verlauf der Funktion $y = e^x$ für $x = 0$ bis 10 (linear geteilt) und $y = 1$ bis 10000 (logarithmisch geteilt)

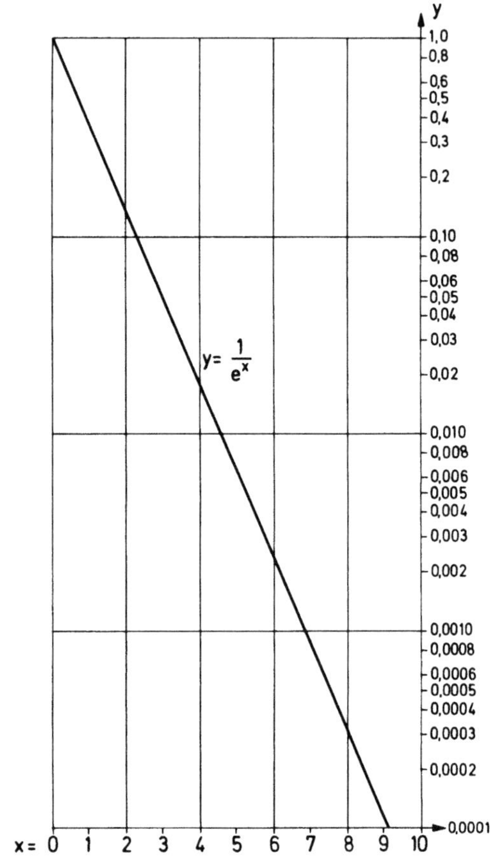

Bild 30. Gerader Verlauf der Funktion $y = \frac{1}{e^x}$ für $x = 0$ bis 9,2 (linear geteilt) und $y = 0{,}0001$ bis 1 (logarithmisch geteilt)

Nomogramme[1])

Nomogramme, die begriffsgemäß ausschließlich zur zahlenmäßigen Lösung oder Auswertung von rechnerischen Aufgaben dienen (siehe S. 41), sollten hier lediglich auf die Anwendung *geradliniger* Leitern beschränkt bleiben, wenn auch Krumm-Kurven zu Nomogrammen zusammengesetzt werden können.

Man kennt *zwei* Leiternomogramm-*Grundformen,* wobei die Leitern linear oder logarithmisch geteilt sein können. Beide Grundformen gehen von der in Bild 31 dargestellten Leiter aus, die die Beziehung von $\log_{10}$ (log) und ln wiedergibt und deren linke Teilung mit einer der rechnerischen Aufgabe entsprechenden linearen Größeneinheit für den log versehen ist, während die rechte, ebenfalls lineare Teilung eine Größeneinheit erhält, die sich aus den Beziehungen

$$\log = 0{,}43429\underline{44}\ \ln \tag{55}$$

$$\ln = 2{,}30258\underline{51}\ \log \tag{56}$$

ergibt.

---

1) *M. d'Ocagne,* 1862 bis 1938: Begründer der Nomographie. – Siehe auch: Unterabschnitts-Lit. [13, 14].

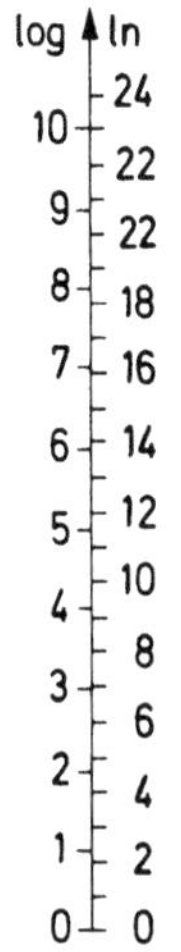

Bild 31. Umrechnungsleiter log in ln und umgekehrt (nach nebenstehenden Tabellen)

log = ln	
1	2,30
2	4,61
3	6,91
4	9,21
5	11,51
6	13,82
7	16,12
8	18,42
9	20,72
10	23,03

ln = log	
1	0,43
2	0,87
3	1,30
4	1,74
5	2,17
6	2,61
7	3,04
8	3,47
9	3,91
10	4,34
11	4,78
12	5,21
13	5,65
14	6,08
15	6,51
16	6,95
17	7,38
18	7,82
19	8,25
20	8,69
21	9,12
22	9,55
23	9,99
24	10,42

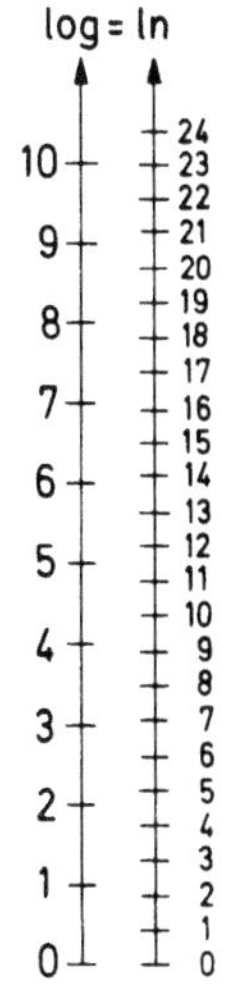

Bild 32. Parallele Doppelleitern zur Umrechnung von log in ln und umgekehrt

Man kann die Leitern auch getrennt nebeneinander parallel legen, wie Bild 32 zeigt. Darüber hinaus ist es möglich, mehr als zwei Leitern (z. B.: kcal ↔ kJ ↔ kWh) einander zuzuordnen.

Erste Grundform (Unterabschnitts-Lit. [10])

Alle Möglichkeiten der Gestaltung von Leitertafeln der hier zugehörigen Art gehen von dem in Bild 33 dargestellten Schema aus. In dem Trapez $A_1A_2B_2B_1$ liegen die drei Parallen A_1A_2, B_1B_2 und C_1C_2 in gleichen Abständen voneinander. Es gilt

$$a + b = 2c \tag{57}$$

c Mittellinie des Trapezes.

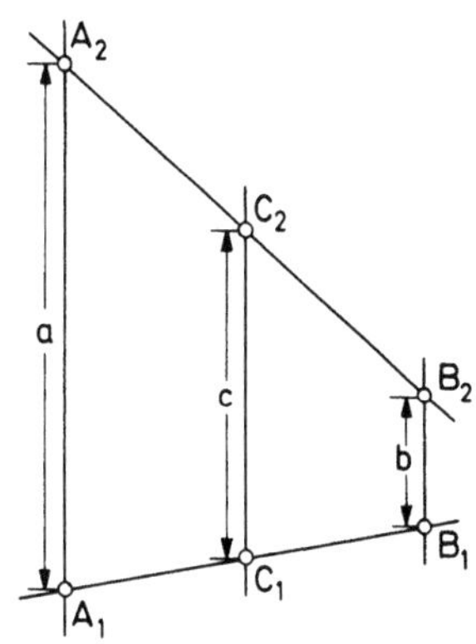

Bild 33. Schema der ersten Nomogramm-Grundform

In die Strecken a, b und c sind Teilungen derart eingetragen, so daß die Gleichung

$$u + v = w \tag{58}$$

ausgewertet werden kann (Bild 34). Bei allen Leitertafeln dieser Art müssen die Werte $u = 0$, $v = 0$ und $w = 0$ auf einer Geraden liegen. Die Teilung der w-Leiter ergibt sich zwangsläufig aus den Teilungen der beiden anderen Leitern (u, v). Das Nomogramm kann auch für die Auswertung der *Subtraktions*-Gleichungen

$$u = w - v \tag{59}$$

und

$$v = w - u \tag{60}$$

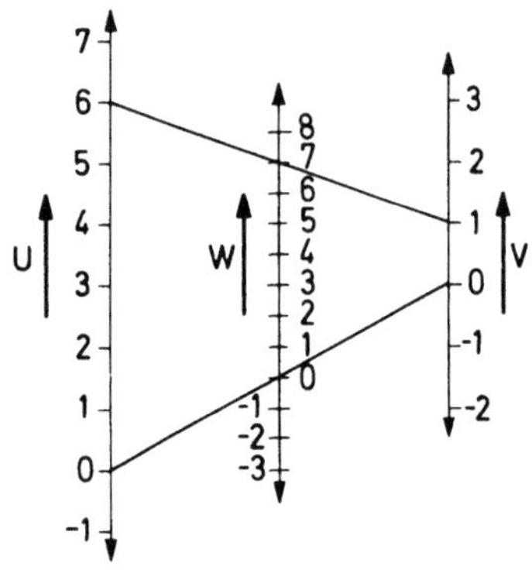

Bild 34. Additions- und Subtraktions-Beispieldarstellung eines Nomogramms der ersten Grundform

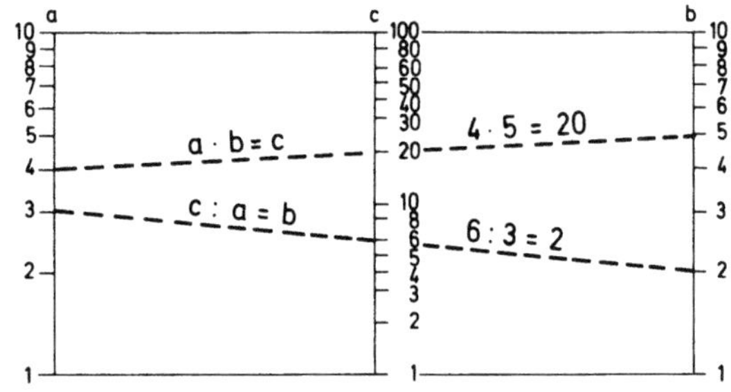

Bild 35. Multiplikation und Division (logarithmische Teilungen) mit einem Nomogramm der ersten Grundform

benutzt werden. Produkte (u · v und dergleichen) werden durch Logarithmierung

$$\log u + \log v = \log w \tag{61}$$

auf die *Additionsform* der Gl. (58) und des Bildes 34 gebracht.

Für *Multiplikationen* und *Divisionen* dienen Leitertafeln mit *logarithmischer* Teilung nach Bild 35. Weitere Gestaltungsmöglichkeiten bringt die oben angeführte Unterabschnitts-Lit.

Zweite Grundform (Unterabschnitts-Lit. [11])

Die als Z- oder N-Tafel bezeichnete Grundform enthält neben den in entgegengesetzten Richtungen geteilten Parallelen A_1A_2 und B_1B_2 die die Z- oder N-Form herbeiführende Leiter A_1B_1 (Bild 36).

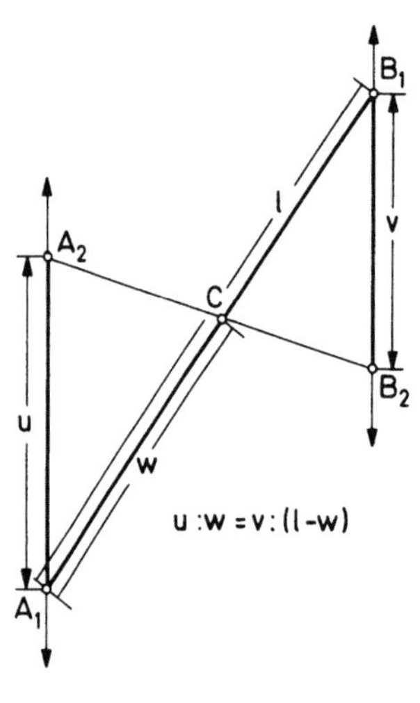

Bild 36.
Schema eines Nomogramms der zweiten Grundform

In der einfachsten Form, gewissermaßen als Übergang von der ersten zur zweiten Grundform wird die zum Z (N) verbindende Gerade A_1B_1 durch einen Punkt P ersetzt, wie das von Bild 34 ausgehende Leiterschema der Bilder 37 und 38 zeigt. Man kann, die Zeichnungen erleichternd, die Teilungen beliebig wählen. Es verschiebt sich lediglich die Lage des Umrechnungs-Hilfspunktes P.

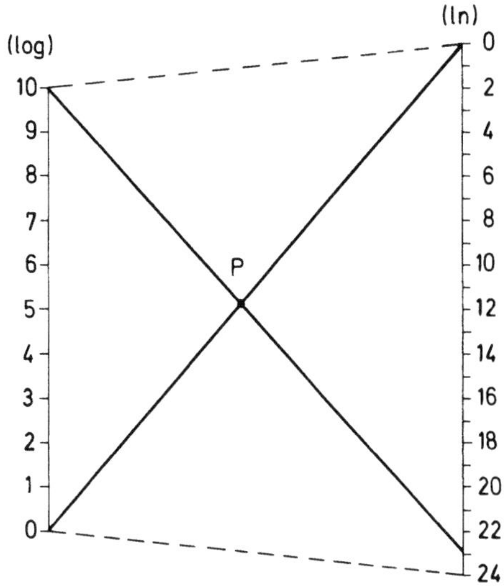

Bild 37. Übergang von Nomogrammen der ersten und zweiten Grundform

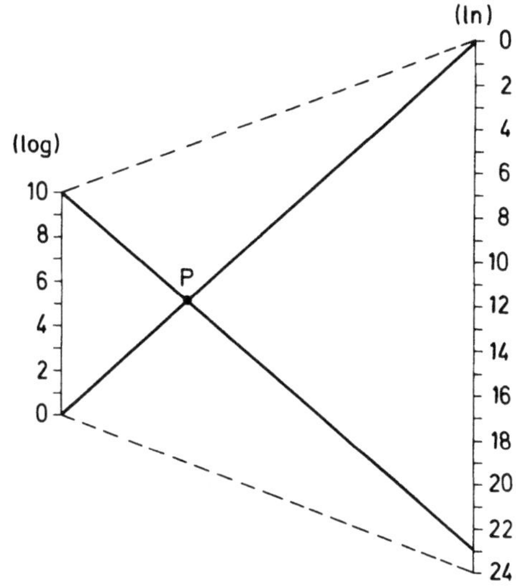

Bild 38. Übergang von Nomogrammen der ersten und zweiten Grundform

Als graphisches Beispiel einer Z- oder N-Tafel dient Bild 39 für die Auswertung der Funktion

$$y = x^m \tag{62}$$

(siehe S. 49).

Statt der *Geraden* (m-Leiter) gibt es auch *Krummkurven*-Leitern. Ein gasfachlich bekanntes Beispiel ist das Nomogramm des Bildes 40 für die Reduktion von Gasvolumen auf Normzustand (siehe auch S. 7) – Unterabschnitts-Lit. [8] und [12].

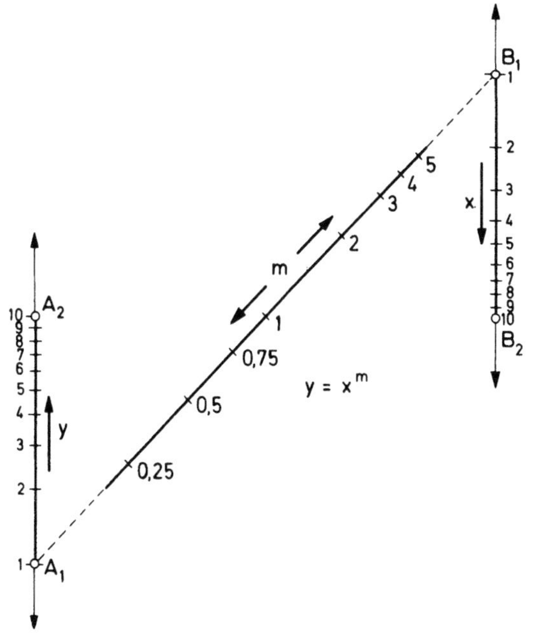

Bild 39.

Auswertungsnomogramm ($y = x^m$) der zweiten Grundform durch logarithmische Teilungen

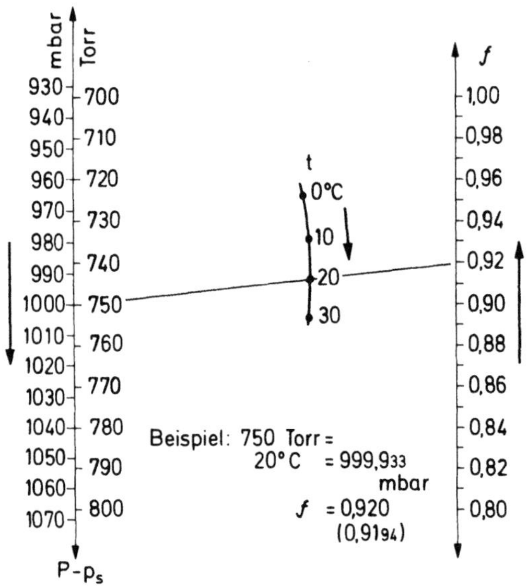

Bild 40

Nomogramm zur Reduktion auf Normzustand (siehe S. 7)

Literatur

(Unterabschnitt C.2: „Graphische Methoden")

[1] Einfache Begriffserläuterung (Definition): *P. Grebe*, Duden-Fremdwörterbuch. S. 208, BI-Dudenverlag, Mannheim 1960. – Funktion = veränderliche Größe, deren Wert vom Wert einer anderen mathematisch abhängt.

[2] Ausführliche Erläuterung der Schreibweise und der Funktionsarten: *G. Hempelmann*, Bertelsmann Handlexikon. S. 399, Bertelsmann-Lexikon-Verlag, Gütersloh/Berlin/München/Wien 1975.

[3] *H. Scherdt, W. Gütschow, I. Runge* und *F. Wolf*, Graphisches Rechnen. 2. Aufl., Beuth-Verlag, Berlin 1928/29.

[4] wie [1], S. 136.

[5] wie [2], S. 260.

[6] *F. Schuster*, Gas- u. Wasserfach 71 (1928) S. 1070: Reduktions-Diagramm zur Reduktion auf Normzustand.

[7] *F. Schuster*, Energetische Grundlagen der Gastechnik. 2. Aufl., S. 13, Verlag W. Knapp, Halle/Saale 1950.

[8] *F. Schuster*, gwf-Arbeitsblatt Nr. 26 (Febr. 1972). R. Oldenbourg Verlag, München und Wien.

[9] wie [3], S. 52, Bild 33.

[10] wie [3], S. 59/76, Bilder 39 bis 50.

[11] wie [3], S. 77/81, Bilder 51 bis 53.

[12] wie [3], S. 85, Bild 55.

[13] *I. Szabó, K. Wellnitz* und *W. Zander*, Mathematik, 2. Aufl., Hütte-Taschenbücher der Technik. Springer-Verlag, Berlin/Heidelberg/New York 1974. (ohne Z- (N-)-Grundform).

[14] *H. Werner* (mit *R. Schaback, R. Runge* und *U. Ebert*), Praktische Mathematik I. Methoden der linearen Algebra. 2. Aufl., S. 24 ff., Springer-Verlag, Berlin/Heidelberg/New York 1975. (Diagramme werden zu den Nomogrammen gezählt. – S. 33 eine Art Nomogramm mit Krummkurve).

D. Größen, Einheiten, Umrechnungen[1])

1. Einführungs-Grundlagen

Zahlen-Grundwerte

Zu den rechnerisch viel gebrauchten Grundwerten gehören vor allem die festen Zahlen e und π.
Basis des natürlichen Logarithmus $e = 2{,}71828\underline{18284}$

(*Literatur:* *P. Grebe,* Duden-Fremdwörterbuch. S. 155. BI-Dudenverlag, Mannheim 1960.
F. W. Küster, A. Thiel und *K. Fischbeck,* 84./93. Aufl., S. 196. Verlag Walter de Gruyter & Co., Berlin 1962.
A. Jeffrey (*R. Janoschek*), Mathematik für Naturwissenschaftler und Ingenieure. Bd. 1, S. 82/85. Verlag Chemie, Weinheim/Bergstraße 1973.)

$\log e = 0{,}43429\underline{44}$ $\ln e = 1$
$\pi = 3{,}14159\underline{26536}$

(*Literatur:* wie zu e.
ferner: *I. Szabó, K. Wellnitz* und *W. Zander,* Mathematik. 2. Aufl., S. 59. Hütte-Taschenbücher der Technik. Springer-Verlag, Berlin/Heidelberg/New York 1974.)

$\log\pi = 0{,}49715\underline{0}$	$\ln\pi = 1{,}14473\underline{0}$
$\pi^2 = 9{,}86960\underline{23}$	$\sqrt{\pi} = 1{,}77245\underline{39}$
$\log\pi^2 = 0{,}99430$	$\log\sqrt{\pi} = 0{,}24857\underline{5}$
$\ln\pi^2 = 2{,}28946$	$\ln\sqrt{\pi} = 0{,}57237$

Die Umrechnung eines $\log_{10}$-Zahlenwerts in den ln-Zahlenwert erfolgt nach der Gleichung

$$\ln x = 2{,}30258\underline{51}\cdot\log x, \tag{63}$$

die Umrechnung von ln auf $\log_{10}$ nach

$$\log x = \frac{\ln x}{2{,}30258\underline{51}} = 0{,}43429\underline{5}\cdot\ln x. \tag{64}$$

Dimension und Einheiten[2])

Die Dimension einer Größe ist mathematisch ihre Kennzeichnung durch funktionelle Potenz-Verknüpfungen (Multiplikation) der Grundgrößen

Masse M,
Länge (Weg) L,
Zeit Z,
Temperatur T,

---

1) *H. D. Baehr,* Physikalische Größen und ihre Einheiten. Studienbücher Naturwissenschaft und Technik: Bd. 19. Bertelsmann Universitätsverlag, Düsseldorf 1974 (siehe J. Literatur, S. 237).

2) *Sonder-Literatur* zu den Beziehungen „Dimension" und „Einheiten":
F. Schuster, Gaswärme 4 (1955) Nr. 11, S. 367/369.
G. Leggewie, Gaswärme 12 (1963) Nr. 12, Arbeitsblatt Nr. 120: Dimensionen gas- und verbrennungstechnisch wichtiger Größen im physikalischen und technischen Maßsystem.
F. Schuster, Gasverwendung. S. 51 ff., Schriftenreihe Gas · Erdgas 1. R. Oldenbourg Verlag, München und Wien 1969.
F. Schuster, Verbrennungslehre. S. 17 ff., Schriftenreihe Gas. Erdgas 2. R. Oldenbourg Verlag, München und Wien 1970.

und zwar in allgemeiner Form *ohne* Einheiteneinführung. Mit diesen *vier* Grundgrößen kommen wir für das Gebiet der Brenngase aus. Alle *Einheiten* lassen sich dann aus den übergeordnet allgemein gefaßten Dimensionen ableiten. Es besteht ein Unterschied zwischen den *physikalischen* und den sogenannten *technischen* Dimensionen. Wenn auch das moderne internationale SI-Einheiten-System (siehe S. 63) ein Massen-System ist, soll hier doch auch das in manchen Fachkreisen angewandte Kraft-System berücksichtigt werden, das anstelle der Masse M als Grundgröße die *Kraft* F einsetzt.

Tabelle 24 bringt eine Gegenüberstellung von Dimensionen im physikalischen und technischen Maßsystem. Die Umwandlung der Dimensionen ergibt sich aus der Beziehung

$$\text{Kraft} = \text{Masse} \cdot \text{Beschleunigung} \tag{65}$$

bzw.

$$\text{Masse} = \frac{\text{Kraft}}{\text{Beschleunigung}}. \tag{66}$$

Tabelle 24: Physikalische und technische Maß-Systeme in Anwendung auf verschiedene physikalische Größen.

Größe	Dimension	
	physikalisch	technisch
Grundgrößen:		
Masse M	M	$K \cdot L^{-1} \cdot Z^2$
Länge (Weg) L	L	L
Zeit Z	Z	Z
Temperatur T	T	T
Kraft F	$M \cdot L \cdot Z^{-2}$	F
abgeleitete Größen:		
Fläche	L^2	L^2
Volumen	L^3	L^3
Geschwindigkeit	$L \cdot Z^{-1}$	$L \cdot Z^{-1}$
Beschleunigung	$L \cdot Z^{-2}$	$L \cdot Z^{-2}$
Druck	$M \cdot L^{-1} \cdot Z^{-2}$	$F \cdot L^{-2}$
Impuls, Bewegungsgröße	$M \cdot L \cdot Z^{-1}$	$F \cdot Z$
Energie, Wärmemenge, Arbeit	$M \cdot L^2 \cdot Z^{-2}$	$F \cdot L$
Leistung	$M \cdot L^2 \cdot Z^{-3}$	$F \cdot L \cdot Z^{-1}$
Dichte	$M \cdot L^{-3}$	$F \cdot L^{-4} \cdot Z^2$
Wichte	$M \cdot L^{-2} \cdot Z^{-2}$	$F \cdot L^{-3}$
dynamische Zähigkeit	$M \cdot L^{-1} \cdot Z^{-1}$	$F \cdot L^{-2} \cdot Z$
kinematische Zähigkeit	$L^2 \cdot Z^{-1}$	$L^2 \cdot Z^{-1}$
spezifische Wärmekapazität:		
bezogen auf Volumen	$M \cdot L^{-1} \cdot Z^{-2} \cdot T^{-1}$	$F \cdot L^{-2} \cdot Z^{-1}$
bezogen auf Masse	$L^2 \cdot Z^{-2} \cdot T^{-1}$	$L^2 \cdot Z^{-2} \cdot T^{-1}$
bezogen auf Gewicht	$L \cdot T^{-1}$	$L \cdot T^{-1}$
Wärmewert (Brennwert, Heizwert):		
bezogen auf Volumen	$M \cdot L^{-1} \cdot Z^{-2}$	$F \cdot L^{-2}$
bezogen auf Masse	$L^2 \cdot Z^{-2}$	$L^2 \cdot Z^{-2}$
bezogen auf Gewicht	L	L
Wobbewert: $\text{Vol}/\sqrt{\text{Dichte}}$	$M^{1/2} \cdot L^{1/2} \cdot Z^{-2}$	$F^{1/2} \cdot Z^{-1}$
erweiterter Wobbewert: $\text{Wobbewert} \cdot \sqrt{\text{Druck}}$	$M \cdot Z^{-3}$	$F \cdot L^{-1} \cdot Z^{-1}$
Entropie, Gaskonstante	$M \cdot L^2 \cdot Z^{-2} \cdot T^{-1}$	$F \cdot L \cdot T^{-1}$
Wärmeleitfähigkeit	$M \cdot L \cdot Z^{-3} \cdot T^{-1}$	$F \cdot Z^{-1} \cdot T^{-1}$
Temperaturleitfähigkeit	$L^2 \cdot Z^{-1}$	$L^2 \cdot Z^{-1}$
Wärmeübergangszahl, Wärmedurchgangszahl	$M \cdot Z^{-3} \cdot T^{-1}$	$F \cdot L^{-1} \cdot Z^{-1} \cdot T^{-1}$

Tabelle 25: Beispiele von physikalischen und technischen Einheiten-Systemen in den beiden Dimensionssystemen

Dimensionssystem →	MLZT		FLZT	
Einheitensystem	cm–g–s–K	m–kg–s–K	cm–p–s–K	m–kp–s–K
Grundgrößen:				
Masse	g	kg	$cm \cdot p^{-1} \cdot s^2$	$m \cdot kp^{-1} \cdot s^2$
Länge (Weg)	cm	m	cm	m
Zeit	s	s	s	s
Temperatur	K	K	K	K
Kraft	$cm \cdot g \cdot s^{-2}$	$m \cdot kg \cdot s^{-2}$	p	kp
abgeleitete Größen:				
Fläche	cm^2	m^2	cm^2	m
Volumen	cm^3	m^3	cm^3	m
Geschwindigkeit	$cm \cdot s^{-1}$	$m \cdot s^{-1}$	$cm \cdot s^{-1}$	$m \cdot s^{-1}$
Beschleunigung	$cm \cdot s^{-2}$	$m \cdot s^{-2}$	$cm \cdot s^{-2}$	$m \cdot s^{-2}$
Druck	$g \cdot cm^{-1} \cdot s^{-2}$	$kg \cdot m^{-1} \cdot s^{-2}$	$p \cdot cm^{-2}$	$kp \cdot m^{-2}$
Impuls, Bewegungsgröße	$g \cdot cm \cdot s^{-1}$	$kg \cdot m \cdot s^{-1}$	$p \cdot s$	$kp \cdot s$
Energie, Wärmemenge, Arbeit	$g \cdot cm^2 \cdot s^{-2}$	$kg \cdot m^2 \cdot s^{-2}$	$p \cdot cm$	$kp \cdot m$
Leistung	$g \cdot cm^2 \cdot s^{-3}$	$kg \cdot m^2 \cdot s^{-3}$	$cm \cdot p \cdot s^{-1}$	$kp \cdot m \cdot s^{-1}$
Dichte	$g \cdot cm^{-3}$	$kg \cdot m^{-3}$	$p \cdot cm^{-4} \cdot s^2$	$kp \cdot m^{-4} \cdot s^2$
Wichte	$g \cdot cm^{-2} \cdot s^{-2}$	$kg \cdot m^{-2} \cdot s^{-2}$	$p \cdot cm^{-3}$	$kp \cdot m^{-3}$
dynamische Zähigkeit	$g \cdot cm^{-1} \cdot s^{-1}$	$kg \cdot m^{-1} \cdot s^{-1}$	$p \cdot cm^{-2} \cdot s$	$kp \cdot m^{-2} \cdot s$
kinematische Zähigkeit	$cm^2 \cdot s^{-1}$	$m^2 \cdot s^{-1}$	$cm^2 \cdot s^{-1}$	$m^2 \cdot s^{-1}$
spezifische Wärmekapazität:				
bezogen auf Volumen	$g \cdot cm^{-1} \cdot s^{-2} \cdot K^{-1}$	$kg \cdot m^{-1} \cdot s^{-2} \cdot K^{-1}$	$p \cdot cm^{-2} \cdot K^{-1}$	$kp \cdot m^{-2} \cdot K^{-1}$
bezogen auf Masse	$cm^2 \cdot s^{-2} \cdot K^{-1}$	$m^2 \cdot s^{-2} \cdot K^{-1}$	$cm^2 \cdot s^{-2} \cdot K^{-1}$	$m^2 \cdot s^{-2} \cdot K^{-1}$
bezogen auf Gewicht	$cm \cdot K^{-1}$	$m \cdot K^{-1}$	$cm \cdot K^{-1}$	$m \cdot K^{-1}$
Wärmewert (Brennwert, Heizwert):				
bezogen auf Volumen	$g \cdot cm^{-1} \cdot s^{-2}$	$kg \cdot m^{-1} \cdot s^{-2}$	$p \cdot cm^{-2}$	$kp \cdot m^{-2}$
bezogen auf Masse	$cm^2 \cdot s^{-2}$	$m^2 \cdot s^{-2}$	$cm^2 \cdot s^{-2}$	$m^2 \cdot s^{-2}$
bezogen auf Gewicht	cm	m	cm	m
Wobbewert: $Vol/\sqrt{Dichte}$	$g^{1/2} \cdot cm^{1/2} \cdot s^{-2}$	$kg^{1/2} \cdot m^{1/2} \cdot s^{-2}$	$p^{1/2} \cdot s^{-1}$	$kp^{1/2} \cdot s^{-1}$
erweiterter Wobbewert: $Wobbewert \cdot \sqrt{Druck}$	$g \cdot s^{-3}$	$kg \cdot s^{-3}$	$p \cdot cm^{-1} \cdot s^{-1}$	$kp \cdot m^{-1} \cdot s^{-1}$
Entropie, Gaskonstante	$g \cdot cm^2 \cdot s^{-2} \cdot K^{-1}$	$kg \cdot m^2 \cdot s^{-2} \cdot K^{-1}$	$p \cdot cm \cdot K^{-1}$	$kp \cdot m \cdot K^{-1}$
Wärmeleitfähigkeit	$g \cdot cm \cdot s^{-3} \cdot K^{-1}$	$kg \cdot m \cdot s^{-3} \cdot K^{-1}$	$p \cdot s^{-1} \cdot K^{-1}$	$kp \cdot s^{-1} \cdot K^{-1}$
Temperaturleitfähigkeit	$cm^2 \cdot s^{-1}$	$m^2 \cdot s^{-1}$	$cm^2 \cdot s^{-1}$	$m^2 \cdot s^{-1}$
Wärmeübergangszahl, Wärmedurchgangszahl	$g \cdot s^{-3} \cdot K^{-1}$	$kg \cdot m^{-3} \cdot K^{-1}$	$p \cdot cm^{-1} \cdot s^{-1} \cdot K^{-1}$	$kp \cdot m^{-1} \cdot s^{-1} \cdot K^{-1}$

Anmerkung (siehe auch S. 60)

Masse:	g	Gramm	Temperatur:	K	Kelvin (Grad-Einheit) *W. Th. Kelvin*, 1824–1907
	kg	Kilogramm			(1848: Ableitung der thermodynamischen Temperatur-Skala)
Länge:	cm	Zentimeter	Kraft:	p	Pond (Nach SI-Einheiten zu ersetzen durch N: 1 p = 9,80665 · 10^{-3} N)
	m	Meter		kp	Kilopond (1 kp = 9,80665 N)
Zeit:	s	Sekunde			*I. Newton*, 1642–1727 (Entdecker des Gravitationsgesetzes)

Einheiten werden aus den übergeordneten Dimensions-Potenzprodukten abgeleitet. Jedem solchen Potenzenprodukt kann oft eine Vielzahl von Einheiten untergeordnet werden. Nachfolgend ein einfaches Beispiel:

Geschwindigkeit: Dimension $L \cdot Z^{-1}$

daraus Einheiten cm/s, m/s, km/s, m/h, km/h, usw.

Tabelle 26 in Anlehnung an *E. Padelt*, Klingelnberg: Technisches Hilfsbuch. 15. Auflage, S. 54. Springer-Verlag, Berlin · Heidelberg · New York 1967, ergänzt und erweitert.

Tabelle 26: Vorsätze zum Bilden von Vielfachen und Teilen von Einheiten

Vorsatz	Kurz-zeichen	10 er Potenz	Bedeutung	Beispiele
Tera	T	10^{12}	1 000 000 000 000 Einheiten	Teracal = 1 000 000 000 kcal
Giga	G	10^{9}	1 000 000 000	Gigacal = 1 000 000 kcal
Mega	M	10^{6}	1 000 000	Megacal = 1 000 kcal
Kilo	k	10^{3}	1 000	Kilocal = 1 kcal (= 1 000 cal)
Hekto	h	10^{2}	100	(Hektoliter hl)
Deka	da	10^{1}	10	(Dekagramm dag)
–	–	10^{0}	1 Einheit	Kalorie cal – Meter m
Dezi	d	10^{-1}	0,1 Einheiten	Dezimeter = 1 dm = 0,1 m
Zenti	c	10^{-2}	0,01	Zentimeter = 1 cm = 0,01 m
Milli	m	10^{-3}	0,001	Millimeter = 1 mm = 0,001 m
Mikro	μ	10^{-6}	0,000 001	Mikrometer = 1 μm = 0,1 mm 1)
Nano	n	10^{-9}	0,000 000 001	Nanometer = 1 nm = 10 Å 2), 3)
Piko	p	10^{-12}	0,000 000 000 001	–
Femto	f	10^{-15}	0,000 000 000 000 001	–
Atto	a	10^{-18}	0,000 000 000 000 000 001	–

Anmerkungen: 1) früher „Mikron"
2) früher „Millimikron" m
3) 1 Å = 10^{-8} cm
A. J. Ångström, 1814–1874.
1 Å = Größeneinheit für Atomabstände in einem Kristallgitter und der Wellenlänge von Lichtstrahlen.

Gleichungen

Zu den Dimensionen und den Einheiten stehen in Beziehungen die in der technischen Praxis benutzten Gleichungen-Arten. Es wird unterschieden zwischen Größengleichungen und Zahlenwertgleichungen.

Größengleichungen sind Gleichungen, die bestimmte Funktionen wiedergeben. In dieser Art von Gleichungen bedeuten die die Größen kennzeichnenden Symbole (Kurzzeichen, Formelzeichen) von der Wahl der Einheiten unabhängige mathematische Beziehungen. Sie bilden also eine übergeordnete Fassung, die eine Analogie zu den Dimensionen darstellt.

Zahlenwertgleichungen sind Gleichungen, in denen die Symbole (Kurzzeichen, Formelzeichen) bestimmte Zahlenwerte der physikalischen Größen bedeuten. Die *Einheiten* der einzelnen Symbole sind stets anzugeben, weil sonst die Zahlenwertgleichung unbrauchbar ist.

Die oben erwähnte Analogie läßt sich wie folgt darstellen:

Dimension → Einheiten entspricht
Größengleichungen → Zahlenwertgleichungen

Beispiel:

Größengleichung Volumen (V) = Länge³ (L)
$V = L^3$.

Zahlenwertgleichung Volumen = $a\,m^3$
anzugeben $\sqrt[3]{a}$ in Metern m.

2. SI-System[1)]

Zwei wesentliche Gründe haben nach vieljährigen Bemühungen nationaler und internationaler Fachkreise zu diesem Größen- und Einheiten-System (SI: Système International d'Unités – ISO: International Standards Organisation) geführt. *Erstens* das Bestreben um eine *international* anerkannte *Einheitlichkeit* der in der Technik, Industrie (und möglichst auch in den Wissenschaftszweigen) benutzten Größen-Einheiten. Trotz des erreichten erfolgreichen Standes wird die weitere Entwicklung wahrscheinlich noch Verbesserungen oder Ergänzungen bringen. *Zweitens* die Beseitigung der Zahlenwert-Schwankungen von Größen eines *Kraft*einheiten-Systems, die durch die Pol-Abflachungen der Erdkugel bedingt sind, durch ein *Massen*-System, da die Masse eines Stoffs von der örtlichen Lage auf der ganzen Erde unveränderlich *gleich* ist. Das SI-System ist solch ein Massen-System.

Das SI-System sieht 7 *Basisgrößen* mit zugehörigen Einheiten vor, hier geordnet nach dem Rahmen des in diesem Buch behandelten Stoffs:

1. Masse	Kilogramm	kg	
2. Stoffmenge	Mol	mol	
3. Länge	Meter	m	
4. Zeit	Sekunde	s	
5. thermodynamische Temperatur	Kelvin	K	
6. elektrische Stromstärke	Ampere	A	(*A. M. Ampère*, 1775 bis 1836)
7. Lichtstärke	Candela	cd	

Bemerkungen:

Allgemeine genaue Erläuterungen zum Begriffsinhalt (Definitionen) der einzelnen Größen gibt *H. D. Baehr* (Lit.-Zitat [1], S. 44 und [2], S. 421). Hier soll auf zwei gasfachlich bisher ungewohnte Festlegungen hingewiesen werden.

1. Die Stoffmenge wird auf ^{12}C bezogen, während bisher ^{16}O Bezugsgröße war.
2. Die thermodynamische (Kelvin-) Temperatur wird auf den Tripelpunkt von Wasser H_2O bezogen, der um 0,01 Grad Celsius höher liegt als der Eispunkt des Wassers. Daraus folgt im Hinblick auf die bisher gebräuchliche absolute Temperatur:

   K-Temperatur 273,16 °C,
   abs. Temperatur 273,15 °C.

Abgeleitete neue Einheiten

Einleitend zu diesem Unterabschnitt sei darauf hingewiesen, daß nur auf neue, bisher ungewohnte Einheiten näher eingegangen werden soll, so weit sie für den fachlichen Inhalt dieses Buches bedeutsam sind.

---

1) *Literaturauswahl*:

[1] *H. D. Baehr*, Physikalische Größen und ihre Einheiten. S. 43 ff., Studienbücher Naturwissenschaft und Technik Bd. 19. Bertelsmann-Universitätsverlag, Düsseldorf 1974.

[2] *H. D. Baehr*, Thermodynamik. 3. Aufl., S. 420 ff., Springer-Verlag, Berlin/Heidelberg/New York 1973.

[3] *H. Dienelt*, Moderne Einheiten im Meßwesen der deutschen Gasindustrie. Berichte zur gasfachlichen Aussprachetagung des DVGW, S. 20/30. Aachen 1971.

[4] *W. Haeder* und *E. Gärtner*, Die gesetzlichen Einheiten in der Technik. Hrsg.: Deutscher Normenausschuß DNA, Berlin 30, Köln, Frankfurt/Main: Beuth-Vertrieb 1970.

[5] ISO-Recommandation R 1000. Febr. 1969.

[6] BRD-Gesetze: Gesetz über Einheiten im Meßwesen vom 2.7.1969. – Ausführungsverordnung für den geschäftlichen und amtlichen Verkehr vom 26.6.1970.

[7] BP Benzin und Petroleum AG, Einheiten für die Mineralölindustrie. Hamburg 1973.

[8] siehe auch: *U. Stille*, Messen und Rechnen in der Physik. 2. Aufl., Friedr. Vieweg & Sohn, Braunschweig 1961.

a) **Kraft**

Die Umstellung auf das SI-System als Masse-System bedingt eine vollständige Wandlung von bisher benutzten Einheiten des technischen *Kraft*-Systems, das von manchen industriellen, aber auch wissenschaftlichen Fachkreisen bevorzugt benutzt wurde. Entscheidend für die sich ergebende Umstellung ist m. E. die Einführung der Größeneinheit *Newton* (N) für die Kraft im internationalen SI-System. Der Übergang führt über die Gleichung

$$\text{Masse} = \frac{\text{Kraft}}{\text{Beschleunigung}}. \tag{67}$$

Als „Beschleunigung" galt bisher der gerundete Zahlenwert der Erdbeschleunigung von 9,81 m/s², der mit dem genauen Zahlenwert $9{,}8066\underline{5}$ in die Umrechnungen eingeht.

1 N (Newton) ist jene Kraft, die der Masse 1 kg eine Beschleunigung von 1 m/s² erteilt.

Im cm · g · s-Einheitensystem galt (oder gilt) als Krafteinheit das Dyn (dyn), gleich jener Kraft, die der Masse 1 g eine Beschleunigung von 1 cm/s² erteilt.

$$\text{N:} \quad 1\ \text{kg} = \frac{1\ \text{N}}{1\ \text{m/s}^2} \quad \text{Massensystem-Einheit}$$

$$\text{dyn:} \quad 1\ \text{g} = \frac{1\ \text{dyn}}{1\ \text{cm/s}^2} \quad \text{Kraftsystem-Einheit}$$

Umrechnung:

$$1000 = \frac{1\ \text{N}}{100\ \text{cm/s}^2}$$

$$\begin{aligned} 1\ \text{N} &= 1000 \cdot 100\ \text{dyn} \\ &= 10^5\ \text{dyn} \\ 1\ \text{dyn} &= 10^{-5}\ \text{N} \end{aligned}$$

Vom technischen System her – kp, m, s – muß für die Umrechnung die Beziehung

$$1\ \text{N} = \frac{1\ \text{kp (Kilopond)}}{9{,}8066\underline{5}\ \text{m/s}^2}$$

$$\begin{aligned} 1\ \text{kp} &= 9{,}8066\underline{5}\ \text{N} \\ 1\ \text{p} &= 9{,}8066\underline{5} \cdot 10^{-3}\ \text{N} \end{aligned}$$

benutzt werden.

b) **Druck**

Für den Druck wurden bisher mehrere verschiedene Einheiten benutzt:

mm WS (Millimeter Wassersäule),
mm QS oder mm Hg (Millimeter Quecksilbersäule),
Torr (*E. Torricelli*, 1608 bis 1647),
at (technische Atmosphäre),
atm (physikalische Atmosphäre = 760 Torr).

Im SI-System treten als einheitliche Größen

das Bar (bar, b),

sein tausendster Teil
das Millibar (mbar)

sowie
das Pascal (Pa) (*B. Pascal*, 1623 bis 1662)

als Druckeinheiten ein. Zwischen diesen Einheiten besteht die Beziehung 1 bar = 10^3 mbar = 10^5 Pa.

c) **Energie**

Für alle Energiearten (Wärme usw.) wurde als SI-Einheit das Joule eingeführt:

$$1 \text{ J} = 1 \text{ Ws} \quad (68)$$

$$1 \text{ kJ} = 1 \text{ kWs} \quad (69)$$

(*J. P. Joule*, 1818 bis 1889).

d) **Temperatur**

Zur Kennzeichnung der Temperaturhöhe eines Stoffes wurden *sieben* Skalen (Meßeinteilungen) vorgeschlagen, die mit *drei* verschiedenen Gradeinheiten arbeiten.

Skalen:

(1) Celsius-Temperatur – t °C
(*A. Celsius*, 1701 bis 1744, hat 1742 nach ihm benannte Skala beschrieben.)
Festpunkte für die *grad*-Einheit:
Temperatur des Wasser-Eispunktes = 0 °C
Temperatur des normalen Wasser-Siedepunktes = 100 °C

(2) absolute Celsius-Temperatur –
Celsius-Temperatur nach (1) + 273,15°

(3) thermodynamische oder Kelvin-Temperatur – K° (oder nur K)
(*W. Th. Kelvin*, 1824 bis 1907, hat 1848 die absolute Temperatur aus dem 2. Hauptsatz der Thermodynamik abgeleitet.)
Festpunkt für die thermodynamische K-Temperatur ist unter Benutzung eines °C als Einheit die Temperatur des Wasser-Tripelpunktes (= 0,01 °C nach (1)).

(4) Fahrenheit-Temperatur – °F
(*G. D. Fahrenheit*, 1686 bis 1736)
Festpunkte für die *Grad*-Einheit:
Temperatur des Wasser-Eispunktes = 32 °C
Temperatur des normalen Wasser-Siedepunktes = 212 °C
Einheit 100 : 180 = 0,55556 Celsius-Grade

(5) Rankine-Temperatur – °Rank
(*W. J. Mac Quorne Rankine*, 1820 bis 1872)

(6) absolute Rankine-Temperatur: 0 °C = 491,67 °Rank, abgeleitet von der Fahrenheit-Temperatur nach (4)

(7) Réaumur-Temperatur – °R
(Praktisch heute ohne Bedeutung.)
Festpunkte wie (1), jedoch Teilung des Celsius-Temperaturbereichs 0 °C bis 100 °C in 80 Grad-Einheiten.

Anmerkung: (4), (5) und (6) werden nur in angloamerikanischen Gebieten noch benutzt.

Literatur: *H. D. Baehr*, Physikalische Größen und Einheiten. S. 73 ff., 98. Bertelsmann Universitäts-Verlag, Düsseldorf 1974.

Tabelle 27: Umrechnungs-Gleichungen für Temperaturen

$°F = \frac{9}{5}\,°C + 32$ $K = °C + 273{,}15$ $°Rank = \frac{9}{5}\,°C + 491{,}67$	$°C = \frac{5}{9}\,(°F - 32)$ $°C = K - 273{,}15$ $°C = \frac{5}{9}\,(°Rank - 491{,}67)$
$°F = \frac{9}{5}\,K - 459{,}67$ $°F = °Rank - 459{,}67$	$K = \frac{5}{9}\,°F + 255{,}37$ $K = \frac{5}{9}\,°Rank$
$°Rank = °F + 459{,}67$ $°Rank = \frac{9}{5}\,K$	

Tabelle 28: K, °F und °Rank für Temperaturen von 0 °C bis 100 °C

Zehner °C \ Einer °C	K (0)	°F (0)	°Rank (0)	K (1)	°F (1)	°Rank (1)	K (2)	°F (2)	°Rank (2)	K (3)	°F (3)	°Rank (3)	K (4)	°F (4)	°Rank (4)
0	273,15	32,0	491,67	274,15	33,8	493,47	275,15	35,6	495,27	276,15	37,4	497,07	277,15	39,2	498,87
10	283,15	50,0	509,67	284,15	51,8	511,47	285,15	53,6	513,27	286,15	55,4	515,07	287,15	57,2	516,87
20	293,15	68,0	527,67	294,15	69,8	529,47	295,15	71,6	531,27	296,15	73,4	533,07	297,15	75,2	534,87
30	303,15	86,0	545,67	304,15	87,8	547,47	305,15	89,6	549,27	306,15	91,4	551,07	307,15	93,2	552,87
40	313,15	104,0	563,67	314,15	105,8	565,47	315,15	107,6	567,27	316,15	109,4	569,07	317,15	111,2	570,87
50	323,15	122,0	581,67	324,15	123,8	583,47	325,15	125,6	585,27	326,15	127,4	587,07	327,15	129,2	588,87
60	333,15	140,0	599,67	334,15	141,8	601,47	335,15	143,6	603,27	336,15	145,4	605,07	337,15	147,2	606,87
70	343,15	158,0	617,67	344,15	159,8	619,47	345,15	161,6	621,27	346,15	163,4	623,07	347,15	165,2	624,87
80	353,15	176,0	635,67	354,15	177,8	637,47	355,15	179,6	639,27	356,15	181,4	641,07	357,15	183,2	642,87
90	363,15	194,0	653,67	364,15	195,8	655,47	365,15	197,6	657,27	366,15	199,4	659,07	367,15	201,2	660,87
100	373,15	212,0	671,67	–	–	–	–	–	–	–	–	–	–	–	–

Zehner °C \ Einer °C	K (5)	°F (5)	°Rank (5)	K (6)	°F (6)	°Rank (6)	K (7)	°F (7)	°Rank (7)	K (8)	°F (8)	°Rank (8)	K (9)	°F (9)	°Rank (9)
0	278,15	41,0	500,67	279,15	42,8	502,47	280,15	44,6	504,27	281,15	46,4	506,07	282,15	48,2	507,87
10	288,15	59,0	518,67	289,15	60,8	520,47	290,15	62,6	522,27	291,15	64,4	524,07	292,15	66,2	525,87
20	298,15	77,0	536,67	299,15	78,8	538,47	300,15	80,6	540,27	301,15	82,4	542,07	302,15	84,2	543,87
30	308,15	95,0	554,67	309,15	96,8	556,47	310,15	98,6	558,27	311,15	100,4	560,07	312,15	102,2	561,87
40	318,15	113,0	572,67	319,15	114,8	574,47	320,15	116,6	576,27	321,15	118,4	578,07	322,15	120,2	579,87
50	328,15	131,0	590,67	329,15	132,8	592,47	330,15	134,6	594,27	331,15	136,4	596,07	332,15	138,2	597,87
60	338,15	149,0	608,67	339,15	150,8	610,47	340,15	152,6	612,27	341,15	154,4	614,07	342,15	156,2	615,87
70	348,15	167,0	626,67	349,15	168,8	628,47	350,15	170,6	630,27	351,15	172,4	632,07	352,15	174,2	633,87
80	358,15	185,0	644,67	359,15	186,8	646,47	360,15	188,6	648,27	361,15	190,4	650,07	362,15	192,2	651,87
90	368,15	203,0	662,67	369,15	204,8	664,47	370,15	206,6	666,27	371,15	208,4	668,07	372,15	210,2	669,87

Literatur: *D'Ans-Lax*, Taschenbuch für Chemiker und Physiker. 1. Bd., 3. Aufl., (*E. Lax* und *C. Synowietz*), S. 13/24. Springer-Verlag, Berlin · Heidelberg · New York 1967.
(Umrechnungs-Tabelle von Temperaturgraden für den Bereich von – 220 °C bis 2500 °C auf K, °F und °Rank).
Ruhrkohlen-Handbuch, 5. Aufl., S. 442/443. Verlag Glückauf, Essen 1969.
(Umrechnungsgleichungen und Tabelle von Temperaturgraden für den Bereich von – 20 °C bis 2950 °C auf °F).

Tabelle 29: Umrechnungsfaktoren für Druckeinheiten

	mm WS	m WS (konvent.)	mm QS (Hg) (Torr)	at	atm	bar	mbar	Pa
1 mm WS[1])	1	$1 \cdot 10^{-3}$	$0{,}73554 \cdot 10^{-1}$	$1 \cdot 10^{-4}$	$0{,}96784 \cdot 10^{-5}$	$0{,}98064 \cdot 10^{-4}$	$0{,}98064 \cdot 10^{-1}$	9,806375
1 m WS[1]) = (konventiell)	1000,03	1	73,556	$1 \cdot 10^{-1}$	$0{,}96784 \cdot 10^{-2}$	$0{,}980665 \cdot 10^{-1}$	98,0665	9806,65
1 mm QS (Hg)[2]) = (= 1 Torr)	13,595	$1{,}35951 \cdot 10^{-2}$	1	$1{,}35951 \cdot 10^{-2}$	$1{,}31579 \cdot 10^{-3}$	$1{,}333224 \cdot 10^{-3}$	1,333224	133,3224
1 at[3]) =	10000,28	10	735,56	1	0,96784	0,980665	980,665	98066,5
1 atm =	10332,56	10,33227	760	1,033227	1	1,013225	1013,25	101325
1 bar =	10197,45	10,19716	750,06	1,019716	0,98692	1	1000	100000
1 mbar =	10,19745	$1{,}019716 \cdot 10^{-2}$	0,75006	$1{,}019716 \cdot 10^{-3}$	$0{,}98692 \cdot 10^{-3}$	0,001	1	100
1 Pa =	$1{,}019745 \cdot 10^{-1}$	$1{,}019716 \cdot 10^{-4}$	$0{,}75006 \cdot 10^{-2}$	$1{,}019716 \cdot 10^{-5}$	$0{,}98692 \cdot 10^{-5}$	0,00001	0,01	1

Anmerkungen:

[1]) Auf Grund von ρ_{max} bei rd. 4 °C und 1 atm für Wasser ergibt sich für 1 mm WS = 9,806375 Pa. Da nach DIN 1314 gesetzt wird 1 m WS (konventionelle Meter-Wassersäule) = 9806,65 Pa, müßte 1 mm WS (konventionell) = 9,80665 Pa werden. Technisch ist der Unterschied 9,80665 – 9,806375 = 0,000275 Pa belanglos.

[2]) An einem Ort mit g_n = 9,80665 m/s² (Fallbeschleunigung) ist die Dichte von Hg: = 13,5951 kg/dm³. Daraus wird 1 mm QS (Hg) = 133,32239 Pa = 1,00000014 Torr. Wie bei [1]) handelt es sich um technisch belanglose Unterschiede.

[3]) Die technisch Atmosphäre (at) wird 10 konventionelle Meter-Wassersäule (m WS) gesetzt. Sonst würden sich nach [1]) 10 mal (9,80644 : 9,806375) = 10,00028 m ergeben. Technisch wieder belanglos.

Literatur: *H. D. Baehr*, Physikalische Größen und ihre Einheiten. S. 87/89. Bertelsmann Universitätsverlag, Düsseldorf 1974.

Tabelle 30: Umrechnung von Torr in mbar. 1 Torr = 1,333224 mbar

	mbar									
	Einer Torr									
Torr	0	1	2	3	4	5	6	7	8	9
Zehner Torr 0	0	1,33322	2,66645	3,99967	5,33290	6,66612	7,99934	9,33257	10,66579	11,99902
10	13,33224	14,66546	15,99869	17,33191	18,66514	19,99836	21,33158	22,66481	23,99803	25,33126
20	26,66448	27,99770	29,33093	30,66415	31,99738	33,33060	34,66382	35,99705	37,33027	38,66350
30	39,99672	41,32994	42,66317	43,99639	45,32962	46,66284	47,99606	49,32929	50,66251	51,99574
40	53,32896	54,66218	55,99541	57,32863	58,66186	59,99508	61,32830	62,66153	63,99475	65,32798
50	66,66120	67,99442	69,32765	70,66087	71,99410	73,32732	74,66054	75,99377	77,32699	78,66022
60	79,99344	81,32666	82,65989	83,99311	85,32634	86,65956	87,99278	89,32601	90,65923	91,99246
70	93,32568	94,65890	95,99213	97,32535	98,65858	99,99180	101,32502	102,65825	103,99147	105,32470
80	106,65792	107,99114	109,32437	110,65759	111,99082	113,32404	114,65726	115,99049	117,32371	118,65694
90	119,99016	121,32338	122,65661	123,98983	125,32306	126,65628	127,98950	129,32273	130,65595	131,98918
100	133,32239	–	–	–	–	–	–	–	–	–

Tabelle 31: Umrechnung von mbar in Torr. 1 mbar = 0,750060 Torr

	Torr									
	Einer mbar									
mbar	0	1	2	3	4	5	6	7	8	9
Zehner mbar 0	0	0,75006	1,50012	2,25018	3,00024	3,75030	4,50036	5,25042	6,00048	6,75054
10	7,50060	8,25066	9,00072	9,75078	10,50084	11,25090	12,00096	12,75102	13,50108	14,25114
20	15,00120	15,75126	16,50132	17,25138	18,00144	18,75150	19,50156	20,25162	21,00168	21,75174
30	22,50180	23,25186	24,00192	24,75198	25,50204	26,25210	27,00216	27,75222	28,50228	29,25234
40	30,00240	30,75246	31,50252	32,25258	33,00264	33,75270	34,50276	35,25282	36,00288	36,75294
50	37,50300	38,25306	39,00312	39,75318	40,50324	41,25330	42,00336	42,75342	43,50348	44,25354
60	45,00360	45,75366	46,50372	47,25378	48,00384	48,75390	49,50396	50,25402	51,00408	51,75414
70	52,50420	53,25426	54,00432	54,75438	55,50444	56,25450	57,00456	57,75462	58,50468	59,25474
80	60,00480	60,75486	61,50492	62,25498	63,00504	63,75510	64,50516	65,25522	66,00528	66,75534
90	67,50540	68,25546	69,00552	69,75558	70,50564	71,25570	72,00576	72,75582	73,50588	74,25594
100	75,00600	–	–	–	–	–	–	–	–	–

Druck

Die Drucktabelle 29 zeigt, welche der neuen Einheiten (bar, mbar, Pa) je nach der Druckhöhe von „klassischen" Einheiten zweckmäßig zu nehmen sind.

Gasfachlich wird häufig die Umrechnung von Torr in mbar und umgekehrt gebraucht. Dem tragen die Kurztabellen 30 und 31 Rechnung, mit deren Hilfe auch größere Werte rechnerisch einfach (siehe S. 3) ermittelt werden können.

Wärme

Die „klassische" Wärmeeinheit Kilokalorie (kcal) birgt insofern eine mehr formale Schwierigkeit, als es von ihr *drei* Fassungen gibt, die im Zahlenwert nicht ganz übereinstimmen. Die Beziehungen zwischen den drei kcal-Arten (15°-Kilokalorie: $kcal_{15\,°C}$ – Internationale Tafelkalorie: $kcal_{IT}$ – Thermochemische Kalorie: $kcal_{therm.-chem.}$) sind der Tabelle 32 zu entnehmen.

Tabelle 32: Kalorien-Einheiten

Grundwerte: 1 $kcal_{IT}$ = 4,1868 kJ
1 $kcal_{therm.-chem.}$ = 4,18399 kJ
(~4,184 kJ)
1 $kcal_{15\,°C}$ = 4,1855 (± 0,0008) kJ

	$kcal_{IT}$	$kcal_{th.-chem.}$	$kcal_{15\,°C}$
1 $kcal_{IT}$ =	1	1,00067	1,00031
1 $kcal_{th.-chem.}$ =	0,99933	1	0,99964
1 $kcal_{15\,°C}$ =	0,99969	1,00036	1

Literatur: *H. D. Baehr,* Physikalische Größen und ihre Einheiten. S. 90/91. Bertelsmann Universitätsverlag, Düsseldorf 1974.
Anmerkung: Die Thermochemische Kalorie ist bei uns nicht gebräuchlich. Sie wurde vom National Bureau of Standards, Washington, für thermodynamische und thermochemische Untersuchungen früher verwendet.

Im Rahmen des SI-Größen- und Einheiten-Systems bildet die Internationale Tafelkalorie die Grundlage. Falls dem Kurzzeichen kcal in diesem Buch kein Index beigegeben ist, gilt immer diese Kalorieneinheit.

In der Technik werden neuerdings daneben vor allem als Wärmemengen- bzw. Energiemengen-Einheiten Kilojoule (kJ) und Kilowattstunde (kWh) oder 10er Vielfache davon (siehe S. 62) benutzt. Geht man davon aus, daß als Grundbeziehung 1 J = 1 Wattsekunde (Ws) ist, dann ergibt sich – siehe Tabelle 33 – für 1 kWh = 3600 kJ. Wird jedoch 1 kcal = 4,1868 kJ gesetzt und 1 kcal = 860 kcal, dann ergäbe sich 1 kWh = 860 X 4,1868 = 3600,648 kJ. Solche kleinen Unterschiede von 64,8 : 3600 = 0,018 % sind für die industrielle Praxis belanglos und daher zu vernachlässigen.

Tabelle 33: Grundbeziehungen kcal-kJ-kWh

Anmerkung: Günstigere Größenverhältnisse ergeben sich mit 1 Mcal = 1,16279 kWh und 1 MJ = 0,277778 kWh.

	kcal	kJ (kWs)	kWh
1 $kcal_{IT}$ =	1	**4,1868**	0,00116279
1 kJ = (= 1 kWs)	0,238846	1	0,000277778
1 kWh =	**860**	**3600**	1

Die folgenden Tabellen 34 bis 39 bringen einige wesentliche Energie-Umrechnungen:

kcal in kJ (kWs)
kJ in kcal
kcal in kWh
kWh in Mcal
kJ in kWh
kWh in kJ (kWs)

Tabelle 34: Umrechnung von kcal in kJ
Grundwert: 1 kcal = 4,1868 kJ

Zehner kcal	Einer kcal 0	1	2	3	4	5	6	7	8	9
0	–	4,1868	8,3736	12,5604	16,7472	20,9340	25,1208	29,3076	33,4944	37,6812
10	41,8680	46,0548	50,2416	54,4284	58,6152	62,8020	66,9888	71,1756	75,3624	79,5492
20	83,7360	87,9228	92,1096	96,2964	100,4832	104,6700	108,8568	113,0436	117,2304	121,4172
30	125,6040	129,7908	133,9776	138,1644	142,3512	146,5380	150,7248	154,9116	159,0984	163,2852
40	167,4720	171,6588	175,8456	180,0324	184,2192	188,4060	192,5928	196,7796	200,9664	205,1532
50	209,3400	213,5268	217,7136	221,9004	226,0872	230,2740	234,4608	238,6476	242,8344	247,0212
60	251,2080	255,3948	259,5816	263,7684	267,9552	272,1420	276,3288	280,5156	284,7024	288,8892
70	293,0760	297,2628	301,4496	305,6364	309,8232	314,0100	318,1968	322,3836	326,5704	330,7572
80	334,9440	339,1308	343,3176	347,5044	351,6912	355,8780	360,0648	364,2516	368,4384	372,6252
90	376,8120	380,9988	385,1856	389,3724	393,5592	397,7460	401,9328	406,1196	410,3064	414,4932
100	418,6800	–	–	–	–	–	–	–	–	–

Beispiel: Wieviel kJ sind 2578 kcal?

2000 . . . . 100 mal 20 = 8373,60
500 . . . . 10 mal 50 = 2093,40
78 . . . . aus Tafel = 326,5704

2578 kcal = 10793,5704 kJ

Tabelle 35: Umrechnung von kJ in kcal
Grundwert: $\frac{1}{4{,}1868} = 0{,}2388459$

Zehner kJ	Einer kJ 0	1	2	3	4	5	6	7	8	9
0	–	0,2388	0,4777	0,7165	0,9554	1,1942	1,4331	1,6719	1,9108	2,1496
10	2,3885	2,6273	2,8662	3,1050	3,3438	3,5827	3,8215	4,0604	4,2992	4,5381
20	4,7769	5,0158	5,2546	5,4935	5,7323	5,9711	6,2100	6,4488	6,6877	6,9265
30	7,1654	7,4042	7,6431	7,8819	8,1208	8,3596	8,5985	8,8373	9,0761	9,3150
40	9,5538	9,7927	10,0315	10,2704	10,5092	10,7481	10,9869	11,2258	11,4646	11,7034
50	11,9423	12,1811	12,4200	12,6588	12,8977	13,1365	13,3754	13,6142	13,8531	14,0919
60	14,3308	14,5696	14,8084	15,0473	15,2861	15,5250	15,7638	16,0027	16,2415	16,4804
70	16,7192	16,9581	17,1969	17,4358	17,6746	17,9134	18,1523	18,3911	18,6300	18,8688
80	19,1077	19,3465	19,5854	19,8242	20,0631	20,3019	20,5407	20,7796	21,0184	21,2573
90	21,4961	21,7350	21,9738	22,2127	22,4515	22,6904	22,9292	23,1681	23,4069	23,6457
100	23,8846	–	–	–	–	–	–	–	–	–

Tabelle 36: Umrechnung von kcal in kWh
Grundwert: 1 kcal = 0,00116279 kWh

Zehner kcal	Einer kcal 0	1	2	3	4	5	6	7	8	9
0	–	0,001163	0,002326	0,003488	0,004651	0,005814	0,006977	0,008140	0,009302	0,010465
10	0,011628	0,012791	0,013953	0,015116	0,016279	0,017442	0,018605	0,019767	0,020930	0,022093
20	0,023256	0,024419	0,025581	0,026744	0,027907	0,029070	0,030233	0,031395	0,032558	0,033721
30	0,034884	0,036047	0,037209	0,038372	0,039535	0,040698	0,041860	0,043023	0,044186	0,045349
40	0,046512	0,047674	0,048837	0,050000	0,051163	0,052326	0,053488	0,054651	0,055814	0,056977
50	0,058140	0,059302	0,060465	0,061628	0,062791	0,063953	0,065116	0,066279	0,067442	0,068605
60	0,069767	0,070930	0,072093	0,073256	0,074419	0,075581	0,076744	0,077907	0,079070	0,080233
70	0,081395	0,082558	0,083721	0,084884	0,086047	0,087209	0,088372	0,089535	0,090700	0,091860
80	0,093023	0,094186	0,095349	0,096512	0,097674	0,098837	0,100000	0,101163	0,102326	0,103488
90	0,104651	0,105814	0,106977	0,108140	0,109302	0,110465	0,111628	0,112791	0,113953	0,115116
100	0,116279	–	–	–	–	–	–	–	–	–

Tabelle 37: Umrechnung kWh in Mcal
1 kWh = (860 kcal) = 0,860 Mcal (1 Mcal = 1000 kcal)

Zehner kWh	Einer kWh 0	1	2	3	4	5	6	7	8	9
0	–	0,86	1,72	2,58	3,44	4,30	5,16	6,02	6,88	7,74
10	8,60	9,46	10,32	11,18	12,04	12,90	13,76	14,62	15,48	16,34
20	17,20	18,06	18,92	19,78	20,64	21,50	22,36	23,22	24,08	24,94
30	25,80	26,66	27,52	28,38	29,24	30,10	30,96	31,82	32,68	33,54
40	34,40	35,26	36,12	36,98	37,84	38,70	39,56	40,42	41,28	42,14
50	43,00	43,86	44,72	45,58	46,44	47,30	48,16	49,02	49,88	50,74
60	51,60	52,46	53,32	54,18	55,04	55,90	56,76	57,62	58,48	59,34
70	60,20	61,06	61,92	62,78	63,64	64,50	65,36	66,22	67,08	67,94
80	68,80	69,66	70,52	71,38	72,24	73,10	73,96	74,82	75,68	76,54
90	77,40	78,26	79,12	79,98	80,84	81,70	82,56	83,42	84,28	85,14
100	86,00	–	–	–	–	–	–	–	–	–

Tabelle 38: Umrechnung kJ in kWh
Grundwert: 1 kJ = $0{,}0002\dot{7}$ kWh

Zehner kJ	Einer kJ: 0	1	2	3	4	5	6	7	8	9
0	—	$2{,}77\underline{8}\cdot10^{-4}$	$5{,}55\underline{6}\cdot10^{-4}$	$8{,}33\underline{3}\cdot10^{-4}$	$11{,}11\underline{1}\cdot10^{-4}$	$13{,}88\underline{9}\cdot10^{-4}$	$16{,}66\underline{7}\cdot10^{-4}$	$19{,}44\underline{4}\cdot10^{-4}$	$22{,}22\underline{2}\cdot10^{-4}$	$25{,}00\underline{0}\cdot10^{-4}$
10	$27{,}77\underline{8}\cdot10^{-4}$	$30{,}55\underline{6}\cdot10^{-4}$	$33{,}33\underline{3}\cdot10^{-4}$	$36{,}11\underline{1}\cdot10^{-4}$	$38{,}88\underline{9}\cdot10^{-4}$	$41{,}66\underline{7}\cdot10^{-4}$	$44{,}44\underline{4}\cdot10^{-4}$	$47{,}22\underline{2}\cdot10^{-4}$	$50{,}00\underline{0}\cdot10^{-4}$	$52{,}77\underline{8}\cdot10^{-4}$
20	$55{,}55\underline{6}\cdot10^{-4}$	$58{,}33\underline{3}\cdot10^{-4}$	$61{,}11\underline{1}\cdot10^{-4}$	$63{,}88\underline{9}\cdot10^{-4}$	$66{,}66\underline{7}\cdot10^{-4}$	$69{,}44\underline{4}\cdot10^{-4}$	$72{,}22\underline{2}\cdot10^{-4}$	$75{,}00\underline{0}\cdot10^{-4}$	$77{,}77\underline{8}\cdot10^{-4}$	$80{,}55\underline{6}\cdot10^{-4}$
30	$83{,}33\underline{3}\cdot10^{-4}$	$86{,}11\underline{1}\cdot10^{-4}$	$88{,}88\underline{9}\cdot10^{-4}$	$91{,}66\underline{7}\cdot10^{-4}$	$94{,}44\underline{4}\cdot10^{-4}$	$97{,}22\underline{2}\cdot10^{-4}$	$100{,}00\underline{0}\cdot10^{-4}$	$102{,}7\underline{8}\cdot10^{-4}$	$105{,}5\underline{6}\cdot10^{-4}$	$108{,}3\underline{3}\cdot10^{-4}$
40	$111{,}1\underline{1}\cdot10^{-4}$	$113{,}8\underline{9}\cdot10^{-4}$	$116{,}6\underline{7}\cdot10^{-4}$	$119{,}4\underline{4}\cdot10^{-4}$	$122{,}2\underline{2}\cdot10^{-4}$	$125{,}0\underline{0}\cdot10^{-4}$	$127{,}7\underline{8}\cdot10^{-4}$	$130{,}5\underline{6}\cdot10^{-4}$	$133{,}3\underline{3}\cdot10^{-4}$	$136{,}1\underline{1}\cdot10^{-4}$
50	$138{,}8\underline{9}\cdot10^{-4}$	$141{,}6\underline{7}\cdot10^{-4}$	$144{,}4\underline{4}\cdot10^{-4}$	$147{,}2\underline{2}\cdot10^{-4}$	$150{,}0\underline{0}\cdot10^{-4}$	$152{,}7\underline{8}\cdot10^{-4}$	$155{,}5\underline{6}\cdot10^{-4}$	$158{,}3\underline{3}\cdot10^{-4}$	$161{,}1\underline{1}\cdot10^{-4}$	$163{,}8\underline{9}\cdot10^{-4}$
60	$166{,}6\underline{7}\cdot10^{-4}$	$169{,}4\underline{4}\cdot10^{-4}$	$172{,}2\underline{2}\cdot10^{-4}$	$175{,}0\underline{0}\cdot10^{-4}$	$177{,}7\underline{8}\cdot10^{-4}$	$180{,}5\underline{6}\cdot10^{-4}$	$183{,}3\underline{3}\cdot10^{-4}$	$186{,}1\underline{1}\cdot10^{-4}$	$188{,}8\underline{9}\cdot10^{-4}$	$191{,}6\underline{7}\cdot10^{-4}$
70	$194{,}4\underline{4}\cdot10^{-4}$	$197{,}2\underline{2}\cdot10^{-4}$	$200{,}0\underline{0}\cdot10^{-4}$	$202{,}7\underline{8}\cdot10^{-4}$	$205{,}5\underline{6}\cdot10^{-4}$	$208{,}3\underline{3}\cdot10^{-4}$	$211{,}1\underline{1}\cdot10^{-4}$	$213{,}8\underline{9}\cdot10^{-4}$	$216{,}6\underline{7}\cdot10^{-4}$	$219{,}4\underline{4}\cdot10^{-4}$
80	$222{,}2\underline{2}\cdot10^{-4}$	$225{,}0\underline{0}\cdot10^{-4}$	$227{,}7\underline{8}\cdot10^{-4}$	$230{,}5\underline{6}\cdot10^{-4}$	$233{,}3\underline{3}\cdot10^{-4}$	$236{,}1\underline{1}\cdot10^{-4}$	$238{,}8\underline{9}\cdot10^{-4}$	$241{,}6\underline{7}\cdot10^{-4}$	$244{,}4\underline{4}\cdot10^{-4}$	$247{,}2\underline{2}\cdot10^{-4}$
90	$250{,}0\underline{0}\cdot10^{-4}$	$252{,}7\underline{8}\cdot10^{-4}$	$255{,}5\underline{6}\cdot10^{-4}$	$258{,}3\underline{3}\cdot10^{-4}$	$261{,}1\underline{1}\cdot10^{-4}$	$263{,}8\underline{9}\cdot10^{-4}$	$266{,}6\underline{7}\cdot10^{-4}$	$269{,}4\underline{4}\cdot10^{-4}$	$272{,}2\underline{2}\cdot10^{-4}$	$275{,}0\underline{0}\cdot10^{-4}$
100	$277{,}78\cdot10^{-4}$	—	—	—	—	—	—	—	—	—

Tabelle 39: Umrechnung von kWh in kJ
Grundwert: 1 kWh = 3600 kJ = $3{,}6 \cdot 10^3$ kJ

Zehner kWh	Einer kWh 0	1	2	3	4	5	6	7	8	9
0	–	$3{,}6 \cdot 10^3$	$7{,}2 \cdot 10^3$	$10{,}8 \cdot 10^3$	$14{,}4 \cdot 10^3$	$18{,}0 \cdot 10^3$	$21{,}6 \cdot 10^3$	$25{,}2 \cdot 10^3$	$28{,}8 \cdot 10^3$	$32{,}4 \cdot 10^3$
10	$36{,}0 \cdot 10^3$	$39{,}6 \cdot 10^3$	$43{,}2 \cdot 10^3$	$46{,}8 \cdot 10^3$	$50{,}4 \cdot 10^3$	$54{,}0 \cdot 10^3$	$57{,}6 \cdot 10^3$	$61{,}2 \cdot 10^3$	$64{,}8 \cdot 10^3$	$68{,}4 \cdot 10^3$
20	$72{,}0 \cdot 10^3$	$75{,}6 \cdot 10^3$	$79{,}2 \cdot 10^3$	$82{,}8 \cdot 10^3$	$86{,}4 \cdot 10^3$	$90{,}0 \cdot 10^3$	$93{,}6 \cdot 10^3$	$97{,}2 \cdot 10^3$	$100{,}8 \cdot 10^3$	$104{,}4 \cdot 10^3$
30	$108{,}0 \cdot 10^3$	$111{,}6 \cdot 10^3$	$115{,}2 \cdot 10^3$	$118{,}8 \cdot 10^3$	$122{,}4 \cdot 10^3$	$126{,}0 \cdot 10^3$	$129{,}6 \cdot 10^3$	$133{,}2 \cdot 10^3$	$136{,}8 \cdot 10^3$	$140{,}4 \cdot 10^3$
40	$144{,}0 \cdot 10^3$	$147{,}6 \cdot 10^3$	$151{,}2 \cdot 10^3$	$154{,}8 \cdot 10^3$	$158{,}4 \cdot 10^3$	$162{,}0 \cdot 10^3$	$165{,}6 \cdot 10^3$	$169{,}2 \cdot 10^3$	$172{,}8 \cdot 10^3$	$176{,}4 \cdot 10^3$
50	$180{,}0 \cdot 10^3$	$183{,}6 \cdot 10^3$	$187{,}2 \cdot 10^3$	$190{,}8 \cdot 10^3$	$194{,}4 \cdot 10^3$	$198{,}0 \cdot 10^3$	$201{,}6 \cdot 10^3$	$205{,}2 \cdot 10^3$	$208{,}8 \cdot 10^3$	$212{,}4 \cdot 10^3$
60	$216{,}0 \cdot 10^3$	$219{,}6 \cdot 10^3$	$223{,}2 \cdot 10^3$	$226{,}8 \cdot 10^3$	$230{,}4 \cdot 10^3$	$234{,}0 \cdot 10^3$	$237{,}6 \cdot 10^3$	$241{,}2 \cdot 10^3$	$244{,}8 \cdot 10^3$	$248{,}4 \cdot 10^3$
70	$252{,}0 \cdot 10^3$	$255{,}6 \cdot 10^3$	$259{,}2 \cdot 10^3$	$262{,}8 \cdot 10^3$	$266{,}4 \cdot 10^3$	$270{,}0 \cdot 10^3$	$273{,}6 \cdot 10^3$	$277{,}2 \cdot 10^3$	$280{,}8 \cdot 10^3$	$284{,}4 \cdot 10^3$
80	$288{,}0 \cdot 10^3$	$291{,}6 \cdot 10^3$	$295{,}2 \cdot 10^3$	$298{,}8 \cdot 10^3$	$302{,}4 \cdot 10^3$	$306{,}0 \cdot 10^3$	$309{,}6 \cdot 10^3$	$313{,}2 \cdot 10^3$	$316{,}8 \cdot 10^3$	$320{,}4 \cdot 10^3$
90	$324{,}0 \cdot 10^3$	$327{,}6 \cdot 10^3$	$331{,}2 \cdot 10^3$	$334{,}8 \cdot 10^3$	$338{,}4 \cdot 10^3$	$342{,}0 \cdot 10^3$	$345{,}6 \cdot 10^3$	$349{,}2 \cdot 10^3$	$352{,}8 \cdot 10^3$	$356{,}4 \cdot 10^3$
100	$360{,}0 \cdot 10^3$	–	–	–	–	–	–	–	–	–

3. Konzentrationen

Die Anteile bestimmter Einzelstoffe in Gasen werden je nach Zweck in folgenden Konzentrationsarten angegeben:

Volum-% im gasförmigen Gemisch
Partial- oder Teildruck: $p < \text{Gesamtdruck } P$
Massenmengen (Gewichtsmengen) je Normkubikmeter: g/m^3 NZ, kg/m^3 NZ
bei sehr kleinen Gehalten „parts per million" in Massen- oder Gewichtseinheiten: ppm.

Im Zusammenhang mit Konzentrationsangaben stehen bei Gemischbildungen auch *Zugabe-Kennzeichnungen*: m^3/m^3, kg/m^3.

4. Umrechnungen bei angelsächsischen Einheiten

Längen

1 inch (in.) = 0,0254 m = 25,4 mm	1 m = 39,3701 in. 1 mm = 0,03937 in.
1 foot (ft.) = 0,3048 m = 12 in.	1 m = 3,2808 ft.
1 yard (yd.) = 0,9144 m = 36 in. = 3 ft.	1 m = 1,0936 yd.
1 mile = 1609,3 m = 1760 yd.	1 m = 0,0006214 mile

Flächen

1 square inch (sq.in.) = 6,4515 cm^2	1 cm^2 = 0,1550 sq.in.
1 square foot (sq.ft.) = 144 sq.in.	1 m^2 = 10,7639 sq.ft.
1 square yard (sq.yd.) = 0,836127 m^2 = 9 sq.ft.	1 m^2 = 1,1960 sq.yd.
1 acre = 4046,86 m^2 = 4840 sq.yd.	1 m^2 = $2{,}471 \cdot 10^{-6}$ acre
1 square mile (sq.mile) = 2,58999 km^2 = 640 acre	1 km^2 = 0,3861 sq.mile

Volumen

1 cubic inch (cu.in.) = 16,3871 cm^3	1 cm^3 = 0,061024 cu.in.
1 cubic foot (cu.ft.) = 28,3168 dm^3	1 dm^3 = 0,035315 cu.ft.
1 cubic yard (cu.yd.) = 0,764555 m^3	1 m^3 = 1,30795 cu.yd.

Geschwindigkeiten

1 foot per second (ft./s) = 0,3048 m/s	1 m/s = 3,280844 ft./s
1 mile per hour (mile/h) = 0,44704 m/s = 1,6093 km/h	1 m/s = 2,23694 mile/s 1 km/h = 0,62139 mile/h

Massen

1 ounce (oz.) = 28,3495 g	1 g = 0,035274 oz.
1 pound (lb.) = 0,453592 kg	1 kg = 2,2046 lb.
1 pound per cubic foot (lb./ft.) = 16,0185 kg/m^3	1 kg/m^3 = 0,062428 lb./ft.

Drücke

1 inch of water (in.water) = 25,4 mm WS	1 mm WS = 0,03937 in.water
1 inch of mercury (in.Hg) = 25,4 Torr	1 Torr = 0,03937 in.Hg

Wärmeeinheiten

1 British thermal unit (BTU) = 0,251996 kcal	1 kcal = $3{,}9683\underline{2}$ BTU
= 1,05506 kJ	1 kJ = $0{,}9478\underline{1}$ BTU
= $2{,}93071 \cdot 10^{-4}$ kWh	1 kWh = $3412{,}\underline{1}$ BTU
1 BTU/ft. = 8,899 kcal/m^3 (NZ)	1 kcal/m^3 (NZ) = $1{,}123\underline{72} \cdot 10^{-1}$
= 37,258 kJ/m^3 (NZ)	1 kJ/m^3 (NZ) = $2{,}684\underline{0} \cdot 10^{-2}$
= 134130 kWh/m^3 (NZ)	1 kWh/m^3 (NZ) = $7{,}455\underline{1} \cdot 10^{-6}$

Literatur betr. angelsächsische Einheiten

H. D. Baehr, Physikalische Größen und ihre Einheiten. S. 97/98. Bertelsmann Universitätsverlag, Düsseldorf 1974.

W. Gumz (*L. Hardt*), Kurzes Handbuch der Brennstoff- und Feuerungstechnik. 3. Aufl., S. 701 ff., Springer-Verlag, Berlin/Heidelberg/Göttingen 1962.

E. Gasgesetze und Zustandsgleichungen

1. Das „ideale" Gas

R. Boyle (1627 bis 1691) und unabhängig von ihm *E. Mariotte* (~ 1620 bis 1684) fanden, daß bei konstanter Temperatur das Volumen v eines Gases dem Druck p umgekehrt proportional ist:

$$\frac{v_1}{v_2} = \frac{p_2}{p_1}, \qquad v_1 \cdot p_1 = v_2 \cdot p_2 = \text{konstant.} \tag{70}$$

Nennen wir v_1 das Volumen im Normzustand (NZ), Kurzzeichen v_n, und den Normdruck $p_1 = p_n$, bei der Kelvin-Temperatur (früher absolute Temperatur) von $v_2/p_2 = T$, dann wird

$$v_n \cdot p_n = v_T \cdot p_T. \tag{71}$$

L. J. Gay-Lussac (1778 bis 1850) erkannte, daß sich bei konstantem Druck das Volumen v_t eines Gases um den $\frac{1}{273,15}$ ten Teil des Volumens bei 0 °C ($v_0 = v_n$) ausdehnt:

$$v_t \equiv v_0 \cdot \left(1 + \frac{1}{273,15}\, t\, °C\right) = v_0 \cdot \frac{273,15 + t}{273,15} = v_0 \cdot \frac{T}{273,15}. \tag{72}$$

Bei Berücksichtigung des Index n für das 0 °C-Volumen wird

$$v_T = v_n \cdot \frac{T}{273,15}. \tag{73}$$

Kombiniert mit der Gl. (71), ergibt sich

$$p_T \cdot v_T = \underbrace{\frac{p_n \cdot v_n}{273,15}}_{\text{(R Gaskonstante)}} \cdot T. \tag{74}$$

Das durch diese Gl. (74) gekennzeichnete Zustandsverhalten des „idealen" Gases hat primär nur theoretisch-hypothetischen Charakter, läßt sich aber in engen Bereichen der Größen p, v, und T mit ausreichender „Genauigkeit" in der technischen Praxis gut anwenden (z. B. Reduktion von Gaseigenschaften auf Normzustand, siehe S. 7 u. 58).

2. Die Gaskonstante

In der Gl. (74) für das „ideale" Gas ergibt sich die Größe R, die sogenannte *Gaskonstante*, zu

$$R = \frac{p \cdot v}{T}. \tag{75}$$

Sie ist eine *Energie*, bezogen auf die *Stoffmenge* und die *Temperatur*. Da die sie bestimmenden Größen *keine* Konstanten sind, ist auch R *keine* allgemeine Konstante. Erst wenn man, wie dies für viele Gegebenheiten der Gase der Fall ist, jedoch die Bedingungen des Normzustandes (oder andere genau festgelegte Zustandsbedingungen) von 0 °C (= 273,15 K), p_{Norm} = 760 Torr = 1013,25 mbar = 1,01325 bar und als Stoffmenge das Kilomol (kmol im Normzustand für das „ideale" Gas = 22,4136 m^3) zugrunde legt, gelangt man zu einer für alle durch die gleichen Größeneinheiten gekennzeichneten Zustandsbedingungen geltenden Konstanten, der *universellen* oder auch allgemeinen Gaskonstante, die von der Gasart unabhängig ist.

Da sie also auf den *Norm*zustand abgestimmt ist, schreibt man die allgemeine Form zweckmäßiger Weise

$$R_u = \frac{p_n \cdot v_n}{T_n}, \tag{76}$$

wobei die Indices n diese Zustandsbedingungen ausdrücken sollen. Mit den gewählten Einheiten (z. B. bar, m^3/kmol) entsprechenden Zahlenwerten gelangt man zu dem Wert

$$R_u = \frac{1{,}01325 \cdot 22{,}4136}{273{,}15} = 0{,}083143 \; \frac{\mathrm{bar \cdot m^3}}{\mathrm{kmol \cdot K}}. \tag{77}$$

Da

$$1 \; \mathrm{bar \cdot m^3} = 100 \; \mathrm{kJ}$$
$$1 \; \mathrm{kJ} = 0{,}01 \; \mathrm{bar \cdot m^3}$$

ist, wird

$$R_u = 8{,}3142 \; \frac{\mathrm{kJ}}{\mathrm{kmol \cdot K}}.$$

Die Umrechnung auf andere gebräuchliche Energie-Einheiten folgt aus den Beziehungen

$$1 \; \mathrm{kcal} = 4{,}1868 \; \mathrm{kJ}$$
$$1 \; \mathrm{kWh} = 0{,}000277778 \; \mathrm{kJ}.$$

Über die „Genauigkeit“ geben die folgenden Werte (nach *E. Schmidt,* Technische Thermodynamik, 1. Bd., S. 40, 1975) Auskunft:

$$\left.\begin{aligned} R_u &= 8{,}3143 \pm 0{,}0012 \; \frac{\mathrm{kJ}}{\mathrm{kmol \cdot K}} \\ &= 1{,}9858 \pm 0{,}0029 \; \frac{\mathrm{kcal}}{\mathrm{kmol \cdot K}} \\ &= 2{,}3095 \cdot 10^{-3} \pm 0{,}0003 \; \frac{\mathrm{kWh}}{\mathrm{kmol \cdot K}} \end{aligned}\right\} \tag{78}$$

Die Tabelle 40 gibt für einige technisch wichtige Druckeinheiten die R_u-Werte, wobei aus dem Molvolumen von 22,4136 m^3/kmol und der Norm-Temperatur von 273,15 K die Berechnungsgleichung

$$R_u = p \cdot \frac{22{,}4136}{273{,}15} = p \cdot 0{,}082056 \tag{79}$$

als Grundlage dient.

Tabelle 40: Universelle Gaskonstante R_u (0 °C, kmol) für verschiedene Druckeinheiten

p	R_u	
1 atm (= 760 Torr)	0,082056	atm · m^3 · $kmol^{-1}$ · K^{-1}
1 at (= 735,56 Torr)	0,084783	at · m^3 · $kmol^{-1}$ · K^{-1}
1 mm WS (= 0,0001 at)	847,827	mm WS · m^3 · $kmol^{-1}$ · K^{-1}
1 Torr	62,3626	Torr · m^3 · $kmol^{-1}$ · K^{-1}
1 bar	0,083143	bar · m^3 · $kmol^{-1}$ · K^{-1}
1 mbar	83,143	mbar · m^3 · $kmol^{-1}$ · K^{-1}
1 Pa	8314,3	Pa · m^3 · $kmol^{-1}$ · K^{-1}

Bezieht man die Gaskonstante statt auf 1 kmol (R_u) auf 1 kg unter Annahme des real nicht zutreffenden „idealen" Gases, so ergibt sich die *spezifische* oder *individuelle* Gaskonstante R_s, in deren Zahlenwerten sich die *Gasarten* auswirken. Es gilt

$$R_s = \frac{R_u}{M} \tag{80}$$

M Molmasse (Molekulargewicht).

Ergebnisse bringt Tabelle 41.

Tabelle 41: Spezifische Gaskonstante R_s (0 °C, 1013,25 mbar, kg) für verschiedene Einzelgase

Gas	M kg/kmol (nach Lorenz bzw. D'Ans-Lax)	$R_s \frac{kcal}{kg \cdot K}$	$R_s \frac{kJ}{kg \cdot K}$	$R_s \frac{kWh}{kg \cdot K} \cdot 10^3$
Wasserstoff H_2	2,016	0,9850	4,1242	1,1456
Kohlenmonoxid CO	28,011	0,0709	0,2968	0,0824
Methan CH_4	16,043	0,1238	0,5183	0,1440
Äthan C_2H_6	30,070	0,0660	0,2765	0,0768
Propan C_3H_8	44,097	0,0450	0,1885	0,0524
n-/i- Butan C_4H_{10}	58,124	0,0342	0,1430	0,0397
Äthylen C_2H_4 (Äthen)	28,054	0,0708	0,2964	0,0823
Propylen C_3H_6 (Propen)	42,081	0,0472	0,1976	0,0549
1-Butylen C_4H_8 (1-Buten)	56,108	0,0354	0,1482	0,0412
Acetylen C_2H_2 (Äthin)	26,038	0,0763	0,3193	0,0887
Benzol $(C_6H_6)_D$	78,114	0,0254	0,1064	0,0296
Schwefelwasserstoff H_2S	34,082	0,0583	0,2439	0,0678
Kohlendioxid CO_2	44,011	0,0451	0,1889	0,0525
Sauerstoff O_2	32,000	0,0621	0,2598	0,0722
Stickstoff N_2	28,016	0,0709	0,2968	0,0824
Luftstickstoff $N_{2,atm}$	28,154	0,0705	0,2953	0,0820
Luft	28,966	0,0686	0,2870	0,0797
Wasserdampf H_2O_D	18,015	0,1102	0,4615	0,1282

Anmerkung: Die Molmassen-Werte dieser Tabelle sind auf O_2 = 32,000 bezogen, so daß dann C = 12,0112 beträgt. Bei Umrechnungen von Molmassen-Werten gemäß neueren Vorschlägen auf C = 12,000 fallen alle M-Werte entsprechend niedriger aus.

Man kann auch ein R_s', bezogen auf 1 m^3 (NZ), ermitteln.

Dazu sind die R_u-Werte durch 22,4136 zu teilen.

Literatur (betr. Gaskonstante)

H. D. Baehr, Thermodynamik. 3. Aufl.; Springer-Verlag, Berlin · Heidelberg · New York 1973.

E. Schmidt, Technische Thermodynamik. 11. Aufl., Bd. 1: Einstoffsysteme (*K. Stephan* und *F. Mayinger*). Springer-Verlag, Berlin · Heidelberg · New York 1975.

U. Stille, Messen und Rechnen in der Physik. 2. Aufl; Verlag Friedr. Vieweg & Sohn, Braunschweig 1961.

Messer Griesheim, Gase-Handbuch (*W. Schreckenberg, A. Palmen* und *M. Schubert*). Düsseldorf 1973.

F. Schuster, gwf-Arbeitsblatt Nr. 65: Realgasfaktoren und Kompressibilitätszahlen III. R. Oldenbourg Verlag, München 1975.

3. Die realen Gase

Die einfachste Weise, von der Gl. (74) für das „ideale" Gas ausgehend, zu einer die realen Gase erfassenden Zustandsgleichung zu gelangen, liegt in der Einführung eines die Abweichungen vom idealen Verhalten erfassenden Faktors:

$$p \cdot v = Z \cdot R \cdot T. \tag{81}$$

Z wird in Deutschland als *Realgasfaktor* bezeichnet, in Amerika *compressibility factor,* in Frankreich *facteur de compressibilité*.

Die auf den Normzustand (0 °C – 1013,25 mbar – 22,4316 m^3/kmol) bezogenen Realgasfaktoren Z_n werden aus dem tatsächlichen, dem realen Normvolumen V_{Mn} (m^3/kmol) über die Teilung durch das „ideale" Molvolumen erhalten:

$$Z_n = V_{Mn} : 22{,}4136. \tag{82}$$

Tabelle 6, S. 19 enthält die Ergebnisse.

In der deutschen Brenngaspraxis zieht man vor, bei den Techniken, die bei höheren Drücken ablaufen, mit der sogenannten *Kompressibilitätszahl* K zu rechnen. Sie beruht auf einem Vorschlag von *E. H. Amagat* (1841 bis 1915) – (nach Unterlagen, die die Association Technique de l'Industrie du Gaz en France, Paris, liebenswürdiger Weise überlassen hat) – das Produkt $p_n \cdot v_n$ der realen Gase gleich 1 zu setzen. Die Abbildungen (Diagramme) 41 bis 48 bringen für verschiedene Temperaturen von wichtigen Gasen die Produkte p · v (Amagatwerte) über dem Druck als Abszisse. Weitere, und zwar ausführliche Darstellungen einschließlich der Isochoren enthält das Gase-Handbuch von *Messer Griesheim* 1973 (S. 25 bis S. 33: Helium, Neon, Argon, Krypton, Xenon, Wasserstoff, Stickstoff, Sauerstoff, Luft, Kohlenmonoxid, Kohlendioxid, Methan, Äthan, Äthylen, Propan, Propylen).

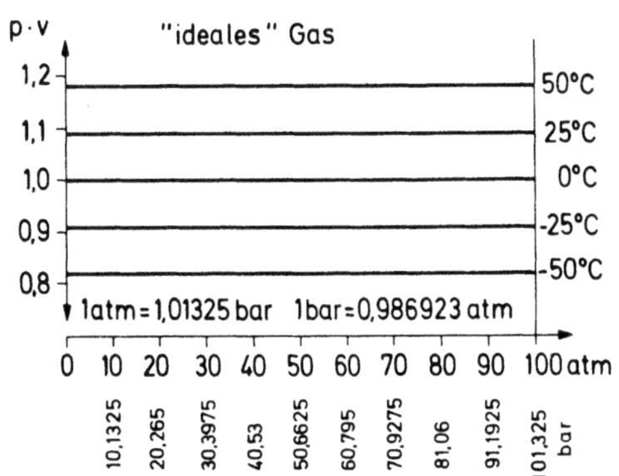

Bild 41. Amagatwerte für „ideales" Gas in Abhängigkeit vom Druck bei verschiedenen Temperaturen

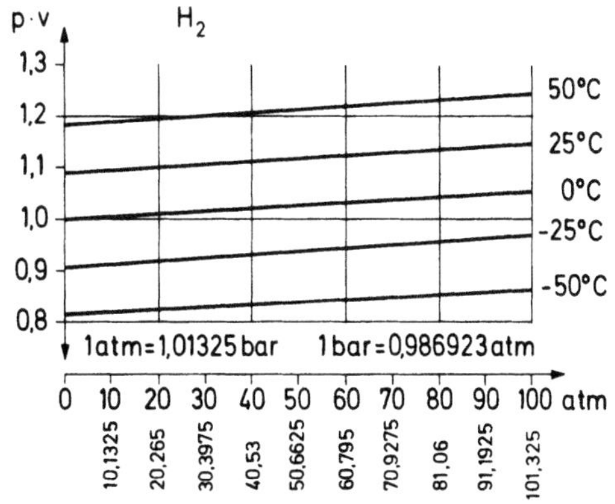

Bild 42. Amagatwerte für Wasserstoff in Abhängigkeit vom Druck bei verschiedenen Temperaturen

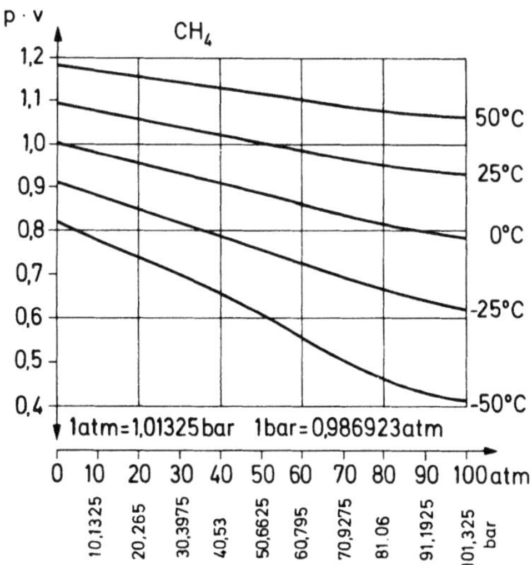

Bild 43. Amagatwerte für Methan in Abhängigkeit vom Druck bei verschiedenen Temperaturen

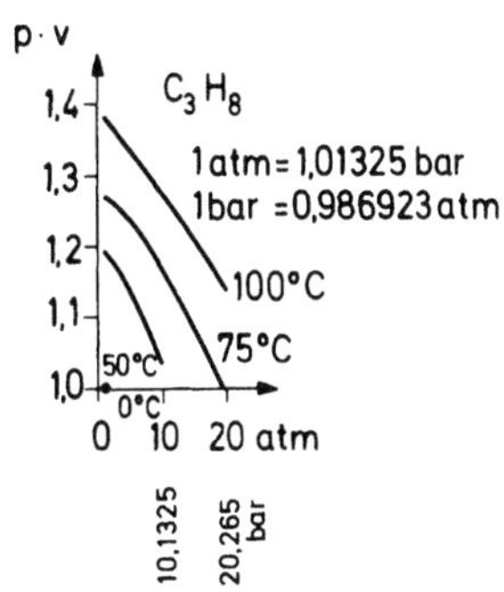

Bild 44. Amagatwerte für Propan in Abhängigkeit vom Druck bei verschiedenen Temperaturen

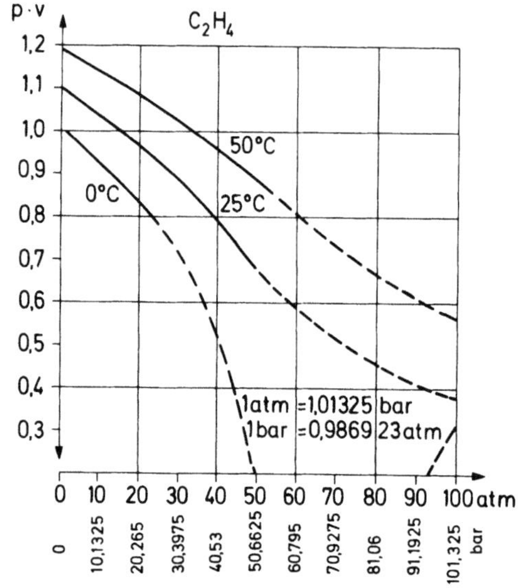

Bild 45. Amagatwerte für Äthylen (Äthen) in Abhängigkeit vom Druck bei verschiedenen Temperaturen

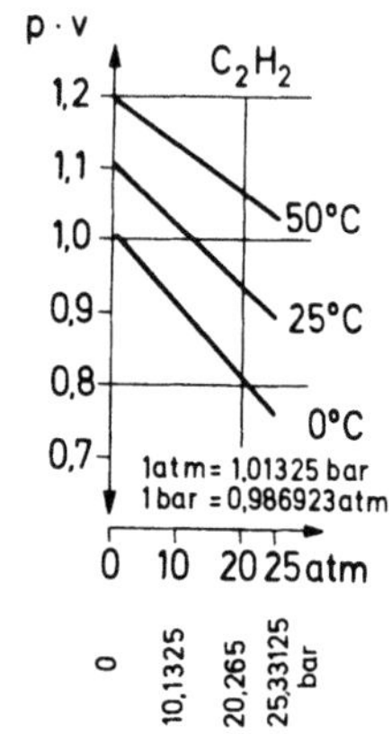

Bild 46. Amagatwerte für Acetylen (Äthin) in Abhängigkeit vom Druck für verschiedene Temperaturen

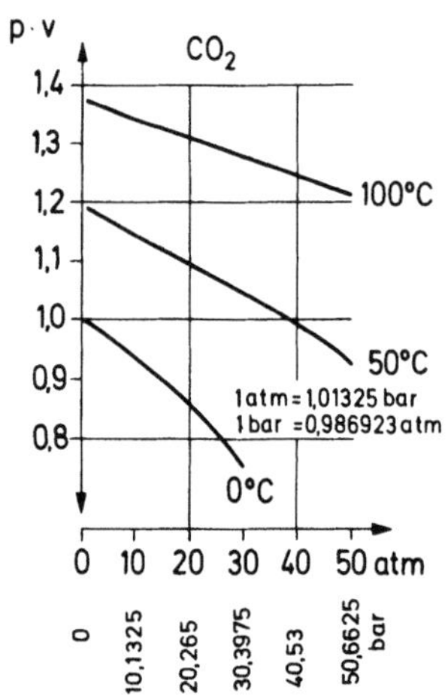

Bild 47. Amagatwerte für Kohlendioxid in Abhängigkeit vom Druck bei verschiedenen Temperaturen

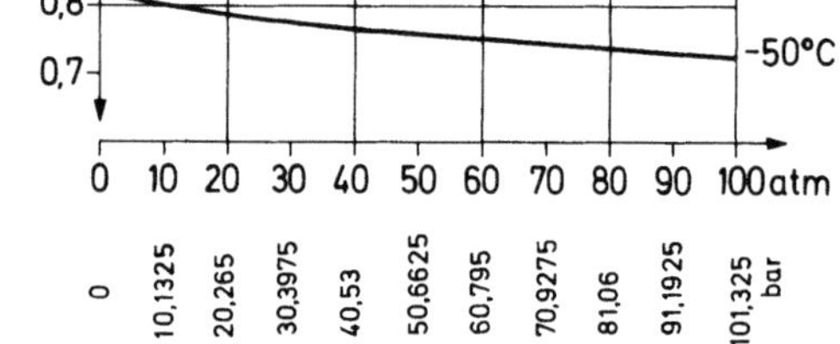

Bild 48. Amagatwerte für Luft in Abhängigkeit vom Druck bei verschiedenen Temperaturen

In Anlehnung an einen Bericht von *F. Herning* und *E. Wolowski* über amerikanische Berechnungsunterlagen (Ges.Ber.Ruhrgas 15/1966, S. 7/14) seien die Beziehungen zwischen den Realgasfaktoren Z und den Kompressibilitätszahlen K dargelegt. Vorher sei darauf hingewiesen, daß Amerika seine Berechnungen auf zwei verschiedene Erdgasgruppen je nach dem Inertengehalt abstellt: Gruppe I mit 0 bis 5 Vol.-% CO_2 und 0 bis 12 Vol.-% N_2 – Gruppe II mit 0 bis 15 Vol.-% CO_2 und 0 bis 15 Vol.-% N_2.

Nunmehr zurück zu den Beziehungen zwischen Z und K. Für ein *reales* Gas im Normzustand gilt

$$p_n \cdot v_n = Z_n \cdot R \cdot T_n. \tag{83}$$

Unter anderen Zustandsbedingungen des gleichen Gases gelte

$$p' \cdot v' = Z' \cdot R \cdot T'. \tag{84}$$

Durch Auflösen beider Gleichungen nach R und Gleichsetzung ist

$$v' = v_n \frac{Z'}{Z_n} \cdot \frac{T'}{T_n} \cdot \frac{p_n}{p'}. \tag{85}$$

Zwischen der Kompressibilitätszahl K' und den Realgasfaktoren Z_n und Z' besteht die Beziehung

$$K' = \frac{Z'}{Z_n}. \tag{86}$$

Aus den Amagatwerten ist

$$K' = \frac{(p' \cdot v')}{(p_n \cdot v_n)} \cdot \frac{T_n}{T'}. \tag{87}$$

Da aber $p_n \cdot v_n = 1$ ist und $p' \cdot v' = A'$ gesetzt werden kann, wird

$$K' = A' \frac{T_n}{T'}. \tag{88}$$

Mit Gl. (86) erhält man

$$Z' = Z_n \cdot A' \cdot \frac{T_n}{T'}. \tag{89}$$

Literatur

betreffend reale Gase und Berechnung ihres Zustandsverhaltens, geordnet nach der Veröffentlichungszeit.

Amer. Gas Ass., AGA PAR Research Project NX-7: Tables for the determination of supercompressibility factors for natural gas containing nitrogen and/or carbon dioxide. New York 1955.
Tabellen zur Bestimmung von „supercompressibility Faktoren" ($F_{pv} = \sqrt{\frac{1}{z}}$) für Stickstoff und/oder Kohlendioxid enthaltenden Erdgasen.

Amer. Gas Ass., AGA PAR Research Project NX-19: Manual for the determination of supercompressibility factors for natural gas. New York 1962.
Handunterlage zur Bestimmung der „supercompressibility Faktoren" von Erdgas.

F. Herning und *E. Wolowski*, gwf 105 (1964) Nr. 3, S. 64/69: Kompressibilitätszahl und Realgasfaktor von technischen Gasen. I: Untersuchungen von Ferngas.

F. Herning und *E. Wolowski*, gwf 105 (1964) Nr. 17, S. 450/456: Kompressibilitätszahl und Realgasfaktor. II: Untersuchungen von Erdgas. (entspricht Bericht über AGA PAR Researcing Project NX-7).

F. Herning und *E. Wolowski*, Kompressibilitätszahlen und Realgasfaktoren von Erdgasen nach neuen amerikanischen Berechnungsunterlagen: Ges.Ber.Ruhrgas, 15/1966, S. 7/14.
(entspricht Bericht über AGA PAR Research Project NX-19.)

D'Ans-Lax, Taschenbuch für Chemiker und Physiker. 1. Bd., 3. Aufl. – Makroskopische physikalisch-chemische Eigenschaften (*E. Lax* und *C. Synowietz*), S. 840/860 (Amagatwerte: Helium, Neon, Argon, Krypton, Xenon, Wasserstoff, Deuterium, Sauerstoff, Schwefelhexafluorid, Stickstoff, Luft, Ammoniak, Distickstoffmonoxid, Kohlenmonoxid, Kohlendioxid, Kohlenstofftetrafluorid, Methan, Äthan, Äthylen, Acetylen, Propan, Propen). Springer-Verlag, Berlin/Heidelberg/New York 1967.

F. Herning, gwf-gas/erdgas 114 (1973) Nr. 3, S. 124/130: Über eine einfache Näherungsformel zur Berechnung der Kompressibilitätszahl technischer Gasgemische:

$$K = \frac{n_1 \cdot T_{k1}^{-1/2} \cdot K_1 + n_2 \cdot T_{k2}^{-1/2} \cdot K_2 + \ldots}{n_1 \cdot T_{k1}^{-1/2} + n^2 \cdot T_{k2}^{-1/2} + \ldots}$$

n_1, n_2 Molanteile ($n_1 + n_2 + \ldots = 1$)
K_1, K_2 Kompressibilitätszahlen
T_{k1}, T_{k2} kritische Temperaturen in Kelvingrad
} der Gemischkomponenten

F. Schuster, gwf-Arbeitsblatt Nr. 54 (Febr. 1974): Realgasfaktoren und Kompressibilitätszahlen. I: Grundlagen und Verhalten Luft, O_2, N_2, CO_2. (12 Literaturangaben).

4. Erweiterte Zustandsgleichungen für reale Gase

Gleichung von van der Waals

Ein anderer Weg als der bisher geschilderte führt über Versuche oder Vorschläge, für die Ursachen der Abweichungen realer Gase vom idealen Verhalten Funktionen oder Größen in die Grundgleichung $p \cdot v = R \cdot T$ einzubauen. Der erste Grundversuch dieser Art stammt von *J. D. van der Waals* (1837 bis 1923). Er stellte im Jahr 1873 folgende Gleichung auf:

$$\left(p + \frac{a}{v^2}\right) \cdot (v - b) = R \cdot T. \tag{90}$$

Der Quotient $\frac{a}{v^2}$ will die Druckvermehrung infolge der Molekül-Kohäsion, b die Volumenverminderung (Kovolumen) infolge des Eigenvolumens der Moleküle berücksichtigen. Die Größen a und b sind *keine* von Temperatur und Druck unabhängigen „Konstanten", so daß zwar die Anwendungsbereiche gegenüber der „idealen" Zustandsgleichung erweitert werden, eine allgemeine Zustandsbeziehung ist jedoch auch auf diesem Weg nicht gegeben.

Zwischen den Größen a und b einerseits und den „kritischen" Größen andererseits – t_{kr} (T_{kr}), p_{kr} und v_{kr} – werden folgende Beziehungen angegeben:

$$v_{kr} = 3\,b \qquad T_{kr} = \frac{8\,a}{27 \cdot b \cdot R} \qquad p_{kr} = \frac{a}{27\,b^2}. \tag{91}$$

Da man in der Praxis den Einsatz von t_{kr} (T_{kr}) und p_{kr} gegenüber v_{kr} vorzieht, lassen sich folgende Gleichungen ohne v_{kr} für a und b ableiten:

$$a_{kr} = (0{,}6495\ R \cdot T_{kr})^2 \cdot \frac{1}{p_{kr}} \qquad b_{kr} = \frac{R}{8} \cdot \frac{T_{kr}}{p_{kr}}. \tag{92}$$

In Tabelle 42 sind, soweit Unterlagen zur Verfügung standen – für einige brenntechnisch wichtige Gase zur Auswertung der Gl. (90) von *van der Waals* die notwendigen „kritischen" Daten und die a- und b-Werte nach verschiedenen Unterlagen zusammengestellt. Es gibt noch eine ganze Reihe von Vorschlägen, vom Grundgedanken von *van der Waals* ausgehend zu „besseren" Zustandsgleichungen zu kommen. Darauf kann hier nicht eingegangen werden. Es sei deshalb auf entsprechende Angaben der Fachliteratur (siehe oben) verwiesen.

Tabelle 42: Kritische Zustandswerte und van der Waals-Konstante verschiedener Einzelgase

Literatur:	a- und b-Einheiten:
1) *R. C. Weast, S. M. Selby* und *Ch. D. Hodgman*, Handbook of Chemistry and Physics. 45. Aufl., D 90. Cleveland/Ohio 1964.	1) Liter-atm ... mol .... R = 0,08206
2) *D'Ans-Lax*, Taschenbuch für Chemiker und Physiker. 1. Bd., 3. Aufl., S. 828 ff. Springer-Verlag, Berlin/Heidelberg/New York 1967.	2) cm^3-atm ... kmol ... R = 82,06
3) Gleichungen (000) und (000).	3) wie 1)

Gas	t_{kr} °C	T_{kr} K	p_{kr} atm
Wasserstoff H_2	– 239,9	33,25	12,80
Kohlenmonoxid CO	– 140,2	132,95	34,53
Methan CH_4	– 82,5	190,65	45,68
Äthan C_2H_6	+ 32,05	305,20	46,84
Propan C_3H_8	+ 96,8	369,95	40,75
n-Butan C_4H_{10}	+ 152,01	425,16	36,20
i-Butan C_4H_{10}	+ 134,98	408,13	34,84
Äthylen (Äthen) C_2H_4	+ 9,50	282,65	48,49
Propylen (Propen) C_3H_6	+ 91,76	364,91	44,13
Acetylen (Äthin) C_2H_2	+ 35,5	308,65	59,72
Kohlendioxid CO_2	+ 31,0	304,15	72,85
Sauerstoff O_2	– 118,32	154,83	50,14
Stickstoff N_2	– 195,82	128,25	33,39
Wasserdampf H_2O_D	+ 374,15	647,30	221,20

Gas	1)		2)		3)	
	a	b	a	b	a_{kr}	b_{kr}
Wasserstoff	0,2444	0,02662	0,194	21,884	0,2454	0,02665
Kohlenmonoxid	1,485	0,03985	1,488	39,849	1,454	0,03949
Methan	2,253	0,04278	2,258	42,784	2,2605	0,04281
Äthan	5,489	0,06380	5,4022	63,795	5,650	0,06684
Propan	8,664	0,08445	8,687	84,448	9,542	0,09312
n-Butan	14,47	0,1226	14,506	122,573	14,186	0,1205
i-Butan	12,87	0,1142	12,897	114,195	13,583	0,1202
Äthylen	4,471	0,05714	4,482	57,12	4,516	0,05979
Propylen	8,379	0,08272	8,40	82,723	8,573	0,08482
Acetylen	4,390	0,05136	4,401	51,363	4,532	0,05301
Kohlendioxid	3,592	0,04267	3,601	42,672	3,608	0,04283
Sauerstoff	1,360	0,03183	1,363	31,830	1,358	0,03168
Stickstoff	1,390	0,03913	1,348	38,505	1,399	0,03940
Wasserdampf	5,464	0,03049	–	–	5,381	0,03002

Literatur betreffend Gleichung von van der Waals

J. J. van Laar, Die Zustandsgleichung von Gasen und Flüssigkeiten. 368 S., 10 Abb., zahlreiche Tabellen. Verlag L. Voss, Leipzig 1924.

Inhalt: Ausführliche Behandlung der Eigenarten der Gleichung von van der Waals, ihrer Abhängigkeiten und Anwendungen.

F. Schuster, gwf-Arbeitsblatt Nr. 65 (Mai 1975): Gleichung von van der Waals. Oldenbourg Verlag, München.

Inhalt: Umformungsmöglichkeiten, Abhängigkeiten von a und b von der Temperatur für verschiedene T_{kr}-Werte, bezogen auf a_{kr} und b_{kr}.

gwf-Arbeitsblatt Nr. 66 (Juni 1976): Literatur zur Gleichung von van der Waals.

Reihen-Gleichungen

Die Unterschiede im Zustandsverhalten realer Gase von dem des „idealen" Gases lassen sich auch durch Zustandsgleichungen mit einer Funktionenreihe des Abweichungsfaktors darstellen:

$$p \cdot v = R \cdot T \cdot \left[1 + \frac{B(T)}{v} + \frac{C(T)}{v^2} + \ldots\right] \tag{93}$$

oder

$$p \cdot v = R \cdot T \cdot [1 + B'(T) \cdot p + C'(T) \cdot p^2 + \ldots]. \tag{94}$$

Man bezeichnet diese Fassungen als *Virialform* der thermischen Zustandsgleichung und nennt die Temperaturfunktionen B (T), C (T) ... als 2., 3., ... *Virialkoeffizienten*, die man zwar unter bestimmten Annahmen für die zwischenmolekularen Kräfte theoretisch berechnen kann, sie im allgemeinen jedoch empirisch ermitteln muß. Vergleicht man die Reihen-Gleichungen mit der einfachen Grundgleichung (81) realer Gase, dann erkennt man, daß die Reihen zugleich Funktionen für die Realgasfaktoren sind.

Literatur: *H. D. Baehr*, Thermodynamik. 3. Auflage, S. 163. Springer-Verlag, Berlin/Heidelberg/New York 1973.

5. Joule-Thomson-Effekt

Während bei *idealen* Gasen eine adiabate Drosselung eines Stoffstroms mit keiner Temperaturänderung verbunden ist, kühlen sich *reale* Gase in weiten Temperatur- und Druckbereichen beim Durchströmen von Drosselstellen (Ventile, Absperrschieber, Blenden oder dergleichen) ab. Diese Erscheinung heißt nach ihren Entdeckern *Joule-Thomson-Effekt* (*J. P. Joule*, 1818 bis 1889 – *W. Thomson* = *Sir Kelvin*, 1824 bis 1907).

Für die technische Praxis ist der *integrale* Joule-Thomson-Effekt, in der Regel ohne das unterscheidende Beiwort genannt, wichtig (*N. Elsner*, Grundlagen der Technischen Thermodynamik. S. 354 ff., Bertelsmann Universitätsverlag, Düsseldorf 1973):

$$\frac{T_2 - T_1}{p_2 - p_1} \equiv \left(\frac{\Delta T}{\Delta p}\right)_h \tag{95}$$

T_2 Gas-Temperatur vor der Drosselstelle
T_1 Gas-Temperatur hinter der Drosselstelle
p_2 Druck vor der Drosselstelle
p_1 Druck hinter der Drosselstelle
h Enthalpie

Die nachfolgenden Werte des differentiellen Joule-Thomson-Effekts zeigen, wie sehr die sich aus der Atom- oder Molekülart zu erwartende Abweichung vom Ideal-Verhalten auf die Größe der Werte auswirkt:

t = 100 °C – p = 100 atm

N_2	$\mu = (0{,}078)\ \frac{K}{atm}$	*D'Ans-Lax*, Taschenbuch für Chemiker und Physiker. 3. Aufl., 1. Bd.: *E. Lax* und *Cl. Synowietz*, Makroskopische physikalisch-chemische Eigenschaften. S. 1390/1394. Springer-Verlag, Berlin/Heidelber/New York 1967.
CO	0,095	
Ar	0,175	
C_2H_4	0,470	
CO_2	0,541	
Xe	0,804	
Luft	0,089	Chemical Engineers' Handbook (*J. H. Perry* u. a.), McGraw-Hill Book Comp., Inc., New York/Toronto/London 1950. S. 203.

H. D. Baehr (Thermodynamik. 3. Aufl., S. 83/84. Springer-Verlag, Berlin/Heidelberg/New York 1973), der für die Ableitung thermodynamisch wichtiger Gesetzmäßigkeiten die Gase als „ideal" zusammenfaßt und auch die Luft zur Ideal-Gruppe zählt, kommt bei genauer Berechnung für Luft zu folgendem Beispiel:

T_1 = 300,0 K p_1 = 10,0 bar p_2 = 7,0 bar

T_2 genau errechnet: 299,35 K. Demnach beträgt die Abkühlung für diesen Fall 0,65 K.

C. von Linde hat auf dieser Erscheinung 1895 sein Verfahren der Luftverflüssigung entwickelt (siehe N. Elsner, wie oben S. 357 und *H. D. Baehr*, wie oben S. 323/324).

Alle realen Gase weichen mehr oder weniger von der durch Gleichung (95) wiedergegebenen Gesetzmäßigkeit ab, einmal schon bei atmosphärischen Druckverhältnissen verschieden mit der Gasart, vor allem jedoch mit höheren Drücken unterhalb des „kritischen" Punktes (siehe S. 83). Bei sehr niedrigen Drücken und bei sehr hohen Drücken nähert sich das Zustandsverhalten dem des „idealen" Gases. Es gibt sogar eine wesentlich über der „kritischen" Temperatur liegende Temperatur, den sogenannten Boyle-Punkt, bei dem sogar einigermaßen druckunabhängig die „ideale" Zustandsgleichung zutrifft.

Für Kohlendioxid CO_2 liegt der Boyle-Punkt bei 400 °C bis 500 °C etwa (siehe auch S. 236).

F. Die technischen Brenngase

1. Begriffsinhalt und Einteilung

Es gibt mehere Möglichkeiten zu Einteilungssystemen zu gelangen, je nachdem welcher Zweck mit einer Einteilung verfolgt wird:

1. nach der Herstellung und Erzeugung von Brenngasen;
2. nach der Art von Verbrauchergruppen, die die Einteilung auf ihre Verbrauchszwecke abstimmen;
3. nach bestimmten Eigenschaften, vor allem jenen (meist die Wärmewerthöhe), die für ein Gaseinsatzgebiet wichtig sind;
4. nach Eigenschaftsbereichen, wie z.B. dem für die Versorgungsbrenngase wichtigen Wobbewert.

Manchmal überschneiden sich die Auswirkungen der Merkmale eines Einteilungssystems mit denen eines anderen, wie sich später zeigen wird.

Eine optimale Voraussetzung, die aus fachlichen Gründen eigentlich für den Aufbau einer jeden systematischen Einteilung, gleich nach welchen Sonderzielen sie erfolgen mag, berücksichtigt werden sollte, ist der Unterschied brennbarer gasförmiger Stoffe zu zwei grundsätzlich großen Anwendungsgebieten:

a) Wärmeerzeugung durch Verbrennen mit freiem Sauerstoff in Form von Luft bis zu praktisch reinem Sauerstoff (chemisch: O_2);
b) chemische Rohstoffe zur Erzeugung bestimmter Produkte.

Während Gase der Gruppe a), abgesehen von Sondereigenschaften für bestimmte Wärmeanwendungen, vor allem nach ihrem Wärmewert (Brennwert, Heizwert) zu betrachten sind und dann danach für geforderte Sonderziele eingeteilt werden können, ist für die Verwendung in der Gruppe b) zur Herstellung bestimmter Enderzeugnisse nicht der Wärmewert der an sich brennbaren Gase von Bedeutung, sondern ihre Zusammensetzung ausschlaggebend. Meist handelt es sich um Gasgemische.

Eigentlich verdienen nur die Gase zu a) die Bezeichnung *Brenngase*. Dabei gehören zu ihnen auch jene brennbaren Gase, die in der Regel nicht unverändert der Wärmeerzeugung durch Verbrennen dienen, sondern erst physikalisch durch Zusätze anderer Gase oder durch chemische Umwandlung auf bestimmte Qualitäten gebracht werden.

Bei den Gasen der Gruppe b) handelt es sich neben dem (Wasserstoff+Stickstoff)-Gemisch für die Ammoniaksynthese meist um (Kohlenmonoxid+Wasserstoff)-Gemische. Als Einzelgase dieser Gruppe sei Hydrierwasserstoff (H_2) genannt.

Einteilungsnorm nach Brennwertbereichen

Um alle brennbaren Gase „unter einem Dach" gemeinsam zu erfassen, wurde in der Neufassung von DIN 1340 (Sept. 1975) (Brenngase – Arten, Bestandteile, Verwendung, ergänzt durch ein Beiblatt: Arten, Bestandteile, Verwendung – Bemerkungen zur Erzeugung) ein mehr formaler Gesichtspunkt über die fachliche Ordnung gewählt, indem man vier Gruppen nach dem Brennwert $H_{o,n}$ bildete:

1. Gruppe:	bis 10 000 kJ/m³ (NZ)
2. Gruppe:	zwischen 10 000 bis 30 000 kJ/m³ (NZ)
3. Gruppe:	zwischen 30 000 bis 60 000 kJ/m³ (NZ)
4. Gruppe:	über 60 000 kJ/m³ (NZ)

Anmerkung: Die Beziehung auf den Normzustand (273,15 K, 1013,25 mbar, trocken) wurde hier durch das Kurzzeichen (NZ) gekennzeichnet.

Die folgende Tabelle bringt einen Vergleich mit anderen praktisch gebräuchlichen Energieeinheiten.

kJ/m^3 (NZ)	$kcal/m^3$ (NZ)	kWh/m^3 (NZ)
10000	2388	2,7
30000	7165	8,3
60000	14331	16,6

Vorläufer der Einteilung nach dem Wärmewert

Ohne Zahlengrenzen obiger Werte für Bereiche von Gasarten hat man früher mehr qualitativ folgende vier Gruppen, die eine gewisse fachliche Grundlage erkennen ließen, vorgeschlagen und benutzt (Abschnitts-Lit. [1]), wie die folgende Übersicht zeigt:

	Brennwert H_o $kcal/m^3$ (NZ)	Heizwert H_u $kcal/m^3$ (NZ)
Arm- oder Schwachgase	2100	2000
Mittelgase (Wassergase)	2100 ... 3600	2000 ... 3300
Starkgase	3600 ... 5500	3300 ... 5000
Reichgase	5500	5000

Dieser Vorläufer hat sich nach zwei Richtungen weiter entwickelt. Einmal zu dem „formalistischen" DIN-Blatt 1340 (Sept. 1975). Dann zu den Einteilungssystemen von Versorgungs-Brenngasen, auf die später eingegangen wird.

Einteilungsvorschläge mit Kennziffern[1])

Aufbauend auf Vorschläge von *K. Oechelhaeuser* und *F. Schuster* hat *P. Michaelis* eine Einteilung für dreiziffrige Kennzahlen von Gasen angegeben. Folgende Tabelle zeigt den bemerkenswerten Vorschlag.

Kenn-ziffer	Gasgruppe	1. Kennziffer nach Brennwert H_o $kcal/m^3$ (NZ)	2. Kennziffer nach H_2-Gehalt Vol.-%	3. Kennziffer nach Dichte d (Luft = 1)
0	Inerte	0	0	0,070 ... 0,350
1	Schwachgase	> 0 ... 1100	> 0 ... 5	> 0,350 ... 0,400
2		> 1100 ... 2100	> 5 ... 20	> 0,400 ... 0,425
3	Mittelgase	> 2100 ... 3600	> 20 ... 30	> 0,425 ... 0,450
4	Starkgase	> 3600 ... 4300	> 30 ... 40	> 0,450 ... 0,500
5		> 4300 ... 4800	> 40 ... 45	> 0,500 ... 0,600
6		> 4800 ... 5500	> 45 ... 50	> 0,600 ... 0,800
7	Reichgase	> 5500 ... 10000	> 50 ... 55	> 0,800 ... 1,000
8		> 10000 ... 18000	> 55 ... 60	> 1,000 ... 1,500
9		> 18000	> 60	> 1,500

[1]) *F. Schuster,* Gasverwendung. S. 66/73, R. Oldenbourg Verlag, München und Wien 1969.

Da nach einem Hinweis von *F. Gebert* mit diesem Einteilungs- und Kennzeichnungssystem die Wobbewert-Sprünge (etwa 5 % vom Mittelwert) zu groß werden, habe ich vorgeschlagen, mit zweiziffrigen Kennziffern für jede Kenngröße zu arbeiten. Es ergeben sich dann 3 mal 2 gleich 6-ziffrige Kennzahlen. Die zweiziffrigen Kennzahlen für die drei Gaseigenschaften Brennwert, Dichte und H_2-Gehalt gehen von 00 bis 99.

Beispiele:

Kenn-Nummer		Brennwert	Dichte	H_2-Gehalt
00		0	0,07	0 ... 0,5
10	Zwischenwerte auch entsprechend bei allen drei Kenngrößen	> 2000 ... 2100	> 0,30 ... 0,31	> 9,5 ... 10,5
20		> 3000 ... 3100	> 0,40 ... 0,41	> 19,5 ... 20,5
30		> 4000 ... 4100	> 0,50 ... 0,51	> 29,5 ... 30,5
40		> 5000 ... 5200	> 0,60 ... 0,61	> 39,5 ... 40,5
50		> 7000 ... 7200	> 0,70 ... 0,71	> 49,5 ... 50,5
60		> 9000 ... 9250	> 0,80 ... 0,82	> 59,5 ... 60,5
70		> 11500 ... 12000	> 1,00 ... 0,04	> 69,5 ... 70,5
80		> 16500 ... 17000	> 1,40 ... 1,44	> 79,5 ... 80,5
90		> 21500 ... 22000	> 1,80 ... 1,84	> 89,5 ... 90,5
99		> 32000	> 2,16	> 98,5

2. Technische Grundwege zu Brenngasen

Die Grundwege unterteilen sich in drei Gruppen:

(1) Gewinnung

Von natürlich vorkommenden Brenngasen stehen Erdgase und Erdölgase an der Spitze der Bedeutung.

(Sonderliteratur als Beispiel: Herausgeber *H. Laurien*, Taschenbuch Erdgas – Vorkommen, Gewinnung, Verwendung, Rechtsgrundlagen, Statistik. Bearbeitung der einzelnen Kapitel aufgeteilt auf 37 Autoren. 2. Auflage, 563 Abb., 123 Tabellen, 1120 S., R. Oldenbourg Verlag, München und Wien 1970.)

(2) Herstellung

Sie umfaßt die *physikalischen* Wege durch
a) *Mischung* von brennbaren Gasen oder eines brennbaren Gases mit einem „inerten" Gas;
b) *Entmischung* von Gasgemischen durch *niedrige Temperaturen.*

(3) Erzeugung

Hierher gehören alle *chemischen* Wege, die sich aufgliedern in
a) Zersetzung fester, flüssiger oder gasförmiger Stoffe durch *hohe Temperaturen*;
b) chemische Einwirkung von Fremdstoffen, vor allem solchen mit freiem Sauerstoff (Luft bis zu praktisch reinem O_2) oder gebundenem Sauerstoff (Wasserdampf H_2O_D) aber auch Wasserstoff (H_2).

Zu dieser Gruppe (3) Erzeugung gehört auch der Anfall an gasförmigen *Nebenprodukten*, wie Flüssiggase, bei chemischen Verfahren.

(Sonderliteratur als Beispiel: *G. Leggewie*, Flüssiggase – Technische und wissenschaftliche Grundlagen ihrer Anwendung. R. Oldenbourg Verlag, München und Wien. 1. Band: 2. Auflage, 240 Bilder, 40 Tabellen. 1965. 2. Band: 237 Bilder, 70 Tabellen, 523 S., 1969. Nachtrag: 50 Tabellen. 1971.)

3. Gasbeschaffenheits-Regeln und Gasfamilien – Versorgungs-Brenngase

Von der Verwendung her hat man Gase, die im Brennverhalten her sich gleich verhalten, so daß sie in gegebenen Brennern oder Geräten gleichermaßen benutzt werden können, zu *Gasfamilien* zusammengefaßt. Zwar entsprechen diese Gruppen von Gasen auch von der Gewinnungs- oder Erzeugungsseite innerhalb ihrer Eigenschaftsbereiche einander, doch war dies nicht der Anlaß zur Einteilung, die die Gasversorgung vorgenommen hat.

Nach den „Technischen Regeln für die Gasbeschaffenheit“ (DVGW-Arbeitsblatt G 260 vom Januar 1973) gelten die folgenden Forderungen, die hier ergänzt und erweitert vorliegen.

1. **Gasfamilie** (DVGW-Kurzzeichen: S)

Wobbewert W_o	Gruppe A	Gruppe B
Gesamtbereich (Grenzwerte)	kcal 5400 ... 6700 kJ 22610 ... 28050 kWh 6,28 ... 7,79	6300 ... 7900 26375 ... 33075 7,33 ... 9,19
örtliche Schwankungsmöglichkeit (W_o)	kcal ± 300 kJ 1256 kWh 0,349	± 300 1256 0,349
% des W_o-Mittelwerts	± 5,0	± 4,2
Brennwert H_o Gesamtbereich (Grenzwerte)	kcal 4000 ... 4700 kJ 16745 ... 19680 kWh 4,65 ... 5,47	4300 ... 5000 18005 ... 20935 5,28 ... 5,82
örtliche Schwankungsmöglichkeit (H_o)	kcal + 200 – 100 kJ + 837 – 419 kWh + 0,2 – 0,1	+ 200 – 100 + 837 – 419 + 0,2 – 0,1
% des H_o-Mittelwerts	+ 4,60 – 2,30	+ 4,30 – 2,15
Dichte d (Luft = 1) ρ kg/m³ (NZ)	 0,40 ... 0,60 0,517 ... 0,776	 0,35 ... 0,55 0,453 ... 0,711

Anmerkung: Gruppe A entspricht den „klassischen“ Gaswerksgasen, Gruppe B den „klassischen“ Fernversorgungsgasen (Kokereigasen).

2. **Gasfamilie** (DVGW-Kurzzeichen: N vom internationalen „natural gas“)

Wobbewert W_o	Gruppe L	Gruppe H
Gesamtbereich (Grenzwerte)	kcal 9800 ... 11600 kJ 41030 ... 48565 kWh 11,40 ... 13,49	11200 ... 13500 46890 ... 56520 13,03 ... 15,70
örtliche Schwankungsmöglichkeit (W_o)	kcal ± 500 kJ 2093 kWh 0,58	± 500 2093 0,58
% des W_o-Mittelwerts	± 4,7	± 4,1
Brennwert H_o	kcal 7600 ... 11300 kJ 31820 ... 47310 kWh 8,8 ... 13,1	
Dichte d (Luft = 1) ρ kg/m³ (NZ)	 0,55 ... 0.70 0,711 ... 0,905	

Anmerkung: Gruppe L entspricht den „Erdgasen“, Gruppe H den „Erdölgasen“.

3. Gasfamilie (DVGW-Kurzzeichen: F)

Qualitäten nach DIN 51622 (Nov. 1973): Flüssiggase – Propan, Propen, Butan, Buten und deren Gemische, Anforderungen an die Qualität.

Bezeichnung	Hauptbestandteile	Restbestandteile
(1) *Propan*	= 95 Gew.-% C_3H_8 und C_3H_6, > überwiegend: C_3H_8	C_2H_6, C_2H_4, Isomere von C_4H_{10} und C_4H_8
(2) *Propen* (Propylen)	= 95 Gew.-% C_3H_6 und C_3H_8, > überwiegend: C_3H_6	wie bei (1) *Propan*
(3) *Butan*	= 95 Gew.-% C_4H_{10}- und > C_4H_8-Isomere, überwiegend: C_4H_{10}-Isomere	Isomere von C_3H_8, C_3H_6, C_5H_{12} und C_5H_{10}
(4) *Buten* (Butylen)	= 95 Gew.-% C_4H_8- und > C_4H_{10}-Isomere, überwiegend: C_4H_8-Isomere	wie bei (3) *Butan*
(5) *Gemische*	aus Flüssiggasen (1) bis (4) Für Haushalt und Gewerbe: (1) Propan + (3) Butan mit = 40 Gew.-% (3) Propan >	

KWstoff/Luft-Gemische (Luftgase) von W_o = 6000 (kcal)

		Erdgas + Luft	Propan + Luft
Wobbewert	kcal kJ kWh	6000 25120 6,98	6000 25120 6,98
örtliche Schwankungs-möglichkeit (W_o)	kcal kJ kWh	± 100 419 0,116	± 100 419 0,116
% von W_o		1,67	1,67
Brennwert H_o	kcal kJ kWh	5200 ... 5500 21770 ... 23025 6,05 ... 6,40	6430 26920 7,48
Dichte d (Luft = 1) ρ kg/m^3 (NZ)		 0,75 ... 0,85 0,970 ... 1,100	 1,15 1,487

Anmerkung: Wegen Berechnung der Zusammensetzung von Luftgasen mit anderen Wobbewerten als 6000 (kcal) sei auf Gl. (121), S. 107 hingewiesen. Beispiele siehe S. 107–111.

Der DVGW-Ausschuß „Gasförmige Brennstoffe" hat inzwischen (gwf/gas/erdgas 117/1976, S. 408) die Spalte Propan + Luft geändert in

		Flüssiggas + Luft	
Brennwert	kcal	6450	je m^3 (NZ)
	kJ	27005	je m^3 (NZ)
	kWh	7,5	je m^3 (NZ)
örtl. Schwankungsmöglichkeit ($H_{o,n}$)	kcal	± 200	
	kJ	837,36	
	kWh	0,2326	
Dichte	d (Luft = 1)	1,15 ... 1,22	
	ρ kg/m^3 (NZ)	1,487 ... 1,578	

Modellgase

Die Liste der Modellgase enthält in stark erweiterter und ergänzter Fassung (vgl. *F. Schuster*, gwf-Arbeitsblatt Nr. 12/Dez. 1970), berechnet mit den von *I. Lorenz* angegebenen Einzel-Grundwerten, Richtbeispiele für brenngastechnisch wichtige Gase (Zusammensetzung, Dichten, Wärmewerte, Wobbewerte).

Die Modellgase lassen sich fachlich in (Versorgungs-Brenngase)-Gruppen von jeweils analogen grundsätzlichem Aufbau zusammenfassen.

	Modellgase-Nr.
reine Einzelgase	1, 2, 3, 40
Vergasungsgase (Generator- und Wassergase aus festen Brennstoffen)	4, 5, 6, 8, 9
„klassische" Stadtgase (nicht entgiftet)	10, 12
„klassische" Stadtgase (entgiftet)	11, 13
KWstoff-Spaltgase (Stadtgas-Qualität, nicht entgiftet)	14, 16a/16b, 18, 20
KWstoff-Spaltgase (Stadtgas-Qualität, entgiftet)	15, 17a/17b, 19, 21
KWstoff-Luftgase (Stadtgas-Qualität)	22, 23a/23b, 24, 25
Kokereigase („klassische" Ferngase)	26
Klärgase	27
Erd- und Erdölgase	28, 29
KWstoff-Luftgase (Methan- und Erdgas-Qualität)	32, 33, 34, 35
Mischgase (Basis: Kokerei- + Vergasungsgase, niedriger Wärmewert)	7
Mischgase (Basis: Kokerei- + Flüssiggase, Reichgase von hohem Wärmewert, gleich Erdgas-Qualität)	30, 31
Raffineriegase (Crackgase) (müssen auf Versorgungs-Brenngasqualität umgewandelt werden)	36, 37, 38
Ölgase	39

Bild 49 zeigt in einem $H_{o,n}$-d-Diagramm die Lage der brennbaren und inerten Einzelgase, die zu den Versorgungs-Brenngasen gemischt sind. In dem durch H_2, n-C_4H_{10}, CO_2 und N_2 gebildeten Feld liegen alle Versorgungs-Brenngase der folgenden Modellgasliste (siehe auch Bild 2, S. 27).

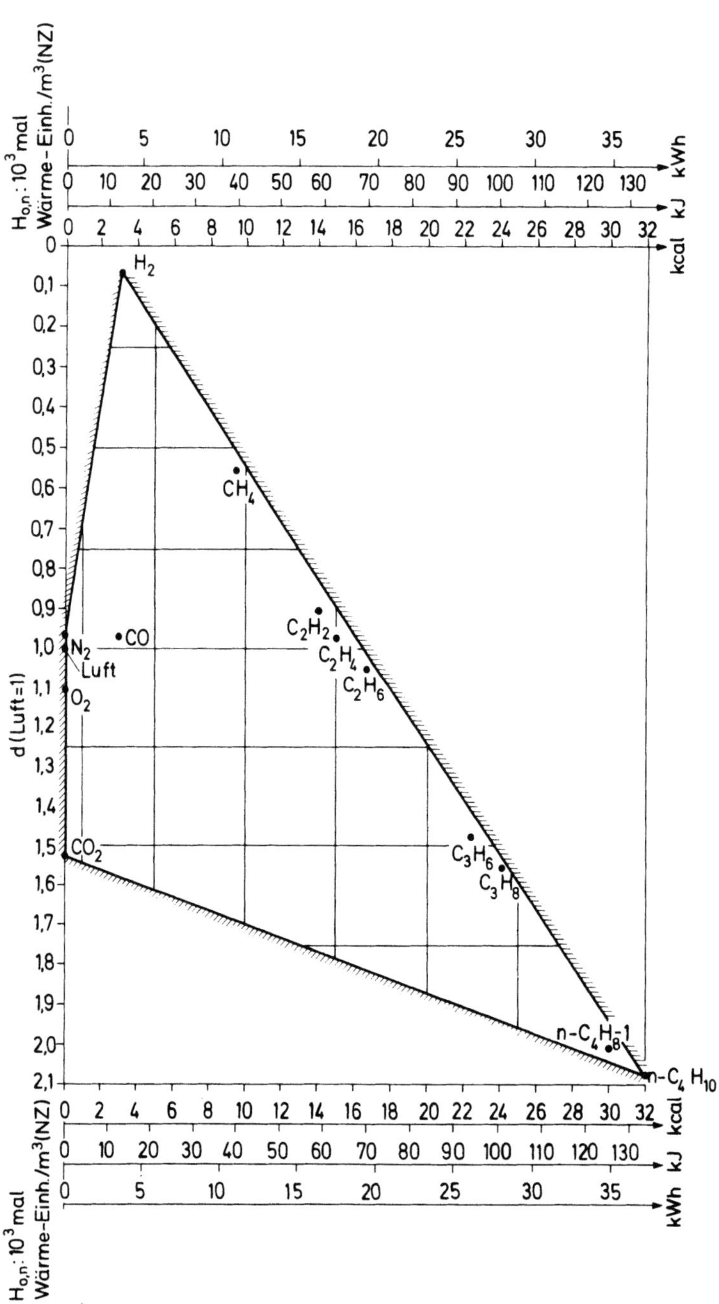

Bild 49. Brennbare und inerte Einzelgase im $H_{o,n}$-d-Diagramm

1. Methan

CH_4 100 Vol.-%	bezogen auf	H_o	H_u	W_o	W_u
ρ = 0,7174 kg/m³ (NZ)	kcal	9510	8570	12768	11506
d = 0,5548 (Luft = 1)	kJ	39816,5	35880,9	53456	48172
	kWh	11,0601	9,9669	14,8488	13,3811
$\sqrt{d}$ = 0,74485					

2. Propan

C_3H_8 100 Vol.-%	bezogen auf	H_o	H_u	W_o	W_u
ρ = 2,0102 kg/m³ (NZ)	kcal	24172	22256	19387	17850
d = 1,5546 (Luft = 1)	kJ	101203,3	93181,4	81168	74734
	kWh	28,1120	25,8837	22,5466	20,7594
$\sqrt{d}$ = 1,24684					

3. n-Butan

C_4H_{10} 100 Vol.-%	bezogen auf	H_o	H_u	W_o	W_u
ρ = 2,7030 kg/m³ (NZ)	kcal	31957	29513	22103	20413
d = 2,0903 (Luft = 1)	kJ	133797,6	123565,0	85465	85465
	kWh	37,1660	34,3236	25,7064	23,7404
$\sqrt{d}$ = 1,44579					

40. Acetylen (Äthin)

C_2H_2 100 Vol.-%	bezogen auf	H_o	H_u	W_o	W_u
ρ = 1,1717 kg/m³ (NZ)	kcal	13970	13500	14676	14182
d = 0,9061 (Luft = 1)	kJ	58489,6	56521,8	61446	59378
$\sqrt{d}$ = 0,95189	kWh	16,2471	15,7005	17,0683	16,4940

Anmerkung: Quelle – Rohrkohlen-Handbuch, 5.Aufl., S. 458. Verlag Glückauf, Essen 1969.

4. Hochofengichtgas

H_2 2 Vol.-%	bezogen auf	H_o	H_u	W_o	W_u
CO 28 Vol.-%	kcal	906	897	902	893
CO_2 10 Vol.-%	kJ	3792,9	3753,7	3777	3738
$N_{2,atm}$ 60 Vol.-%	kWh	1,0536	1,0427	1,0492	1,0383
ρ = 1,3039 kg/m³ (NZ)					
d = 1,0084 (Luft = 1)					
$\sqrt{d}$ = 1,00419					

Anmerkung: Aus der Zusammensetzung der im Hochofenbetrieb eingesetzten atmosphärischen Luft (siehe S. 150 – 20,95 O_2 + 79,05 $N_{2,atm}$) ergeben sich für die Dichteberechnung $N_{2,atm}$ – ρ = 1,2570 und d = 0,9721.

5. Koksgeneratorgas

H_2 12 Vol.-%	bezogen auf	H_o	H_u	W_o	W_u
CO 28 Vol.-%	kcal	1210	1154	1576	1223
CO_2 5 Vol.-%	kJ	5067,4	4832,2	6597	5122
$N_{2,atm}$ 55 Vol.-%	kWh	1,4076	1,3423	1,4920	1,4227
ρ = 1,1510 kg/m³ (NZ)					
d = 0,8901 (Luft = 1)					
$\sqrt{d}$ = 0,94346					

6. Kohlengeneratorgas

Zusammensetzung		bezogen auf	H_o	H_u	W_o	W_u
H_2	15 Vol.-%	kcal	1462	1373	1576	1480
CO	27 Vol.-%	kJ	6119,7	5747,1	6597	6196
CH_4	2 Vol.-%	kWh	1,6999	1,5964	1,8326	1,7210
CO_2	6 Vol.-%					
$N_{2,atm}$	50 Vol.-%					
ρ = 1,1126	kg/m^3 (NZ)					
d = 0,8604	(Luft = 1)					
$\sqrt{d}$ = 0,92760						

7. Mischgas

Zusammensetzung		bezogen auf	H_o	H_u	W_o	W_u
H_2	19,62 Vol.-%	kcal	2184	2001	2438	2234
CO	20,35 Vol.-%	kJ	9143,2	8378,1	10208	9354
CH_4	8,65 Vol.-%	kWh	2,5398	2,3273	2,8357	2,5984
C_nH_m	0,67 Vol.-%					
CO_2	7,34 Vol.-%					
$N_{2,atm}$	43,37 Vol.-%					
ρ = 1,0373	kg/m^3 (NZ)					
d = 0,8022	(Luft = 1)					
$\sqrt{d}$ = 0,89565						

Anmerkung: Die Zusammensetzung wurde genau gerechnet auf Grund der Forderung H_u = 2000 $kcal/m^3$ (NZ) = 8373,6 kJ/m^3 (NZ).

8. Kokswassergas

Zusammensetzung		bezogen auf	H_o	H_u	W_o	W_u
H_2	50 Vol.-%	kcal	2729	2495	3691	3375
CO	40 Vol.-%	kJ	11426,6	10446,9	15455	14130
CO_2	5 Vol.-%	kWh	3,1741	2,9019	4,2932	3,9250
N_2	5 Vol.-%					
ρ = 0,7068	kg/m^3 (NZ)					
d = 0,5466	(Luft = 1)					
$\sqrt{d}$ = 0,73934						

9. Kohlenwassergas

Zusammensetzung		bezogen auf	H_o	H_u	W_o	W_u
H_2	50 Vol.-%	kcal	3054	2773	4211	3823
CO	35 Vol.-%	kJ	12785,6	11609,2	17629	16007
CH_4	5 Vol.-%	kWh	3,5516	3,2248	4,8969	4,4463
CO_2	5 Vol.-%					
N_2	5 Vol.-%					
ρ = 0,6802	kg/m^3 (NZ)					
d = 0,5264	(Luft = 1)					
$\sqrt{d}$ = 0,72527						

10. Stadtgas I (KG + WG)

Zusammensetzung		bezogen auf	H_o	H_u	W_o	W_u
H_2	50 Vol.-%	kcal	4319	3878	6280	5639
CO	18 Vol.-%	kJ	18054,0	16236,6	26250	23608
CH_4	19 Vol.-%	kWh	5,0150	4,5102	7,2918	6,5578
C_nH_m	2 Vol.-%					
CO_2	4 Vol.-%					
N_2	7 Vol.-%					
ρ = 0,6116	kg/m^3 (NZ)					
d = 0,4730	(Luft = 1)					
$\sqrt{d}$ = 0,68776						

11. Stadtgas I (entgiftet)

Zusammensetzung	bezogen auf	H_o	H_u	W_o	W_u
H_2 55 Vol.-%	kcal	4304	3811	6341	5615
CO 3 Vol.-%	kJ	18020,4	15956,9	26551	23510
CH_4 22 Vol.-%	kWh	5,0057	4,4325	7,3752	6,5307
C_nH_m 2 Vol.-%					
CO_2 12 Vol.-%					
N_2 6 Vol.-%					
ρ = 0,5957 kg/m³ (NZ)					
d = 0,4607 (Luft = 1)					
$\sqrt{d}$ = 0,67872					

12. Stadtgas II (KG + GG)

Zusammensetzung	bezogen auf	H_o	H_u	W_o	W_u
H_2 45 Vol.-%	kcal	4271	3825	6005	5378
CO 12 Vol.-%	kJ	17883,2	16015,6	25143	22517
CH_4 22 Vol.-%	kWh	4,9676	4,4488	6,9841	6,2547
C_nH_m 2 Vol.-%					
CO_2 4 Vol.-%					
N_2 15 Vol.-%					
ρ = 0,6542 kg/m³ (NZ)					
d = 0,5059 (Luft = 1)					
$\sqrt{d}$ = 0,71127					

13. Stadtgas II (entgiftet)

Zusammensetzung	bezogen auf	H_o	H_u	W_o	W_u
H_2 49 Vol.-%	kcal	4312	3828	6196	5501
CO 3 Vol.-%	kJ	18052,1	16027,4	25943	23033
CH_4 24 Vol.-%	kWh	5,0145	4,4521	7,2065	6,3983
C_nH_m 2 Vol.-%					
CO_2 8 Vol.-%					
N_2 14 Vol.-%					
ρ = 0,6261 kg/m³ (NZ)					
d = 0,4842 (Luft = 1)					
$\sqrt{d}$ = 0,69583					

14. Methan-Spaltgas (Stadtgas-Qualität nach H_o)

Zusammensetzung	bezogen auf	H_o	H_u	W_o	W_u
H_2 60 Vol.-%	kcal	4311	3823	7126	6320
CO 13 Vol.-%	kJ	18049,0	16007,6	29837	26462
CH_4 22 Vol.-%	kWh	5,0136	4,4466	8,2880	7,3507
CO_2 5 Vol.-%					
ρ = 0,4732 kg/m³ (NZ)					
d = 0,3659 (Luft = 1)					
$\sqrt{d}$ = 0,60492					

15. Methan-Spaltgas (Stadtgas-Qualität entgiftet)

Zusammensetzung	bezogen auf	H_o	H_u	W_o	W_u
H_2 59 Vol.-%	kcal	4312	3796	6795	5982
CO 3 Vol.-%	kJ	18053,5	15893,1	28450	25046
CH_4 25,5 Vol.-%	kWh	5,0140	4,4140	7,9012	6,9558
CO_2 12,5 Vol.-%					
ρ = 0,520 kg/m³ (NZ)					
d = 0,402 (Luft = 1)					
$\sqrt{d}$ = 0,63451					

16a. Erdgas L-Spaltgas (Stadtgas-Qualität)

	bezogen auf	H_o	H_u	W_o	W_u
H_2 52 Vol.-%					
CO 11,5 Vol.-%	kcal	4307	3829	6602	5869
CH_4 25 Vol.-%	kJ	18032,5	16031,3	27641	24572
CO_2 5 Vol.-%	kWh	5,0081	4,4523	7,6767	6,8244
N_2 6,5 Vol.-%					
ρ = 0,550 kg/m³ (NZ)					
d = 0,425 (Luft = 1)					
$\sqrt{d}$ = 0,65244					

16b. Erdgas H-Spaltgas (Stadtgas-Qualität)

	bezogen auf	H_o	H_u	W_o	W_u
H_2 57 Vol.-%					
CO 14,5 Vol.-%	kcal	4332	3868	6732	6010
CH_4 19 Vol.-%	kJ	18137,2	16194,5	28184	25164
C_3H_8 1,5 Vol.-%	kWh	5,0372	4,4977	7,8279	6,9884
CO_2 5 Vol.-%					
N_2 3 Vol.-%					
ρ = 0,535 kg/m³ (NZ)					
d = 0,414 (Luft = 1)					
$\sqrt{d}$ = 0,64356					

17a. Erdgas L-Spaltgas (entgiftet)

	bezogen auf	H_o	H_u	W_o	W_u
H_2 51,5 Vol.-%					
CO 3 Vol.-%	kcal	4321	3817	6431	5680
CH_4 28 Vol.-%	kJ	18091,2	15981,0	26924	23782
CO_2 11 Vol.-%	kWh	5,0244	4,4384	7,4779	6,6047
N_2 6,5 Vol.-%					
ρ = 0,583 kg/m³ (NZ)					
d = 0,451 (Luft = 1)					
$\sqrt{d}$ = 0,67194					

17b. Erdgas H-Spaltgas (entgiftet)

	bezogen auf	H_o	H_u	W_o	W_u
H_2 57 Vol.-%					
CO 3 Vol.-%	kcal	4341	3830	6475	5712
CH_4 22 Vol.-%	kJ	18174,9	16035,4	27109	23914
C_3H_8 1,5 Vol.-%	kWh	5,0477	4,4535	7,5291	6,6419
CO_2 13,5 Vol.-%					
N_2 3 Vol.-%					
ρ = 0,581 kg/m³ (NZ)					
d = 0,449 (Luft = 1)					
$\sqrt{d}$ = 0,67049					

18. Propan-Spaltgas (Stadtgas-Qualität)

	bezogen auf	H_o	H_u	W_o	W_u
H_2 66,5 Vol.-%					
CO 21,5 Vol.-%	kcal	4365	3920	6585	5914
C_3H_8 7 Vol.-%	kJ	18276,1	16411,5	27572	24759
CO_2 5 Vol.-%	kWh	5,0767	4,5588	7,6589	6,8776
ρ = 0,5681 kg/m³ (NZ)					
d = 0,4394 (Luft = 1)					
$\sqrt{d}$ = 0,66285					

19. Propan-Spaltgas (entgiftet)

	bezogen auf	H_o	H_u	W_o	W_u
H_2 69,5 Vol.-%					
CO 3 Vol.-%	kcal	4382	3884	6196	5492
C_3H_8 9 Vol.-%	kJ	18342,9	16261,1	25940	22996
CO_2 18,5 Vol.-%	kWh	5,0953	4,5170	7,2057	6,3879
ρ = 0,6467 kg/m^3 (NZ)					
d = 0,5001 (Luft = 1)					
$\sqrt{d}$ = 0,70718					

20. n-Butan-Spaltgas (Stadtgas-Qualität)

	bezogen auf	H_o	H_u	W_o	W_u
H_2 67,5 Vol.-%					
CO 22,5 Vol.-%	kcal	4332	3894	6490	5834
C_4H_{10} 5 Vol.-%	kJ	18135,5	16301,3	27173	24424
CO_2 5 Vol.-%	kWh	5,0376	4,5281	7,5479	6,7845
ρ = 0,5760 kg/m^3 (NZ)					
d = 0,4455 (Luft = 1)					
$\sqrt{d}$ = 0,66742					

21. n-Butan-Spaltgas (entgiftet)

	bezogen auf	H_o	H_u	W_o	W_u
H_2 71 Vol.-%					
CO 3 Vol.-%	kcal	4329	3838	6048	5362
C_4H_{10} 6,5 Vol.-%	kJ	18124,6	16068,3	25321	22449
CO_2 19,5 Vol.-%	kWh	5,0346	4,4634	7,0337	6,2357
ρ = 0,6625 kg/m^3 (NZ)					
d = 0,5123 (Luft = 1)					
$\sqrt{d}$ = 0,71578					

22. Methan-Luftgas (Stadtgas-Qualität nach $W_o \sim 6000$)

	bezogen auf	H_o	H_u	W_o	W_u
CH_4 55 Vol.-%					
O_2 9,5 Vol.-%	kcal	5231	4714	6019	5424
$N_{2,atm}$ 35,5 Vol.-%	kJ	21899,1	19734,5	25201	22710
(= Luft 45 Vol.-%)	kWh	6,0831	5,4818	7,0002	6,3082
ρ = 1,0023 kg/m^3 (NZ)					
d = 0,7551 (Luft = 1)					
$\sqrt{d}$ = 0,86899					

Anmerkung: Bei Luftgasen wird nicht auf einen Wärmewert, sondern auf einen Wobbewert (bei Stadtgas-Qualität $W_o \sim 6000$) eingestellt. Dadurch liegt der entsprechende Wärmewert (H_o) höher als 4300 kcal/m^3 (NZ) = 18003 kJ/m^3 (NZ).

23a. Erdgas L-Luftgas (Stadtgas-Qualität)

	bezogen auf	H_o	H_u	W_o	W_u
CH_4 55 Vol.-%					
O_2 9,5 Vol.-%	kcal	5231	4714	6009	5415
$N_{2,atm}$ 35,5 Vol.-%	kJ	21899,1	19734,5	25157	22670
(= Luft 45 Vol.%)	kWh	6,0831	5,4818	6,9882	6,2972
ρ = 0,9799 kg/m^3 (NZ)					
d = 0,7578 (Luft = 1)					
$\sqrt{d}$ = 0,87051					

23b. Erdgas H-Luftgas (Stadtgas-Qualität)

Zusammensetzung	bezogen auf	H_o	H_u	W_o	W_u
CH_4 48,5 Vol.-%	kcal	5458	4935	6080	5498
C_3H_8 3 Vol.-%	kJ	22853,1	20663,6	25457	23018
CO_2 0,5 Vol.-%	kWh	6,3481	5,7399	7,0714	6,3939
N_2 1,5 Vol.-%					
O_2 9,5 Vol.-%					
$N_{2,atm}$ 37,0 Vol.-%					
(= Luft 46,5 Vol.-%)					
ρ = 1,0421 kg/m³ (NZ)					
d = 0,8059 (Luft = 1)					
$\sqrt{d}$ = 0,89771					

24. Propan-Luftgas (Stadtgas-Qualität)

Zusammensetzung	bezogen auf	H_o	H_u	W_o	W_u
C_3H_8 26,5 Vol.-%	kcal	6406	5898	5982	5507
O_2 15,5 Vol.-%	kJ	26818,9	24693,1	25044	23058
$N_{2,atm}$ 58 Vol.-%	kWh	7,4497	6,8592	6,9566	6,4051
(= Luft) 73,5 Vol.-%					
ρ = 1,4829 kg/m³ (NZ)					
d = 1,1468 (Luft = 1)					
$\sqrt{d}$ = 1,07089					

25. n-Butan-Luftgas (Stadtgas-Qualität)

Zusammensetzung	bezogen auf	H_o	H_u	W_o	W_u
C_4H_{10} 21 Vol.-%	kcal	6711	6198	6054	5591
O_2 16,5 Vol.-%	kJ	28097,5	25948,7	25346	23408
$N_{2,atm}$ 62,5 Vol.-%	kWh	7,8049	7,2080	7,0406	6,5021
(= Luft 79 Vol.-%)					
ρ = 1,5891 kg/m³ (NZ)					
d = 1,2289 (Luft = 1)					
$\sqrt{d}$ = 1,10856					

26. Kokereigas

Zusammensetzung	bezogen auf	H_o	H_u	W_o	W_u
H_2 55 Vol.-%	kcal	4745	4214	7616	6764
CO 5 Vol.-%	kJ	19865,8	17644,9	31885	28321
CH_4 26 Vol.-%	kWh	5,5183	4,9013	8,8571	7,8668
C_nH_m 2 Vol.-%					
CO_2 2 Vol.-%					
N_2 10 Vol.-%					
ρ = 0,5020 kg/m³ (NZ)					
d = 0,3882 (Luft = 1)					
$\sqrt{d}$ = 0,62304					

27. Klärgas

Zusammensetzung	bezogen auf	H_o	H_u	W_o	W_u
CH_4 70 Vol.-%	kcal	6657	5999	7232	6517
CO_2 30 Vol.-%	kJ	27871,5	25116,6	30280	27287
ρ = 1,0956 kg/m³ (NZ)	kWh	7,7421	6,9768	8,4112	7,5798
d = 0,8472 (Luft = 1)					
$\sqrt{d}$ = 0,92045					

28. Erdgas L (Groningen)

Zusammensetzung	bezogen auf	H_o	H_u	W_o	W_u
CH_4 85 Vol.-%	kcal	8084	7285	10242	9230
CO_2 1 Vol.-%	kJ	33844,0	30498,7	42881	38642
N_2 14 Vol.-%	kWh	9,4011	8,4719	11,9113	10,7340
ρ = 0,8055 kg/m³ (NZ)					
d = 0,6229 (Luft = 1)					
$\sqrt{d}$ = 0,78926					

29. Erdgas H (Erdölgas)

Zusammensetzung	bezogen auf	H_o	H_u	W_o	W_u
CH_4 90 Vol.-%	kcal	10009	9048	12541	11337
C_3H_8 6 Vol.-%	kJ	41907,0	37883,7	52506	47466
CO_2 1 Vol.-%	kWh	11,6408	10,5233	14,5851	13,1849
N_2 3 Vol.-%					
ρ = 0,8237 kg/m³ (NZ)					
d = 0,6370 (Luft = 1)					
$\sqrt{d}$ = 0,79812					

30. Reichgas I – 2. + 26.

Zusammensetzung	bezogen auf	H_o	H_u	W_o	W_u
H_2 39,5 Vol.-%	kcal	10218	9297	12085	10995
CO 3,5 Vol.-%	kJ	42782,6	38924,7	50596	46034
CH_4 19 Vol.-%	kWh	11,8841	10,8124	14,0545	12,7871
C_3H_8 28 Vol.-%					
C_nH_m 1,5 Vol.-%					
CO_2 1,5 Vol.-%					
N_2 7 Vol.-%					
ρ = 0,9245 kg/m³ (NZ)					
d = 0,7150 (Luft = 1)					
$\sqrt{d}$ = 0,84557					

Anmerkung: Die Reichgase werden auf einen Wobbewert $W_o \sim 12000$ eingestellt. Sie entsprechen damit ungefähr Erdgasen im brenntechnischen Verhalten.

31. Reichgas II – 3. + 26.

Zusammensetzung	bezogen auf	H_o	H_u	W_o	W_u
H_2 44 Vol.-%	kcal	10296	9375	12015	10940
CO 4 Vol.-%	kJ	43108,1	39251,5	50306	45805
CH_4 20,5 Vol.-%	kWh	11,9745	10,9032	13,9739	12,7237
n-C_4H_{10} 20,5 Vol.-%					
C_nH_m 1,5 Vol.-%					
CO_2 1,5 Vol.-%					
N_2 8 Vol.-%					
ρ = 0,9495 kg/m³ (NZ)					
d = 0,7343 (Luft = 1)					
$\sqrt{d}$ = 0,85692					

Anmerkung: Durch Zusatz von mehr Flüssiggas verändert sich das Brennverhalten in Richtung auf Erdgase H, durch Zusatz von Luft in Richtung auf Erdgase L.

32. Propan-Luftgas (Methan-Qualität)

	bezogen auf	H_o	H_u	W_o	W_u
C_3H_8 61,5 Vol.-%	kcal	14866	13687	12839	11821
O_2 8 Vol.-%	kJ	62240,1	57306,6	53753	49492
$N_{2,atm}$ 30,5 Vol.-%	kWh	17,2889	15,9185	14,9314	13,7479
(= Luft 38,5 Vol.-%)					
ρ = 1,6871 kg/m³ (NZ)					
d = 1,3407 (Luft = 1)					
$\sqrt{d}$ = 1,15789					

Anmerkung: Bei den auf Methan-Qualität eingestellten Flüssiggas-Luftgasen wie bei den auf Stadtgas-Qualität eingestellten die Abstimmung auf den Wobbewert (siehe: Modellgase 22 bis 25).

33. n-Butan-Luftgas (Methan-Qualität)

	bezogen auf	H_o	H_u	W_o	W_u
C_4H_{10} 49,5 Vol.-%	kcal	15819	14609	12749	11774
O_2 10,5 Vol.-%	kJ	66229,8	61164,7	53377	49295
$N_{2,atm}$ 40 Vol.-%	kWh	18,3972	16,9902	14,8270	13,6931
(= Luft 50,5 Vol.-%					
ρ = 1,9908 kg/m³ (NZ)					
d = 1,5396 (Luft = 1)					
$\sqrt{d}$ = 1,24079					

34. Propan-Luftgas (Erdgas L-Qualität)

	bezogen auf	H_o	H_u	W_o	W_u
C_3H_8 48 Vol.-%	kcal	11603	10683	10312	9655
O_2 11 Vol.-%	kJ	48577,6	44727,1	43175	39753
$N_{2,atm}$ 41 Vol.-%	kWh	13,4938	12,4242	11,9927	11,0425
(= Luft 52 Vol.-%)					
ρ = 1,6370 kg/m³ (NZ)					
d = 1,2659 (Luft = 1)					
$\sqrt{d}$ = 1,12513					

35. n-Butan-Luftgas (Erdgas L-Qualität)

	bezogen auf	H_o	H_u	W_o	W_u
C_4H_{10} 38 Vol.-%	kcal	12144	11215	10212	9431
O_2 13 Vol.-%	kJ	50843,1	46954,7	42754	39484
N_2 49 Vol.-%	kWh	14,1231	13,0430	11,8761	10,9679
(= Luft 62 Vol.-%)					
ρ = 1,8287 kg/m³ (NZ)					
d = 1,4142 (Luft = 1)					
$\sqrt{d}$ = 1,18920					

36. Raffineriegas (thermisch gecrackt)

	bezogen auf	H_o	H_u	W_o	W_u
H_2 1 Vol.-%	kcal	15935	14595	15984	14640
CH_4 25 Vol.-%	kJ	66716,1	61106,2	66920	61293
C_2H_6 60 Vol.-%	kWh	18,5323	16,9739	18,5890	17,0258
C_nH_m 7 Vol.-%					
C_3H_8 4,5 Vol.-%					
n-C_4H_{10} 2,5 Vol.-%					
ρ = 1,2852 kg/m³ (NZ)					
d = 0,9939 (Luft = 1)					
$\sqrt{d}$ = 0,99695					

37. Raffineriegas (katalytisch gecrackt)

		bezogen auf	H_o	H_u	W_o	W_u
H_2	17 Vol.-%					
CH_4	45 Vol.-%	kcal	12258	11186	14252	13006
C_2H_6	22 Vol.-%	kJ	51321,1	46834,1	59671	54454
C_nH_m	12 Vol.-%	kWh	14,2559	13,0095	16,5753	15,1261
C_3H_8	2,5 Vol.-%					
n-C_4H_{10}	1,5 Vol.-%					
$\rho = 0{,}9565$ kg/m³ (NZ)						
$d = 0{,}7397$ (Luft = 1)						
$\sqrt{d} = 0{,}86007$						

38. Raffineriegas (reformiert)

		bezogen auf	H_o	H_u	W_o	W_u
H_2	68 Vol.-%					
CH_4	13 Vol.-%	kcal	6982	6239	11772	10519
C_2H_6	14 Vol.-%	kJ	29234,3	26123,0	49286	44040
C_3H_8	3,5 Vol.-%	kWh	8,1206	7,2564	13,6904	12,2335
n-C_4H_{10}	1,5 Vol.-%					
$\rho = 0{,}4550$ kg/m³ (NZ)						
$d = 0{,}3518$ (Luft = 1)						
$\sqrt{d} = 0{,}59316$						

39. Ölgas

		bezogen auf	H_o	H_u	W_o	W_u
H_2	20 Vol.-%					
CO	5 Vol.-%	kcal	10715	9816	12464	11419
CH_4	40 Vol.-%	kJ	44859,5	41098,5	52185	47810
C_2H_6	10 Vol.-%	kWh	12,4610	11,4163	14,4959	13,2806
C_nH_m	21 Vol.-%					
CO_2	1 Vol.-%					
N_2	4 Vol.-%					
$\rho = 0{,}9555$ kg/m³ (NZ)						
$d = 0{,}7389$ (Luft = 1)						
$\sqrt{d} = 0{,}85962$						

Spaltgase [1])

Sogenannte Spaltgase sind Versorgungsbrenngase von bestimmtem Wärmewert (H_o, H_u) oder bestimmtem Wobbewert (W_o, W_u), die durch chemische Umsetzung von KWstoffen mit Wasserdampf (H_2O_D) – eigentlich ein „Vergasungs"-Vorgang – und Kaltkarburierung des „Vergasungsgases" mit dem eingesetzten KWstoff auf den gewünschten Endwert H_E (W_E) von H_o, H_u, W_o, W_u gebracht werden. Als zusätzliche Bedingung wird im Endgas ein bestimmter CO_2-Gehalt oder häufiger ein bestimmter CO-Gehalt (Gasentgiftung) gefordert.

Anmerkung: Anstelle der Kaltkarburierung kann die Vergasung unvollständig geführt werden, so daß der Zusatzkohlenwasserstoff bereits in der Vergasungsstufe unangegriffen erhalten bleibt. Ferner sei erwähnt, daß die Wärmewerte und Wobbewerte auf den Normzustand bezogen werden.

Die Grundgleichungen der ersten Stufe („Vergasung") des Gesamtverfahrens sind

$$C_rH_s + r\,H_2O_D = r\,CO + \left(\frac{s}{2} + r\right) H_2 , \tag{96}$$

$$C_rH_s + 2r\,H_2O_D = r\,CO_2 + \left(\frac{s}{2} + 2r\right) H_2 . \tag{97}$$

[1]) Siehe auch Kapitel G. „Vergasung", S. 128.

In den „Vergasungs"-Gleichungen ändert sich das Verhältnis von H_2 zu CO_2 bzw. H_2 zu CO mit der Art des Einsatz-Kohlenwasserstoffs C_rH_s:

	$H_2 : CO_2$	$H_2 : CO$
Methan CH_4	4,0	3,0
Propan C_3H_8	$3{,}\dot{3}$	$2{,}\dot{3}$
Butan C_4H_{10}	3,25	2,25

Wenngleich die allgemeinen Gesetzmäßigkeiten der „Vergasung" in dem entsprechenden Kapitel behandelt werden, wurde der Abschnitt „Spaltgase" doch hier eingefügt, weil es sich um Grundlagen für eine bestimmte Gruppe technischer Brenngase mit besonderen Berechnungsgängen bei bestimmten geforderten Zusammensetzungen (nicht entgiftet, entgiftet) handelt.

Das Endgas der Spaltgas-Erzeugung besteht aus einem Volumanteil x (entsprechend Gl. (96)), einem Volumanteil y (entsprechend Gl. (97)) und einem Volumanteil z (Einsatz-KWstoff C_rH_s). Es gilt

$$x + y + z = 1 \tag{98}$$

und

$$x \cdot H_x + y \cdot H_y + z \cdot H_z = H_E\,. \tag{99}$$

H_x Wärmewert des „Vergasungsgases" nach Gl. (101),
H_y Wärmewert des „Vergasungsgases" nach Gl. (103),
H_z Wärmewert des Einsatz-KWstoffs C_rH_s nach Gl. (104).

Da für die drei gesuchten Volumanteile x, y, z nur zwei Gleichungen zur Verfügung stehen, muß eine dritte mathematische Beziehung gesucht werden, die die Auflösung zur Ermittlung von x, y, z ermöglicht. Sie läßt sich aus der Forderung nach einem bestimmten CO_2-Gehalt (a Vol.-%) oder CO-Gehalt (b Vol.-%) des Endgases aufstellen.

Ermittlung der Zusammensetzung von Spaltgasen bei gefordertem a und H_E (kJ/m³ NZ)

Für die Berechnung gelten (*F. Schuster*, gwf-Arbeitsblatt Nr. 70/Okt. 1975)

$$x = \frac{a}{100} \cdot \frac{3r + \frac{s}{2}}{r}\,. \tag{100}$$

Brennwert H_x:

$$H_x = \frac{2r + \frac{s}{2}}{3r + \frac{s}{2}} \cdot H_{H_2} \qquad H_2 \quad 12744{,}\underline{6}\ \text{kJ/m}^3\ \text{(NZ)}\,. \tag{101}$$

$$x\,H_x = \frac{a}{100} \cdot \frac{2r + \frac{s}{2}}{r} \cdot 12744{,}\underline{6}\,. \tag{102}$$

Brennwert H_y:

$$H_y = \frac{r\,H_{CO} + \left(r + \frac{s}{2}\right) \cdot H_{H_2}}{2r + \frac{s}{2}} \qquad CO \quad 12635{,}\underline{8}\ \text{kJ/m}^3\ \text{(NZ)}$$

$$= \frac{12635{,}\underline{8}\,r + 12744{,}\underline{6}\left(r + \frac{s}{2}\right)}{2r + \frac{s}{2}}\,. \tag{103}$$

Brennwert H_z:

$$C_rH_s \ \mathrm{kJ/m^3\ (NZ)} \tag{104}$$

für die wichtigsten KWstoffe

$$\left.\begin{array}{ll} CH_4 & 39816{,}\underline{5} \\ C_3H_8 & 101203{,}\underline{3} \\ n\text{-}C_4H_{10} & 133797{,}\underline{6} \end{array}\right\} \ \mathrm{kJ/m^3\ (NZ)}\,.$$

Für die drei KWstoffe lauten die Bestimmungsgleichungen:

$$CH_4 \qquad x = \frac{a}{100} \cdot 5\,. \tag{105}$$

$$C_3H_8 \qquad x = \frac{a}{100} \cdot \frac{13}{3} = \frac{a}{100} \cdot 4{,}\dot{3}\,. \tag{106}$$

$$C_4H_{10} \qquad x = \frac{a}{100} \cdot \frac{17}{4} = \frac{a}{100} \cdot 4{,}25\,. \tag{107}$$

$$CH_4 \qquad H_x = \frac{4}{5} \cdot 12744{,}\underline{6} = 10195{,}\underline{7}\,. \tag{108}$$

$$C_3H_8 \quad H_x = \frac{10}{13} \cdot 12744{,}\underline{6} = 9803{,}\underline{5}\,. \tag{109}$$

$$C_4H_{10} \quad H_x = \frac{13}{17} \cdot 12744{,}\underline{6} = 9745{,}\underline{9}\,. \tag{110}$$

$$CH_4 \quad x\,H_x = \frac{a}{100} \cdot 5 \cdot 10195{,}\underline{7} = \frac{a}{100} \cdot 50978{,}\underline{5}\,. \tag{111}$$

$$C_3H_8\,x\,H_x = \frac{a}{100} \cdot 4{,}\dot{3} \cdot 9803{,}\underline{5} = \frac{a}{100} \cdot 42481{,}\underline{8}\,. \tag{112}$$

$$C_4H_{10}\,x\,H_x = \frac{a}{100} \cdot 4{,}25 \cdot 9745{,}\underline{9} = \frac{a}{100} \cdot 41420{,}\underline{0}\,. \tag{113}$$

Nunmehr ist es möglich, für die beiden Größen y und z zwei Bestimmungsgleichungen aufzustellen.

$$y + z = 1 - \frac{a}{100} \cdot \frac{3\,r + \frac{s}{2}}{r}\,. \tag{114}$$

$$y\,H_y + z\,H_z = H_E - x\,H_x\,. \tag{115}$$

Tabelle 43 bringt die Summenwerte (y + z) für verschiedene a-Werte der bereits erwähnten drei wichtigen Kohlenwasserstoffe Methan, Propan und Butan.

Tabelle 43: (y + z)-Werte

a Vol-% CO_2	1	2,5	5	7,5	10
	y + z =				
CH_4	0,950	0,875	0,750	0,615	0,500
C_3H_8	0,956$\underline{67}$	0,891$\underline{67}$	0,783$\underline{33}$	0,675$\underline{0}$	0,566$\underline{67}$
C_4H_{10}	0,957$\underline{5}$	0,893$\underline{75}$	0,787$\underline{5}$	0,681$\underline{25}$	0,575$\underline{0}$

Für die drei Kohlenwasserstoffe lauten die Wärmewert-Bestimmungsgleichungen

$$CH_4 \qquad H_E - \frac{a}{100} \cdot 50978{,}\underline{5}$$

$$C_3H_8 \qquad H_E - \frac{a}{100} \cdot 42481{,}\underline{8}$$

$$C_4H_{10} \qquad H_E - \frac{a}{100} \cdot 41420{,}\underline{0}\,.$$

Die H_y-Werte nach Gl. (103) liefern für

$$CH_4 \quad H_y = \frac{1 \cdot 12635{,}\underline{8} + 3 \cdot 12744{,}\underline{6}}{4} = 12717{,}\underline{4}$$

$$C_3H_8 \quad H_y = \frac{3 \cdot 12635{,}\underline{8} + 7 \cdot 12744{,}\underline{6}}{10} = 12712{,}\underline{0}$$

$$C_4H_{10} \quad H_y = \frac{4 \cdot 12635{,}\underline{8} + 9 \cdot 12744{,}\underline{6}}{13} = 12711{,}\underline{1}$$

Der abschließende Berechnungsgang ergibt zusammenfassend folgende drei Gleichungen:

$$x = \frac{a}{100} \cdot \frac{3r + \frac{s}{2}}{r} \;. \tag{116}$$

$$y = 1 - x - z\,. \tag{117}$$

$$z = \frac{H_E - x\,H_x - H_y\,(1 - x)}{H_z - H_y}\,. \tag{118}$$

Für H_E = 4300 kcal/m³ (NZ) = 18003,2 kJ/m³ (NZ) gelangt man zu folgenden x-, y-, z-Werten:

Tabelle 43a

	a %	1	2,5	5	7,5	10
	x	0,0500	0,1250	0,2500	0,3750	0,5000
CH_4	y	0,7503	0,6683	0,5317	0,3951	0,2584
	z	0,1997	0,2067	0,2183	0,2299	0,2416
	x	0,0433	0,1083	0,2167	0,3250	0,4333
C_3H_8	x	0,8955	0,8284	0,7166	0,6045	0,4927
	z	0,0612	0,0633	0,0667	0,0705	0,0740
	x	0,0425	0,1063	0,2125	0,3188	0,4250
n-C_4H_{10}	y	0,9128	0,8474	0,7386	0,6297	0,5209
	z	0,0447	0,0463	0,0489	0,0515	0,0541

Die Spaltgaszusammensetzung aus den x-, y-, z-Werten ergibt sich allgemein nach folgender Übersicht:

	CO_2 Vol.-%	H_2 Vol.-%	CO Vol.-%	C_rH_s Vol.-%
x	$x \cdot \frac{100\,r}{3r + \frac{s}{2}} = a$	$a \cdot \frac{2r + \frac{s}{2}}{r}$	—	—
y	—	$y \cdot \frac{100\left(r + \frac{s}{2}\right)}{2r + \frac{s}{2}}$	$y \cdot \frac{100\,r}{2r + \frac{s}{2}}$	—
z	—	—		100 z

Für die drei Einsatz-Kohlenwasserstoffe CH_4, C_3H_8, n-C_4H_{10} (für i-C_4H_{10} ergeben sich trotz des Wärmewert-Unterschieds zwischen den beiden isomeren Butanen nur sehr wenig abweichende Konzentrationen) und einem H_E-Wert von 4300 kcal/m³ (NZ) = 18003 kJ/m³ (NZ) sind die Ergebnisse in der Tabelle 44 auf Grund der oben zusammengestellten x-, y- und z-Werte enthalten.

Tabelle 44: Zusammensetzung von Spaltgasen mit „Stadtgas"-Qualität (nicht entgiftet)

a % =			1	2,5	5	7,5	10
C_rH_s = CH_4	CO_2	Vol.-%	1,00	2,50	5,00	7,50	10,00
	H_2	Vol.-%	60,27	60,12	59,88	59,63	59,38
	CO	Vol.-%	18,76	16,71	13,29	9,88	6,46
	CH_4	Vol.-%	19,97	20,67	21,83	22,99	24,16
C_rH_s = C_3H_8	CO_2	Vol.-%	1,00	2,50	5,00	7,50	10,00
	H_2	Vol.-%	66,02	66,32	66,83	67,31	67,82
	CO	Vol.-%	26,87	24,85	21,50	18,14	14,78
	C_3H_8	Vol.-%	6,12	6,33	6,67	7,05	7,40
C_rH_s = n-C_4H_{10}	CO_2	Vol.-%	1,00	2,50	5,00	7,50	10,00
	H_2	Vol.-%	66,44	66,80	67,38	67,97	68,56
	CO	Vol.-%	28,09	26,07	22,73	19,38	16,03
	n-C_4H_{10}	Vol.-%	4,47	4,63	4,89	5,15	5,41

Ermittlung der Zusammensetzung von Spaltgasen bei gefordertem b und H_E (kJ/m³ NZ – entgiftet)

Die Ableitungen für die entgifteten Spaltgase entsprechen sinngemäß denen bei den nicht entgifteten Spaltgasen (geforderter CO_2-Gehalt a). Es seien daher gleich die Berechnungsgleichungen zunächst für x, y und z angegeben und dann die für die Spaltgaszusammensetzung.

$$x = 1 - y - z. \tag{119}$$

$$y = \frac{b}{100} \cdot \frac{2r + \frac{s}{2}}{r}. \tag{120}$$

$$z = \frac{H_E - y\,H_y - H_x \cdot (1 - y)}{H_z - H_x}.$$

Für H_E = 4300 kcal/m³ (NZ) = 18003,2 kJ/m³ (NZ) gelangt man zu folgenden x-, y-, z-Werten:

Tabelle 44a

b %		1	2	3	4
CH_4	x	0,7136	0,6632	0,6266	0,5900
	y	0,0400	0,0800	0,1200	0,1600
	z	0,2464	0,2568	0,2534	0,2500
C_3H_8	x	0,8780	0,8457	0,8135	0,7812
	y	0,0333	0,0667	0,1000	0,1333
	z	0,0887	0,0876	0,0865	0,0855
n-C_4H_{10}	x	0,9017	0,8700	0,8383	0,8065
	y	0,0325	0,0650	0,0975	0,1300
	z	0,0658	0,0650	0,0642	0,0635

Die Zusammensetzung entgifteter Spaltgase aus den x-, y- und z-Werten ergibt sich allgemein nach folgender Übersicht:

	CO_2 Vol.-%	H_2 Vol.-%	CO Vol.-%	C_rH_s Vol.-%
x	$\frac{100\,r}{3r+\frac{s}{2}}$	$100\,\frac{2r+\frac{s}{2}}{3r+\frac{s}{2}}$	—	—
y	—	$100\,\frac{r+\frac{s}{2}}{2r+\frac{s}{2}}\cdot y$	$y\cdot\frac{100\,r}{2r+\frac{s}{2}}=b$	—
z	—	—	—	100 z

Für die drei Einsatz-Kohlenwasserstoffe CH_4, C_3H_8 und n-C_4H_{10} sind bei einem H_E-Wert von 4300 kcal/m³ (NZ) = 18003 kJ/m³ (NZ) die Ergebnisse der Spaltgas-Zusammensetzung (entgiftet) in Tabelle 45 auf Grund der obigen x-, y- und z-Werte zusammengestellt.

Tabelle 45: Zusammensetzung von Spaltgasen mit „Stadtgas"-Qualität (entgiftet)

b % =			1	2	3	4
C_rH_s = CH_4	CO_2	Vol.-%	13,99	13,26	12,53	11,80
	H_2	Vol.-%	58,99	59,06	59,13	59,20
	CO	Vol.-%	1,00	2,00	3,00	4,00
	CH_4	Vol.-%	26,02	25,68	25,34	25,00
C_rH_s = C_3H_8	CO_2	Vol.-%	20,26	19,52	18,77	18,03
	H_2	Vol.-%	69,87	69,72	69,58	69,42
	CO	Vol.-%	1,00	2,00	3,00	4,00
	C_3H_8	Vol.-%	8,87	8,76	8,65	8,55
C_rH_s = n-C_4H_{10}	CO_2	Vol.-%	21,21	20,47	19,72	18,98
	H_2	Vol.-%	71,21	71,03	70,86	70,67
	CO	Vol.-%	1,00	2,00	3,00	4,00
	n-C_4H_{10}	Vol.-%	6,58	6,50	6,42	6,35

Spaltgase aus KWstoffgas-Gemischen

Wird ein Gemisch aus mehreren KWstoffgasen eingesetzt, dann ist aus der Gemischzusammensetzung, deren chemische Summenformel C_rH_s sei, wie folgt abzuleiten.

Das Gemisch bestehe aus folgenden Bestandteilen, angegeben in Volumanteilen:

$C_{r1}H_{s1}$: v_1
$C_{r2}H_{s2}$: v_2
$C_{r3}H_{s3}$: v_3
.
.
.
$C_{rx}H_{sx}$: v_x

$$v_1 + v_2 + v_3 + \ldots v_x = 1$$
$$v_1\cdot r_1 + v_2\cdot r_2 + v_3\cdot r_3 + \ldots v_x\cdot r_x = r$$
$$\underline{v_1\cdot s_1 + v_2\cdot s_2 + v_3\cdot s_3 + \ldots v_x\cdot s_x = s}$$
$$C_rH_s$$

Diese Formel C_rH_s ist dann wie oben zur weiteren Berechnung einzusetzen.

Beispiel:

Ein für die Spaltgaserzeugung bestimmtes KWstoffgas-Gemisch bestehe aus

$v_1 = 0{,}58$ Volumanteilen CH_4 : $r_1 = 1$ $s_1 = 4$
$v_2 = 0{,}27$ Volumanteilen C_3H_6 : $r_2 = 3$ $s_2 = 6$
$v_3 = 0{,}15$ Volumangeilen C_4H_{10}: $r_3 = 4$ $s_3 = 10$

1,00

Dann wird

$$r = 0{,}58 \cdot 1 + 0{,}27 \cdot 3 + 0{,}15 \cdot 4 = 1{,}99$$
$$s = 0{,}58 \cdot 4 + 0{,}27 \cdot 6 + 0{,}15 \cdot 10 = 5{,}44$$

Das den Berechnungen zugrunde zu legende KWstoffgas hat die Formel

$$C_{1,99}H_{5,44}\,.$$

Luftgase

Luftgase[1]) sind homogene Gemische aus Kohlenwasserstoffen, bezogen auf deren Gaszustand, mit atmosphärischer Luft (siehe S. 150), die praktisch den Versorgungsbrenngasen der 1. Gasfamilie (auch bei entsprechender Anpassung der 2. Gasfamilie) zuzurechnen wären, die aber nicht auf deren Brennwert H_o oder Heizwert H_u, sondern den *Wobbewert* W eingestellt werden.

Die Berechnung der Zusammensetzung (Kohlenwasserstoffgas + Luft) eines Luftgases ergibt sich aus folgender Beziehung:

$$W = \frac{H_{KW} \cdot x}{\sqrt{d_{KW} \cdot x + (1 - x)}} \qquad (121)$$

W gewünschter Wobbewert des Luftgases
x Volum-% Kohlenwasserstoffgas im Luftgas
H_{KW} Brennwert H_o (für W_o) oder Heizwert H_u (für W_u) des luftfreien Kohlenwasserstoffgases (in Wärmeeinheiten je m^3/NZ – kcal, kJ, kWh)
d_{KW} Dichte (Luft = 1) des luftfreien Kohlenwasserstoffgases

$$x = \underbrace{-\frac{d_{KW} - 1}{2} \cdot \left(\frac{W}{H_{KW}}\right)^2}_{\frac{a}{2}} + \sqrt{\left(\frac{a}{2}\right)^2 + \left(\frac{W}{H_{KW}}\right)^2}\,. \qquad (122)$$

Die folgenden Tabellen, durch Diagramme (Bilder 50 und 51) ergänzt, bringen die wichtigsten gasfachlichen Eigenschaftswerte von Luftgasen für Wobbewert W_o von 6000, 10250 und 12768 (bezogen auf kcal). Bezüglich Verbrennungs-Kennzahlen (L_{min}; $V_{min,tr}$, $V_{min,f}$) siehe S. 148).

Ein Luftgas bestehe aus

KW-Gas Vol.-% (G_{KW})
+ Luft Vol.-% (Lu)

100 Vol.-%

[1]) *G. Leggewie,* Gaswärme 11, Nr. 12, S. 435/440 (1962): Luftgase.

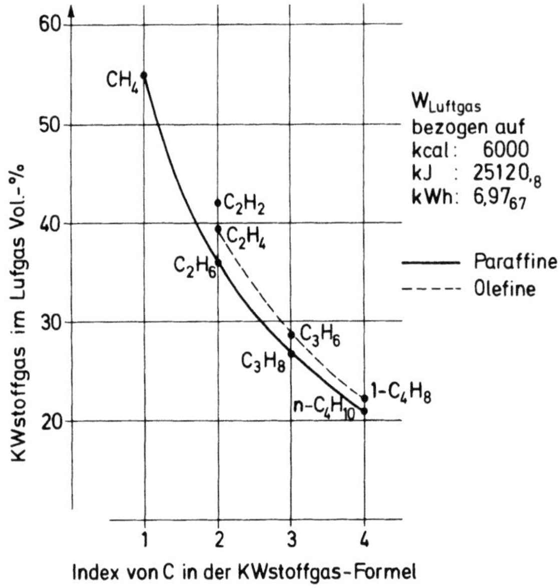

Bild 50. KWstoffgas-Gehalt von Luftgasen bestimmten Wobbewerte W_0 in Abhängigkeit von C-Atomzahl im KWstoffgas-Molekül

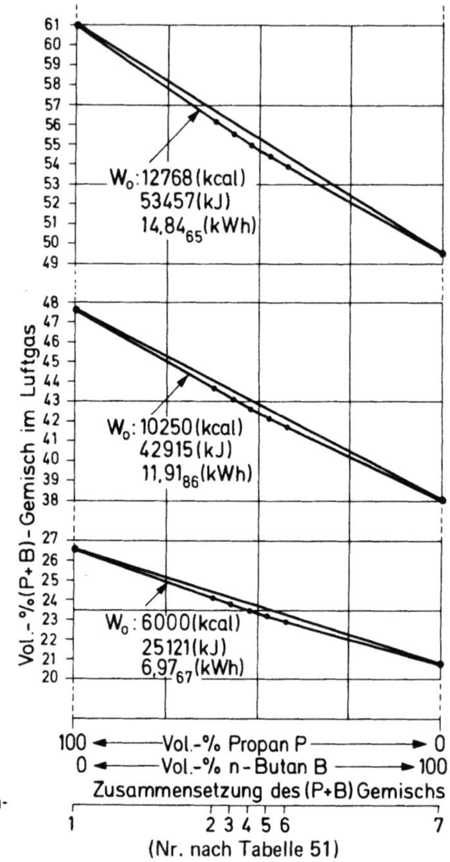

Bild 51

Gehalt an (Propan + n-Butan)-Gemischen gegebener Gemisch-Zusammensetzung für Wobbewerte W_0 von Stadtgasen und Erdgasen

Tabelle 46: Eigenschaften von Propan-Luftgasen verschiedener Zusammensetzung

C_3H_8 Vol.-% / Luft Vol.-%	20 / 80	30 / 70	40 / 60	50 / 50	60 / 40	70 / 30
H_o kcal/m³ (NZ)	4834	7252	9669	12086	14503	16920
kJ/m³ (NZ)	20241	30361	40481	50602	60722	70842
kWh/m³ (NZ)	5,6214	8,4321	11,2428	14,0535	16,8642	19,6749
H_u kcal/m³ (NZ)	4451	6677	8902	11128	13354	15579
kJ/m³ (NZ)	18636	27954	37272	46591	55909	65227
kWh/m³ (NZ)	5,1758	7,7637	10,3516	12,9395	15,5274	18,1153
ρ kg/m³ (NZ)	1,437	1,508	1,580	1,652	1,723	1,795
d (Luft = 1)	1,111	1,166	1,222	1,277	1,333	1,388
W_o bezogen auf						
kcal	4587	6714	8747	10694	12563	14361
kJ	19204	28112	36623	44773	52597	60127
kWh	5,3334	7,8075	10,1713	12,4347	14,6077	16,6988
W_u bezogen auf						
kcal	4223	6182	8054	9846	11567	13223
kJ	17682	25884	33720	41224	48428	55361
kWh	4,9107	7,1886	9,3650	11,4491	13,4498	15,3751

Tabelle 47: Eigenschaften von n-Butan-Luftgasen verschiedener Zusammensetzung

C_4H_{10} Vol.-%	20	30	40	50	60	70
Luft Vol.-%	80	70	60	50	40	30
H_o kcal/m³ (NZ)	6391	9587	12783	15979	19174	22370
kJ/m³ (NZ)	26758	40139	53520	66901	80278	93659
kWh/m³ (NZ)	7,4328	11,1497	14,8667	18,5836	22,2994	26,0164
H_u kcal/m³ (NZ)	5903	8854	11805	14757	17708	20659
kJ/m³ (NZ)	24715	37070	49425	61785	74140	86495
kWh/m³ (NZ)	6,8653	10,2972	13,7292	17,1625	20,5944	24,0264
ρ kg/m³ (NZ)	1,575	1,716	1,857	1,998	2,139	2,280
d (Luft = 1)	1,218	1,322	1,436	1,545	1,654	1,763
W_o bezogen auf						
kcal	5791	8322	10667	12855	14909	16848
kJ	24245	34844	44662	53823	62421	70538
kWh	6,7347	9,6789	12,4061	14,9508	17,3392	19,5939
W_u bezogen auf						
kcal	5349	7686	9851	11872	13769	15559
kJ	22394	32180	41245	49707	57648	65143
kWh	6,2206	8,9389	11,4569	13,8075	16,0133	18,0953

Tabelle 48a: Interne Luftzahlen $\lambda_{int.}$ von Luftgasen

KW Vol.-%	20	30	40	50	60	70	80	90	100
Luft Vol.-%	80	70	60	50	40	30	20	10	0
CH_4	0,4202	0,2451	0,1576	0,1050	0,0700	0,0450	0,0263	0,0117	0
C_2H_6	0,2401	0,1401	0,0900	0,0600	0,0400	0,0257	0,0150	0,0067	0
C_3H_8	0,1681	0,0980	0,0630	0,0420	0,0280	0,0180	0,0105	0,0047	0
C_4H_{10}	0,1293	0,0754	0,0485	0,0323	0,0215	0,0139	0,0081	0,0036	0

Tabelle 48b: Luftgas-Zusammensetzung für $\lambda_{int.} = 1$
Wird der Quotient der Gleichung gleich 1 (λ) gesetzt, dann ergibt sich für $G_{KW} = 100 : (1 + L_{min,KW})$. Dann erhält man für die Luftgase der Paraffinkohlenwasserstoffe folgende Luftgaszusammensetzung:

	G_{KW}	Luft
CH_4	9,51 Vol.-%	90,49 Vol.-%
C_2H_6	5,66	94,34
C_3H_8	4,03	95,97
C_4H_{10}	3,13	96,87

Dann gilt

$$\lambda_{int} = \frac{Lu}{G_{KW} \cdot L_{min,kW}} \qquad (123)$$

$L_{min,KW}$ Mindest-Luftbedarf zur vollständigen und vollkommenen Verbrennung von 1 m³ KW-Gas.

Für G_{KW} kann auch die chemische Formel eines KW-Gemischs eingesetzt werden.

Beispiel: Ein Propan-Butan-Gemisch bestehe aus

$$0{,}6\ m^3\ C_3H_8 + 0{,}4\ m^3\ C_4H_{10}: \quad \begin{array}{ll} \text{Propan} & C_{1,8}H_{4,8} \\ \text{Butan} & C_{1,6}H_{4,0} \\ \hline G_{KW} = & C_{3,4}H_{8,8} \end{array}$$

Daraus ergibt sich: $(3{,}4 + 2{,}2)\ O_2 + 5{,}6 \cdot 3{,}76\ N_2 = 26{,}656$ für $L_{min,GW}$ und die Zusammensetzung $\sim 3{,}62$ % GW + $\sim 96{,}38$ Luft.

Tabelle 49: Zusammensetzung und gasfachliche Eigenschaften von Luftgasen aus Paraffin-Kohlenwasserstoffen, bezogen auf W_o = 6000 (kcal)

	Methan CH_4	Äthan C_2H_6	Propan C_3H_8	n-Butan C_4H_{10}
KWstoff Vol.-%	54,85	36,04	26,59	20,795
Luft Vol.-%	45,15	63,96	73,41	79,205
H_o kcal/m³ (NZ)	5216	6052	6427	6645
kJ/m³ (NZ)	21839	25338	26910	27823
kWh/m³ (NZ)	6,0654	7,0370	7,4736	7,7273
H_u kcal/m³ (NZ)	4701	5540	5918	6137
kJ/m³ (NZ)	19681	23194	24777	25695
kWh/m³ (NZ)	5,4659	6,4415	6,8812	7,1363
ρ kg/m³ (NZ)	0,977	1,316	1,484	1,586
d (Luft = 1)	0,756	1,017	1,148	1,227
W_o bezogen auf				
kcal	6000	5999,5	6000	6000
kJ	25121	25119	25121	25121
kWh	6,9767	6,9761	6,9767	6,9767
W_u bezogen auf				
kcal	5407	5492	5524	5541
kJ	22638	22996	23130	23200
kWh	6,2872	6,3866	6,4237	6,4433

Tabelle 50: Zusammensetzung und gasfachliche Eigenschaften von Luftgasen aus Olefin-Kohlenwasserstoffen und Acetylen, bezogen auf W_o = 6000 (kcal)

	Äthylen (Äthen) C_2H_4	Propylen (Propen) C_3H_6	Butylen (1-Buten) C_4H_8	Acetylen (Äthin) C_2H_2
KWstoff Vol.-%	39,43	28,62	22,09	42,09
Luft Vol.-%	60,57	71,38	77,91	57,91
H_o kcal/m³ (NZ)	5970	6399	6635	5880
kJ/m³ (NZ)	24997	26791	27781	24618
kWh/m³ (NZ)	6,9424	7,4405	7,7156	6,8372
H_u kcal/m³ (NZ)	5598	5989	6206	5682
kJ/m³ (NZ)	23437	25074	25981	23790
kWh/m³ (NZ)	6,5092	6,9636	7,2157	6,6072
ρ kg/m³ (NZ)	1,280	1,471	1,581	1,242
d (Luft = 1)	0,990	1,137	1,223	0,960
W_o bezogen auf				
kcal	6000	6000	6000,7	5999,7
kJ	25122	25122	25124	25120
kWh	6,9772	6,9770	6,9776	6,9764
W_u bezogen auf				
kcal	5626	5616	5612	5798
kJ	23544	23511	23496	24275
kWh	6,5417	6,5298	6,5256	6,7417

Tabelle 51: Zusammensetzung von Luftgasen aus (P + B)-Gemischen für W_0 = 6000, 10250 und 12768

P Propan C_3H_8
B n-Butan C_4H_{10}
W_0 6000 (entsprechend 1. Gasfamilie)
(bezogen 10250 (entsprechend Erdgas L)
auf kcal) 12768 (entsprechend Erdgas H/Methan CH_4)

Gasgemisch P Vol.-% B Vol.-%	100 0	62,17 37,83	57,35 42,65	52,38 47,62	47,27 52,73	42,00 58,00	0 100
	W_0 = 6000 (bezogen auf kcal) 25121 (kJ) 6,97 (kWh)						
Gasgemisch Vol.-% Luft Vol.-%	26,59 73,41	24,055 75,945	23,77 76,23	23,475 76,525	23,185 76,815	22,895 77,105	20,795 79,205
	W_0 = 10250 (bezogen auf kcal) 42915 (kJ) 11,91 (kWh)						
Gasgemisch Vol.-% Luft Vol.-%	47,675 52,325	43,59 56,41	43,12 56,88	42,64 57,36	42,16 57,84	41,675 58,325	38,17 61,83
	W_0 = 12768 (bezogen auf kcal) 53457 (kJ) 14,84 (kWh)						
Gasgemisch Vol.-% Luft Vol.-%	61,115 38,885	56,215 43,785	55,645 44,355	55,065 44,935	54,48 45,52	53,89 46,11	49,59 50,41
Abszissen-Nr.	1	2	3	4	5	6	7

Austauschbarkeit

Verschieden zusammengesetzte Brenngase sind austauschbar, wenn sie in ihrem Brennverhalten übereinstimmen. Man kann sie dann in einem gegebenen Brenner und in gegebenen Gasgeräten ohne deren Änderung störungsfrei benutzen. In manchen Fällen genügt es, wenn die als austauschbar angesprochenen Brenngase gleichen *Wobbewert* und gleiche *Zündgeschwindigkeit* haben. Für genauere Überprüfung, ob Austauschbarkeit vorliegt, haben sich von den verschiedenen vorgeschlagenen, stets empirischen Vergleichsmethoden [1] vor allem zwei in größerem Ausmaß eingeführt: die von *P. Delbourg* besonders ausweitend entwickelte Methode [2] und die von *E. R. Weaver* [3]. Da beide Methoden in der Fachliteratur häufig und ausführlich behandelt wurden [1], soll hier nur ihr grundlegendes Wesen gekennzeichnet werden.

Delbourg-Methode

In einem für die 1. und 2. Gasfamilie entwickelten, jedoch in der Lage Gasart- und Geräte-abhängigen Diagramm (Bild 52) wird der *Austauschbarkeitsbereich*, hier schematisiert, abgegrenzt. Die Abszissenwerte mit einer die Auswirkungen der Zündgeschwindigkeit indirekt erfassenden Größe, dem *Verbrennungspotential C*, die Ordinatenwerte mit einem „korrigierten" *Wobbewert.* Die Korrektur bezieht sich auf die Berücksichtigung 1. eines Quotientenfaktors der Sauerstoff-Bestandteile (CO, CO_2, O_2) zum Brennwert (H_o) und 2. des Einflusses des kcal-Gehalts der höheren KWstoffe als CH_4. Nähere Angaben siehe [2].

Weaver-Methode

Schon *P. Delbourg* hat sich im Rahmen seiner Methode mit Einzelerscheinungen des Brennverhaltens beschäftigt. Schärfer unterscheidet dies *E. R. Weaver* durch Einführung von Kennzahlen für alle das Brenn-

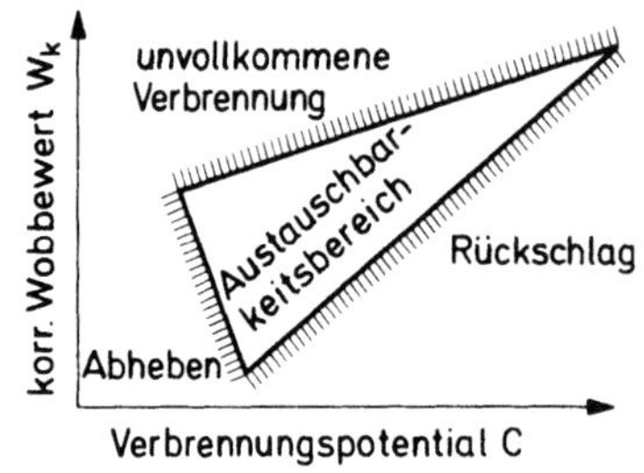

$$\text{Verbr.-Pot.} C = k_1 \cdot k \cdot \frac{\%H_2 + 0{,}7\%CO + 0{,}3\%CH_4 + f_a C_r H_s}{\sqrt{d}}$$

$$k_1 = 1 + 500 \cdot \frac{\%O_2}{H_o} \quad k_2 \text{ abhängig von kcal der } C_r H_s$$

$$\text{Korr. } W_k = K_1 \cdot K_2 \frac{H_o}{\sqrt{d}}$$

$$K_1 = 1 - 12{,}5 \cdot \frac{\%CO + 4\%O_2 - 0{,}5\%CO_2}{H_o} \qquad K_2 \text{ wie } k_2$$

Bild 52

Schema der Austauschbarkeits-Bestimmungsmethode von *P. Delbowig*

verhalten kennzeichnenden Einzelerscheinungen. Auch seine Methode bezieht sich auf die 1. und 2. Gasfamilie. Die als kennzeichnend für das Brennverhalten zu betrachtenden Erscheinungen sind die *Wärmebelastung,* die *Flammenstabilität* und die *Verbrennungsgüte. P. Delbourg* weist darauf hin, daß es sich bei dieser Aufteilung auf die Vorgänge

vor
während } der Verbrennung
nach

handelt.

		Ideal-¹) wert	
(1) Wobbewert	$J_H = \frac{H}{H_a} \cdot \sqrt{\frac{d_a}{d}}$	1	H heat
(2) Primärluftansaugung (Flammenbild)	$J_A = \frac{L}{L_a} \cdot \sqrt{\frac{d_a}{d}}$	1	A air
(3) Abheben	$J_L = J_A \cdot \frac{u\,[1-(O_2)]}{u_a\,[1-(O_2)_a]}$	1	L lifting
(4) Rückschlag	$J_F = \frac{u}{u_a} - 1{,}4\,J_A + 0{,}4$	0	F flashback
(5) Rußbildungsneigung (gelbe Flammenspitzen)	$J_Y = J_A + \frac{N - N_a}{110} - 1$	0	Y yellow
(6) CO-Bildungsneigung	$J_I = J_A - 0{,}366\,\frac{R}{R_a} - 0{,}634$	0	I incomplete

Es bedeuten:

H, H_a	Brennwert	d, d_a	Dichte
L, L_a	Verbrennungsluftbedarf	u, u_a	max. Zündgeschwindigkeit
$(O_2), (O_2)_a$	O_2-Gehalt des Frischgases	N, N_a	anteilige C-Atommenge
R, R_a	Quotient anteilige H-Atommenge durch anteilige C-Atommenge	F_1, F_2	Zündgeschwindigkeits-Grundwerte zur Berechnung von u

---

[1]) Ursprüngliche zulässige Grenzwerte der Praxis:
(1) und (2) – 0,95 bis 1,05
(3) > 0,64 (4) < 0,08 (5) < 0,14 (6) < 0,05
P. Striebeck (Doktorarbeit TH Aachen 1975) wies darauf hin, daß durch die modernen Geräteentwicklungen eine größere Störungs-Unempfindlichkeit erreicht wurde.

Anmerkungen:

Der Index a bedeutet, daß es sich um Größenwerte des Grundgases handelt.

Die Zündgeschwindigkeit u wird nach einer Gleichung von *E. R. Weaver* berechnet, wobei u des Wasserstoffs gleich 100 gesetzt ist.

Zu (2): Wegen des geringeren spezifischen Luftbedarfs von H_2 und CO gegenüber den KWstoff-Gasen (bezogen auf 1000 Wärmeeinheiten in kcal, kJ oder kWh) wird in den USA (2) gegenüber (1) vorgezogen. Abgesehen davon gehen die Unterschiede für die Werte von (1) und (2) etwa parallel.

Prüfbrenner

Ein einfaches Gerät für Austauschbarkeitsuntersuchungen ist der Ott-Brenner [4].

Die mit diesem Brenner bestimmte Ott-Zahl ist mit verschiedenen Funktionen von H_o, d und u_{max} im Zusammenhang. Am günstigsten ist die Beziehung Ott-Zahl und $H_o: (\sqrt{d} \cdot \sqrt{u})$ sowie $H_o: (d \cdot u)$. Weniger entsprechend sind die Funktionen $H_o: (d \cdot \sqrt{u})$ und $H_o: (\sqrt{d \cdot u})$ (siehe [5]).

Literatur betreffend Austauschbarkeit

[1] *F. Schuster,* Gasverwendung – Gasfachliche Grundlagen. S. 110/153. R. Oldenbourg Verlag, München und Wien 1969.

F. Schuster, Verbrennungslehre – Brennstoff- und Verbrennungs-Grundlagen, S. 212/222, R. Oldenbourg Verlag München und Wien 1970.

[2] wie [1] Gasverwendung. S. 112/125.

[3] wie [1] Gasverwendung. S. 125/129.

F. Schuster, GWI-Arbeitslbatt Nr. 72 (Dez. 1959): Kennzahlen der Austauschbarkeit von Brenngasen nach *Weaver* (Ztschr. Gaswärme, Essen).

[4] wie [1] Gasverwendung, S. 140/147.

[5] wie [1] Verbrennungslehre. S. 143/144.

4. Einfluß von Inerten auf Brenngas-Eigenschaften

Als Teil-Vorläufer der nachfolgenden Tabellen und Diagramme für den Inerteneinfluß auf einige gasfachlich wichtige Eigenschaften von Einzelbrenngasen können folgende meiner gwf-Arbeitsblätter angesehen werden:

Nr. 1 (Jan. 1970)	Methan CH_4	Nr. 7 (Juli 1970)	Propylen (Propen) C_3H_6
Nr. 2 (Febr. 1970)	Äthan C_2H_6	Nr. 8 (Aug. 1970)	n-Butylen 1 (Buten) C_4H_8
Nr. 3 (März 1970)	Propan C_3H_8	Nr. 31 (Juli 1972	Wasserstoff H_2
Nr. 4 (April 1970)	n-Butan C_4H_{10}	Nr. 40 (April 1973)	Kohlenmonoxid CO
Nr. 6 (Juni 1970)	Äthylen (Äthen) C_2H_4		

Siehe nunmehr Tabellen 52 bis 62.

Diese Blätter haben gegenüber den folgenden Tabellen einige wesentliche Unterschiede. Die Wärmewerte entsprechen den bisher benutzten „klassischen" Werten nach DIN 51850 (1962), die Dichtewerte DIN 1871 (1961). Das vorliegende Buch stützt sich auf die als modernste Einheiten geltenden *Lorenz-Werte.* Die Vorläufer-Tabellen berücksichtigen auch den Verbrennungs-Luftbedarf (L_{min}), der in der vorliegenden Arbeit im Kapitel „Verbrennung" (S. 146 ff.) behandelt wird. Ferner enthalten die Vorläufer-Tabellen den Luftwert L_o ($L_{min} : \sqrt{d}$), der bisher praktisch kaum benutzt wird. Die Gaseigenschaften sind auch für vorgegebene Wobbewerte tabellarisch erfaßt. Darauf wurde hier verzichtet. Statt dessen wird nachfolgend abgeleitet, wie sich die Gaszusammensetzung für einen vorgegebenen Wobbewert berechnen läßt. In den Vorläufer-Tabellen ist auch Luft als inerter Bestandteil berücksichtigt. Hier wird darauf im Abschnitt „Luftgase" (S. 107 ff.) eingegangen.

Zusammensetzung von binären Brenngas-Gemischen für vorgegebene Wobbewerte

Ein Brenngase-Gemisch bestehe aus x Volumanteilen eines Gases 1 und (1 – x) Volumanteilen eines Gases 2. Die prozentuale Zusammensetzung beträgt dann 100 x Vol.-% Gas 1 und 100 · (1 – x) Vol.-% Gas 2. Entsprechend seien die Dichten der Gase 1 und 2 gleich d_1 und d_2, die Wärmewerte H_1 und H_2. Der vorgegebene Gemisch-Wobbewert sei W. Bei den nachfolgenden Ableitungen können als Einheiten, so weit es sich um Energie-haltige Größen handelt (H_1, H_2, W) kcal, kJ oder kWh gewählt werden, bei den Dichten deren absolute (ρ) oder relative (d) Werte.

$$W = \frac{x\,H_1 + (1-x)\,H_2}{\sqrt{x\,d_1 + (1-x)\,d_2}} \tag{124}$$

$$= \frac{x\,(H_1 - H_2) + H_2}{\sqrt{x\,(d_1 - d_2) + d_2}} \tag{125}$$

$$W^2 = \frac{x^2\,(H_1 - H_2)^2 + 2\,x\,(H_1 - H_2)\,H_2 + H_2^2}{x\,(d_1 - d_2) + d_2} \tag{126}$$

$$x^2 + x\,\frac{2\,H_2 \cdot (H_1 - H_2) - W^2 \cdot (d_1 - d_2)}{(H_1 - H_2)^2} + \frac{H_2^2 - W^2 \cdot d_2}{(H_1 - H_2)^2} = 0 \tag{127}$$

Die Auflösung der Gl. (127) nach x erfolgt nach dem Schema

$$x^2 + a\,x + b = 0 \qquad x_{1,2} = -\frac{a}{2} \pm \sqrt{\frac{a^2}{4} - b}$$

$$x = \underbrace{-\frac{1}{2} \cdot \frac{2\,H_2 \cdot (H_1 - H_2) - W^2 \cdot (d_1 - d_2)}{(H_1 - H_2)^2}}_{\frac{a}{2}} + \sqrt{\frac{a^2}{4} - \frac{H_2^2 - W^2 \cdot d_2}{(H_1 - H_2)^2}} \tag{128}$$

Beispiel: $H_1 = 5600 \quad d_1 = 0{,}64$; $H_2 = 2100 \quad d_2 = 0{,}49$ } W = 6000 (kcal)

Die Auflösung liefert

Gas 1 = 72,68 Vol.-% Gas 2 = 27,32 Vol.-%

$d_{1,2}$ = 0,5990 $\sqrt{d_{1,2}}$ = 0,77396

$H_{1,2}$ = 4643,78 W = 4643,78 : 0,77396 = 6000

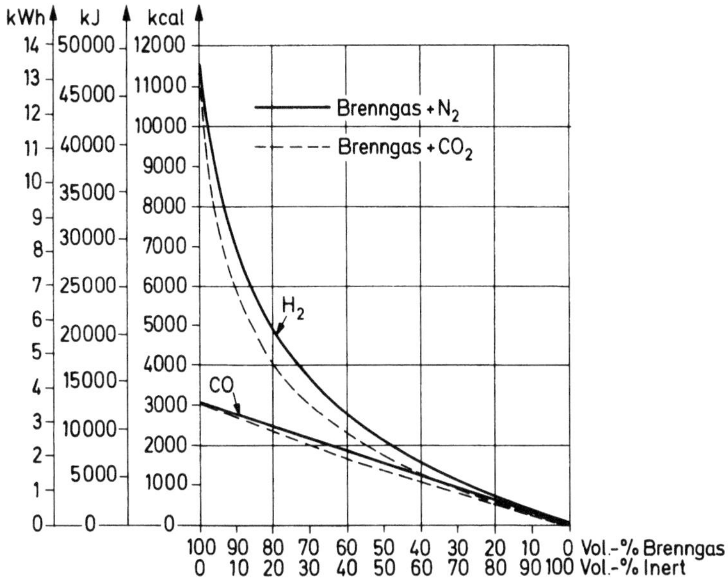

Bild 53

Wobbewerte W_o von Wasserstoff und Kohlenmonoxid in Abhängigkeit vom Inertengehalt der Einzelbrenngase

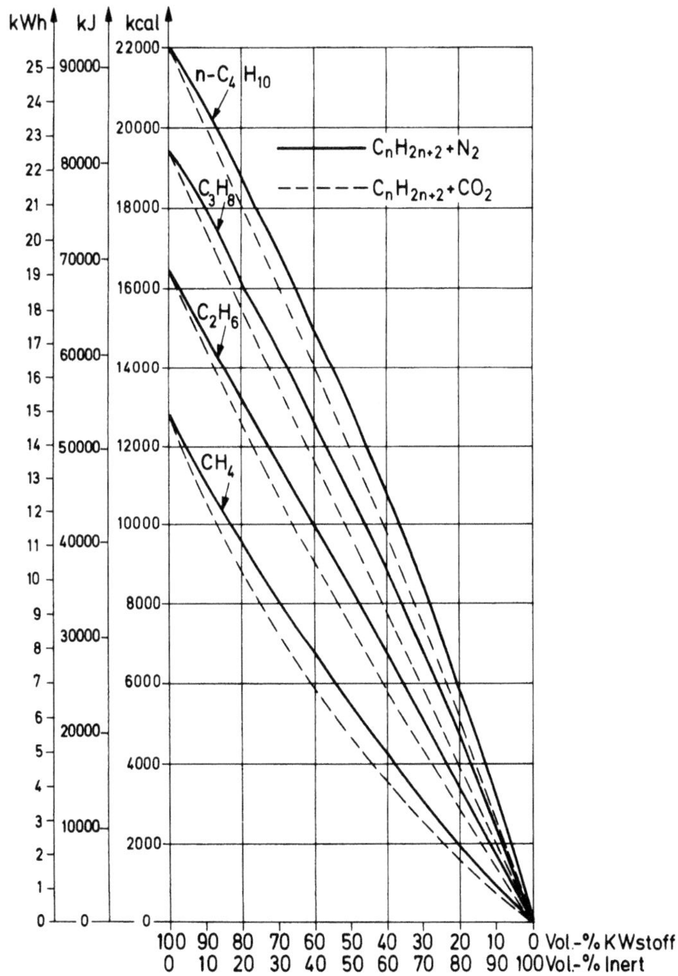

Bild 54

Wobbewerte W_o von Paraffingasen in Abhängigkeit vom Inertengehalt der Einzelbrenngase

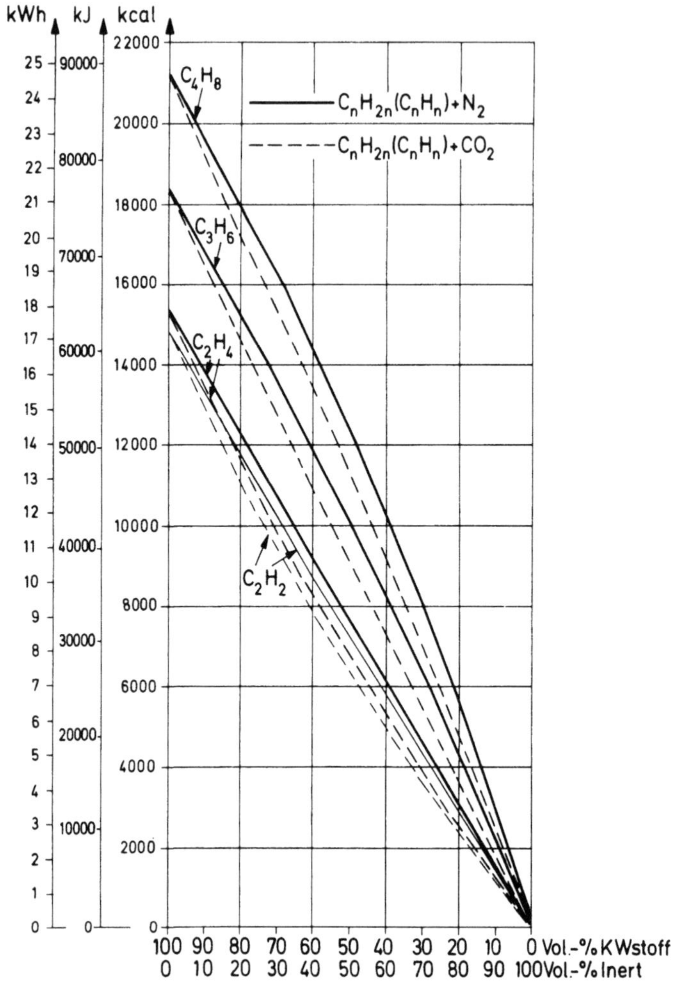

Bild 55

Wobbewerte W_o von Olefingasen und Acetylen (Äthin) in Abhängigkeit vom Inertengehalt der Einzelbrenngase

Zusammensetzung eines (Brenngas + Inerten)-Gemischs für vorgegebenen Wobbewert

Soll der Wobbewert eines Brenngases, dem zur Einstellung eines vorgegebenen Wobbewerts Inerte (N_2, $N_{2,atm}$, CO_2, Luft – letztere wichtig bei der Berechnung von Luftgasen mit einem bestimmten Wobbewert) zugesetzt werden, ist der Wärmewert H_2 des Gases 2 gleich Null zu setzen. Dann geht Gl. (128) über in

$$x = -\frac{1}{2} \cdot \left(\frac{W}{H}\right)^2 \cdot (d_I - d_G) + \sqrt{\left[\frac{1}{2} \cdot \left(\frac{W}{H}\right)^2 \cdot (d_I - d_G)\right]^2 + \left(\frac{W}{H}\right)^2 \cdot d_I} \tag{129}$$

x	Volumanteil des reinen Brenngases im inertenhaltigen Gemisch
H	Wärmewert (H_o, H_u) des reinen Brenngases
W	Wobbewert (W_o, W_u) des (Brenngas + Inerten)-Gemischs
d_G	Dichte (d, ρ) des reinen Brenngases
d_I	Dichte (d, ρ) des Inerten Gemischbestandteils.

Beispiel: Aus Propan und Luft soll ein Luftgas mit w = 6000 (kcal) hergestellt werden.
$H_{o,n}$ = 24172 kcal/m³ (NZ), d_G = 1,5546 (Luft = 1), d_I = 1.

Die Auflösung nach Gl. (129) ergibt 6427,21 : 1,07120 = 6000.

Das Luftgas besteht aus 26,59 Vol.-% Propan und 73,41 Vol.-% Luft.

(Siehe hierzu auch: *F. Schuster,* gwf-Arbeitsblatt Nr. 31/Juli 1972: Wobbewerte W_o und W_u als Abszissen für Gemische aus Wasserstoff und N_2 bzw. CO_2 über den ganzen Mischungsbereich.
Außerdem auch die Gaszusammensetzung und die Werte für d (Luft = 1. Diagramme und Tabellen).

Tabelle 52. Gasfachliche Eigenschaften von inertenhaltigem *Wasserstoff*

Wasserstoff + reinem (N_2) bzw. atmosphärischem ($N_{2,atm}$) Stickstoff

H_2	Vol.-%	100	90	80	70	60	50	40	30	20	10	0
N_2 bzw. $N_{2,atm}$	Vol.-%	0	10	20	30	40	50	60	70	80	90	100
$H_{o,n}$	kcal/m³ (NZ)	3044	2740	2435	2131	1826	1522	1218	913	609	304	0
	kJ/m³ (NZ)	12745	11470	10196	8921	7647	6372	5098	3823	2549	1274	0
	kWh/m³ (NZ)	3,5402	3,1862	2,8321	2,4781	2,1241	1,7701	1,4161	1,0621	0,7080	0,3540	0
$H_{u,n}$	kcal/m³ (NZ)	2576	2318	2061	1803	1546	1288	1030	773	515	258	0
	kJ/m³ (NZ)	10785	9707	8628	7550	6471	5393	4314	3236	2157	1079	0
	kWh/m³ (NZ)	2,9959	2,6963	2,3967	2,0971	1,7975	1,4979	1,1984	0,8988	0,5992	0,2996	0
ρ_{N_2}	kg/m³ (NZ)	0,0899	0,2060	0,3220	0,4381	0,5541	0,6702	0,7862	0,9023	1,0183	1,1344	1,2504
d_{N_2}	(Luft = 1)	0,0695	0,1593	0,2490	0,3388	0,4285	0,5183	0,6080	0,6978	0,7875	0,8773	0,9670
$\rho_{N_{2,atm}}$	kg/m³ (NZ)	0,0899	0,2066	0,3233	0,4400	0,5567	0,6735	0,7902	0,9069	1,0226	1,1403	1,2570
$d_{N_{2,atm}}$	(Luft = 1)	0,0695	0,1598	0,2500	0,3403	0,4305	0,5208	0,6111	0,7013	0,7908	0,8818	0,9721
$\sqrt{d_{N_2}}$		0,26367	0,39906	0,49900	0,58202	0,65460	0,71990	0,77974	0,83531	0,88741	0,93662	0,98336
$\sqrt{d_{N_{2,atm}}}$			0,39971	0,50003	0,58334	0,65616	0,72166	0,78170	0,83744	0,88927	0,93906	0,98594
$W_0 = \frac{H_{o,n}}{\sqrt{d_{N_2}}}$	kcal	11545	6865	4880	3661	2790	2114	1562	1093	686	325	0
	kJ	48335	28743	20432	15328	11682	8852	6538	4577	2872	1361	0
bezogen auf	kWh	13,4266	7,9843	5,6756	4,2578	3,2449	2,4588	1,8161	1,2715	0,7978	0,3780	0
$W_u = \frac{H_{u,n}}{\sqrt{d_{N_2}}}$	kcal	9770	5810	4130	3098	2361	1789	1321	925	581	275	0
	kJ	40904	24324	17291	12971	9886	7491	5533	3874	2431	1151	0
bezogen auf	kWh	11,3623	6,7566	4,8030	3,6031	2,7460	2,0807	1,5369	1,0760	0,6752	0,3199	0
$W'_0 = \frac{H_{o,n}}{\sqrt{d_{N_{2,atm}}}}$	kcal	11545	6855	4870	3653	2783	2109	1558	1090	685	324	0
	kJ	48335	28700	20388	15295	11651	8830	6524	4565	2867	1355	0
bezogen auf	kWh	13,4266	7,9709	5,6625	4,2478	3,2359	2,4524	1,8118	1,2677	0,7963	0,3764	0
$W'_u = \frac{H_{u,n}}{\sqrt{d_{N_{2,atm}}}}$	kcal	9770	5799	4122	3091	2356	1785	1318	923	579	275	0
	kJ	40904	24280	17257	12941	9865	7482	5517	3865	2423	1150	0
bezogen auf	kWh	11,3623	6,7433	4,7927	3,5940	2,7397	2,0753	1,5321	1,0733	0,6729	0,3195	0

Wasserstoff + CO_2

ρ	kg/m³ (NZ)	0,0899	0,2786	0,4673	0,6560	0,8447	1,0335	1,2222	1,4109	1,5996	1,7883	1,9771
d	(Luft = 1)	0,0695	0,2155	0,3614	0,5073	0,6533	0,7992	0,9451	1,0911	1,2370	1,3830	1,5289
$\sqrt{d}$		0,26367	0,46417	0,60116	0,71227	0,80825	0,89398	0,97218	1,04454	1,11221	1,17599	1,23648
$W_0 = \frac{H_{o,n}}{\sqrt{d}}$	kcal	11545	5902	4051	2992	2260	1703	1252	874	547	259	0
	kJ	48335	24711	16960	12525	9461	7128	5244	3660	2292	1084	0
bezogen auf	kWh	13,4266	6,8643	4,7111	3,4792	2,6280	1,9800	1,4566	1,0168	0,6366	0,3011	0
$W_u = \frac{H_{u,n}}{\sqrt{d}}$	kcal	9770	4995	3428	2532	1912	1441	1060	740	463	219	0
	kJ	40904	20912	14353	10599	8006	6032	4438	3098	1939	917	0
bezogen auf	kWh	11,3623	5,8089	3,9868	2,9443	2,2239	1,6755	1,2327	0,8605	0,5387	0,2548	0

Tabelle 53. Gasfachliche Eigenschaften von inertenhaltigem *Kohlenmonoxid*

Kohlenmonoxid + reinem (N_2) bzw. atmosphärischem ($N_{2,atm}$) Stickstoff

CO	Vol.-%	100	90	80	70	60	50	40	30	20	10	0
N_2 bzw. $N_{2,atm}$	Vol.-%	0	10	20	30	40	50	60	70	80	90	100
$H_{o,n}$	kcal/m³ (NZ)	3018	2716	2414	2113	1811	1509	1207	905	604	302	0
(= $H_{u,n}$)	kJ/m³ (NZ)	12636	11372	10109	8845	7582	6318	5054	3791	2527	1264	0
	kWh/m³ (NZ)	3,5099	3,1589	2,8079	2,4569	2,1060	1,7550	1,4040	1,0530	0,7020	0,3510	0
ρ_{N_2}	kg/m³ (NZ)	1,2506	1,2506	1,2506	1,2505	1,2505	1,2505	1,2505	1,2505	1,2504	1,2504	1,2504
d_{N_2}	(Luft = 1)	0,9671	0,9671	0,9671	0,9671	0,9671	0,9671	0,9670	0,9670	0,9670	0,9670	0,9670
$\rho_{N_2,atm}$	kg/m³ (NZ)	1,2506	1,2512	1,2519	1,2525	1,2532	1,2538	1,2544	1,2551	1,2557	1,2564	1,2570
$d_{N_2,atm}$	(Luft = 1)	0,9671	0,9676	0,9681	0,9686	0,9691	0,9696	0,9701	0,9706	0,9711	0,9716	0,9721
$\sqrt{d_{N_2}}$		0,98342	0,98341	0,98340	0,98340	0,98339	0,98339	0,98338	0,98338	0,98337	0,98337	0,98336
$\sqrt{d_{N_2,\ atm}}$			0,98368	0,98393	0,98418	0,98443	0,98469	0,98494	0,98519	0,98544	0,98569	0,98994
$W_0 = \frac{H_{o,n}}{\sqrt{d_n}}$	kcal	3069	2762	2455	2148	1841	1534	1228	921	614	307	0
(= W_u)	kJ	12849	11564	10279	8994	7710	6425	5140	3855	2570	1285	0
bezogen auf	kWh	3,5690	3,2122	2,8553	2,4984	2,1416	1,7846	1,4277	1,0708	0,7139	0,3569	0
$W_0' = \frac{H_{o,n}}{\sqrt{d_{N_2,atm}}}$	kcal	3069	2761	2454	2147	1839	1532	1226	919	613	306	0
(= W_u')	kJ	12849	11561	10274	8987	7701	6416	5132	3848	2564	1282	0
bezogen auf	kWh	3,5690	3,2108	2,8533	2,4960	2,1389	1,7819	1,4252	1,0686	0,7122	0,3560	0

Kohlenmonoxid + CO_2

ρ	kg/m³ (NZ)	1,2506	1,3233	1,3959	1,4686	1,5412	1,6139	1,6865	1,7592	1,8318	1,9045	1,9771
d	(Luft = 1)	0,9671	1,0233	1,0795	1,1356	1,1918	1,2480	1,3042	1,3604	1,4165	1,4727	1,5289
$\sqrt{d}$		0,98342	1,01157	1,03897	1,06566	1,09171	1,11714	1,14201	1,16634	1,19018	1,21356	1,23648
$W_0 = \frac{H_{o,n}}{\sqrt{d}}$	kcal	3069	2685	2323	1983	1659	1351	1057	776	507	249	0
(= W_u)	kJ	12849	11242	9730	8300	6945	5656	4426	3250	2123	1042	0
bezogen auf	kWh	3,5690	3,1228	2,7028	2,3056	1,9292	1,5711	1,2294	0,9028	0,5897	0,2894	0

Tabelle 54. Gasfachliche Eigenschaften von inertenhaltigem *Methan*

Methan + reinem (N_2) bzw. atmosphärischem ($N_{2,atm}$) Stickstoff

CH_4	Vol.-%	100	90	80	70	60	50	40	30	20	10	0
N_2 bzw. $N_{2,atm}$	Vol.-%	0	10	20	30	40	50	60	70	80	90	100
$H_{o,n}$	kcal/m³ (NZ)	9510	8559	7608	6657	5706	4755	3804	2853	1902	951	0
	kJ/m³ (NZ)	39816	35835	31853	27872	23890	19908	15927	11945	7963	3982	0
	kWh/m³ (NZ)	11,0601	9,9541	8,8481	7,7421	6,6361	5,5301	4,4241	3,3180	2,2120	1,1060	0
$H_{u,n}$	kcal/m³ (NZ)	8570	7713	6856	5999	5142	4285	3428	2571	1714	857	0
	kJ/m³ (NZ)	35881	32293	28705	25117	21529	17940	14352	10764	7176	3588	0
	kWh/m³ (NZ)	9,9669	8,9702	7,9768	6,9768	5,9801	4,9834	3,9868	2,9901	1,9934	0,9967	0
ρ_{N_2}	kg/m³ (NZ)	0,7174	0,7707	0,8240	0,8773	0,9306	0,9839	1,0372	1,0905	1,1438	1,1971	1,2504
d_{N_2}	(Luft = 1)	0,5548	0,5960	0,6372	0,6785	0,7197	0,7609	0,8021	0,8433	0,8845	0,9258	0,9670
$\rho_{N_2,atm}$	kg/m³ (NZ)	0,7174	0,7714	0,8253	0,8793	0,9333	0,9873	1,0412	1,0952	1,1492	1,2031	1,2570
$d_{N_2,atm}$	(Luft = 1)	0,5548	0,5965	0,6383	0,6800	0,7217	0,7635	0,8052	0,8470	0,8887	0,9304	0,9721
$\sqrt{d_{N_2}}$			0,77202	0,79827	0,82368	0,84833	0,87228	0,89560	0,91832	0,94050	0,96216	0,98336
$\sqrt{d_{N_2,atm}}$		0,74484	0,77235	0,79891	0,82462	0,84955	0,87377	0,89733	0,92030	0,94270	0,96458	0,98594
$W_o = \frac{H_{o,n}}{\sqrt{d_{N_2}}}$	kcal	12768	11087	9531	8082	6726	5451	4247	3107	2022	988	0
	kJ	53456	46417	39903	33838	28161	22823	17784	13007	8467	4139	0
bezogen auf	kWh	14,8490	12,8936	11,0841	9,3994	7,8225	6,3398	4,9398	3,6131	2,3519	1,1495	0
$W_u = \frac{H_{u,n}}{\sqrt{d_{N_2}}}$	kcal	11506	9991	8589	7283	6061	4912	3828	2800	1822	891	0
	kJ	48173	41829	35959	30494	25378	20567	16025	11721	7630	3729	0
bezogen auf	kWh	13,3813	11,6191	9,9885	8,4703	7,0493	5,7131	4,4515	3,2561	2,1195	1,0359	0
$W_o' = \frac{H_{o,n}}{\sqrt{d_{N_2,atm}}}$	kcal	12768	11082	9523	8073	6716	5442	4239	3100	2018	986	0
	kJ	53456	46397	39871	33799	28121	22784	17749	12979	8447	4128	0
bezogen auf	kWh	14,8490	12,8858	11,0732	9,3870	7,8099	6,3278	4,9294	3,6047	2,3461	1,1464	0
$W_u' = \frac{H_{u,n}}{\sqrt{d_{N_2,atm}}}$	kcal	11506	9986	8582	7275	6053	4904	3820	2794	1818	888	0
	kJ	48173	41811	35930	30458	25341	20532	15995	11696	7612	3720	0
bezogen auf	kWh	13,3813	11,6121	9,9787	8,4591	7,0379	5,7024	4,4421	3,2484	2,1142	1,0331	0

Methan + CO_2

ρ	kg/m³ (NZ)	0,7174	0,8434	0,9693	1,0953	1,2213	1,3473	1,4732	1,5992	1,7252	1,8511	1,9771
d	(Luft = 1)	0,5548	0,6522	0,7496	0,8470	0,9445	1,0419	1,1393	1,2367	1,3341	1,4315	1,5289
$\sqrt{d}$		0,74484	0,80760	0,86581	0,92035	0,97183	1,02073	1,06738	1,11207	1,15505	1,19647	1,23648
$W_o = \frac{H_{o,n}}{\sqrt{d}}$	kcal	12768	10598	8818	7233	5871	4658	3564	2565	1647	795	0
	kJ	53456	44372	36918	30284	24582	19504	14921	10741	6894	3328	0
bezogen auf	kWh	14,8490	12,3233	10,2531	8,4108	6,8272	5,4168	4,1440	2,9831	1,9147	0,9242	0
$W_u = \frac{H_{u,n}}{\sqrt{d}}$	kcal	11506	9551	7919	6518	5291	4198	3212	2312	1484	716	0
	kJ	48173	39986	33154	27290	22153	17576	13446	9679	6213	2999	0
bezogen auf	kWh	13,3813	11,1053	9,2077	7,5793	6,1524	4,8814	3,7344	2,6883	1,7255	0,8329	0

Tabelle 55. Gasfachliche Eigenschaften von inertenhaltigem *Äthan*

Äthan + reinem (N_2) bzw. atmosphärischem ($N_{2,atm}$) Stickstoff

C_2H_6 / N_2 bzw. $N_{2,atm}$	Vol.-% / Vol.-%	100 / 0	90 / 10	80 / 20	70 / 30	60 / 40	50 / 50	40 / 60	30 / 70	20 / 80	10 / 90	0 / 100
$H_{o,n}$	kcal/m³ (NZ)	16792	15113	13434	11754	10075	8396	6717	5038	3358	1679	0
	kJ/m³ (NZ)	70305	63274	56244	49213	42183	35152	28122	21091	14061	7030	0
	kWh/m³ (NZ)	19,5267	17,5730	15,6205	13,6679	11,7153	9,7628	7,8102	5,8577	3,9051	1,9526	0
$H_{u,n}$	kcal/m³ (NZ)	15371	13834	12297	10760	9223	7686	6148	4611	3074	1537	0
	kJ/m³ (NZ)	64355	57920	51484	45049	38613	32178	25742	19307	12871	6436	0
	kWh/m³ (NZ)	17,8765	16,0859	14,2986	12,5113	10,7240	8,9366	7,1493	5,3620	3,5747	1,7873	0
ρ_{N_2}	kg/m³ (NZ)	1,3553	1,3448	1,3343	1,3238	1,3133	1,3029	1,2924	1,2819	1,2714	1,2609	1,2504
d_{N_2}	(Luft = 1)	1,0481	1,0400	1,0319	1,0238	1,0157	1,0076	0,9994	0,9913	0,9832	0,9751	0,9670
$\rho_{N_2,atm}$	kg/m³ (NZ)	1,3553	1,3455	1,3357	1,3258	1,3160	1,3062	1,2964	1,2866	1,2767	1,2669	1,2570
$d_{N_2,atm}$	(Luft = 1)	1,0481	1,0405	1,0329	1,0253	1,0177	1,0101	1,0025	0,9949	0,9874	0,9798	0,9721
$\sqrt{d_{N_2}}$		1,02377	1,01980	1,01581	1,01182	1,00780	1,00377	0,99972	0,99566	0,99157	0,98748	0,98336
$\sqrt{d_{N_2,atm}}$			1,02005	1,01632	1,01257	1,00881	1,00504	1,00125	0,99745	0,99363	0,98980	0,98594
$W_o = \frac{H_{o,n}}{\sqrt{d_{N_2}}}$	kcal	16402	14819	13225	11617	9997	8364	6719	5060	3387	1700	0
	kJ	68672	62046	55368	48638	41856	35020	28130	21183	14180	7120	0
bezogen auf	kWh	19,0722	17,2318	15,3773	13,5082	11,6247	9,7261	7,8124	5,8832	3,9383	1,9773	0
$W_u = \frac{H_{u,n}}{\sqrt{d_{N_2}}}$	kcal	15014	13565	12105	10634	9151	7657	6150	4631	3100	1557	0
	kJ	62861	56795	50683	44522	38314	32057	25749	19391	12891	6517	0
bezogen auf	kWh	17,4583	15,7736	14,0761	12,3651	10,6410	8,9031	7,1513	5,3853	3,6050	1,8100	0
$W_o' = \frac{H_{o,n}}{\sqrt{d_{N_2,atm}}}$	kcal	16402	14816	13218	11608	9987	8354	6708	5050	3380	1697	0
	kJ	68672	62031	55341	48602	41814	34976	28087	21145	14151	7103	0
bezogen auf	kWh	19,0722	17,2276	15,3696	13,4982	11,6130	9,7138	7,8005	5,8726	3,9302	1,9727	0
$W_u' = \frac{H_{u,n}}{\sqrt{d_{N_2,atm}}}$	kcal	15014	13563	12099	10626	9142	7647	6141	4623	3094	1553	0
	kJ	62861	56784	50658	44489	38276	32016	25710	19356	12954	6502	0
bezogen auf	kWh	17,4583	15,7704	14,0690	12,3560	10,6303	8,8918	7,1404	5,3757	3,5976	1,8057	0

Äthan + CO_2

ρ	kg/m³ (NZ)	1,3553	1,4175	1,4800	1,5418	1,6040	1,6662	1,7287	1,7906	1,8527	1,9149	1,9771
d	(Luft = 1)	1,0481	1,0962	1,1443	1,1923	1,2404	1,2885	1,3366	1,3847	1,4327	1,4808	1,5289
$\sqrt{d}$		1,02377	1,04699	1,06970	1,09194	1,11374	1,13512	1,15611	1,17672	1,19697	1,21689	1,23648
$W_o = \frac{H_{o,n}}{\sqrt{d}}$	kcal	16402	14435	12558	10765	9046	7397	5810	4281	2806	1380	0
	kJ	68672	60434	52579	45070	37875	30968	24325	17924	11747	5777	0
bezogen auf	kWh	19,0722	16,7843	14,6027	12,5171	10,5189	8,6007	6,7556	4,9780	3,2625	1,6045	0
$W_u = \frac{H_{u,n}}{\sqrt{d}}$	kcal	15014	13213	11496	9854	8281	6771	5318	3919	2568	1263	0
	kJ	62861	55320	48130	41256	34670	28347	22266	16407	10753	5289	0
bezogen auf	kWh	17,4583	15,3640	13,3669	11,4578	9,6288	7,8728	6,1839	4,5567	2,9864	1,4688	0

Tabelle 56. Gasfachliche Eigenschaften von inertenhaltigem *Propan*

Propan + reinem (N_2) bzw. atmosphärischem ($N_{2,atm}$) Stickstoff

C_3H_8	Vol.-%	100	90	80	70	60	50	40	30	20	10	0
N_2 bzw. $N_{2,atm}$	Vol.-%	0	10	20	30	40	50	60	70	80	90	100
$H_{o,n}$	kcal/m³ (NZ)	24172	21755	19338	16920	14503	12086	9669	7252	4834	2417	0
	kJ/m³ (NZ)	101203	91083	80963	70842	60722	50602	40481	30361	20241	10120	0
	kWh/m³ (NZ)	28,1070	25,2963	22,4856	19,6749	16,8642	14,0535	11,2428	8,4321	5,6214	2,8107	0
$H_{u,n}$	kcal/m³ (NZ)	22256	20030	17805	15579	13354	11128	8902	6677	4451	2226	0
	kJ/m³ (NZ)	93181	83863	74545	65227	55909	46591	37273	27954	18636	9318	0
	kWh/m³ (NZ)	25,8791	23,2912	20,7033	18,1153	15,5274	12,9395	10,3516	7,7637	5,1758	2,5879	0
ρ_{N_2}	kg/m³ (NZ)	2,0102	1,9342	1,8582	1,7823	1,7063	1,6303	1,5543	1,4783	1,4024	1,3264	1,2504
d_{N_2}	(Luft = 1)	1,5546	1,4958	1,4370	1,3783	1,3195	1,2608	1,2020	1,1433	1,0845	1,0258	0,9670
$\rho_{N_2,atm}$	kg/m³ (NZ)	2,0102	1,9349	1,8596	1,7843	1,7090	1,6337	1,5583	1,4830	1,4077	1,3324	1,2570
$d_{N_2,atm}$	(Luft = 1)	1,5546	1,4964	1,4381	1,3799	1,3216	1,2634	1,2051	1,1469	1,0886	1,0304	0,9721
$\sqrt{d_{N_2}}$		1,24684	1,22305	1,19878	1,17402	1,14872	1,12285	1,09638	1,06924	1,04140	1,01280	0,98336
$\sqrt{d_{N_2,\ atm}}$			1,22325	1,19921	1,17467	1,14961	1,12399	1,09777	1,07091	1,04336	1,01506	0,98594
$W_0 = \frac{H_{o,n}}{\sqrt{d_{N_2}}}$ bezogen auf	kcal	19387	17787	16131	14412	12626	10764	8819	6782	4642	2387	0
	kJ	81168	74472	67538	60342	52861	45065	35923	28395	19436	9992	0
	kWh	22,5426	20,6829	18,7571	16,7586	14,6809	12,5159	10,2545	7,8861	5,3979	2,7752	0
$W_u = \frac{H_{u,n}}{\sqrt{d_{N_2}}}$ bezogen auf	kcal	17850	16377	14852	13270	11625	9910	8120	6244	4274	2197	0
	kJ	74734	68569	62184	55559	48671	41493	33996	26144	17895	9200	0
	kWh	20,7557	19,0435	17,2703	15,4302	13,5172	11,5238	9,4416	7,2610	4,9701	2,5552	0
$W_0' = \frac{H_{o,n}}{\sqrt{d_{N_2,atm}}}$ bezogen auf	kcal	19387	17784	16125	14404	12616	10753	8808	6771	4633	2381	0
	kJ	81168	74460	67513	60308	52820	45020	36876	28351	19400	9970	0
	kWh	22,5426	20,6796	18,7503	16,7493	14,6695	12,5032	10,2415	7,8738	5,3878	2,7690	0
$W_u' = \frac{H_{u,n}}{\sqrt{d_{N_2,atm}}}$ bezogen auf	kcal	17850	16375	14847	13263	11616	9900	8110	6235	4266	2193	0
	kJ	74734	68558	62162	55528	48633	41451	33953	26103	17862	9180	0
	kWh	20,7557	19,0404	17,2641	15,4216	13,5067	11,5121	9,4297	7,2496	4,9607	2,5495	0

Propan + CO_2

ρ	kg/m³ (NZ)	2,0102	2,0069	2,0036	2,0003	1,9970	1,9937	1,9903	1,9870	1,9837	1,9804	1,9771
d	(Luft = 1)	1,5546	1,5520	1,5495	1,5469	1,5443	1,5418	1,5392	1,5366	1,5340	1,5315	1,5289
$\sqrt{d}$		1,24684	1,24580	1,24477	1,24374	1,24271	1,24167	1,24064	1,23960	1,23856	1,23753	1,23648
$W_0 = \frac{H_{o,n}}{\sqrt{d}}$ bezogen auf	kcal	19387	17463	15535	13604	11671	9734	7793	5850	3903	1953	0
	kJ	81168	73112	65042	56959	48863	40753	32629	24493	16342	8178	0
	kWh	22,5426	20,3052	18,0640	15,8191	13,5705	11,3182	9,0621	6,8023	4,5387	2,2712	0
$W_u = \frac{H_{u,n}}{\sqrt{d}}$ bezogen auf	kcal	17850	16078	14304	12526	10746	8962	7176	5386	3594	1798	0
	kJ	74734	67317	59887	52444	44990	37523	30043	22551	15047	7530	0
	kWh	20,7557	18,6957	16,6322	14,5652	12,4948	10,4211	8,3438	6,2631	4,1789	2,0912	0

Tabelle 57. Gasfachliche Eigenschaften von inertenhaltigem *n-Butan*

n-Butan + reinem (N_2) bzw. atmosphärischem ($N_{2,atm}$) Stickstoff

$n\text{-}C_4H_{10}$	Vol.-%	100	90	80	70	60	50	40	30	20	10	0
N_2 bzw. $N_{2,atm}$	Vol.-%	0	10	20	30	40	50	60	70	80	90	100
$H_{o,n}$	kcal/m³ (NZ)	31957	28761	25566	22370	19174	15979	12783	9587	6391	3196	0
	kJ/m³ (NZ)	133798	120418	107038	93658	80279	66899	53519	40139	26760	13380	0
	kWh/m³ (NZ)	37,1593	33,4430	29,7274	26,0115	22,2956	18,5797	14,8637	11,1478	7,4319	3,7159	0
$H_{u,n}$	kcal/m³ (NZ)	29513	26562	23610	20659	17708	14757	11805	8854	5903	2951	0
	kJ/m³ (NZ)	123565	111209	98852	86496	74139	61783	49426	37070	24713	12357	0
	kWh/m³ (NZ)	34,3174	30,8857	27,4540	24,0222	20,5905	17,1587	13,7270	10,2952	6,8635	3,4317	0
ρ_{N_2}	kg/m³ (NZ)	2,7030	2,5577	2,4125	2,2672	2,1220	1,9767	1,8314	1,6862	1,5409	1,3957	1,2504
d_{N_2}	(Luft = 1)	2,0903	1,9780	1,8656	1,7533	1,6410	1,5287	1,4163	1,3040	1,1917	1,0793	0,9670
$\rho_{N_2,atm}$	kg/m³ (NZ)	2,7030	2,5584	2,4138	2,2692	2,1246	1,9800	1,8354	1,6908	1,5462	1,4016	1,2570
$d_{N_2,atm}$	(Luft = 1)	2,0903	1,9785	1,8667	1,7549	1,6430	1,5312	1,4194	1,3076	1,1957	1,0839	0,9721
$\sqrt{d_{N_2}}$		1,44579	1,40640	1,36588	1,32414	1,28101	1,23639	1,19009	1,14192	1,09159	1,03891	0,98336
$\sqrt{d_{N_2,\ atm}}$		1,44579	1,40658	1,36626	1,32470	1,28180	1,23742	1,19138	1,14349	1,09350	1,04111	0,98594
$W_o = \frac{H_{o,n}}{\sqrt{d_{N_2}}}$ bezogen auf	kcal	22103	20450	18717	16894	14968	12924	10741	8396	5855	3076	0
	kJ	92543	85621	78366	70732	62668	54108	44971	35151	22514	12879	0
	kWh	25,7017	23,7794	21,7643	19,6442	17,4047	15,0273	12,4896	9,7623	6,8083	3,5768	0
$W_u = \frac{H_{u,n}}{\sqrt{d_{N_2}}}$ bezogen auf	kcal	20413	18886	17286	15602	13823	11935	9920	7754	5407	2841	0
	kJ	85465	79073	72372	65323	57875	49970	41531	32462	22639	11894	0
	kWh	23,7361	21,9608	20,0998	18,1451	16,0736	13,8781	11,5344	9,0157	6,2876	3,3032	0
$W_o' = \frac{H_{o,n}}{\sqrt{d_{N_2,atm}}}$ bezogen auf	kcal	22103	20448	18712	16887	14959	12913	10729	8384	5845	3070	0
	kJ	92543	85612	78346	70704	62632	54066	44924	35105	24474	12853	0
	kWh	25,7017	23,7764	21,7583	19,6358	17,3940	15,0148	12,4761	9,7489	6,7964	3,5692	0
$W_u' = \frac{H_{u,n}}{\sqrt{d_{N_2,atm}}}$ bezogen auf	kcal	20413	18884	17281	15595	13815	11925	9909	7743	5398	2835	0
	kJ	85465	79063	72352	65294	57840	49928	41886	32418	22600	11869	0
	kWh	23,7361	21,9580	20,0942	18,1341	16,0637	13,8665	11,5246	9,0033	6,2766	3,2962	0

n-Butan + CO_2

ρ	kg/m³ (NZ)	2,7030	2,6304	2,5578	2,4852	2,4126	2,3401	2,2675	2,1849	2,1223	2,0497	1,9771
d	(Luft = 1)	2,0903	2,0342	1,9780	1,9219	1,8657	1,8096	1,7535	1,6973	1,6412	1,5850	1,5289
$\sqrt{d}$		1,44579	1,42624	1,40642	1,38632	1,36592	1,34521	1,32418	1,30281	1,28109	1,25898	1,23648
$W_o = \frac{H_{o,n}}{\sqrt{d}}$ bezogen auf	kcal	22103	20166	18178	16136	14038	11878	9653	7359	4989	2538	0
	kJ	92543	84430	76107	67559	58773	49731	40417	30810	20888	10627	0
	kWh	25,7017	23,4486	21,1370	18,7630	16,3228	13,8117	11,2248	8,5567	5,8012	2,9515	0
$W_u = \frac{H_{u,n}}{\sqrt{d}}$ bezogen auf	kcal	20413	18624	16788	14902	12964	10970	8915	6796	4607	2344	0
	kJ	85465	77973	70286	62392	54278	45928	37326	28454	19291	9815	0
	kWh	23,7361	21,6553	19,5205	17,3280	15,0744	12,7554	10,3664	7,9023	5,3575	2,7258	0

Tabelle 58. Gasfachliche Eigenschaften von inertenhaltigem *i-Butan*

i-Butan + reinem (N_2) bzw. atmosphärischem ($N_{2,atm}$) Stickstoff

$i\text{-}C_4H_{10}$	Vol.-%	100	90	80	70	60	50	40	30	20	10	0
N_2 bzw. $N_{2,atm}$	Vol.-%	0	10	20	30	40	50	60	70	80	90	100
$H_{o,n}$	$kcal/m^3$ (NZ)	31757	28581	25406	22230	19054	15879	12703	9527	6351	3176	0
	kJ/m^3 (NZ)	132960	119664	106368	93072	79776	66480	53184	39888	26592	13296	0
	kWh/m^3 (NZ)	36,9267	33,2341	29,5414	25,8487	22,1560	18,4634	14,7707	11,0780	7,3853	3,6927	0
$H_{u,n}$	$kcal/m^3$ (NZ)	29324	26392	23459	20527	17594	14662	11730	8797	5865	2932	0
	kJ/m^3 (NZ)	122774	110496	98219	85942	73664	61387	49109	36832	24555	12277	0
	kWh/m^3 (NZ)	34,0977	30,6879	27,2781	23,8684	20,4586	17,0488	13,6391	10,2293	6,8195	3,4098	0
ρ_{N_2}	kg/m^3 (NZ)	2,6192	2,5471	2,4030	2,2590	2,1149	1,9708	1,8267	1,6826	1,5386	1,3945	1,2504
d_{N_2}	(Luft = 1)	2,0812	1,9698	1,8584	1,7469	1,6355	1,5241	1,4127	1,3013	1,1898	1,0784	0,9670
$\rho_{N_2,atm}$	kg/m^3 (NZ)	2,6912	2,5478	2,4044	2,2609	2,1175	1,9741	1,8307	1,6873	1,5438	1,4004	1,2570
$d_{N_2,atm}$	(Luft = 1)	2,0812	1,9703	1,8594	1,7485	1,6376	1,5266	1,4157	1,3048	1,1939	1,0830	0,9721
$\sqrt{d_{N_2}}$		1,44264	1,40349	1,36322	1,32171	1,27887	1,23454	1,18856	1,14072	1,09079	1,03846	0,98336
$\sqrt{d_{N_2,atm}}$			1,40367	1,36359	1,32229	1,27967	1,23557	1,18984	1,14229	1,09266	1,04067	0,98594
$W_o = \frac{H_{o,n}}{\sqrt{d_{N_2}}}$ bezogen auf	kcal	22013	20364	18636	16819	14899	12862	10688	8352	5823	3058	0
	kJ	92165	85262	78027	70418	62380	53850	44747	34967	24379	12804	0
	kWh	25,5966	23,6796	21,6703	19,5570	17,3247	14,9557	12,4274	9,7114	6,7706	3,5559	0
$W_u = \frac{H_{u,n}}{\sqrt{d_{N_2}}}$ bezogen auf	kcal	20327	18804	17209	15530	13758	11876	9869	7712	5377	2824	0
	kJ	85104	78730	72049	65023	57601	49725	41318	32288	22511	11823	0
	kWh	23,6356	21,8654	20,0101	18,0587	15,9974	13,8099	11,4753	8,9674	6,2519	3,2835	0
$W'_o = \frac{H_{o,n}}{\sqrt{d_{N_2,atm}}}$ bezogen auf	kcal	22013	20362	18631	16812	14890	12851	10676	8340	5813	3052	0
	kJ	92165	85251	78006	70387	62341	53805	44699	34919	24337	12776	0
	kWh	25,5966	23,6766	21,6644	19,5485	17,3139	14,9432	12,4140	9,6981	6,7591	3,5484	0
$W'_u = \frac{H_{u,n}}{\sqrt{d_{N_2,atm}}}$ bezogen auf	kcal	20327	18802	17204	15524	13749	11867	9858	7701	5367	2818	0
	kJ	85104	78720	72030	64995	57565	49683	41274	32244	22472	11798	0
	kWh	23,6356	21,8626	20,0046	18,0508	15,9874	13,7984	11,4629	8,9551	6,2412	3,2765	0

i-Butan + CO_2

ρ	kg/m^3 (NZ)	2,6912	2,6198	2,5484	2,4769	2,4056	2,3342	2,2627	2,1913	2,1199	2,0485	1,9771
d	(Luft = 1)	2,0812	2,0260	1,9707	1,9155	1,8603	1,8050	1,7498	1,6946	1,6394	1,5841	1,5289
$\sqrt{d}$		1,44264	1,42337	1,40383	1,38402	1,36392	1,34352	1,32281	1,30176	1,28037	1,25862	1,23648
$W_o = \frac{H_{o,n}}{\sqrt{d}}$ bezogen auf	kcal	22013	20080	18097	16062	13970	11819	9603	7319	4961	2523	0
	kJ	92165	84071	75770	67248	58490	49482	40205	30642	20769	10564	0
	kWh	25,5966	23,3489	21,0434	18,6766	16,2444	13,7425	11,1662	8,5100	5,7681	2,9339	0
$W_u = \frac{H_{u,n}}{\sqrt{d}}$ bezogen auf	kcal	20327	18542	16711	14831	12900	10913	8867	6758	4581	2330	0
	kJ	85104	77630	69965	62096	54009	45691	37125	28294	19178	9755	0
	kWh	23,6356	21,5600	19,4312	17,2457	14,9999	12,6897	10,3107	7,8581	5,3262	2,7091	0

Tabelle 59. Gasfachliche Eigenschaften von inertenhaltigem *Butylen* (Buten)

1-Butylen + reinem (N_2) bzw. atmosphärischem ($N_{2,atm}$) Stickstoff

1-C_4H_8	Vol.-%	100	90	80	70	60	50	40	30	20	10	0
N_2 bzw. $N_{2,atm}$	Vol.-%	0	10	20	30	40	50	60	70	80	90	100
$H_{o,n}$	kcal/m³ (NZ)	30038	27034	24030	21027	18023	15019	12015	9011	6008	3004	0
	kJ/m³ (NZ)	125763	113187	100611	88034	75458	62882	50305	37729	25153	12576	0
	kWh/m³ (NZ)	34,9279	31,4351	27,9423	24,4495	20,9567	17,4640	13,9712	10,4784	6,9856	3,4928	0
$H_{u,n}$	kcal/m³ (NZ)	28092	25283	22474	19664	16855	14046	11237	8428	5618	2809	0
	kJ/m³ (NZ)	117616	105854	94093	82331	70569	58808	47046	35285	23523	11762	0
	kWh/m³ (NZ)	32,6651	29,3986	26,1321	22,8656	19,5991	16,3326	13,0660	9,7995	6,5330	3,2665	0
ρ_{N_2}	kg/m³ (NZ)	2,5968	2,4622	2,3275	2,1929	2,0582	1,9236	1,7890	1,6543	1,5197	1,3850	1,2504
d_{N_2}	(Luft = 1)	2,0082	1,9041	1,8000	1,6958	1,5917	1,4876	1,3835	1,2794	1,1752	1,0711	0,9670
$\rho_{N_2,atm}$	kg/m³ (NZ)	2,5968	2,4628	2,3289	2,1949	2,0609	1,9270	1,7930	1,6590	1,5250	1,3910	1,2570
$d_{N_2,atm}$	(Luft = 1)	2,0082	1,9046	1,8010	1,6974	1,5938	1,4902	1,3865	1,2829	1,1793	1,0757	0,9721
$\sqrt{d_{N_2}}$		1,41711	1,37988	1,34163	1,30224	1,26163	1,21967	1,17621	1,13109	1,08408	1,03495	0,98336
$\sqrt{d_{N_2,atm}}$		1,41711	1,38007	1,34201	1,30283	1,26244	1,22072	1,17751	1,13266	1,08597	1,03716	0,98594
$W_0 = \frac{H_{o,n}}{\sqrt{d_{N_2}}}$ bezogen auf	kcal	21197	19592	17911	16146	14285	12314	10215	7967	5542	2902	0
	kJ	88746	82027	74991	67602	59810	51556	42769	33356	23202	12153	0
	kWh	24,6473	22,7811	20,8271	18,7750	16,6108	14,3186	11,8781	9,2640	6,4438	3,3748	0
$W_u = \frac{H_{u,n}}{\sqrt{d_{N_2}}}$ bezogen auf	kcal	19823	18322	16751	15100	13360	11516	9553	7451	5183	2714	0
	kJ	82997	76712	70133	63223	55935	51556	39998	31195	21699	11364	0
	kWh	23,0505	21,3052	19,4779	17,5587	15,5347	13,3910	11,1086	8,6638	6,0263	3,1562	0
$W_0' = \frac{H_{o,n}}{\sqrt{d_{N_2,atm}}}$ bezogen auf	kcal	21197	19589	17906	16139	14276	12303	10204	7956	5532	2896	0
	kJ	88746	82016	74971	67572	59771	51512	42722	33310	23161	12126	0
	kWh	24,6473	22,7779	20,8213	18,7665	16,6002	14,3063	11,8650	9,2511	6,4326	3,3676	0
$W_u' = \frac{H_{u,n}}{\sqrt{d_{N_2,atm}}}$ bezogen auf	kcal	19823	18320	16746	15094	13351	11506	9543	7441	5174	2709	0
	kJ	82997	76702	70114	63194	55899	48175	39954	31152	21661	11340	0
	kWh	23,0505	21,3023	19,4724	17,5507	15,5248	13,3794	11,0963	8,6518	6,0158	3,1495	0

Acetylen + CO_2

ρ	kg/m³ (NZ)	2,5968	2,5348	2,4729	2,4109	2,3489	2,2870	2,2250	2,1630	2,1010	2,0391	1,9771
d	(Luft = 1)	2,0082	1,9603	1,9123	1,8644	1,8165	1,7686	1,7206	1,6727	1,6248	1,5768	1,5289
$\sqrt{d}$		1,41711	1,40010	1,38287	1,36543	1,34777	1,32987	1,31172	1,29333	1,27466	1,25572	1,23648
$W_0 = \frac{H_{o,n}}{\sqrt{d}}$ bezogen auf	kcal	21197	19309	17377	15399	13372	11294	9160	6968	4713	2392	0
	kJ	88746	80842	72754	64474	55987	42784	38350	29172	19733	10015	0
	kWh	24,6473	22,4521	20,2060	17,9061	15,5492	13,1321	10,6510	8,1019	5,4803	2,7815	0
$W_u = \frac{H_{u,n}}{\sqrt{d}}$ bezogen auf	kcal	19823	18058	16251	14402	12506	10562	8566	6516	4408	2237	0
	kJ	82997	75605	68041	60297	52361	44221	35866	27282	18454	9367	0
	kWh	23,0505	20,9975	18,8970	16,7461	14,5419	12,2813	9,9610	7,5770	5,1253	2,6013	0

Tabelle 60. Gasfachliche Eigenschaften von inertenhaltigem *Propylen* (Propen)

Propylen + reinem (N_2) bzw. atmosphärischem ($N_{2,atm}$) Stickstoff

Größe	Einheit											
C_3H_6	Vol.-%	100	90	80	70	60	50	40	30	20	10	0
N_2 bzw. $N_{2,atm}$	Vol.-%	0	10	20	30	40	50	60	70	80	90	100
$H_{o,n}$	kcal/m³ (NZ)	22358	20122	17886	15651	13415	11179	8943	6707	4472	2236	0
	kJ/m³ (NZ)	93608	84248	74887	65526	56165	46804	37443	28083	18722	9361	0
	kWh/m³ (NZ)	25,9977	23,3979	20,7981	18,1984	15,5986	12,9988	10,3991	7,7993	5,1995	2,5998	0
$H_{u,n}$	kcal/m³ (NZ)	20925	18833	16740	14648	12555	10463	8370	6278	4185	2093	0
	kJ/m³ (NZ)	87609	78848	70087	61326	52565	43804	35044	26283	17522	8761	0
	kWh/m³ (NZ)	24,3314	21,8983	19,4651	17,0320	14,5988	12,1657	9,7326	7,2994	4,8663	2,4331	0
ρ_{N_2}	kg/m³ (NZ)	1,9136	1,8473	1,7810	1,7146	1,6483	1,5820	1,5157	1,4494	1,3830	1,3167	1,2504
d_{N_2}	(Luft = 1)	1,4799	1,4286	1,3773	1,3260	1,2747	1,2235	1,1722	1,1209	1,0696	1,0183	0,9670
$\rho_{N_2,atm}$	kg/m³ (NZ)	1,9136	1,8480	1,7823	1,7167	1,6510	1,5853	1,5197	1,4540	1,3884	1,3227	1,2570
$d_{N_2,atm}$	(Luft = 1)	1,4799	1,4291	1,3783	1,3276	1,2768	1,2260	1,1752	1,1244	1,0737	1,0229	0,9721
$\sqrt{d_{N_2}}$		1,21651	1,19524	1,17359	1,15153	1,12904	1,10610	1,08266	1,05871	1,03421	1,00910	0,98336
$\sqrt{d_{N_2,atm}}$		1,21651	1,19543	1,17400	1,15218	1,12993	1,10725	1,08407	1,06040	1,03618	1,01138	0,98594
$W_o = \frac{H_{o,n}}{\sqrt{d_{N_2}}}$ bezogen auf	kcal	18379	16835	15241	13591	11882	10107	8260	6335	4324	2216	0
	kJ	76948	70486	63810	56903	49746	42315	34585	26525	18102	9276	0
	kWh	21,3707	19,5759	17,7218	15,8036	13,8158	11,7520	9,6051	7,3668	5,0275	2,5763	0
$W_u = \frac{H_{u,n}}{\sqrt{d_{N_2}}}$ bezogen auf	kcal	17201	15756	14264	12720	11120	9459	7731	5929	4047	2074	0
	kJ	72016	65968	59720	53256	46558	39603	32368	24825	16942	8682	0
	kWh	20,0010	18,3212	16,5860	14,7907	12,9303	10,9987	8,9895	6,8946	4,7053	2,4112	0
$W'_o = \frac{H_{o,n}}{\sqrt{d_{N_2,atm}}}$ bezogen auf	kcal	18379	16833	15235	13583	11872	10096	8250	6325	4315	2211	0
	kJ	76948	70475	63788	56871	49707	42271	35440	26483	18068	9255	0
	kWh	21,3707	19,5728	17,7156	15,7947	13,8049	11,7397	9,5926	7,3551	5,0180	2,5705	0
$W'_u = \frac{H_{u,n}}{\sqrt{d_{N_2,atm}}}$ bezogen auf	kcal	17201	15754	14259	12713	11111	9449	7721	5920	4039	2069	0
	kJ	72016	65958	59699	53226	46521	39561	32326	24786	16910	8662	0
	kWh	20,0010	18,3183	16,5802	14,7824	12,9201	10,9873	8,9778	6,8836	4,6964	2,4058	0

Propylen + CO_2

ρ	kg/m³ (NZ)	1,9136	1,9200	1,9263	1,9327	1,9390	1,9454	1,9517	1,9581	1,9644	1,9708	1,9771
d	(Luft = 1)	1,4799	1,4848	1,4897	1,4946	1,4995	1,5044	1,5093	1,5142	1,5191	1,5241	1,5289
$\sqrt{d}$		1,21651	1,21852	1,22053	1,22254	1,22454	1,22654	1,22854	1,23053	1,23252	1,23450	1,23648
$W_o = \frac{H_{o,n}}{\sqrt{d}}$ bezogen auf	kcal	18379	16514	14555	12802	10955	9114	7280	5451	3628	1811	0
	kJ	76948	69139	61356	53598	45866	38160	30478	22822	15190	7583	0
	kWh	21,3707	19,2019	17,0403	14,8857	12,7383	10,5980	8,4646	6,3382	4,2186	2,1059	0
$W_u = \frac{H_{u,n}}{\sqrt{d}}$ bezogen auf	kcal	17201	15455	13715	11981	10253	8530	6813	5101	3395	1695	0
	kJ	72016	64708	57423	50163	42927	35714	28525	21359	14216	7097	0
	kWh	20,0010	17,9712	15,9481	13,9316	11,9219	9,9187	7,9221	5,9319	3,9482	1,9710	0

Tabelle 61. Gasfachliche Eigenschaften von inertenhaltigem *Äthylen* (Äthen)

Äthylen + reinem (N_2) bzw. atmosphärischem ($N_{2,atm}$) Stickstoff

C_2H_4	Vol.-%	100	90	80	70	60	50	40	30	20	10	0
N_2 bzw. $N_{2,atm}$	Vol.-%	0	10	20	30	40	50	60	70	80	90	100
$H_{o,n}$	kcal/m³ (NZ)	15142	13628	12114	10599	9085	7571	6057	4543	3028	1514	0
	kJ/m³ (NZ)	63397	57057	50717	44378	38038	31698	25359	19019	12679	6340	0
	kWh/m³ (NZ)	17,6070	15,8463	14,0856	12,3249	10,5642	8,8035	7,0428	5,2821	3,5214	1,7607	0
$H_{u,n}$	kcal/m³ (NZ)	14197	12777	11358	9938	8518	7099	5679	4259	2839	1420	0
	kJ/m³ (NZ)	59440	53496	47552	41608	35664	29720	23776	17832	11888	5944	0
	kWh/m³ (NZ)	16,5081	14,8573	13,2065	11,5557	9,9049	8,2541	6,6033	4,9524	3,3016	1,6508	0
ρ_{N_2}	kg/m³ (NZ)	1,2605	1,2595	1,2585	1,2575	1,2565	1,2555	1,2544	1,2534	1,2524	1,2514	1,2504
d_{N_2}	(Luft = 1)	0,9748	0,9740	0,9732	0,9725	0,9717	0,9709	0,9701	0,9693	0,9685	0,9678	0,9670
$\rho_{N_2,atm}$	kg/m³ (NZ)	1,2605	1,2602	1,2598	1,2595	1,2591	1,2588	1,2584	1,2581	1,2577	1,2574	1,2570
$d_{N_2,atm}$	(Luft = 1)	0,9748	0,9745	0,9743	0,9740	0,9737	0,9735	0,9732	0,9729	0,9726	0,9724	0,9721
$\sqrt{d_{N_2}}$		0,98732	0,98692	0,98652	0,98613	0,98573	0,98533	0,98494	0,98454	0,98414	0,98375	0,98336
$\sqrt{d_{N_2,atm}}$			0,98718	0,98705	0,98691	0,98677	0,98664	0,98650	0,98636	0,98623	0,98609	0,98594
$W_o = \frac{H_{o,n}}{\sqrt{d_{N_2}}}$	kcal	15336	13808	12279	10748	9217	7684	6149	4614	3077	1539	0
	kJ	64211	57813	51410	45002	38589	32170	25746	19318	12884	6444	0
bezogen auf	kWh	17,8331	16,0563	14,2781	12,4982	10,7171	8,9346	7,1505	5,3650	3,5781	1,7898	0
$W_u = \frac{H_{u,n}}{\sqrt{d_{N_2}}}$	kcal	14379	12947	11513	10078	8642	7204	5766	4326	2885	1443	0
	kJ	60203	54205	48202	42193	36180	30162	24140	18112	12080	6042	0
bezogen auf	kWh	16,7202	15,0542	13,3870	11,7182	10,0483	8,3770	6,7042	5,0302	3,3548	1,6781	0
$W'_o = \frac{H_{o,n}}{\sqrt{d_{N_2,atm}}}$	kcal	15336	13805	12273	10740	9207	7674	6140	4605	3071	1536	0
	kJ	64211	57798	51384	44967	38548	32128	25706	19282	12856	6429	0
bezogen auf	kWh	17,8331	16,0521	14,2704	12,4884	10,7058	8,9227	7,1392	5,3551	3,5706	1,7855	0
$W'_u = \frac{H_{u,n}}{\sqrt{d_{N_2,atm}}}$	kcal	14379	12943	11507	10070	8632	7195	5757	4318	2879	1440	0
	kJ	60203	54191	48177	42160	36142	30123	24101	18079	12054	6028	0
bezogen auf	kWh	16,7202	15,0503	13,3798	11,7090	10,0377	8,3658	6,6936	5,0209	3,3477	1,6741	0

Äthylen + CO_2

ρ	kg/m³ (NZ)	1,2605	1,3322	1,4038	1,4755	1,5471	1,6188	1,6905	1,7621	1,8338	1,9054	1,9771
d	(Luft = 1)	0,9748	1,0302	1,0856	1,1410	1,1964	1,2519	1,3073	1,3627	1,4181	1,4735	1,5289
$\sqrt{d}$		0,98732	1,01499	1,04193	1,06819	1,09382	1,11886	1,14335	1,16733	1,19083	1,21387	1,23648
$W_o = \frac{H_{o,n}}{\sqrt{d}}$	kcal	15336	13427	11626	9923	8306	6767	5297	3891	2543	1247	0
	kJ	64211	56215	48676	41545	34774	28331	22179	16293	10646	5223	0
bezogen auf	kWh	17,8331	15,6123	13,5187	11,5381	9,6581	7,8683	6,1598	4,5249	2,9571	1,4505	0
$W_u = \frac{H_{u,n}}{\sqrt{d}}$	kcal	14379	12589	10901	9303	7788	6344	4967	3649	2384	1170	0
	kJ	60203	52706	45640	38952	32605	26563	20796	15276	9981	4897	0
bezogen auf	kWh	16,7202	14,6379	12,6750	10,8180	9,0553	7,3772	5,7754	4,2425	2,7725	1,3600	0

Tabelle 62. Gasfachliche Eigenschaften von inertenhaltigem *Acetylen* (Äthin)

Acetylen + reinem (N_2) bzw. atmosphärischem ($N_{2,atm}$) Stickstoff

C_2H_2	Vol.-%	100	90	80	70	60	50	40	30	20	10	0
N_2 bzw. $N_{2,atm}$	Vol.-%	0	10	20	30	40	50	60	70	80	90	100
$H_{o,n}$	kcal/m³ (NZ)	14090	12681	11272	9863	8454	7045	5636	4227	2818	1409	0
	kJ/m³ (NZ)	58992	53093	47194	41294	35395	29496	23597	17698	11798	5899	0
	kWh/m³ (NZ)	16,3837	14,7453	13,1070	11,4686	9,8302	8,1919	6,5535	4,9151	3,2767	1,6384	0
$H_{u,n}$	kcal/m³ (NZ)	13600	12240	10880	9520	8160	6800	5440	4080	2720	1360	0
	kJ/m³ (NZ)	56940	51246	45552	39858	34164	28470	22776	17082	11388	5694	0
	kWh/m³ (NZ)	15,8140	14,2326	12,6512	11,0698	9,4884	7,9070	6,3256	4,7442	3,1628	1,5814	0
ρ_{N_2}	kg/m³ (NZ)	1,1747	1,1823	1,1898	1,1974	1,2050	1,2126	1,2201	1,2277	1,2353	1,2428	1,2504
d_{N_2}	(Luft = 1)	0,9084	0,9143	0,9201	0,9260	0,9318	0,9377	0,9436	0,9494	0,9553	0,9611	0,9670
$\rho_{N_2,atm}$	kg/m³ (NZ)	1,1747	1,1829	1,1911	1,1994	1,2076	1,2158	1,2241	1,2323	1,2406	1,2488	1,2570
$d_{N_2,atm}$	(Luft = 1)	0,9084	0,9148	0,9211	0,9275	0,9339	0,9043	0,9466	0,9530	0,9594	0,9657	0,9721
$\sqrt{d_{N_2}}$		0,95312	0,95617	0,95923	0,96228	0,96532	0,96835	0,97137	0,97438	0,97738	0,98038	0,98336
$\sqrt{d_{N_2,\ atm}}$			0,95644	0,95976	0,96307	0,96637	0,96966	0,97294	0,97621	0,97947	0,98272	0,98594
$W_o = \frac{H_{o,n}}{\sqrt{d_{N_2}}}$ bezogen auf	kcal	14783	13262	11751	10250	8758	7275	5802	4338	2883	1437	0
	kJ	61894	55527	49199	42913	36667	30460	24292	18163	12071	6017	0
	kWh	17,1896	15,4213	13,6641	11,9182	10,1834	8,4596	6,7466	5,0444	3,3526	1,6712	0
$W_u = \frac{H_{u,n}}{\sqrt{d_{N_2}}}$ bezogen auf	kcal	14269	12801	11342	9893	8453	7022	5600	4187	2783	1387	0
	kJ	59741	53595	47489	41421	35392	29401	23448	17531	11652	5808	0
	kWh	16,5918	14,8850	13,1888	11,5037	9,8293	8,1654	6,5120	4,8689	3,2360	1,6130	0
$W_o' = \frac{H_{o,n}}{\sqrt{d_{N_2,atm}}}$ bezogen auf	kcal	14783	13259	11745	10241	8748	7265	5793	4330	2877	1434	0
	kJ	61894	55511	49172	42878	36627	30419	24253	18129	12046	6003	0
	kWh	17,1896	15,4169	13,6565	11,9084	10,1723	8,4482	6,7358	5,0349	3,3454	1,6672	0
$W_u' = \frac{H_{u,n}}{\sqrt{d_{N_2,atm}}}$ bezogen auf	kcal	14269	12797	11336	9885	8444	7013	5591	4179	2777	1384	0
	kJ	59741	53580	47461	41386	35352	29361	23410	17498	11627	5794	0
	kWh	16,5918	14,8808	13,1816	11,4943	9,8186	8,1544	6,5015	4,8598	3,2291	1,6092	0

Acetylen + CO_2

ρ	kg/m³ (NZ)	1,1747	1,2549	1,3352	1,4154	1,4957	1,5759	1,6561	1,7364	1,8166	1,8969	1,9771
d	(Luft = 1)	0,9084	0,9705	1,0325	1,0946	1,1566	1,2187	1,2807	1,3428	1,4048	1,4669	1,5289
$\sqrt{d}$		0,95312	0,98511	1,01612	1,04621	1,07545	1,10392	1,13168	1,15877	1,18524	1,21114	1,23648
$W_o = \frac{H_{o,n}}{\sqrt{d}}$ bezogen auf	kcal	14783	12873	11093	9427	7861	6382	4980	3648	2378	1163	0
	kJ	61894	53896	46445	39470	32912	26719	20851	15273	9954	4871	0
	kWh	17,1896	14,9682	12,8990	10,9620	9,1406	7,4207	5,7909	4,2417	2,7646	1,3528	0
$W_u = \frac{H_{u,n}}{\sqrt{d}}$ bezogen auf	kcal	14269	12425	10707	9100	7588	6160	4807	3521	2295	1123	0
	kJ	59741	52021	44829	38098	31767	25790	20126	14741	9608	4701	0
	kWh	16,5918	14,4477	12,4505	10,5808	8,8227	7,1626	5,5896	4,0942	2,6685	1,3057	0

G. Vergasung[1])

In allgemeiner Fassung bedeutet *Vergasung* die chemische Umsetzung von festen, flüssigen (oder gasförmigen) Kohlenstoff(C)-haltigen Stoffen, in denen der C nur bedingt vollständig als CO_2 vorliegen darf, mit meist Sauerstoff(O)-haltigen Stoffen, den Vergasungsmitteln, bei höheren Temperaturen zu brennbaren Gasen. Ein Gemisch aus $(CO_2 + H_2)$ kann danach *nicht* vergast werden. Die technisch wichtigen Vergasungsmittel sind Luft bis zu praktisch reinem O_2 (freier Sauerstoff), Wasserdampf H_2O_D (gebundener Sauerstoff), auch Kohlendioxid CO_2 und Gemische der O-haltigen Vergasungsmittel, ferner Wasserstoff H_2 – siehe weiter unten. Die Vergasungsreaktionen sind *Gleichgewichtsreaktionen.*

1. Gleichgewichtsreaktionen und ihre Konstanten

Es lassen sich drei Gruppen von Vergasungsreaktionen je nach der Art des zu vergasenden Einsatzstoffes aufstellen.

1. Gruppe: *heterogene* Reaktionen

Hier werden die Umsetzungen von reinem Kohlenstoff C betrachtet, der praktisch-technisch in Form von Koks eingesetzt wird. Es werden jedoch auch Kohlen als Einsatzstoffe für Vergasungsanlagen häufig benutzt.

1. $2\,C + CO_2 \rightleftharpoons 2\,CO$ – Konstante K_G
   (Boudouard- oder Generatorgas-Gleichgewicht)
2. $C + H_2O_D \rightleftharpoons CO + H_2$ – Konstante K_W
   (Hochtemperatur-Wassergas-Gleichgewicht)
3. $C + 2\,H_2 \rightleftharpoons CH_4$ – Konstante K_M
   (heterogenes Methansynthese-Gleichgewicht)

Diese drei heterogenen chemischen Umsetzungen sind die *Grundreaktionen*, deren Konstante ermöglichen, bei allen anderen Vergasungsreaktionen die zugehörigen Konstanten auszudrücken.

4. $C + 2\,H_2O_D \rightleftharpoons CO_2 + 2\,H_2$ – Konstante $K_{W,\,tief} = \frac{K_W^2}{K_G}$
   (heterogenes Tieftemperatur-Wassergas-Gleichgewicht)

2. Gruppe: *homogene* Reaktionen (mit CO oder CO_2 als Einsatzstoff)

5. $CO + H_2O_D \rightleftharpoons CO_2 + H_2$ – Konstante $K_h = \frac{K_W}{K_G}$
   (homogenes Wassergas-Gleichgewicht)
6. $CO + 3\,H_2 \rightleftharpoons CH_4 + H_2O_D$ – Konstante $K_{MhI} = \frac{K_M}{K_W}$
   (homogenes Methanbildungs-Gleichgewicht I)
7. $2\,CO + 2\,H_2 \rightleftharpoons CH_4 + CO_2$ – Konstante $K_{MhII} = \frac{K_M}{K_G}$
   (homogenes Methanbildungs-Gleichgewicht II)
8. $CO_2 + 4\,H_2 \rightleftharpoons CH_4 + 2\,H_2O_D$ – Konstante $K_{MhIII} = \frac{K_M \cdot K_G}{K_W^2}$
   (homogenes Methanbildungs-Gleichgewicht III)

---

[1]) Siehe z.B.: *F. Schuster,* Über die Berechnung der Gleichgewichts-Zusammensetzung von Vergasungsgasen: I: Gaswärme 7 (1958), S. 125/129 – II: S. 186/189 – III: S. 210/215 – IV: 234/238 – V: S. 320/325 mit ausführlicher Literatur-Übersicht.

3. Gruppe: *homogene* Reaktionen (mit C_rH_s/CH_4 als Einsatzstoff)

9a. $CH_4 + 0{,}5\ O_2 \rightleftharpoons CO + 2H_2$ – Konstante $K = \frac{K_G}{K_M^2}$
(Methan-Sauerstoffmangel-Gleichgewicht)

9b. $\left(C_rH_s + \frac{r}{2} O_2 \rightleftharpoons r\,CO + \frac{s}{2} H_2\right)$

10a. $CH_4 + H_2O_D \rightleftharpoons CO + 3\ H_2$ – Konstante $K = \frac{K_W}{K_M}$
(Umkehrung von 6)

10b. $\left(C_rH_s + r\,H_2O_D \rightleftharpoons r\,CO + \left(r + \frac{s}{2}\right) H_2\right)$

11a. $CH_4 + 2\ H_2O_D \rightleftharpoons CO_2 + 4\ H_2$ – Konstante $K = \frac{K_W^2}{K_M \cdot K_G}$
(Umkehrung von 8)

11b. $\left(C_rH_s + 2\,r\,H_2O_D \rightleftharpoons r\,CO_2 + \left(2\,r + \frac{s}{2}\right) H_2\right)$

12a. $CH_4 + CO_2 \rightleftharpoons 2\ CO + 2\ H_2$ – Konstante $K = \frac{K_G}{K_M}$
(Umkehrung von 7)

12b. $\left(C_rH_s + r\,CO_2 \rightleftharpoons 2\,r\,CO + \frac{s}{2} H_2\right)$

Die Tabellen 63 bis 71 enthalten die Gleichgewichtskonstanten der einzelnen Vergasungsreaktionen zwischen 350 °C und 1500 °C.

Tabelle 63: Boudouard- oder Generatorgas-Gleichgewicht

$K'_G = \frac{1}{K_G}$	$C + CO_2 \rightleftharpoons 2\,CO$ $K_G = \frac{(p_{CO})^2}{p_{CO_2}}$	$2\,CO \rightleftharpoons C + CO_2$ $K'_G = \frac{p_{CO_2}}{(p_{CO})^2}$
350 °C	$6{,}764 \cdot 10^{-6}$	$1{,}478 \cdot 10^{5}$
400	$8{,}103 \cdot 10^{-5}$	$1{,}234 \cdot 10^{4}$
450	$6{,}867 \cdot 10^{-4}$	$1{,}456 \cdot 10^{3}$
500	$4{,}402 \cdot 10^{-3}$	$2{,}272 \cdot 10^{2}$
550	$2{,}245 \cdot 10^{-2}$	$4{,}455 \cdot 10^{1}$
600	$9{,}472 \cdot 10^{-2}$	$1{,}056 \cdot 10^{1}$
650	$3{,}409 \cdot 10^{-1}$	$2{,}933 \cdot 10^{0}$
700	$1{,}073 \cdot 10^{0}$	$9{,}323 \cdot 10^{-1}$
750	$3{,}009 \cdot 10^{0}$	$3{,}323 \cdot 10^{-1}$
800	$7{,}646 \cdot 10^{0}$	$1{,}308 \cdot 10^{-1}$
850	$1{,}784 \cdot 10^{1}$	$5{,}606 \cdot 10^{-2}$
900	$3{,}862 \cdot 10^{1}$	$2{,}590 \cdot 10^{-2}$
950	$7{,}830 \cdot 10^{1}$	$1{,}277 \cdot 10^{-2}$
1000	$1{,}499 \cdot 10^{2}$	$6{,}672 \cdot 10^{-3}$
1050	$2{,}726 \cdot 10^{2}$	$3{,}668 \cdot 10^{-3}$
1100	$4{,}738 \cdot 10^{2}$	$2{,}110 \cdot 10^{-3}$
1150	$7{,}908 \cdot 10^{2}$	$1{,}265 \cdot 10^{-3}$
1200	$1{,}273 \cdot 10^{3}$	$7{,}857 \cdot 10^{-4}$
1250	$1{,}982 \cdot 10^{3}$	$5{,}044 \cdot 10^{-4}$
1300	$2{,}999 \cdot 10^{3}$	$3{,}335 \cdot 10^{-4}$
1350	$4{,}415 \cdot 10^{3}$	$2{,}265 \cdot 10^{-4}$
1400	$6{,}346 \cdot 10^{3}$	$1{,}576 \cdot 10^{-4}$
1450	$8{,}924 \cdot 10^{3}$	$1{,}121 \cdot 10^{-4}$
1500	$1{,}230 \cdot 10^{4}$	$8{,}131 \cdot 10^{-5}$

Tabelle 64: Heterogenes Wassergas-Gleichgewicht

	$C + H_2O_D \rightleftharpoons CO + H_2$	$CO + H_2 \rightleftharpoons C + H_2O_D$
	$K_W = \frac{p_{CO} \cdot p_{H_2}}{p_{H_2O_D}}$	$K'_W = \frac{1}{K_W} = \frac{p_{H_2O_D}}{p_{CO} \cdot p_{H_2}}$
350 °C	$1{,}404 \cdot 10^{-4}$	$7{,}124 \cdot 10^{3}$
400	$9{,}538 \cdot 10^{-4}$	$1{,}048 \cdot 10^{3}$
450	$5{,}026 \cdot 10^{-3}$	$1{,}990 \cdot 10^{2}$
500	$2{,}151 \cdot 10^{-2}$	$4{,}649 \cdot 10^{1}$
550	$7{,}752 \cdot 10^{-2}$	$1{,}290 \cdot 10^{1}$
600	$2{,}418 \cdot 10^{-1}$	$4{,}136 \cdot 10^{0}$
650	$6{,}678 \cdot 10^{-1}$	$1{,}498 \cdot 10^{0}$
700	$1{,}662 \cdot 10^{0}$	$6{,}018 \cdot 10^{-1}$
750	$3{,}783 \cdot 10^{0}$	$2{,}643 \cdot 10^{-1}$
800	$7{,}969 \cdot 10^{0}$	$1{,}255 \cdot 10^{-1}$
850	$1{,}570 \cdot 10^{1}$	$6{,}370 \cdot 10^{-2}$
900	$2{,}917 \cdot 10^{1}$	$3{,}429 \cdot 10^{-2}$
950	$5{,}148 \cdot 10^{1}$	$1{,}943 \cdot 10^{-2}$
1000	$8{,}683 \cdot 10^{1}$	$1{,}152 \cdot 10^{-2}$
1050	$1{,}407 \cdot 10^{2}$	$7{,}106 \cdot 10^{-3}$
1100	$2{,}202 \cdot 10^{2}$	$4{,}542 \cdot 10^{-3}$
1150	$3{,}339 \cdot 10^{2}$	$2{,}995 \cdot 10^{-3}$
1200	$4{,}925 \cdot 10^{2}$	$2{,}030 \cdot 10^{-3}$
1250	$7{,}089 \cdot 10^{2}$	$1{,}411 \cdot 10^{-3}$
1300	$9{,}981 \cdot 10^{2}$	$1{,}002 \cdot 10^{-3}$
1350	$1{,}378 \cdot 10^{3}$	$7{,}256 \cdot 10^{-4}$
1400	$1{,}871 \cdot 10^{3}$	$5{,}346 \cdot 10^{-4}$
1450	$2{,}500 \cdot 10^{3}$	$3{,}999 \cdot 10^{-4}$
1500	$3{,}296 \cdot 10^{3}$	$3{,}034 \cdot 10^{-4}$

Tabelle 65: Heterogenes Methan-Synthese-Gleichgewicht

	$C + 2\,H_2 \rightleftharpoons CH_4$	$CH_4 \rightleftharpoons C + 2\,H_2$
	$K_M = \frac{p_{CH_4}}{(p_{H_2})^2}$	$K'_M = \frac{1}{K_M} = \frac{(p_{H_2})^2}{p_{CH_4}}$
350 °C	$5{,}551 \cdot 10^{1}$	$1{,}801 \cdot 10^{-2}$
400	$1{,}639 \cdot 10^{1}$	$6{,}100 \cdot 10^{-2}$
450	$5{,}594 \cdot 10^{0}$	$1{,}788 \cdot 10^{-1}$
500	$2{,}202 \cdot 10^{0}$	$4{,}542 \cdot 10^{-1}$
550	$9{,}659 \cdot 10^{-1}$	$1{,}035 \cdot 10^{0}$
600	$4{,}636 \cdot 10^{-1}$	$2{,}157 \cdot 10^{0}$
650	$2{,}399 \cdot 10^{-1}$	$4{,}168 \cdot 10^{0}$
700	$1{,}324 \cdot 10^{-1}$	$7{,}555 \cdot 10^{0}$
750	$7{,}715 \cdot 10^{-2}$	$1{,}296 \cdot 10^{1}$
800	$4{,}716 \cdot 10^{-2}$	$2{,}121 \cdot 10^{1}$
850	$3{,}034 \cdot 10^{-2}$	$3{,}296 \cdot 10^{1}$
900	$1{,}985 \cdot 10^{-2}$	$5{,}039 \cdot 10^{1}$
950	$1{,}354 \cdot 10^{-2}$	$7{,}386 \cdot 10^{1}$
1000	$9{,}507 \cdot 10^{-3}$	$1{,}052 \cdot 10^{2}$
1050	$6{,}851 \cdot 10^{-3}$	$1{,}460 \cdot 10^{2}$
1100	$5{,}053 \cdot 10^{-3}$	$1{,}979 \cdot 10^{2}$
1150	$3{,}807 \cdot 10^{-3}$	$2{,}627 \cdot 10^{2}$
1200	$2{,}924 \cdot 10^{-3}$	$3{,}420 \cdot 10^{2}$
1250	$2{,}286 \cdot 10^{-3}$	$4{,}375 \cdot 10^{2}$
1300	$1{,}817 \cdot 10^{-3}$	$5{,}504 \cdot 10^{2}$
1350	$1{,}466 \cdot 10^{-3}$	$6{,}821 \cdot 10^{2}$
1400	$1{,}200 \cdot 10^{-3}$	$8{,}335 \cdot 10^{2}$
1450	$9{,}950 \cdot 10^{-4}$	$1{,}005 \cdot 10^{3}$
1500	$8{,}354 \cdot 10^{-4}$	$1{,}197 \cdot 10^{3}$

Tabelle 66: Heterogenes Tieftemperatur-Wassergas-Gleichgewicht

	$C + 2\,H_2O_D \rightleftharpoons 2\,H_2 + CO_2$	$2\,H_2 + CO_2 \rightleftharpoons C + 2\,H_2O_D$
	$K_{W,T} = \frac{p_{CO_2} \cdot (p_{H_2})^2}{(p_{H_2O_D})^2} = \frac{K_W^2}{K_G}$	$K'_{W,T} = \frac{1}{K_{W,T}} = \frac{(p_{H_2O_D})^2}{p_{CO_2} \cdot (p_{H_2})^2}$
350 °C	$2{,}91\underline{3} \cdot 10^{-3}$	$3{,}43\underline{3} \cdot 10^{2}$
400	$1{,}12\underline{3} \cdot 10^{-2}$	$8{,}90\underline{6} \cdot 10^{1}$
450	$3{,}67\underline{8} \cdot 10^{-2}$	$2{,}71\underline{9} \cdot 10^{1}$
500	$1{,}05\underline{1} \cdot 10^{-1}$	$9{,}51\underline{1} \cdot 10^{1}$
550	$2{,}67\underline{7} \cdot 10^{-1}$	$3{,}73\underline{6} \cdot 10^{0}$
600	$6{,}17\underline{2} \cdot 10^{-1}$	$1{,}62\underline{0} \cdot 10^{0}$
650	$1{,}30\underline{8} \cdot 10^{0}$	$7{,}64\underline{6} \cdot 10^{-1}$
700	$2{,}57\underline{5} \cdot 10^{0}$	$3{,}88\underline{4} \cdot 10^{-1}$
750	$4{,}75\underline{6} \cdot 10^{0}$	$2{,}10\underline{3} \cdot 10^{-1}$
800	$8{,}30\underline{5} \cdot 10^{0}$	$1{,}20\underline{4} \cdot 10^{-1}$
850	$1{,}38\underline{2} \cdot 10^{1}$	$7{,}23\underline{8} \cdot 10^{-2}$
900	$2{,}20\underline{3} \cdot 10^{1}$	$4{,}54\underline{0} \cdot 10^{-2}$
950	$3{,}38\underline{4} \cdot 10^{1}$	$2{,}95\underline{5} \cdot 10^{-2}$
1000	$5{,}03\underline{0} \cdot 10^{1}$	$1{,}98\underline{8} \cdot 10^{-2}$
1050	$7{,}26\underline{5} \cdot 10^{1}$	$1{,}37\underline{7} \cdot 10^{-2}$
1100	$1{,}02\underline{3} \cdot 10^{2}$	$9{,}74\underline{4} \cdot 10^{-3}$
1150	$1{,}41\underline{0} \cdot 10^{2}$	$7{,}09\underline{5} \cdot 10^{-3}$
1200	$1{,}90\underline{6} \cdot 10^{2}$	$5{,}24\underline{7} \cdot 10^{-3}$
1250	$2{,}53\underline{5} \cdot 10^{2}$	$3{,}94\underline{5} \cdot 10^{-3}$
1300	$3{,}32\underline{2} \cdot 10^{2}$	$3{,}01\underline{0} \cdot 10^{-3}$

Tabelle 67: Homogenes Wassergas-Gleichgewicht

	$CO + H_2O_D \rightleftharpoons H_2 + CO_2$	$H_2 + CO_2 \rightleftharpoons CO + H_2O_D$
	$K_h = \frac{p_{CO_2} \cdot p_{H_2}}{p_{CO} \cdot p_{H_2O_D}} = \frac{K_W}{K_G}$	$K'_h = \frac{1}{K_h} = \frac{p_{CO} \cdot p_{H_2O_D}}{p_{CO_2} \cdot p_{H_2}}$
350 °C	$2{,}07\underline{5} \cdot 10^{1}$	$4{,}81\underline{9} \cdot 10^{-2}$
400	$1{,}17\underline{7} \cdot 10^{1}$	$8{,}59\underline{5} \cdot 10^{-2}$
450	$7{,}31\underline{9} \cdot 10^{0}$	$1{,}36\underline{6} \cdot 10^{-1}$
500	$4{,}88\underline{7} \cdot 10^{0}$	$2{,}04\underline{6} \cdot 10^{-1}$
550	$3{,}45\underline{3} \cdot 10^{0}$	$2{,}89\underline{6} \cdot 10^{-1}$
600	$2{,}55\underline{3} \cdot 10^{0}$	$3{,}91\underline{7} \cdot 10^{-1}$
650	$1{,}95\underline{9} \cdot 10^{0}$	$5{,}10\underline{6} \cdot 10^{-1}$
700	$1{,}54\underline{9} \cdot 10^{0}$	$6{,}45\underline{5} \cdot 10^{-1}$
750	$1{,}25\underline{7} \cdot 10^{0}$	$7{,}95\underline{4} \cdot 10^{-1}$
800	$1{,}04\underline{2} \cdot 10^{0}$	$9{,}59\underline{5} \cdot 10^{-1}$
850	$8{,}80\underline{1} \cdot 10^{-1}$	$1{,}13\underline{6} \cdot 10^{0}$
900	$7{,}55\underline{3} \cdot 10^{-1}$	$1{,}32\underline{4} \cdot 10^{0}$
950	$6{,}57\underline{4} \cdot 10^{-1}$	$1{,}52\underline{1} \cdot 10^{0}$
1000	$5{,}79\underline{3} \cdot 10^{-1}$	$1{,}72\underline{6} \cdot 10^{0}$
1050	$5{,}16\underline{2} \cdot 10^{-1}$	$1{,}93\underline{7} \cdot 10^{0}$
1100	$4{,}64\underline{7} \cdot 10^{-1}$	$2{,}15\underline{2} \cdot 10^{0}$
1150	$4{,}22\underline{2} \cdot 10^{-1}$	$2{,}36\underline{9} \cdot 10^{0}$
1200	$3{,}87\underline{0} \cdot 10^{-1}$	$2{,}58\underline{4} \cdot 10^{0}$
1250	$3{,}57\underline{6} \cdot 10^{-1}$	$2{,}79\underline{7} \cdot 10^{0}$
1300	$3{,}32\underline{9} \cdot 10^{-1}$	$3{,}00\underline{4} \cdot 10^{0}$
1350	$3{,}12\underline{2} \cdot 10^{-1}$	$3{,}20\underline{4} \cdot 10^{0}$
1400	$2{,}94\underline{8} \cdot 10^{-1}$	$3{,}39\underline{2} \cdot 10^{0}$
1450	$2{,}80\underline{2} \cdot 10^{-1}$	$3{,}56\underline{9} \cdot 10^{0}$
1500	$2{,}68\underline{0} \cdot 10^{-1}$	$3{,}73\underline{1} \cdot 10^{0}$

Tabelle 68: Homogenes Methanbildungs-Gleichgewicht I (Basis CO)

	$CO + 3\,H_2 \rightleftharpoons CH_4 + H_2O_D$	$CH_4 + H_2O_D \rightleftharpoons CO + 3\,H_2$
	$K_{M,h\,I} = \frac{p_{CH_4} \cdot p_{H_2O_D}}{p_{CO} \cdot (p_{H_2})^3} = \frac{K_M}{K_W}$	$K'_{M,h\,I} = \frac{1}{K_{M,h}} = \frac{p_{CO} \cdot (p_{H_2})^3}{p_{CH_4} \cdot p_{H_2O_D}}$
350 °C	$3{,}954 \cdot 10^{5}$	$2{,}529 \cdot 10^{-6}$
400	$1{,}710 \cdot 10^{4}$	$5{,}818 \cdot 10^{-5}$
450	$1{,}113 \cdot 10^{3}$	$8{,}983 \cdot 10^{-4}$
500	$1{,}024 \cdot 10^{2}$	$9{,}769 \cdot 10^{-3}$
550	$1{,}246 \cdot 10^{1}$	$8{,}026 \cdot 10^{-2}$
600	$1{,}917 \cdot 10^{0}$	$5{,}216 \cdot 10^{-1}$
650	$3{,}593 \cdot 10^{-1}$	$2{,}783 \cdot 10^{0}$
700	$7{,}966 \cdot 10^{-2}$	$1{,}255 \cdot 10^{1}$
750	$2{,}040 \cdot 10^{-2}$	$4{,}903 \cdot 10^{1}$
800	$5{,}918 \cdot 10^{-3}$	$1{,}690 \cdot 10^{2}$
850	$1{,}933 \cdot 10^{-3}$	$5{,}175 \cdot 10^{2}$
900	$6{,}804 \cdot 10^{-4}$	$1{,}470 \cdot 10^{3}$
950	$2{,}630 \cdot 10^{-4}$	$3{,}802 \cdot 10^{3}$
1000	$1{,}095 \cdot 10^{-4}$	$9{,}132 \cdot 10^{3}$
1050	$4{,}868 \cdot 10^{-5}$	$2{,}054 \cdot 10^{4}$
1100	$2{,}295 \cdot 10^{-5}$	$4{,}358 \cdot 10^{4}$
1150	$1{,}140 \cdot 10^{-5}$	$9{,}648 \cdot 10^{4}$
1200	$5{,}936 \cdot 10^{-6}$	$1{,}685 \cdot 10^{5}$
1250	$3{,}225 \cdot 10^{-6}$	$3{,}101 \cdot 10^{5}$
1300	$1{,}820 \cdot 10^{-6}$	$5{,}494 \cdot 10^{5}$
1350	$1{,}064 \cdot 10^{-7}$	$9{,}411 \cdot 10^{5}$
1400	$6{,}414 \cdot 10^{-8}$	$1{,}559 \cdot 10^{6}$
1450	$3{,}980 \cdot 10^{-8}$	$2{,}513 \cdot 10^{6}$
1500	$2{,}535 \cdot 10^{-8}$	$3{,}946 \cdot 10^{6}$

Tabelle 69: Homogenes Methanbildungs-Gleichgewicht II (Basis CO)

	$2\,CO + 2\,H_2 \rightleftharpoons CH_4 + CO_2$	$CH_4 + CO_2 \rightleftharpoons 2\,CO + 2\,H_2$
	$K_{Mh\,II} = \frac{p_{CH_4} \cdot p_{CO_2}}{(p_{CO})^2 \cdot (p_{H_2})^2} = \frac{K_M}{K_G}$	$K'_{Mh\,II} = \frac{1}{K_{M,h\,II}} = \frac{(p_{CO})^2 \cdot (p_{H_2})^2}{p_{CH_4} \cdot p_{CO_2}}$
350 °C	$8{,}206 \cdot 10^{6}$	$1{,}219 \cdot 10^{-7}$
400	$2{,}023 \cdot 10^{4}$	$4{,}943 \cdot 10^{-6}$
450	$8{,}147 \cdot 10^{3}$	$1{,}227 \cdot 10^{-4}$
500	$5{,}002 \cdot 10^{2}$	$1{,}999 \cdot 10^{-3}$
550	$4{,}303 \cdot 10^{1}$	$2{,}324 \cdot 10^{-2}$
600	$4{,}894 \cdot 10^{0}$	$2{,}043 \cdot 10^{-1}$
650	$7{,}937 \cdot 10^{-1}$	$1{,}421 \cdot 10^{0}$
700	$1{,}234 \cdot 10^{-1}$	$8{,}103 \cdot 10^{0}$
750	$2{,}564 \cdot 10^{-2}$	$3{,}900 \cdot 10^{1}$
800	$6{,}167 \cdot 10^{-3}$	$1{,}621 \cdot 10^{2}$
850	$1{,}701 \cdot 10^{-3}$	$5{,}880 \cdot 10^{2}$
900	$5{,}139 \cdot 10^{-4}$	$1{,}946 \cdot 10^{3}$
950	$1{,}729 \cdot 10^{-4}$	$5{,}783 \cdot 10^{3}$
1000	$6{,}343 \cdot 10^{-5}$	$1{,}577 \cdot 10^{4}$
1050	$2{,}513 \cdot 10^{-5}$	$3{,}980 \cdot 10^{4}$
1100	$1{,}066 \cdot 10^{-5}$	$9{,}378 \cdot 10^{4}$
1150	$4{,}814 \cdot 10^{-6}$	$2{,}046 \cdot 10^{5}$
1200	$2{,}297 \cdot 10^{-6}$	$4{,}353 \cdot 10^{5}$
1250	$1{,}153 \cdot 10^{-6}$	$8{,}670 \cdot 10^{5}$
1300	$6{,}059 \cdot 10^{-7}$	$1{,}651 \cdot 10^{6}$

Tabelle 70: Homogenes Methanbildungs-Gleichgewicht III (Basis CO_2)

	$CO_2 + 4\,H_2 \rightleftharpoons CH_4 + 2\,H_2O_D$	$CH_4 + 2\,H_2O_D \rightleftharpoons CO_2 + 4\,H_2$
	$K_{Mh\,III} = \frac{p_{CH_4} \cdot (p_{H_2O_D})^2}{p_{CO_2} \cdot (p_{H_2})^4} = \frac{K_M \cdot K_G}{K_W^2}$	$K'_{Mh\,III_2} = \frac{1}{K_{M,h\,III}} = \frac{p_{CO_2} \cdot (p_{H_2})^4}{p_{CH_4} \cdot (p_{H_2O_D})^2}$
350 °C	$1{,}906 \cdot 10^{4}$	$5{,}248 \cdot 10^{-5}$
400	$1{,}460 \cdot 10^{3}$	$6{,}850 \cdot 10^{-4}$
450	$1{,}521 \cdot 10^{2}$	$6{,}574 \cdot 10^{-3}$
500	$2{,}095 \cdot 10^{1}$	$4{,}773 \cdot 10^{-2}$
550	$3{,}608 \cdot 10^{0}$	$2{,}771 \cdot 10^{-1}$
600	$7{,}511 \cdot 10^{-1}$	$1{,}331 \cdot 10^{0}$
650	$1{,}834 \cdot 10^{-1}$	$5{,}452 \cdot 10^{0}$
700	$5{,}141 \cdot 10^{-2}$	$1{,}945 \cdot 10^{1}$
750	$1{,}622 \cdot 10^{-2}$	$6{,}164 \cdot 10^{1}$
800	$5{,}678 \cdot 10^{-3}$	$1{,}761 \cdot 10^{2}$
850	$2{,}195 \cdot 10^{-3}$	$4{,}556 \cdot 10^{2}$
900	$9{,}008 \cdot 10^{-4}$	$1{,}110 \cdot 10^{3}$
950	$4{,}001 \cdot 10^{-4}$	$2{,}499 \cdot 10^{3}$
1000	$1{,}890 \cdot 10^{-4}$	$5{,}291 \cdot 10^{3}$
1050	$9{,}433 \cdot 10^{-5}$	$1{,}061 \cdot 10^{4}$
1100	$4{,}923 \cdot 10^{-5}$	$2{,}025 \cdot 10^{4}$
1150	$2{,}701 \cdot 10^{-5}$	$3{,}704 \cdot 10^{4}$
1200	$1{,}534 \cdot 10^{-5}$	$6{,}519 \cdot 10^{4}$
1250	$9{,}018 \cdot 10^{-6}$	$1{,}109 \cdot 10^{5}$
1300	$5{,}469 \cdot 10^{-6}$	$1{,}828 \cdot 10^{5}$

Tabelle 71: Methan-Sauerstoffmangel-Gleichgewicht

	$CH_4 + 0{,}5\,O_2 \rightleftharpoons CO + 2\,H_2$	$CO + 2\,H_2 \rightleftharpoons CH_4 + 0{,}5\,O_2$
	$K = \frac{p_{CO} \cdot (p_{H_2})^2}{p_{CH_4} \cdot (p_{O_2})^{0,5}} = \frac{K_G}{K_M^2}$	$K' = \frac{1}{K} = \frac{p_{CH_4} \cdot (p_{O_2})^{0,5}}{p_{CO} \cdot (p_{H_2})^2}$
350 °C	$2{,}195 \cdot 10^{-9}$	$4{,}556 \cdot 10^{8}$
400	$2{,}270 \cdot 10^{-7}$	$4{,}405 \cdot 10^{6}$
450	$2{,}196 \cdot 10^{-5}$	$4{,}554 \cdot 10^{4}$
500	$9{,}079 \cdot 10^{-4}$	$1{,}101 \cdot 10^{3}$
550	$2{,}405 \cdot 10^{-2}$	$4{,}158 \cdot 10^{1}$
600	$4{,}407 \cdot 10^{-1}$	$2{,}269 \cdot 10^{0}$
650	$5{,}923 \cdot 10^{0}$	$1{,}688 \cdot 10^{-1}$
700	$6{,}125 \cdot 10^{1}$	$1{,}633 \cdot 10^{-2}$
750	$5{,}054 \cdot 10^{2}$	$1{,}979 \cdot 10^{-3}$
800	$3{,}440 \cdot 10^{3}$	$2{,}907 \cdot 10^{-4}$
850	$1{,}938 \cdot 10^{4}$	$5{,}160 \cdot 10^{-5}$
900	$9{,}806 \cdot 10^{4}$	$1{,}020 \cdot 10^{-5}$
950	$4{,}271 \cdot 10^{5}$	$2{,}341 \cdot 10^{-6}$
1000	$1{,}659 \cdot 10^{6}$	$6{,}028 \cdot 10^{-7}$
1050	$5{,}811 \cdot 10^{6}$	$1{,}721 \cdot 10^{-7}$
1100	$1{,}856 \cdot 10^{7}$	$5{,}388 \cdot 10^{-8}$
1150	$5{,}456 \cdot 10^{7}$	$1{,}833 \cdot 10^{-8}$
1200	$1{,}489 \cdot 10^{8}$	$6{,}716 \cdot 10^{-9}$
1250	$3{,}794 \cdot 10^{8}$	$2{,}636 \cdot 10^{-9}$
1300	$9{,}087 \cdot 10^{8}$	$1{,}100 \cdot 10^{-9}$
1350	$2{,}054 \cdot 10^{9}$	$4{,}869 \cdot 10^{-10}$
1400	$4{,}408 \cdot 10^{9}$	$2{,}269 \cdot 10^{-10}$
1450	$9{,}014 \cdot 10^{9}$	$1{,}109 \cdot 10^{-10}$
1500	$1{,}762 \cdot 10^{10}$	$5{,}675 \cdot 10^{-11}$

Druckabhängigkeit von Gleichgewichts-Konstanten

Während in der Regel nur eine Abhängigkeit der Gleichgewichts-Konstanten von der Temperatur beachtet wird, gibt es als „klassisches“ Beispiel für die NH_3-Synthese umfassende Ungersuchungen der Druckabhängigkeit, die zu verschiedenen technischen Verfahren der NH_3-Synthese geführt hat (siehe Tabelle 72).

Literatur betreffend Kompressibilitätsfaktoren von N_2 und ($N_2 + 3\,H_2$) siehe *J. H. Perey,* Chemical Engineers' Handbook, S. 208/209, Tabellen 163/164. Wilmington, Delaware 1949.

Tabelle 72: Druckabhängigkeit der NH_3-Synthese-Konstanten

$$K_p = \frac{p_{H_2}^{3/2} \cdot p_{N_2}^{1/2}}{p_{NH_3}} \qquad NH_3 \rightleftharpoons 3/2\,H_2 + 1/2\,N_2$$

Temperatur		Gesamtdruck p atm					
K	°C	1	10	30	100	300	1000
600	327	K_p = 20,9	–	–	–	–	–
623	350	–	37,9	37,0	–	–	–
673	400	–	78,2	77,5	72,5	58,2	16,6
723	450	–	153	149	139	114	43,9
773	500	–	262	260	245	200	102
800	527	331	–	–	–	–	–
873	600	–	655	680	654	524	310
973	700	–	1700	1610	1690	1380	1010
1000	727	1740	–	–	–	–	–

Quelle: *D'Ans-Lax,* Taschenbuch für Chemiker und Physiker. 3. Aufl.; 1. Bd., *E. Lax* u. *Ch. Synowietz,* Makroskopische physikalisch-chemische Eigenschaften. S. 891/892. Springer-Verlag. Berlin/Heidelberg/New York 1967.

2. Berechnung der Zusammensetzung von Gleichgewichts-Vergasungsgasen

Für die Berechnung der Gleichgewichtszusammensetzung von Vergasungsgasen, abhängig von der Temperatur, bestehen die Gase – ohne Berücksichtigung eines etwaigen Schwefelgehalts im Vergasungsrohstoff – aus den sechs Bestandteilen

Wasserstoff H_2	Kohlendioxid CO_2
Kohlenmonoxid CO	Stickstoff N_2 ($N_{2,atm}$)
Methan CH_4	Wasserdampf H_2O_D

wofür nur als unabhängige Gleichgewichts-Grundkonstanten drei (K_G, K_W, K_M) zur Verfügung sind. Für eine mathematische Auswertung zieht man Elementebilanzen (C, H, O, N, gegebenenfalls S, der als 7. Bestandteil der Vergasungsgase in Form von H_2S auftritt) heran. Zur Vereinfachung des Berechnungsganges sind mehrere Auswertungsmethoden vorgeschlagen worden:

Newton-Raphson-Methode

(siehe *W. Gumz-L. Hardt,* Literatur am Ende dieses Abschnitts, S. 438)

Newton-Traustel-Methode

(siehe *W. Gumz-L. Hardt,* S. 438/442)

H. Deringer-Methode

(Gaswärme 7/1958, S. 186/189 – Methode weiter entwickelt von *S. Traustel,* BWK 4/1952, S. 10/13 und *W. Gumz,* BWK 4/1952, S. 13/16)

Traustel-Dreipunkt-Methode

(Gaswärme 7/1958, S. 210/215)

Gumz-Methode

(Gaswärme 7/1958, S. 234/238)

Heiligenstaed-Schuster-Methode

(Gaswärme 7/1958, S. 320/323)

Möller-Methode

(*F. Möller,* Schutzgase aus Erdgas. Berechnung der Gleichgewichtsgase und ihre graphische Darstellung. Schriftenreihe Gas · Erdgas Nr. 3, R. Oldenbourg Verlag, München und Wien 1971)

Literatur betr. Vergasungsberechnungen

W. Gumz, Die Vergasung fester Brennstoffe. Stoffbilanz und Gleichgewicht. Darstellung *aller* praktischen Berechnungsverfahren. Springer Verlag, Berlin/Göttingen/Heidelberg 1952.

W. Gumz (L. Hardt), Kurzes Handbuch der Brennstoff- und Feuerungstechnik. 3. Aufl., S. 430/447 (Vergasungsberechnungen). Springer-Verlag, Berlin/Göttingen/Heidelberg 1963.

Im vorliegenden Buch wird als Berechnungsbeispiel für die Praxis die Gumz-Methode, einmal allgemein, dann für Spaltgase (siehe S. 142) angewendet.

Vergasung auf Grund der Elementarzusammensetzung des Vergasungsbrennstoffs

(Methode von *W. Gumz*)

Im Gegensatz zu den meisten sonstigen Methoden zur Berechnung der Zusammensetzung von Vergasungsgasen (Gleichgewichtsgasen), bei welchen Methoden man sich auf eine Verbrennung mit Luftmangel bezieht, hat *W. Gumz*, zwar ausgehend von der Generatorgaserzeugung aus festen Brennstoffen mit beliebigen Vergasungsmitteln (vor allem „feuchter Luft"), eine Berechnungsmethode angegeben, die sich in allgemeinster Auslegung auf Vergasungsrohstoffe beliebigen Aggregatzustands (fest, flüssig, gasförmig) und auf beliebige Vergasungsmittel (Luft bis reinen Sauerstoff, Wasserdampf, Kohlendioxid einzeln oder untereinander gemischt) anwenden läßt. Zu diesem Zweck drückt er sowohl die Vergasungsrohstoffe wie auch die Vergasungsmittel in der *volumetrischen Elementarzusammensetzung* aus, beim Vergasungsrohstoff bezogen auf 1 kg davon, beim Vergasungsmittel auf 1 m^3 (NZ) davon. Man könnte die Methode auch auf 1 m^3 (NZ) des Vergasungsrohstoffs übertragen, doch würde dies den Anwendungsbereich einschränken oder zumindest theoretisieren, was vermieden werden soll. *W. Gumz* berücksichtigt auch einen S-Gehalt des Vergasungsrohstoffs, nimmt aber vereinfachend für das Vergasungsgas (Gleichgewichtsgas) nur die Bildung von H_2S, für technisch-praktische Zwecke ausreichend, an. Die zu vergasende Brennstoffmenge wird in F kg je 1 m^3 (NZ) Gesamtvergasungsmittel eingesetzt.

Bei festen und flüssigen Vergasungsrohstoffen wird die Elementarzusammensetzung praktisch immer in Gewichts-(Massen-) % angegeben. Für die Anwendung der Gumz-Methode ist es notwendig, in Volumanteile je kg Vergasungsbrennstoff umzurechnen, wofür die folgende Übersicht den Weg an der Elementarzusammensetzung des organischen Teils einer Steinkohle zeigt.

Gewichts-% (Massen-%)	m^3 (NZ)/kg Brennstoff $\left(\text{allgemein: } \frac{\text{Gewichts-\%}}{100} \cdot \frac{\text{Ideal-Molvolumen (NZ)}}{\text{Molekulargewicht}}\right)$
c 84,0 C	$\frac{0{,}840}{12{,}011} \cdot 22{,}414 = 1{,}568\ C_1$
h 4,5 H	$\frac{0{,}045}{2{,}016} \cdot 22{,}414 = 0{,}500\ H_2$
o 9,3 O	$\frac{0{,}093}{31{,}999} \cdot 22{,}414 = 0{,}065\ O_2$
s 1,0 S	$\frac{0{,}010}{32{,}06} \cdot 22{,}414 = 0{,}007\ S_1$
n 1,2 N	$\frac{0{,}012}{28{,}013} \cdot 22{,}414 = 0{,}010\ N_2$

Allgemeine Ableitung der Bedingungen für die Vergasung und die Gleichgewichte

Der *Vergasungsbrennstoff* bestehe aus

C_B m^3 (NZ) C_1/kg Ausgangsbrennstoff B
$H_{2,B}$ m^3 (NZ) H_2/kg Ausgangsbrennstoff B
$O_{2,B}$ m^3 (NZ) O_2/kg Ausgangsbrennstoff B
S_B m^3 (NZ) S_1/kg Ausgangsbrennstoff B
$N_{2,B}$ m^3 (NZ) N_2/kg Ausgangsbrennstoff B

Die *vergaste Brennstoffmenge* sei: F kg/m^3 (NZ) Gesamt-Vergasungsmittel. Diese können sein:

1. n-Luft (atmosphärische Luft) bis reiner Sauerstoff O_2,
2. Wasserdampf H_2O_D.
3. Kohlendioxid CO_2 (rein oder gemischt mit Wasserdampf, Stickstoff oder Luft).

1 m^3 (NZ) des Gesamt-Vergasungsmittels bestehe aus:

C_V m^3 (NZ) Kohlenstoff C_1
$H_{2,V}$ m^3 (NZ) Wasserstoff H_2
$O_{2,V}$ m^3 (NZ) Sauerstoff O_2
$N_{2,V}$ m^3 (NZ) Stickstoff N_2

Ein Beispiel erläutere die Beziehungen: Das Gesamt-Vergasungsmittel bestehe aus

60 Vol.-% n-Luft =	0,1260 m^3 (NZ) $O_2/\Sigma m^3$ (NZ) 0,4740 m^3 (NZ) $N_2/\Sigma m^3$ (NZ)	Gesamt-Vergasungsmittel
30 Vol.-% Wasserdampf =	0,3000 m^3 (NZ) $H_2/\Sigma m^3$ (NZ) 0,1500 m^3 (NZ) $O_2/\Sigma m^3$ (NZ)	Gesamt-Vergasungsmittel
10 Vol.-% Kohlendioxid =	0,1000 m^3 (NZ) $O/\Sigma m^3$ (NZ) 0,1000 m^3 (NZ) $O_2/\Sigma m^3$ (NZ)	Gesamt-Vergasungsmittel
	1,2500 m^3 (NZ)/m^3 (NZ)	Gesamt-Vergasungsmittel

Daraus ergeben sich je m^3 (NZ) Vergasungsmittel

C_V = 0,1 : 1,25 = 0,0800 m^3/m^3 Vergasungsmittel
$H_{2,V}$ = 0,3 : 1,25 = 0,2400 m^3/m^3 Vergasungsmittel
$O_{2,V}$ = 0,376 : 1,25 = 0,3008 m^3/m^3 Vergasungsmittel
$N_{2,V}$ = 0,474 : 1,25 = 0,3792 m^3/m^3 Vergasungsmittel

1,0000 m^3/m^3 Vergasungsmittel

Die Gesamtmenge des feuchten Endgases (bezogen auf 1 m^3/NZ Gesamt-Vergasungsmittel) sei:

$$\Sigma_f = V_{CO_2} + V_{CO} + V_{H_2} + V_{CH_4} + V_{H_2S} + V_{H_2O_D} + V_{N_2} \; m^3 \text{ (NZ)}/m^3 \text{ (NZ) Vergasungsmittel}$$

Die *volumetrische* Zusammensetzung des *feuchten* Vergasungsgases (Gleichgewichtsgases) ergibt sich gemäß dem folgenden Beispiel für einen seiner Bestandteile:

$$V^f_{CO_2} = \frac{V_{CO_2}}{\Sigma_f} \cdot 100 \text{ Vol.-\%}. \tag{130}$$

Für das *trockene* Vergasungsgas (Orsat-Analyse) gilt:

$$V^{tr}_{CO_2} = \frac{V_{CO_2}}{\Sigma_f - V_{H_2O_D}} \cdot 100 \text{ Vol.-\%}. \tag{131}$$

Stoffbilanzen

1. Kohlenstoffbilanz

$$F \cdot C_B + C_V = V_{CO_2} + V_{CO} + V_{CH_4} \tag{132}$$

C aus dem Brennstoff — C aus dem Vergasungsmittel — C im Vergasungsgas

2. Wasserstoffbilanz

$$F \cdot H_{2,B} + H_{2,V} = 2\,V_{CH_4} + V_{H_2O_D} + V_{H_2S} \tag{133}$$

3. Sauerstoffbilanz

$$F \cdot O_{2,B} + O_{2,V} = V_{CO_2} + 0{,}5\,V_{CO} + 0{,}5\,V_{H_2O_D} \tag{134}$$

4. Schwefelbilanz

$$F \cdot S_B = V_{H_2S} \tag{135}$$

5. Stickstoffbilanz

$$F \cdot N_{2,B} + N_{2,V} = V_{N_2} \tag{136}$$

Einführung der Gleichgewichtskonstanten

Um auf eine kleinere Zahl von Lösungsgleichungen zu kommen mit entsprechend weniger Unbekannten, wird über eine Art Iterationsverfahren der Quotient

$$\frac{V_{H_2}}{V_{CO}} = x \tag{137}$$

eingeführt, dessen genauer Wert für bestimmte gegebene Bedingungen eines Vergasungsfalles über Schätzungswerte ermittelt wird. Außerdem werden noch folgende Quotienten eingeführt:

$$\frac{V_{CH_4}}{V_{CO_2}} = b \tag{138}$$

$$\frac{V_{H_2O_D}}{V_{CO_2}} = c \tag{139}$$

b und c können mit Hilfe der Gleichgewichtskonstanten auf x zurückgeführt werden.

Da hier die Berechnungen für einen Druck $P = 1$ weitergeführt werden sollen, ergeben sich für die Gleichgewichtskonstanten folgende Beziehungen:

$$K_G = \frac{(V_{CO})^2}{V_{CO_2} \cdot \Sigma_f} \tag{140}$$

$$K_W = \frac{V_{CO} \cdot V_{H_2}}{V_{H_2O_D} \cdot \Sigma_f} \tag{141}$$

$$K_M = \frac{V_{CH_4}}{(V_{H_2})^2} \cdot \Sigma_f\,. \tag{142}$$

Es handelt sich bei allen drei Konstanten um die Werte für die heterogenen Gleichgewichtsreaktionen der Vergasung.

Bei dem auf S. 136 gebrachten Beispiel der Vergasung durch Verbrennung mit Luftmangel wurden die Bedingungen (hohe Temperaturen, hohe Luftzusätze) so gewählt, daß die Bildung von Methan CH_4 vernachlässigt werden konnte. Bei niedrigeren Temperaturen oder anderen Bedingungen, die eine merkliche Methanbildung begünstigen, muß für die Reaktion $C + 2\,H_2 \rightleftharpoons CH_4$ ein Vollkommenheitswert $x_M < 1$ eingeführt werden, weil sich das Methangleichgewicht nur zum Teil einstellt. Es gilt

$$K_{(M)} = x_M \cdot K_M \,. \tag{143}$$

Zur Herstellung der Beziehungen zwischen x und b bildet man aus den Gln. (140) und (142)

$$K_G \cdot K_M = \left(\frac{V_{CO}}{V_{H_2}}\right)^2 \cdot \frac{V_{CH_4}}{V_{CO_2}} \,, \tag{144}$$

woraus sich mit Gln. (137) und (138)

$$b = x^2 \cdot K_G \cdot K_M \tag{145}$$

$$(b = x^2 \cdot K_G \cdot K_{(M)}) \tag{146}$$

b ergibt.
Entsprechend wird

$$c = x \cdot \frac{K_G}{K_W} \,. \tag{147}$$

Nun lassen sich die Mengen an Wasserstoff (V_{H_2}), Methan (V_{CH_4}) und Wasserdampf ($V_{H_2O_D}$) durch die Mengen an Kohlendioxid (V_{CO_2}), Kohlenmonoxid (V_{CO}) und der zunächst zu schätzenden „Variablen" x ausdrücken:

$$V_{H_2} = x \cdot V_{CO} \tag{148}$$

$$V_{CH_4} = x^2 \cdot \underset{\substack{\downarrow \\ (\text{oder } K_{(M)})}}{K_M} \cdot K_G \cdot V_{CO_2} \tag{149}$$

$$V_{H_2O_D} = x \cdot \frac{K_G}{K_W} \cdot V_{CO_2} \,. \tag{150}$$

Unter Berücksichtigung der S-Bilanz nach Gl. (135) wird mit den C-, H_2- und O_2-Bilanzen, Gln. (132) bis (134):

$$F \cdot C_B + C_V = (1 + x^2 \cdot \underset{\substack{\downarrow \\ [K_{(M)}]}}{K_M} \cdot K_G) \cdot V_{CO_2} + V_{CO} \tag{151}$$

$$F \cdot H_{2,B} + H_{2,V} - F \cdot S_B = \left(2\,x^2 \cdot \underset{\substack{\downarrow \\ [K_{(M)}]}}{K_M} \cdot K_G + x \cdot \frac{K_G}{K_W}\right) \cdot V_{CO_2} + x \cdot V_{CO} \tag{152}$$

$$F \cdot O_{2,B} + O_{2,V} = \left(1 + 0{,}5\,x \cdot \frac{K_G}{K_W}\right) \cdot V_{CO_2} + 0{,}5\,V_{CO} \,. \tag{153}$$

Da x als mit bestimmten festen Zahlenwerten zu schätzende Größe nicht als „Unbekannte" gelten kann, bleiben in den drei Gln. (151) bis (153) als unbekannte drei Größen nur F, V_{CO_2} und V_{CO}.
Setzt man für

$$x\left(2 + x \cdot \frac{K_G}{K_W}\right) - \left(2\,x^2 \cdot K_{(M)} \cdot K_G + x \cdot \frac{K_G}{K_W}\right) = \alpha \tag{154}$$

$$1 + x \cdot \frac{K_G}{K_W} - x^2 \cdot K_{(M)} \cdot K_G = \beta \tag{155}$$

$$2\,x \cdot (1 + x^2 \cdot K_{(M)} \cdot K_G) - \left(2\,x^2 \cdot K_{(M)} \cdot K_G + x \cdot \frac{K_G}{K_W}\right) = \gamma \tag{156}$$

und löst die Gln. (151) bis (153) nach F auf, dann wird

$$F = \frac{\beta \cdot H_{2,V} + \gamma\, O_{2,V} - \alpha\, C_V}{\alpha\, C_B - \beta\,(H_{2,B} - S_B) - \gamma\, O_{2,B}} \tag{157}$$

Setzt man schließlich zur Vereinfachung aus Gl. (152):

$$F \cdot H_{2,B} + H_{2,V} = H_{2,Gas} \tag{158}$$

aus Gl. (153):

$$F \cdot O_{2,B} + O_{2,V} = O_{2,Gas} \tag{159}$$

aus Gl. (157):

$$F \cdot S_B = S_{Gas} \tag{160}$$

dann wird mit den Gln. (148) bis (160) und Auflösung nach V_{CO_2} und V_{CO}

$$V_{CO_2} = \frac{2\,x \cdot O_{2,Gas} - (H_{2,Gas} - S_{Gas})}{\alpha} \tag{161}$$

und

$$V_{CO} = \frac{\left(2 + x \cdot \frac{K_G}{K_W}\right) \cdot (H_{2,Gas} - S_{Gas}) - 2\left(2\,x^2 \cdot K_{(M)} \cdot K_G + x \cdot \frac{K_G}{K_W}\right) \cdot O_{2,Gas}}{\alpha} \tag{162}$$

Die Mengen der übrigen Gasbestandteile errechnen sich aus

V_{H_2} Gl. (148) bzw. Gl. (162): $$V_{H_2} = x \cdot V_{CO} \tag{163}$$

V_{CH_4} Gl. (149): $$V_{CH_4} = x^2 \cdot K_{(M)} \cdot K_G \cdot V_{CO_2} \tag{164}$$

$V_{H_2O_D}$ Gl. (150): $$V_{H_2O_D} = x \cdot \frac{K_G}{K_W} \cdot V_{CO_2} \tag{165}$$

V_{H_2S} Gl. (160): $$V_{H_2S} = F \cdot S_B \tag{166}$$

V_{N_2} Gl. (136): $$V_{N_2} = F \cdot N_{2,B} + N_{2,V} \tag{167}$$

Gln. (161) + (162) + (163) + (164) + (165) + (166) + (167) = f (168)

Zur Ermittlung des richtigen Wertes von x ($= x_r$) wird der Wert der Funktion

$$f = \frac{V_{CO_2}}{(V_{CO})^2} - \frac{P}{K_G} \tag{169}$$

für einige geschätzte x-Werte (meist genügen drei für ausreichende Genauigkeit) berechnet und graphisch jener x-Wert ermittelt, für den

$$f = f_r = 0 \tag{170}$$

ist. Bei den Betrachtungen dieses Abschnitts wurde $P = 1$ atm zugrunde gelegt. Auf den Einfluß höherer Drücke kam ich in einem anderen Abschnitt zurück (siehe S. 134).

Vergasungsbeispiel nach der Methode *W. Gumz* für einen festen Brennstoff

Für die praktische rechnerische Durchführung legt man zweckmäßig drei Formblätter an.

Formblatt I

Vergasungsrohstoff (Elementarzusammensetzung siehe S. 135)

Kohlenstoff: $C_B = 1{,}568\ m^3$ (NZ)/kg vergasten Brennstoff
Wasserstoff: $H_{2,B} = 0{,}500\ m^3$ (NZ)/kg vergasten Brennstoff
Sauerstoff: $O_{2,B} = 0{,}065\ m^3$ (NZ)/kg vergasten Brennstoff
Schwefel: $S_B = 0{,}007\ m^3$ (NZ)/kg vergasten Brennstoff
Stickstoff: $N_{2,B} = 0{,}010\ m^3$ (NZ)/kg vergasten Brennstoff

Vergasungstemperatur (Gleichgewichtstemperatur): 700 °C

Gleichgewichtskonstante (siehe (S. 129/130) $K_G = 1{,}073$
$K_W = 1{,}662$
$K_M = 0{,}1342$

Vollkommenheitsbeiwert für das Methan-Gleichgewicht: $x_M = 0{,}35$

$$K_{(M)} = x_M \cdot K_M = 0{,}046340$$

$$\frac{K_G}{K_W} = \frac{1{,}073}{1{,}662} = 0{,}64508$$

$$K_G \cdot K_{(M)} = 1{,}073 \cdot 0{,}046340 = 0{,}049723$$

Vergasungsmittel (siehe S. 136): $C_V = 0{,}0800\ m^3/m^3$ Vergasungsmittel
$H_{2,V} = 0{,}2400\ m^3/m^3$ Vergasungsmittel
$O_{2,V} = 0{,}3008\ m^3/m^3$ Vergasungsmittel
$N_{2,V} = 0{,}3792\ m^3/m^3$ Vergasungsmittel

Formblatt II

x geschätzt

	x = 0,875	x = 0,900	x = 0,925	x_r = 0,8994
(1) $x = \frac{V_{H_2}}{V_{CO}}$	0,875	0,900	0,925	0,8994
(2) $= (1)^2$	0,765625	0,810000	0,855625	0,808920
(3) $= (2) \cdot K_G \cdot K_{(M)}$	0,038069	0,040276	0,042544	0,040222
(4) $= (1) \cdot \frac{K_G}{K_W}$	0,564907	0,581047	0,597187	0,580660
(5) = 2 + (4)	2,564907	2,581047	2,597187	2,580660
(6) = (1) · (5)	2,244294	2,322942	2,402398	2,321046
(7) = 2 · (3)	0,076138	0,080552	0,085088	0,080444
(8) = (4) + (7)	0,641045	0,661599	0,682275	0,661104
(9) = (6) – (8)	1,603249	1,661343	1,720123	1,659942
(10) = 1 + (4)	1,564907	1,581047	1,597187	1,580660
(11) = (10) – (3)	1,526838	1,540771	1,554643	1,540438
(12) = 1 + (3)	1,038069	1,040276	1,042544	1,040222
(13) = 2 · (1) · (12)	1,816621	1,872497	1,928706	0,871151
(14) = (13) – (8)	1,175576	1,210898	1,246431	1,210047
(15) $= H_{2,V} \cdot (11)$	0,366441	0,369785	0,373114	0,369705

Formblatt II (Fortsetzung)

x geschätzt

	x = 0,875	x = 0,900	x = 0,925	x_f = 0,8994
(16) = $O_{2,V} \cdot (14)$	0,353613	0,364238	0,374926	0,363982
(17) = (15) + (16)	0,720054	0,734023	0,748040	0,733687
(18) = $C_V \cdot (9)$	0,128260	0,132907	0,137610	0,132795
(19) = Z = (17) - (18)	0,591794	0,601116	0,610430	0,600892
(20) = $C_B \cdot (9)$	2,513894	2,604986	2,697153	2,602789
(21) = $H_{2,B} - S_B$	0,493	0,493	0,493	0,493
(22) = (11) · (21)	0,752731	0,759600	0,766439	0,759436
(23) = $O_{2,B} \cdot (14)$	0,076412	0,078708	0,081018	0,078653
(24) = (22) + (23)	0,829143	0,838308	0,847457	0,838089
(25) = N = (20) - (24)	1,684751	1,766678	1,849696	1,764700
(26) = (19) : (25) Z : N = F	0,351265	0,340252	0,330016	0,340507
(27) = $H_{2,B} \cdot (26)$	0,1756325	0,170126	0,165008	0,1702535
(28) = (27) + $H_{2,V}$	0,4156325	0,410126	0,405008	0,4110445
(29) = $O_{2,B} \cdot (26)$	0,022832	0,022116	0,021451	0,022133
(30) = (29) + $O_{2,V}$	0,323632	0,322916	0,322251	0,322933
(31) = $S_B \cdot (26)$	0,002459	0,002382	0,002310	0,002384
(32) = 2 · (1) · (30)	0,566356	0,581249	0,596164	0,580892
(33) = (31) + (32)	0,568815	0,583631	0,598474	0,583276
(34) = (33) - (28)	0,1531825	0,173505	0,193466	0,1730225
(35) = V_{CO_2} = (34) : (9)	0,095545	0,104437	0,112472	0,104234
(36) = (28) - (31)	0,4131735	0,407744	0,402698	0,4078695
(37) = (5) · (36)	1,059752	1,052406	1,045882	1,052573
(38) = 2 · (8) · (30)	0,414925	0,427282	0,439728	0,426985
(39) = (37) - (38)	0,644827	0,625124	0,606154	0,625588
(40) = V_{CO} = (39) : (9)	0,402200	0,376276	0,352390	0,376873
(41) = V_{H_2} = (1) · (40)	0,351925	0,338648	0,325961	0,338960
(42) = V_{CH_4} = (3) · (35)	0,003637	0,004206	0,004785	0,004192
(43) = $V_{H_2O_D}$ = (4) · (35)	0,053974	0,060683	0,067167	0,060525
(44) = V_{H_2S} = (31)	0,002459	0,002382	0,002310	0,002384
(45) = $N_{2,B} \cdot (26)$	0,003513	0,003403	0,003300	0,003405
(46) = V_{N_2} = (45) $N_{2,V}$	0,382713	0,382603	0,382500	0,382605
(47) = (35)	0,095545	0,104437	0,112472	0,104234
+ (40)	0,402200	0,376276	0,352390	0,376873
+ (41)	0,351925	0,338648	0,325961	0,338960
+ (42)	0,003637	0,004206	0,004785	0,004192
+ (44)	0,002459	0,002382	0,002310	0,002384
+ (46)	0,382713	0,382603	0,382500	0,382605
(47) = Σ_{tr}	1,238479	1,208552	1,180418	1,209248
(48) = Σ_f = (43) + (47)	1,292453	1,269235	1,247585	1,269248
(49) = (35) · (48)	0,123487	0,132555	0,140318	0,132354
(50) = $(40)^2$	0,161765	0,141584	0,124179	0,142033
(51) = (49) : (50)	0,763373	0,936229	1,129966	0,931966
(52) = P : K_G = 1 : K_G	0,931966	0,931966	0,931966	0,931966
(53) = f = (51) - (52)	-0,168593	0,004263	0,198000	-0,000112 (= f_r)

Der genaue Wert f_r wurde graphisch ermittelt.

Formblatt III

Auswertung der Rechenergebnisse für die Zusammensetzung des trockenen Gleichgewichtsgases.

$$V_{CO_2} = \frac{V_{CO_2}}{\Sigma_{tr}} \cdot 100 = \frac{(35)}{(47)} \cdot 100 = 8{,}6\underline{2} \text{ Vol.-\%}$$

$$V_{CO} = \frac{V_{CO}}{\Sigma_{tr}} \cdot 100 = \frac{(40)}{(47)} \cdot 100 = 31{,}1\underline{7} \text{ Vol.-\%}$$

$$V_{H_2} = \frac{V_{H_2}}{\Sigma_{tr}} \cdot 100 = \frac{(41)}{(47)} \cdot 100 = 28{,}0\underline{3} \text{ Vol.-\%}$$

$$V_{CH_4} = \frac{V_{CH_4}}{\Sigma_{tr}} \cdot 100 = \frac{(42)}{(47)} \cdot 100 = 0{,}3\underline{5} \text{ Vol.-\%}$$

$$V_{H_2S} = \frac{V_{H_2S}}{\Sigma_{tr}} \cdot 100 = \frac{(44)}{(47)} \cdot 100 = 0{,}2\underline{0} \text{ Vol.-\%}$$

$$V_{N_2} = \frac{V_{N_2}}{\Sigma_{tr}} \cdot 100 = \frac{(46)}{(47)} \cdot 100 = 31{,}6\underline{4} \text{ Vol.-\%}$$

Für die Ermittlung der Zusammensetzung des feuchten Gleichgewichtsgases sind außer den obigen Klammerzahlen die Werte (43) und (49) entsprechend einzusetzen.

Um einen Einblick in die anzustrebende Genauigkeit bei der graphischen Ermittlung des tatsächlichen Wertes von x ($= x_r$) zu geben, sind in der folgenden Übersicht die Werte für die Zusammensetzung des trockenen Gleichgewichtsgases für $f = 0{,}889 - 0{,}8894 - 0{,}8995 - 0{,}900$ einander gegenübergestellt. Je nach der gewünschten Genauigkeit vorliegender praktischer Fälle kann man dann mit entsprechend gerundeten x- und f-Werten rechnen.

$f_{berechnet}$	− 0,003045	− 0,000112	+ 0,000599	+ 0,004263
CO_2 Vol.-%	8,6$\underline{1}$	8,6$\underline{2}$	8,6$\underline{2}$	8,6$\underline{4}$
CO Vol.-%	31,1$\underline{9}$	31,1$\underline{7}$	31,1$\underline{6}$	31,1$\underline{3}$
H_2 Vol.-%	28,0$\underline{4}$	28,0$\underline{3}$	28,0$\underline{3}$	28,0$\underline{2}$
CH_4 Vol.-%	0,3$\underline{5}$	0,3$\underline{5}$	0,3$\underline{5}$	0,3$\underline{5}$
H_2S Vol.-%	0,2$\underline{0}$	0,2$\underline{0}$	0,2$\underline{0}$	0,2$\underline{0}$
N_2 Vol.-%	31,6$\underline{3}$	31,6$\underline{4}$	31,6$\underline{4}$	31,6$\underline{6}$

Spaltgas-Berechnung nach der Methode von W. Gumz

Die Berechnung der Zusammensetzung von Gleichgewichtsgasen der Vergasung läßt sich auch auf die Spaltgase anwenden. Es handelt sich um die Gleichgewichtsgase der chemischen Umsetzung von Kohlenwasserstoffen, vor allem von Flüssiggasen, mit Wasserdampf. Als kennzeichnendes Beispiel soll Spaltgas aus Propan C_3H_8 behandelt werden.

Gegenüber der Berechnung bei Brennstoffen aus ihrer Elementarzusammensetzung mit den fünf Elementen C, H, O, S und N fallen beim Vergasungsrohstoff die Größen $O_{2,B} - S_B - N_{2,B}$ weg. Beim Vergasungsmittel H_2O_D treten C_V und $N_{2,V}$ nicht auf. Dies vereinfacht den Berechnungsgang. Zwar kann man das Formblatt II (S. 140/141) ohne weiteres benutzen, doch läßt es sich vereinfachend kürzen, was hier geschehen soll.

Grundlage des Berechnungsbeispiels soll die Vergasung von 1 kg Propan C_3H_8 mit 1 m^3 (NZ) Wasserdampf H_2O_D sein. Dann ergeben sich folgende Grundwerte.

Propan besteht aus 81,82 Gewichts-% Kohlenstoff C und 18,18 Gewichts-% Wasserstoff H_2. Dann gilt

$$\frac{0{,}8182}{12} \cdot 22{,}4 = 1{,}5277 \text{ m}^3 \text{ (NZ) } C_1/\text{kg Propan} = C_B$$

$$\frac{0{,}1818}{2} \cdot 22{,}4 = 2{,}0362 \text{ m}^3 \text{ (NZ) } H_2/\text{kg Propan} = H_{2,B}$$

$1 \quad m^3$ (NZ) H_2/m^3 (NZ) $H_2O_D = H_{2,V}$

$0{,}5\ m^3$ (NZ) O_2/m^3 (NZ) $H_2O_D = O_{2,V}$

Der Vergasungsdruck sei 1 atm. Temperatur: 900 °C — $K_G = 38{,}62$, $K_W = 29{,}17$

x geschätzt

$(1) = \frac{V_{H_2}}{V_{CO}} = x$	2,50	2,55	2,60	2,581
$(2) = (1)^2$	6,250000	6,501500	6,760000	6,661561
$(3) = (1) \cdot \frac{K_G}{K_W}$	3,309908	3,376106	3,442304	3,417149
(4) = 2 + (3)	5,309908	5,376106	5,442304	5,417149
(5) = (1) · (4)	13,274770	13,709070	14,149990	13,981662
(6) = (5) – (3)	9,964862	10,332964	10,707686	10,564513
(7) = 1 + (3)	4,309908	4,376106	4,442304	4,417149
(8) = 2 · (1)	5,000000	5,100000	5,200000	5,162000
(9) = (8) – (3)	1,690092	1,723894	1,757696	1,744851
$(10) = H_{2,V} \cdot (7)$	4,309908	4,376106	4,442304	4,417149
$(11) = O_{2,V} \cdot (9)$	0,845046	0,861947	0,878848	0,8724255
(12) = (10) + (11)	5,154954	5,238053	5,321152	5,2895745
$(13) = C_B \cdot (6)$	15,223320	15,785669	16,358132	16,139407
$(14) = H_{2,B}$	2,0362	2,0362	2,0362	2,0362
(15) = (7) · (14)	8,775835	8,910627	9,045419	8,994199
(16) = (13) – (15)	6,447485	6,875042	7,312713	7,145208
(17) = (12) : (16)	0,799529	0,761894	0,727658	0,740297
$(18) = H_{2,B} \cdot (17)$	1,628001	1,551369	1,481657	1,507393
$(19) = (18) + H_{2,V}$	2,628001	2,551369	2,481657	2,507393
$(20) = 2 \cdot (1) \cdot O_{2,V}$	2,500000	2,550000	2,600000	2,581000
(21) = (20) – (19)	- 0,128001	- 0,001369	0,118343	0,073607
$(22) = V_{CO_2} = (21) : (6)$	- 0,012845	- 0,000132	0,011052	0,006967
(23) = (4) · (19)	13,954444	13,716430	13,505932	13,582921
$(24) = 2 \cdot (3) \cdot O_{2,V}$	3,309908	3,376106	3,442304	3,417149
(25) = (23) – (24)	10,644536	10,340324	10,063628	10,165772
$(26) = V_{CO} = (25) : (6)$	1,068207	1,000712	0,939851	0,962257
$(27) = V_{H_2} = (1) \cdot (26)$	2,670518	2,551816	2,443613	2,483585
$(28) = V_{H_2O_D} = (3) \cdot (22)$	- 0,042516	- 0,000446	0,038044	0,023807
(29) = (22)	- 0,012845	- 0,000132	0,011052	0,006967
+ (26)	1,068207	1,000712	0,939851	0,962257
+ (27)	2,670518	2,551816	2,443613	2,483585
Σ_{tr}	3,725880	3,552396	3,394516	3,452809
$(30) = (29) + (28) = \Sigma_f$	3,683364	3,551953	3,432560	3,476616
(31) = (22) · (30)	- 0,047313	- 0,000469	0,037937	0,024222
$(32) = (26)^2$	1,141066	1,001425	0,883320	0,925939
(33) = (31) : (32)	- 0,041464	- 0,000468	0,042948	0,026159
$(34) = 1 : K_G$	0,025893	0,025893	0,025893	0,025893
(35) = (33) – (34) = f	- 0,067357	- 0,026361	0,017055	0,000266 $= f_r$

Die Auswertung der Rechenergebnisse ergibt für die Zusammensetzung des trockenen Gleichgewichtsgases:

$$V_{CO_2} = \frac{V_{CO_2}}{\Sigma_{tr}} \cdot 100 = \frac{(22)}{(29)} \cdot 100 = 0{,}2\underline{0} \text{ Vol.-\%}$$

$$V_{CO} = \frac{V_{CO}}{\Sigma_{tr}} \cdot 100 = \frac{(26)}{(29)} \cdot 100 = 27{,}8\underline{7} \text{ Vol.-\%}$$

$$V_{H_2} = \frac{V_{H_2}}{\Sigma_{tr}} \cdot 100 = \frac{(27)}{(29)} \cdot 100 = 71{,}9\underline{3} \text{ Vol.-\%}$$

Für die Ermittlung der Zusammensetzung des feuchten Gleichgewichtsgases sind außer den obigen Klammerzahlen die Werte (28) und (30) entsprechend einzusetzen.

Die Abhängigkeit der „Genauigkeit" der Ergebnisse von den x-Werten zeigt die folgende Gegenüberstellung, in der auch ein stärker abweichender x-Wert (2,75) berücksichtigt ist.

$x_{geschätzt}$	2,58	2,581	2,585	2,75
$f_{berechnet}$	− 0,000606	0,000266	0,003774	0,172411
CO_2 Vol.-%	$0{,}2\underline{0}$	$0{,}2\underline{0}$	$0{,}2\underline{3}$	$1{,}2\underline{5}$
CO Vol.-%	$27{,}8\underline{8}$	$27{,}8\underline{7}$	$27{,}8\underline{9}$	$26{,}3\underline{3}$
H_2 Vol.-%	$71{,}9\underline{3}$	$71{,}9\underline{3}$	$71{,}9\underline{4}$	$72{,}4\underline{2}$

E. Schwarz-Bergkampf (High Temperatures – High Pressures 7/1975, S. 457/465: Vergasungs- bzw. Spaltgase von Koks, Kohle, Benzol, Erdöl bzw. Erdgas mit Luft-Wasserdampf-Gemischen) hat für einen Temperaturbereich von 500 °C bis 1000 °C (und darüber) bei einem angenommenen Druck von 1 atm für die im Aufsatz-Titel genannten Kohlenwasserstoffe, deren Zusammensetzung er durch C_1H_n kennzeichnet, die Vergasungs-Gleichgewichte berechnet und in Diagrammen mit Vol.-% CO als *Abszisse* und Vol.-% H_2 als *Ordinate* für die Temperaturen 500 °C, 550 °C, 600 °C, 650 °C, 700 °C, 800 °C und 1000 °C (und darüber) sowie Feuchtigkeitsgehalte von O (trockene Luft), 20 %, 40 %, 60 %, 80 % und 100 % (reiner Wasserdampf) für alle genannten Rohstoffe *CO-H_2-Netze* zusammengestellt. Die Bilder 56 und 57 bringen die CO- und H_2-Gleichgewichtsgehalte nach seinen Angaben in Abhängigkeit vom H-Gehalt n der Rohstoffe je C = 1, ergänzt durch die Werte der Praffine und Olefine bis n = 4 für 600 °C und 1000 °C (und darüber) für Luft (0 % H_2O_D) und Wasserdampf (0 % Luft).

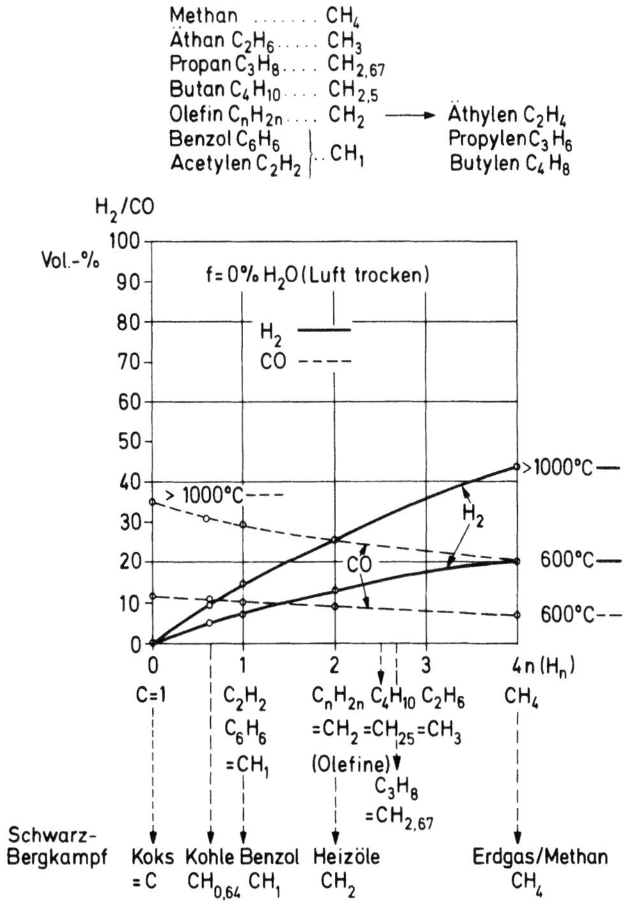

Bild 56

H_2- und CO-Gehalt im Gleichgewichtsgas bei Vergasung C-haltiger Brennstoffe mit trockener Luft (nach *E. Schwarz-Bergkampf*)

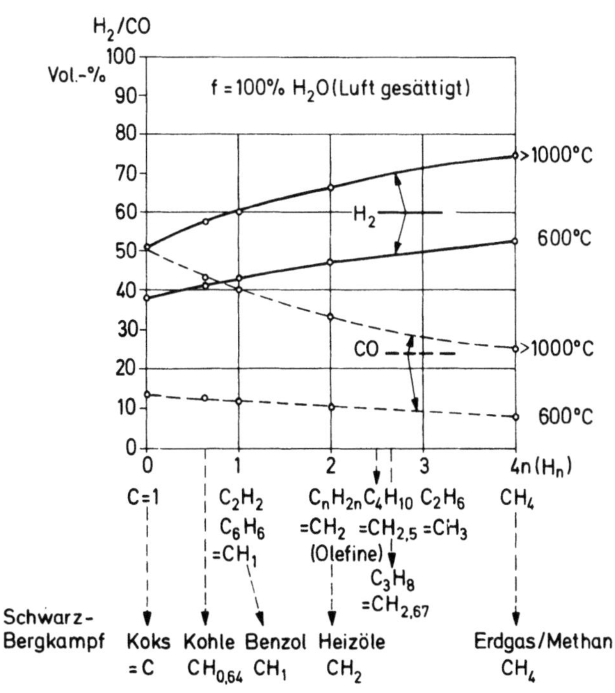

Bild 57

H_2- und CO-Gehalt im Gleichgewichtsgas bei Vergasung C-haltiger Brennstoffe mit feuchter Luft (nach *E. Schwarz-Bergkampf*)

H. Verbrennung

1. Verbrennungsarten

Verbrennung bedeutet die Überführung von sogenannten Brennstoffen (fest, flüssig, gasförmig) mittels in der Regel atmosphärischer Luft bzw. ihrem Sauerstoff unter Wärmeentwicklung möglichst in die höchsten Oxydationsstufen der in den Brennstoffen enthaltenen brennbaren chemischen Elemente.

In der Praxis werden die Bezeichnungen „vollkommene" und „vollständige"Verbrennung meist gleichbedeutend benutzt. Entsprechendes gilt für „unvollkommene" und „unvollständige" Verbrennung. Man sollte jedoch den verschiedenen Sinn der beiden Bezeichnungen unterscheiden. Eine *vollständige* Verbrennung liegt vor, wenn der gesamte brennbare Anteil des Brennstoffs mit der Luft reagiert. *Unvollständige* Verbrennung ist vor allem bei festen Brennstoffen bekannt, wenn die Asche noch verbrennliche Bestandteile enthält. *Vollkommen* ist eine Verbrennung, wenn die Abgase frei von brennbaren Bestandteilen (CO vor allem!) sind. Solche Abgasbestandteile brennbarer Natur stammen von *unvollkommener* Verbrennung. Der beste Vorgang liegt in einer *vollständigen und gleichzeitig vollkommenen* Verbrennung vor. Das folgende Schema mag diese Unterschiede verdeutlichen.

unvollständig	*vollständig*	*vollkommen*	*unvollkommen*
–	nichts Brennbares im ausgenutzten Brennstoff	nichts Brennbares im Abgas	–
Brennbares im ausgenutzten Brennstoff	–	nichts Brennbares im Abgas	–
–	nichts Brennbares im ausgenutzten Brennstoff	–	Brennbares im Abgas
Brennbares im ausgenutzten Brennstoff	–	–	Brennbares im Abgas

2. Verbrennungsgleichungen

Eine *allgemeine* Gleichung für vollständige und vollkommene Verbrennung von Gasen lautet:

1 Mengeneinheit Brenngas + a O_2 + 3,76 a N_2 =
(m^3, kmol ...)

$$= b\,CO_2 + c\,H_2O_D + (3{,}76\,a + d)\,N_2 + e\,SO_2\,(SO_3) \qquad (171)$$

a, b, c, d, e Mengeneinheiten (m^3, kmol ...).

Je nach der Elementarzusammensetzung eines Brenngases lassen sich daraus folgende Grundgleichungen ableiten:

1. $$C_rH_s + \left(r + \frac{s}{4}\right)O_2 + 3{,}76\left(r + \frac{s}{4}\right)N_2 = r\,CO_2 + \frac{s}{2}H_2O_D + 3{,}76\left(r + \frac{s}{4}\right)N_2. \qquad (172)$$

Beispiel: $CH_4 - r = 1 \quad s = 4$

$$CH_4 + 2\,O_2 + 7{,}52\,N_2 = CO_2 + 2\,H_2O_D + 7{,}52\,N_2.$$

2. $C_rH_sO_x + \left(r + \frac{s}{4} - \frac{x}{2}\right)O_2 + 3{,}76\left(r + \frac{s}{4} - \frac{x}{2}\right)N_2 = r\,CO_2 + \frac{s}{2}H_2O_D + 3{,}76\left(r + \frac{s}{4} - \frac{x}{2}\right)N_2.$

Beispiel: $C_2H_5OH - r = 2 \quad s = 6 \quad x = 1$

$C_2H_5OH + 3\,O_2 + 11{,}28\,N_2 = 2\,CO_2 + 3\,H_2O_D + 11{,}28\,N_2.$

3. $C_rH_sO_xN_y + \left(r + \frac{s}{4} - \frac{x}{2}\right)O_2 + 3{,}76\left(r + \frac{s}{4} - \frac{x}{2}\right)N_2 = r\,CO_2 + \frac{s}{2}H_2O_D + 3{,}76\left[\left(r + \frac{s}{4} - \frac{x}{2}\right) + \frac{y}{2}\right]N_2.$ (174)

4a. $C_rH_sO_xN_yS_z + \left(r + \frac{s}{4} + z - \frac{x}{2}\right)O_2 + 3{,}76\left(r + \frac{s}{4} + z - \frac{x}{2}\right)N_2 =$

$= r\,CO_2 + z\,SO_2 + \frac{s}{2}H_2O_D + \left[3{,}76\left(r + \frac{s}{4} + z - \frac{x}{2}\right) + \frac{y}{2}\right]N_2.$ (175)

4b. $C_rH_sO_xN_yS_z + \left(r + \frac{s}{4} + 1{,}5\,z - \frac{x}{2}\right)O_2 + 3{,}76\left(r + \frac{s}{4} + 1{,}5\,z - \frac{x}{2}\right)N_2 =$

$= r\,CO_2 + z\,SO_3 + \frac{s}{2}H_2O_D + \left[3{,}76\left(r + \frac{s}{4} + 1{,}5\,z - \frac{x}{2}\right) + \frac{y}{2}\right]N_2.$ (176)

Tabelle 73: Grundgleichungen der vollständigen und vollkommenen Verbrennung von Einzelgasen

$H_2 + 0{,}5\,O_2 + 1{,}88\,N_2 = H_2O_D + 1{,}88\,N_2$
$CO + 0{,}5\,O_2 + 1{,}88\,N_2 = CO_2 + 1{,}88\,N_2$
$CH_4 + 2\,O_2 + 7{,}52\,N_2 = CO_2 + 2\,H_2O_D + 7{,}52\,N_2$
$C_2H_6 + 3{,}5\,O_2 + 13{,}16\,N_2 = 2\,CO_2 + 3\,H_2O_D + 13{,}16\,N_2$
$C_3H_8 + 5\,O_2 + 18{,}8\,N_2 = 3\,CO_2 + 4\,H_2O_D + 18{,}8\,N_2$
$C_4H_{10} + 6{,}5\,O_2 + 24{,}44\,N_2 = 4\,CO_2 + 5\,H_2O_D + 24{,}44\,N_2$
$C_2H_4 + 3\,O_2 + 11{,}28\,N_2 = 2\,CO_2 + 2\,H_2O_D + 11{,}28\,N_2$
$C_3H_6 + 4{,}5\,H_2O_D + 16{,}92\,N_2 = 3\,CO_2 + 3\,H_2O_D + 16{,}92\,N_2$
$C_4H_8 + 6\,O_2 + 22{,}56\,N_2 = 4\,CO_2 + 4\,H_2O_D + 22{,}56\,N_2$
$C_2H_2 + 2{,}5\,O_2 + 9{,}4\,N_2 = 2\,CO_2 + H_2O_D + 9{,}4\,N_2$
$C_6H_6 + 7{,}5\,O_2 + 28{,}2\,N_2 = 6\,CO_2 + 3\,H_2O_D + 28{,}2\,N_2$
$H_2S + 1{,}5\,O_2 + 5{,}64\,N_2 = SO_2 + H_2O_D + 5{,}64\,N_2$
$H_2S + 2\,O_2 + 7{,}52\,N_2 = SO_3 + H_2O_D + 7{,}52\,N_2$

Anmerkung: Bei Verbrennung von S-reicheren Gasen (H_2S, CS_2 usw.) beträgt der Anteil an SO_3 etwa 8 % der Schwefeloxide ($SO_2 + SO_3$).

Tabelle 74: Brenngasgehalt in stöchiometrischen (Gas + Luft)- bzw. (Gas + Sauerstoff)-Gemischen

	(Gas + *Luft*)-Gemische	(Gas + *Sauerstoff*)-Gemische
H_2 CO	29,59 Vol.-%	66,67 Vol.-%
CH_4	9,51	33,33
C_2H_6	5,66	22,22
C_3H_8	4,03	16,67
C_4H_{10}	3,13	13,33
C_2H_4	6,54	25,00
C_3H_6	4,46	18,18
C_4H_3	3,38	14,29
C_2H_2	7,75	28,57
C_6H_6	2,72	11,76
H_2S (zu SO_2)	12,29	40,00

3. Verbrennungs-Kenngrößen oder -Kennwerte

Aus der allgemeinen Verbrennungsgleichung für vollständige und vollkommene Verbrennung (171) ergeben sich folgende *fünf* für praktische, technische Verbrennungen wichtige Kenngrößen oder Kennwerte:

1. (Mindest)-Sauerstoffbedarf: $O_{2,min} = a\,O_2$. (177)
2. (Mindest)-Luftbedarf: $L_{min} = a\,O_2 + 3{,}76\,a\,N_2$. (178)
3. (Mindest)-Verbrennungsgasmenge trocken:

   $$V_{min,tr} = b\,CO_2 + 3{,}76\,(a + d)\,N_2 + e\,SO_2\,(SO_3). \qquad (179)$$

4. (Mindest)-Verbrennungsgasmenge feucht:

   $$V_{min,f} = b\,CO_2 + c\,H_2O_D + (3{,}76\,a + d)\,N_2 + e\,SO_2\,(SO_3). \qquad (180)$$

5. (Höchst)-Kohlendioxidgehalt der (Mindest)-Verbrennungsgasmenge trocken:

   $$CO_{2,max} = \frac{b\,CO_2}{V_{min,tr}} \cdot 100. \qquad (181)$$

Die normale Einheit für die Kenngrößen oder Kennwerte 1. bis 4. ist:

m^3/m^3 Brenngas,

für 5.:

Vol.-%.

Die Buchstaben a, b, c, d, e bedeuten Mengeneinheiten wie in der allgemeinen Grundgleichung (171).

Tabelle 75: Luftüberschuß ($L_ü$ m^3/m^3 luftfreies Brenngas) bei vollständiger und vollkommener Verbrennung von Einzelgasen

$\lambda \rightarrow$	1	1,1	1,2	1,3	1,4	1,5
H_2	0	0,238	0,476	0,714	0,952	1,190
CO	0	0,238	0,476	0,714	0,952	1,190
CH_4	0	0,952	1,904	2,856	3,808	4,760
C_2H_6	0	1,666	3,332	4,998	6,664	8,330
C_3H_8	0	2,380	4,760	7,140	9,520	11,900
C_4H_{10}	0	3,094	6,188	9,282	12,376	15,470
C_2H_4	0	1,428	2,856	4,284	5,712	7,140
C_3H_6	0	2,142	4,284	6,426	8,578	10,710
C_4H_8	0	2,856	5,712	8,568	11,424	14,280
C_2H_2	0	1,190	2,380	3,570	4,760	5,950
C_6H_6	0	3,570	7,140	10,710	14,280	17,850
H_2S						
zu SO_2	0	0,714	1,428	2,142	2,856	3,570
zu SO_3	0	0,952	1,904	2,856	3,808	4,760

Tabelle 76: Verbrennungs-Kennwerte für die vollständige und vollkommene Verbrennung von Einzelgasen bei verschiedenem Luftüberschuß

	$O_{2,min}$ (+ $O_{2,ü}$) m^3/m^3 Gas						L_{min} (+ $L_ü$) m^3/m^3 Gas					
λ =	1	1,1	1,2	1,3	1,4	1,5	1	1,1	1,2	1,3	1,4	1,5
H_2, CO	0,5	0,55	0,60	0,65	0,70	0,75	2,38	2,618	2,856	3,094	3,332	3,570
CH_4	2,0	2,20	2,40	2,60	2,80	3,00	9,52	10,472	11,424	12,376	13,328	14,280
C_2H_6	3,5	3,85	4,20	4,44	4,90	5,25	16,66	18,326	19,992	21,658	23,324	24,990
C_3H_8	5,0	5,50	6,00	6,50	7,00	7,50	23,80	26,180	28,560	30,940	33,320	35,700
C_4H_{10}	6,5	7,15	7,80	8,45	9,10	9,75	30,94	34,034	37,128	40,222	43,316	46,410
C_2H_4	3,0	3,30	3,60	3,90	4,20	4,50	14,28	15,708	17,136	18,564	19,992	21,420
C_3H_6	4,5	4,95	5,40	5,85	6,30	6,75	21,42	23,562	25,704	27,846	29,988	32,130
C_4H_8	6,0	6,60	7,20	7,80	8,40	9,00	28,56	31,416	34,272	37,128	39,984	42,840
C_2H_2	2,5	2,75	3,00	3,25	3,50	3,75	11,90	13,090	14,280	15,470	16,660	17,850
C_6H_6	7,5	8,25	9,00	9,75	10,50	11,25	35,70	39,270	42,840	46,410	49,980	53,550

	$V_{min,tr}$ (+ $L_ü$) m^3/m^3 Gas					
λ =	1	1,1	1,2	1,3	1,4	1,5
H_2	1,88	2,118	2,356	2,594	2,932	3,070
CO	2,88	3,118	3,356	3,594	3,932	4,070
CH_4	8,52	9,472	10,424	11,376	12,328	13,280
C_2H_6	15,16	16,826	18,492	20,158	21,824	23,490
C_3H_8	21,80	24,180	26,560	28,940	31,320	33,700
C_4H_{10}	28,44	31,534	34,628	37,722	40,816	43,910
C_2H_4	13,28	14,708	16,136	17,564	18,992	20,420
C_3H_6	19,92	22,062	24,204	26,346	28,488	30,630
C_4H_8	26,56	29,416	32,272	35,128	37,984	40,840
C_2H_2	11,40	12,590	13,780	14,970	16,160	17,350
C_6H_6	34,20	37,770	41,340	44,910	48,480	52,050

	$V_{min,f}$ (+ $L_ü$) m^3/m^3 Gas					
λ =	1	1,1	1,2	1,3	1,4	1,5
H_2	2,88	3,118	3,356	3,594	3,932	3,070
CO	2,88	3,118	3,356	3,594	3,932	3,070
CH_4	10,52	11,472	12,424	13,376	14,328	15,280
C_2H_6	18,16	19,826	21,492	23,158	24,824	26,490
C_3H_8	25,80	28,180	30,560	32,940	35,320	37,700
C_4H_{10}	33,44	36,534	39,628	42,722	45,816	48,910
C_2H_4	15,28	16,708	18,136	19,564	20,992	22,420
C_3H_6	22,92	25,062	27,204	29,346	31,488	33,630
C_4H_8	30,56	33,416	36,272	39,128	41,984	44,840
C_2H_2	12,40	13,590	14,780	15,970	17,160	18,350
C_6H_6	37,20	40,770	44,340	47,910	51,480	55,050

	$CO_{2,max}$ Vol.-%					
λ =	1	1,1	1,2	1,3	1,4	1,5
H_2	0	0	0	0	0	0
CO	34,72	32,07	29,80	27,82	25,43	24,57
CH_4	11,74	10,56	9,59	8,79	8,11	7,53
C_2H_6	13,19	11,89	10,82	9,92	9,16	8,51
C_3H_8	13,76	12,41	11,30	10,37	9,58	8,90
C_4H_{10}	14,06	12,68	11,55	10,60	9,80	9,11
C_2H_4, C_3H_6, C_4H_8	15,06	13,60	12,39	11,39	10,53	9,79
C_2H_2, C_6H_6	17,54	15,89	14,51	13,36	12,38	11,53

Luft

Die atmosphärische Luft wird in etlichen Zweigen der technischen Praxis angenommen mit einer vereinfachten Zusammensetzung von

$$\begin{aligned} & 21{,}\underline{0} \text{ Vol.-\% Sauerstoff } (O_2) \\ \text{und } & 79{,}\underline{0} \text{ Vol.-\% Stickstoff („}N_2\text{“)}. \end{aligned}$$

Dann ergibt sich ihre Dichte mit den Grundwerten von O_2 und N_2 nach *I. Lorenz* [[1]) IGU-Bericht Nizza 1973, E. 17, S. 15] zu

$$\begin{aligned} 0{,}21 \cdot 1{,}4191 &= 0{,}300\underline{111} \\ 0{,}79 \cdot 1{,}2504 &= 0{,}987\underline{816} \\ \hline &= 1{,}287\underline{927} \text{ kg/m}^3 \text{ (NZ)}, \end{aligned}$$

entsprechend

$$1{,}287\underline{927} : 1{,}2931 = 0{,}996\underline{000} \text{ (d, bezogen auf Luft = 1)}.$$

Die genaue volumetrische und gravimetrische Zusammensetzung der atmosphärischen Luft am Erdboden (bis zu etwa 60 km Höhe [2]) ergibt sich nach *D'Ans-Lax* [3] zu

	Vol.-%	Gew.-%
O_2	20,95	23,15
N_2	78,09	75,52
Ar	0,93	1,28
CO_2	0,03	0,05
Ne	0,0018	0,0013
He	0,0005	0,00007
Kr	0,0001	0,0003
Xe	0,000008	0,00004
H_2	0,00005	0,000004
(O_3	$1 \cdot 10^{-6}$)	–
(Rn	$\sim 6 \cdot 10^{-14}$)	–

Die Hauptbestandteile ergeben folgende, für manche Sonderfälle ausreichend genaue Zusammensetzung

$$\begin{array}{lrl} O_2 & 20{,}95 & \text{Vol.-\%} \\ N_2 & 78{,}09 & \\ Ar & 0{,}93 & \left.\right\} \text{„atmosphärischer“ Stickstoff } N_{2,atm} \\ CO_2 & 0{,}03 & \end{array}$$

Daraus ergeben sich folgende Dichtewerte

$$\begin{array}{lll} & O_2 & 0{,}2095 \cdot 1{,}4291 = 0{,}299\underline{39645} \\ & N_2 & 0{,}7809 \cdot 1{,}2504 = 0{,}976\underline{43736} \\ \text{(D'Ans-Lax):} & Ar & 0{,}0093 \cdot 1{,}7836 = 0{,}016\underline{58748} \\ & CO_2 & 0{,}0003 \cdot 1{,}9771 = 0{,}000\underline{59313} \\ \hline & & \rho = 1{,}293\underline{01442} \text{ kg/m}^3 \text{ (NZ)} \\ & & \rho : 1{,}2931 = 0{,}999\underline{93382} \text{ (d/Luft = 1)} \end{array}$$

Die Zusammensetzung der atmosphärischen Luft läßt sich genauer als die eingangs stark gerundete Zusammensetzung angeben zu

$$\begin{aligned} & 20{,}95 \text{ Vol.-\% } O_2 \\ \text{und } & 79{,}05 \text{ Vol.-\% } N_{2,atm}. \end{aligned}$$

Daraus ergibt sich die Dichte des „atmosphärischen" Stickstoffs $N_{2,atm}$ zu

$$\rho = \frac{1{,}2931 - 0{,}2095 \cdot 1{,}4291}{0{,}7905} = \frac{1{,}2931 - 0{,}2994}{0{,}7905} = \frac{0{,}9937}{0{,}7905} = 1{,}257\underline{0}\ \text{kg/m}^3\ \text{(NZ)}$$

$$\rho : 1{,}2931 = 0{,}972\underline{1}\ \text{(d/Luft = 1)},$$

während sich aus der eingangs stark gerundeten Luftzusammensetzung

$$\rho = \frac{1{,}2931 - 0{,}21 \cdot 1{,}4291}{0{,}79} = \frac{1{,}2931 - 0{,}3001}{0{,}79} = \frac{0{,}9930}{0{,}7900} = 1{,}256\underline{96}\ \text{kg/m}^3\ \text{(NZ)}$$

$$\rho : 1{,}2931 = 0{,}972\underline{1}\ \text{(d/Luft = 1)}$$

(gerundet) wie vorher ergibt.

Chemisch reiner N_2 hat nach *I. Lorenz* [1]

$$\rho = 1{,}2504\ \text{kg/m}^3\ \text{(NZ)}$$

$$\rho : 1{,}2931 = 0{,}967\underline{0}\ \text{(d/Luft = 1)}.$$

Abschnitts-Literatur

[1] *I. Lorenz*, IGU/E 17–73: Constantes Physiques des Gaz Combustibles et des Gaz Associés – Numerical Values of Properties of Combustible Gases and Related Materials.

[2] *E. Ühlein*, Römpps Chemisches Wörterbuch. S. 314. Franckh'sche Verlagshandlung, Stuttgart 1969.

[3] *D'Ans-Lax*, Taschenbuch für Chemiker und Physiker. 3. Auflage, Bd. I: *E. Lax* und *C. Synowietz*, Makroskopische physikalisch-chemische Eigenschaften. S. 181. Springer-Verlag, Berlin/Heidelberg/New York 1967.

Luftverunreinigungen

M. Häberle (VIK-Mitteilungen 1973, Nr. 5/6 S. 94/104: Luftverschmutzung – weiß der Mensch, was er und die Natur tut?) hat in einer gründlichen Zusammenstellung den Bestandteilen der „natürlichen" Luft die Gegenwerte der „belasteten" Luft auf Grund von 41 Literaturangaben gegenübergestellt.

D. F. Heeneman und *P. Th. J. Overman* haben in einem Bericht über die Arbeit von *M. Häberle* die holländischen Verhältnisse kritisch betrachtet. – („Luchtverontreiniging" weet de mens wat hij en wat de natuur doet? GAS 96/1976, Nr. 4 S. 93/106).

Tabelle 77: Zusammensetzung von (Sauerstoff + Stickstoff)-Gemischen

O_2	N_2 / N_2,atm	O_2	N_2	O_2	N_2,atm	$O_2 + N_2$		$O_2 + N_2$,atm	
Volum-%		Gewichts-%		Gewichts-%		ρ kg/m³(NZ)	d (Luft = 1)	ρ kg/m³(NZ)	d (Luft = 1)
0	100	0	100	0	100	1,2504	0,9670	1,2571	0,9721
1	99	1,14	98,86	1,14	98,86	1,2522	0,9684	1,2588	0,9735
2	98	2,28	97,72	2,27	97,73	1,2540	0,9697	1,2605	0,9748
3	97	3,41	96,59	3,40	96,60	1,2558	0,9711	1,2623	0,9762
4	96	4,55	95,45	4,52	95,48	1,2575	0,9725	1,2640	0,9775
5	95	5,67	94,33	5,65	94,35	1,2593	0,9737	1,2657	0,9788
6	94	6,80	93,20	6,77	93,23	1,2611	0,9753	1,2674	0,9801
7	93	7,92	92,08	7,88	92,12	1,2629	0,9767	1,2691	0,9815
8	92	9,04	90,96	9,00	91,00	1,2647	0,9780	1,2709	0,9828
9	91	10,16	89,84	10,11	89,89	1,2665	0,9794	1,2726	0,9841
10	90	11,27	88,73	11,21	88,79	1,2683	0,9808	1,2743	0,9855
11	89	12,38	87,62	12,32	87,68	1,2701	0,9822	1,2760	0,9868
12	88	13,48	86,52	13,42	86,58	1,2718	0,9836	1,2777	0,9879
13	87	14,59	85,41	14,52	85,48	1,2736	0,9849	1,2795	0,9895
14	86	15,69	84,31	15,62	84,38	1,2754	0,9863	1,2812	0,9908
15	85	16,78	83,22	16,71	83,29	1,2772	0,9877	1,2829	0,9921
16	84	17,88	82,12	17,80	82,18	1,2790	0,9891	1,2846	0,9934
17	83	18,97	81,03	18,89	81,11	1,2808	0,9905	1,2863	0,9948
18	82	20,06	79,94	19,98	80,02	1,2827	0,9919	1,2882	0,9962
19	81	21,11	78,89	21,05	78,95	1,2844	0,9932	1,2898	0,9974
20	80	22,22	77,78	22,13	77,87	1,2861	0,9946	1,2914	0,9987
21	79	23,30	76,70	23,21	76,79	1,2879	0,9960	1,2932	1,0001
22	78	24,38	75,62	24,28	75,72	1,2897	0,9974	1,2949	1,0014
23	77	25,45	74,55	25,35	74,65	1,2915	0,9988	1,2967	1,0028
24	76	26,52	73,48	26,42	73,58	1,2933	1,0001	1,2984	1,0041
25	75	27,59	72,41	27,48	72,52	1,2951	1,0015	1,3001	1,0054
26	74	28,65	71,35	28,54	71,46	1,2969	1,0029	1,3018	1,0067
27	73	29,71	70,29	29,60	70,40	1,2986	1,0043	1,3035	1,0081
28	72	30,77	69,23	30,66	69,34	1,3004	1,0057	1,3053	1,0094
29	71	31,83	68,17	31,71	68,29	1,3022	1,0071	1,3070	1,0107
30	70	32,88	67,12	32,76	67,24	1,3040	1,0084	1,3087	1,0121
31	69	33,93	66,07	33,81	66,19	1,3058	1,0098	1,3104	1,0134
32	68	34,97	65,03	34,85	65,15	1,3076	1,0112	1,3121	1,0147
33	67	36,02	63,98	35,89	64,11	1,3094	1,0126	1,3139	1,0161
34	66	37,06	62,94	36,93	63,07	1,3112	1,0140	1,3156	1,0174
35	65	38,10	61,90	37,97	62,03	1,3129	1,0153	1,3173	1,0187
36	64	39,13	60,87	39,00	61,00	1,3147	1,0167	1,3190	1,0200
37	63	40,16	59,84	40,04	59,96	1,3165	1,0181	1,3204	1,0214
38	62	41,19	58,81	41,06	58,94	1,3183	1,0195	1,3225	1,0227
39	61	42,42	57,78	42,09	57,91	1,3201	1,0209	1,3242	1,0240
40	60	43,24	56,76	43,11	56,89	1,3219	1,0223	1,3259	1,0254
41	59	44,27	55,73	44,13	55,87	1,3237	1,0236	1,3276	1,0267
42	58	45,28	54,72	45,15	54,85	1,3255	1,0250	1,3293	1,0280
43	57	46,30	53,70	46,17	53,83	1,3272	1,0264	1,3311	1,0294
44	56	47,31	52,69	47,18	52,82	1,3290	1,0278	1,3328	1,0307
45	55	48,32	51,68	48,19	51,81	1,3308	1,0292	1,3345	1,0320
46	54	49,33	50,67	49,20	50,80	1,3326	1,0305	1,3362	1,0333
47	53	50,34	49,66	50,20	49,80	1,3344	1,0319	1,3379	1,0347
48	52	51,34	48,66	51,20	48,80	1,3362	1,0333	1,3397	1,0360
49	51	52,34	47,66	52,20	47,80	1,3380	1,0347	1,3414	1,0373
50	50	53,33	46,67	53,20	46,80	1,3398	1,0361	1,3431	1,0387
51	49	54,33	45,67	54,20	45,80	1,3415	1,0375	1,3448	1,0400
52	48	55,32	44,68	55,19	44,81	1,3433	1,0388	1,3465	1,0413
53	47	56,31	43,69	56,18	43,82	1,3451	1,0402	1,3483	1,0427
54	46	57,30	42,70	57,16	42,84	1,3479	1,0416	1,3500	1,0440
55	45	58,28	41,72	58,15	41,85	1,3487	1,0430	1,3517	1,0453

Tabelle 77 (Fortsetzung)

O_2	N_2 $N_{2,atm}$	O_2	N_2	O_2	$N_{2,atm}$	$O_2 + N_2$		$O_2 + N_{2,atm}$	
Volum-%		Gewichts-%		Gewichts-%		ρ kg/m³(NZ)	d (Luft = 1)	ρ kg/m³(NZ)	d (Luft = 1)
56	44	59,26	40,74	59,13	40,87	1,3505	1,0444	1,3534	1,0466
57	43	60,24	39,76	60,11	39,89	1,3523	1,0457	1,3551	1,0480
58	42	61,21	38,79	61,09	38,91	1,3540	1,0471	1,3569	1,0493
59	41	62,19	37,81	62,06	37,94	1,3558	1,0485	1,3586	1,0506
60	40	63,16	36,84	63,03	36,97	1,3576	1,0499	1,3603	1,0520
61	39	64,13	35,87	64,00	36,00	1,3594	1,0513	1,3620	1,0533
62	38	65,09	34,91	64,97	35,03	1,3612	1,0527	1,3637	1,0546
63	37	66,06	33,94	65,94	34,06	1,3630	1,0540	1,3655	1,0560
64	36	67,02	32,98	66,90	33,10	1,3648	1,0554	1,3672	1,0573
65	35	67,97	32,03	67,86	32,14	1,3666	1,0568	1,3689	1,0586
66	34	68,93	31,07	68,82	31,18	1,3684	1,0583	1,3706	1,0599
67	33	69,88	30,12	69,77	30,23	1,3701	1,0596	1,3723	1,0613
68	32	70,83	29,17	70,72	29,28	1,3719	1,0610	1,3741	1,0626
69	31	71,78	28,22	71,67	28,33	1,3737	1,0623	1,3758	1,0639
70	30	72,73	27,27	72,62	27,38	1,3755	1,0637	1,3775	1,0653
71	29	73,67	26,33	73,57	26,43	1,3773	1,0651	1,3792	1,0666
72	28	74,61	25,39	74,51	25,49	1,3791	1,0665	1,3809	1,0679
73	27	75,55	24,45	75,45	24,55	1,3809	1,0679	1,3827	1,0693
74	26	76,49	23,51	76,39	23,61	1,3826	1,0692	1,3844	1,0706
75	25	77,42	22,58	77,33	22,67	1,3844	1,0706	1,3861	1,0719
76	24	78,35	21,65	78,26	21,74	1,3862	1,0720	1,3878	1,0733
77	23	79,28	20,72	79,19	20,81	1,3880	1,0734	1,3895	1,0746
78	22	80,21	19,79	80,12	19,88	1,3898	1,0748	1,3913	1,0759
79	21	81,13	18,87	81,05	18,95	1,3916	1,0762	1,3930	1,0772
80	20	82,05	17,95	81,97	18,03	1,3934	1,0775	1,3947	1,0786
81	19	82,97	17,03	82,90	17,10	1,3951	1,0789	1,3964	1,0799
82	18	83,89	16,11	83,82	16,18	1,3969	1,0803	1,3981	1,0812
83	17	84,80	15,20	84,73	15,27	1,3987	1,0817	1,3999	1,0826
84	16	85,71	14,29	85,65	14,35	1,4005	1,0831	1,4016	1,0839
85	15	86,62	13,38	86,56	13,44	1,4023	1,0844	1,4033	1,0852
86	14	87,53	12,47	87,47	12,53	1,4041	1,0858	1,4050	1,0866
87	13	88,44	11,56	88,38	11,62	1,4059	1,0872	1,4067	1,0879
88	12	89,34	10,66	89,29	10,71	1,4077	1,0886	1,4085	1,0892
89	11	90,24	9,76	90,19	9,81	1,4094	1,0900	1,4102	1,0905
90	10	91,14	8,86	91,10	8,90	1,4112	1,0914	1,4119	1,0919
91	9	92,04	7,96	92,00	8,00	1,4130	1,0927	1,4136	1,0932
92	8	92,93	7,07	92,89	7,11	1,4148	1,0941	1,4153	1,0945
93	7	93,82	6,18	93,79	6,21	1,4166	1,0955	1,4171	1,0959
94	6	94,71	5,29	94,68	5,32	1,4184	1,0969	1,4188	1,0972
95	5	95,60	4,40	95,58	4,42	1,4202	1,0983	1,4205	1,0985
96	4	96,48	3,52	96,46	3,54	1,4220	1,0996	1,4222	1,0999
97	3	97,37	2,63	97,35	2,65	1,4237	1,1010	1,4239	1,1012
98	2	98,25	1,75	98,24	1,76	1,4255	1,1024	1,4257	1,1025
99	1	99,12	0,88	99,12	0,88	1,4273	1,1038	1,4274	1,1038
100	0	100	0	100	0	1,4291	1,1052	1,4291	1,1052

Tabelle 78: „Luft"-Menge (m^3) je 1 m^3 O_2 bei gegebenem O_2-Gehalt (Vol.-%) der „Luft"

O_2 Vol.-% von L	L m^3 je 1 m^3 O_2
1	100,00
5	20,00
10	10,00
15	6,67
20	5,00
25	4,00
30	3,33
35	2,86
40	2,50
45	2,22
50	2,00
55	1,82
60	1,67
65	1,54
70	1,43
75	1,33
80	1,25
85	1,18
90	1,11
95	1,05
100	1 (= O_2)

Zündpunkt

Der Zündpunkt ist jene „konventionelle" Temperatur für einen Brennstoff und bestimmte Meßbedingungen, bei der für ein (Brenngas + Luft)- bzw. (Brenngas + O_2)-Gemisch durch eine geeignete Zündquelle (Flamme, elektrischer Funke, äußere Erwärmung ...) die Verbrennung eingeleitet werden kann. Dabei ist der Gasgehalt des Gemischs von besonderem Einfluß. Wegen der vielen verschiedenen Werte, die sich für einen Brennstoff je nach den äußeren Bedingungen und Einflüssen ergeben können, ist es zweckmäßig, die bisher *niedrigste* bekannte Zündtemperatur als Kennwert zu betrachten.

Tabelle 79: Zündpunkte von Einzelgasen in Mischung mit Luft oder Sauerstoff

	mit Luft			mit O_2	
Literatur →	1)	2)	3)	1)	3)
H_2	572 °C	400 °C	530 C	560 °C	450 °C
CO	609	605	610	588	590
CH_4	535	540	645	535	645
C_2H_6	472	515	530	–	500
C_3H_8	468	450	510	465	490
n-C_4H_{10}	410	365	490	283	460
i-C_4H_{10}	–	460	–	–	–
C_2H_4	490	425	540	485	485
C_3H_6	460	460	–	–	–
1-C_4H_8	435	385	–	–	–
C_2H_2	305	–	335	296	–
C_6H_6	565	560	–	660	–
H_2S (zu SO_2)	290	270	–	220	–

Literatur

1) *Aide-Mémoire de l'Industrie du Gaz.* 3. Aufl., S. 156. Paris 1972.
Werte für die stöchiometrischen Gemische (siehe Tabelle 74, S. 147).
2) *I. Lorenz*, Constantes Physiques des Gaz Combustibles et des Gaz Associés – Numerical Values of Properties of Combustible Gases and Related Materials. S. 26/27. IGU/E 17–73. Nizza 1973.
3) *W. Gumz (L. Hardt),* Kurzes Handbuch der Brennstoff- und Feuerungstechnik. 3. Aufl., S. 198. Springer-Verlag, Berlin/Göttingen/Heidelberg 1972.
Siehe ferner: *F. Schuster,* Verbrennungslehre. S. 119/123. R. Oldenbourg Verlag, München/Wien 1970.
Inhalt: Allgemeines und ältere Zahlenangaben.

Zündgrenzen – Zündbereich

Der Zündbereich brennbarer Gase in Mischung mit Luft bis zu reinem Sauerstoff wird durch die Zündgrenzen bestimmt. Es wird zwischen unterer Zündgrenze z_u und oberer Zündgrenze z_o unterschieden. Gemische aus einem an sich brennbaren Gas mit Luft oder Sauerstoff, deren volumetrische Zusammensetzung unterhalb der unteren Zündgrenze liegt, brennen nicht, wenn sie einer Zündquelle (Flamme, elektrischer Funke) ausgesetzt werden. Gleiches gilt für Gemische aus einem an sich brennbaren Gas mit Luft oder Sauerstoff, deren volumetrische Zusammensetzung oberhalb der oberen Zündgrenze liegt.

In der Regel werden die Werte für z_u und z_o für 20 °C und normalem Druck (1 atm) angegeben. Mit höheren Temperaturen erweitern sich die Zündbereiche.

Tabelle 80: Zündgrenzen von Einzel-Brenngasen bei 20 °C und atmosphärischem Druck

	Vol.-% Gas im (Gas+Luft)-Gemisch 20 °C						Vol.-% Gas im (Gas+O_2)-Gemisch 20 °C			
	z_u			z_o			z_u		z_o	
	Lorenz	D'Ans-Lax	Gumz (Hardt)	Lorenz	D'Ans-Lax	Gumz (Hardt)	D'Ans-Lax	Gumz (Hardt)	D'Ans-Lax	Gumz (Hardt)
H_2	4,0	4,0/4,1	4,1	75,9	74	74,0	4,0	4,5	94	95
CO	12,5	12,5	12,5	74,2	74	74,0	–	13	–	96
CH_4	5,0	5,3	5,3	15,0	14/15	14	5,4	5	59	60
C_2H_6	2,9	3,2	3,2	13	12,5	12,5	4,1	3,9	50	50,5
C_3H_8	2,1	2,4	2,4	9,5	9,5	9,5	–	–	–	–
n-C_4H_{10}	1,5	1,85	1,85	8,5	8,4	8,4	–	–	–	–
i-C_4H_{10}	1,8	1,8	–	8,5	8,4	–	–	–	–	–
C_2H_4	2,7	2,75/3,0	3,0	34	29	29	2,9/3,1	3,0	80	80
C_3H_6	2,0	2,0	–	11,7	11,1	–	2,1	–	53	–
1-C_4H_8	1,6	1,7	–	10	9,0	–	–	–	–	–
C_2H_2	–	2,5	2,5	–	80	80	–	2,8	–	93
C_6H_6	1,2	1,4	1,4	8,0	6,7	6,7	–	–	–	–
H_2S	4,3	4,3	–	45,5	45,5	–	–	79	–	–

I. Lorenz, Constantes Physiques des Gaz Combustibles et des Gaz Associés – Numerical Values of Properties of Combustible Gases and Related Materials. IGU/E 17–73. Nizza 1973. S. 24/25.

D'Ans-Lax, Taschenbuch für Chemiker und Physiker. 3. Aufl., Bd. I: Makroskopische physikalisch-chemische Eigenschaften (*E. Lax* und *C. Synowietz*). S. 1482/1483. Springer-Verlag. Berlin · Heidelberg · New York 1967.

W. Gumz (*L. Hardt*), Kurzes Handbuch der Brennstoff- und Feuerungstechnik. 3. Aufl., S. 291. Springer-Verlag. Berlin/Göttingen/Heidelberg 1962.

Siehe ferner:

F. Schuster, Verbrennungslehre S. 124/135: Zündgrenzen von Gasen. R. Oldenbourg-Verlag. München u. Wien 1970. Inhalt: Gesamtüberblick der Gesetzmäßigkeiten betr. Zündgrenzen.

W. Sackmann, GWI-Arbeitsblatt Nr. 97 (Jan. 1962): Zündgrenzen einiger Einzelgase in Normalluft und Sauerstoff bei 1 atm und Umgebungstemperatur (22 Literaturzitate, meist ältere Angaben).

Zündgrenzen von brennbaren Gemischen

Für technische Brenngase kann man mit guter Annäherung an die tatsächlichen Gemischwerte die Zündgrenzen nach *H. L. Chatelier* (1850 bis 1936) berechnen:

$$z_{Brenngas} = \frac{100}{\frac{v_1}{z_1} + \frac{v_2}{z_2} + \ldots} \text{ Vol.-\%} \qquad (182)$$

Bei technischen Brenngasen, die meistens Inerte enthalten, sind für die Berechnung der *unteren* Zündgrenze z_u die v_1-, v_2- ... Werte (Konzentration der reinen brennbaren Bestandteile in Vol.-%) des ursprünglichen, inerten*haltigen* Brenngases einzusetzen, für die *oberen* Zündgrenzen z_o die auf inerten*freie* Brenngase umgerechneten Konzentrationswerte v'_1-, v'_2- ...

Tabelle 81: Näherungswerte der Zündgrenzen technischer Brenngase nach der gewandelten Gleichung von *H. Le Chatelier*

	z_u	z_o
	Vol.-% Gas im (Gas+Luft)-Gemisch	
Hochofengichtgas	33	70
Koksgeneratorgas (GG)	19	64
Kokswassergas (WG)	9	73
Kokereigas (klassisches Ferngas)	5	33
Stadtgas I (KG + WG)	5	38
Stadtgas II (KG + GG)	6	32
Propan-Luftgas	12	53
Propan + WG	6	48
Propan + GG	9	26
Erdgas L	5	15
Erdgas H	4	16
Flüssiggase	2	9

Literatur

F. Schuster, Verbrennungslehre. S. 126/130. R. Oldenbourg-Verlag, München/Wien 1970. GWI-Arbeitsblatt Nr. 16 (Mai 1955).

Siehe ferner: *K. von Kwiatkowski,*

[1] Gaswärme 16 (1967) Nr. 1, S. 20/32: Der Einfluß höherer Temperaturen (bis ~ 400 °C) auf die Grenzen der Flammenausbreitung (Zündgrenzen) in Gemischen aus Brenngas und Luft.

[2] Gaswärme 16 (1967) Nr. 2, S. 78/83: Der Einfluß höherer Temperaturen auf die Gültigkeit der Regel von *Le Chatelier* zur Berechnung der Grenzen der Flammenausbreitung (Zündgrenzen) in polynären Gemischen aus Brenngasen und luft.

[3] Gaswärme 16 (1967) Nr. 3, S. 130/138: Der Einfluß höherer Temperatur auf die Gültigkeit der Regel von *Le Chatelier* zur Berechnung des Zündbereichs ternärer Gemische aus Brenngas, Inertgas und Luft.

[1] bis [3]: 49 Literaturangaben.

Zündgeschwindigkeit

Dieser Größe (siehe Abschnitts-Literatur), die in Fachkreisen auch mit den Bezeichnungen „Flammengeschwindigkeit" und „Verbrennungsgeschwindigkeit" belegt wird, gibt *R. Lindow,* dessen Meßverfahren wohl den geringsten Negativ- oder Stör-Einflüssen ausgesetzt ist, also die „richtigsten" Werte liefert, folgende Begriffsbestimmung:

„Die Flammengeschwindigkeit ist jene Geschwindigkeit, mit der sich Zündung und Verbrennung in einer Vormischflamme in Normalrichtung zur Flammenfront ausbreiten."

Tabelle 82: Zündgeschwindigkeit u laminarer Flammen in Brenngas/n-Luft-Gemischen bei 1 atm für Einzelgase

Literatur →	[1]	[2]	[2]	
H_2	280 cm/s	237,0	42,5 Vol.-% Gas im Gemisch	346,0 cm/s
CO	50	17,4	41,5	19,5
CH_4	26	42,0	10,2	43,0
C_2H_6	34	47,6	6,0	48,7
C_3H_8	32	46,0	4,3	47,2
n-C_4H_{10}	33	(43,4)	3,4	(45,2)
C_2H_4	65	77,8	7,0	78,0
C_3H_6	39	54,4	4,6	54,7
1-C_4H_8	43	53,0	3,4	53,3
C_2H_2	260	–	–	–
C_6H_6	55	–	–	–

[3]	Vol.-% Gas im Gemisch	cm/s		
H_2	42,4	280		
CO	53	(15)	H_2-Geh.: 0 Vol.-%	H_2O_D: 0 Vol.-%
		23	0,55	0
		43	0,55	1,20
		49	0,55	1,87
		52	0,55	2,30
CH_4	10,1	40/34		
C_2H_6	6,3	43/40		
C_3H_8	4,3	42/39		
C_4H_{10}	3,5	39/38		
C_2H_4	7,3	70/68		
C_3H_6	5,0	46/44		
1-C_4H_8	3,5	46/–		
C_2H_2	9,5	150/–		
C_6H_6	3,3	–/41		

Literatur

[1] *Aide-Mémoire de l'Industrie du Gaz.* 3. Aufl., S. 156. Paris 1972. Werte für die stöchiometrischen Gemische (siehe Tabelle 74, S. 147).

[2] *I. Lorenz,* Constantes Physiques des Gaz Combustibles et des Gaz Assiciés – Numerical Values of Properties of Combustible Gases and Related Materials. S. 28/29. IGU/E 17–73. Nizza 1973.
Linke Spalte Werte für die stöchiometrischen Gemische, rechte Spalte für die Maximalwerte, die bei einer Luftzahl $\lambda < 1$, also bei gasreicheren Gemischen liegen. (Werte nach Meßmethode *R. Lindow.*)

[3] Auszug aus einer Zusammenstellung von *W. Sackmann*, GWI-Arbeitsblatt Nr. 96 (Dez. 1961): 14 Literaturangaben.

Tabelle 83: Maximale Zündgeschwindigkeiten laminarer Flammen in Brenngas/Sauerstoff-Gemischen bei 1 atm für einige Einzelgase

Auszug aus einer Zusammenstellung von
W. Sackmann, GWI-Arbeitsblatt Nr. 90 (Juni 1961): 7 Literaturangaben

	Vol.-% Gas im Gemisch	cm/s		
H_2	71,5	1120		
CO	Bereich	(20)	H_2-Geh.: 0	Vol.-%-H_2O_D: 0 Vol.-%
	75	74	0	1,35
	72	109	0	3,3
	77	107	1,5	1,35
CH_4	33	420		
C_3H_8	17	365		
C_4H_{10}	13	480		
C_2H_4	27,5	540		
C_2H_2	–	1140		

Anmerkung: Stöchiometrische Zusammensetzungen siehe Tabelle 74, S. 147.

4. Wärmetechnik – Wärmewirtschaft

Für die wärmewirtschaftliche Güte einer feuerungstechnischen Anlage sind zwei Größen richtungsgebend wichtig: 1. der *Wirkungsgrad* der Brennstoffausnutzung und 2. die erreichbare *Verbrennungstemperatur.* Beide Größen können vom Brennstoff her und den Verbrennungsbedingungen vorausberechnet werden, wenn man zugrunde legt, daß die Anlage feuerungstechnisch optimal gebaut ist und entsprechend betrieben wird.

Als Vormaß ist der *feuerungstechnische Wirkungsgrad* η_f anzusehen, der gegeben ist durch die Gleichung (ohne Vorwärmung von Brennstoff und/oder Verbrennungsluft):

$$\eta_f = \frac{h_{\text{Verbrennungsgas}}}{H_u} \cdot 100\,\% \tag{183}$$

$$= \frac{\bar{c}_{\text{Verbrennungsgas}} \cdot t_{\text{Verbrennungsgas}} \cdot \text{Verbrennungsgasmenge}}{H_u} \cdot 100\,\%. \tag{184}$$

$\bar{c}_{\text{Verbrennungsgas}}$ mittlere spezifische Wärmekapazität in Wärmeeinheiten – kcal, kJ, kWh je Mengeneinheit Verbrennungsgasmenge – m^3 (NZ), kg, kmol ...

$t_{\text{Verbrennungsgas}}$ Celsius-Temperatur °C der Verbrennungsgase.

Enthalpie (h)-Werte werden auch für Vorwärmungsberechnungen usw. gebraucht. Ihre Grundlage, die mittleren spezifischen Wärmekapazitäten ($\bar{c}$), wurden in diesem Abschnitt ebenfalls berücksichtigt.

Mittlere spezifische Wärmekapazität und Enthalpie von Einzelgasen

Die Unterlagen für die Tabellen dieses Abschnitts stammen aus 4 Quellen:

Ruhrkohlen-Handbuch. 5. Aufl., S. 462 (nach *Spiers*). Verlag Glückauf. Essen 1969. (Energieangaben nur in kcal).

H. D. Baehr, Thermodynamik. 3. Aufl., S. 426. Springer-Verlag. Berlin/Heidelberg/New York 1973. (Energie-Angaben nur in kJ).

E. Schmidt, Technische Thermodynamik. 11. Aufl. (*K. Stephan* und *F. Mayinger*) Bd. 1: Einstoffsysteme, S. 89/93. Springer-Verlag. Berlin/Heidelberg/New York 1975. (Energieangaben nur in kJ).

H. Faltin in *K. Kurth* u.a., Flüssiggas-Handbuch. S. 48. VEB Deutscher Verlag für Grundstoffindustrie. Leipzig 1975. (Energieangaben nur in kcal).

Im vorliegenden Buch sind alle Werte auf die 3 Energie-Einheiten: kcal, kJ und kWh angegeben.

Baehr betrachtet alle Gase als „ideal“. Spiers extrapoliert auf einen Druck Null, was ebenfalls dem „idealen“ Zustand entspricht, weil sich alle realen Gase mit abnehmendem Druck dem „idealen“ Wert nähern.

Tabelle 84.1: *Wasserstoff* (nach Ruhrkohlen-Handbuch)

1. Mittlere spezifische Wärmekapazität $\bar{c}$

0 bis t °C	kcal/m³ (NZ) · K	kJ/m³ (NZ) · K	kWh/m³ (NZ) · K
t = 0 °C	0,306	1,2812	0,000 3558
100	0,309	1,2937	3593
200	0,310	1,2979	3605
300	0,311	1,3021	3616
400	0,311	1,3021	3616
500	0,312	1,3063	3628
600	0,313	1,3105	3640
700	0,314	1,3147	3651
800	0,315	1,3188	3663
900	0,316	1,3230	3674
1000	0,318	1,3314	3698
1100	0,319	1,3356	3709
1200	0,321	1,3440	3733
1300	0,323	1,3523	3756
1400	0,325	1,3607	3779
1500	0,327	1,3691	3802

2. Enthalpie h

(0 bis) t °C	kcal/m³ (NZ)	kJ/m³ (NZ)	kWh/m³ (NZ)
t = 100 °C	30,9	129,4	0,0359
200	62,0	259,6	0,0721
300	93,3	390,6	0,1085
400	124,4	520,8	0,1447
500	156,0	676,8	0,1814
600	187,8	864,6	0,2184
700	219,8	1084,4	0,2556
800	252,0	1336,4	0,2930
900	284,4	1620,8	0,3307
1000	318,0	1938,8	0,3698
1100	350,9	2289,7	0,4080
1200	385,2	2674,9	0,4479
1300	419,9	3094,8	0,4883
1400	455,0	3549,8	0,5291
1500	490,5	4040,3	0,5703

Tabelle 84.2: *Wasserstoff* (nach Schmidt u. Baehr)

1. Mittlere spezifische Wärmekapazität $\bar{c}$

0 bis t °C	kcal/m³ (NZ) · K	kJ/m³ (NZ) · K	kWh/m³ (NZ) · K
t = 0 °C	0,3050	1,2771	0,000 3548
100	0,3085	1,2915	3588
200	0,3098	1,2972	3603
300	0,3105	1,3001	3611
400	0,3111	1,3024	3618
500	0,3117	1,3050	3625
600	0,3125	1,3082	3634
700	0,3134	1,3122	3645
800	0,3146	1,3171	3659
900	0,3160	1,3229	3675
1000	0,3175	1,3292	3692
1100	0,3192	1,3363	3712
1200	0,3210	1,3438	3733
1300	0,3228	1,3515	3754
1400	0,3247	1,3596	3777
1500	0,3267	1,3678	3799

2. Enthalpie h

(0 bis) t °C	kcal/m³ (NZ)	kJ/m³ (NZ)	kWh/m³ (NZ)
t = 100 °C	30,8	129,15	0,0359
200	62,0	259,44	0,0721
300	93,2	390,03	0,1083
400	124,4	520,96	0,1447
500	155,8	652,50	0,1813
600	187,5	784,92	0,2180
700	219,4	918,54	0,2552
800	251,7	1053,68	0,2927
900	284,4	1190,61	0,3307
1000	317,5	1329,20	0,3692
1100	351,1	1469,93	0,4083
1200	385,2	1612,56	0,4479
1300	419,6	1756,95	0,4880
1400	454,6	1903,44	0,5287
1500	490,0	2051,70	0,5699

Tabelle 84.3: *Kohlenmonoxid* (nach Ruhrkohlen-Handbuch)

1. Mittlere spezifische Wärmekapazität $\bar{c}$

0 bis t °C	kcal/m³ (NZ) · K	kJ/m³ (NZ) · K	kWh/m³ (NZ) · K
t = 0 °C	0,311	1,3021	0,000 3616
100	0,311	1,3021	3616
200	0,312	1,3063	3628
300	0,315	1,3188	3663
400	0,318	1,3314	3698
500	0,321	1,3440	3733
600	0,324	1,3565	3767
700	0,328	1,3733	3814
800	0,332	1,3900	3860
900	0,335	1,4026	3895
1000	0,338	1,4151	3930
1100	0,341	1,4277	3965
1200	0,344	1,4403	4000
1300	0,346	1,4486	4023
1400	0,348	1,4570	4047
1500	0,350	1,4654	4070

2. Enthalpie h

(0 bis) t °C	kcal/m³ (NZ)	kJ/m³ (NZ)	kWh/m³ (NZ)
t = 100 °C	31,1	130,2	0,0362
200	62,4	261,3	0,0726
300	94,5	395,7	0,1099
400	127,2	532,6	0,1479
500	160,5	672,0	0,1866
600	194,4	813,9	0,2260
700	229,6	961,3	0,2670
800	265,6	1112,0	0,3088
900	301,5	1262,3	0,3506
1000	338,0	1415,1	0,3930
1100	375,1	1570,5	0,4362
1200	412,8	1728,3	0,4800
1300	449,8	1883,2	0,5230
1400	487,2	2039,8	0,5665
1500	525,0	2198,1	0,6105

Tabelle 84.4: *Kohlenmonoxid* (nach Baehr)

1. Mittlere spezifische Wärmekapazität $\bar{c}$

0 bis t °C	kcal/m^3 (NZ) · K	kJ/m^3 (NZ) · K	kWh/m^3 (NZ) · K
t = 0 °C	0,3103	1,2993	0,000 3609
100	0,3109	1,3017	3616
200	0,3123	1,3074	3632
300	0,3145	1,3168	3658
400	0,3174	1,3289	3691
500	0,3207	1,3428	3730
600	0,3242	1,3574	3771
700	0,3277	1,3721	3811
800	0,3311	1,3862	3851
900	0,3343	1,3998	3888
1000	0,3374	1,4127	3924
1100	0,3403	1,4249	3958
1200	0,3430	1,4362	3989
1300	0,3456	1,4468	4019
1400	0,3479	1,4567	4046
1500	0,3501	1,4659	4072

2. Enthalpie h

(0 bis) t °C	kcal/m^3 (NZ)	kJ/m^3 (NZ)	kWh/m^3 (NZ)
t = 100 °C	31,1	130,17	0,0362
200	62,5	261,48	0,0726
300	94,4	395,04	0,1097
400	127,0	531,56	0,1477
500	160,4	671,40	0,1865
600	194,5	814,44	0,2262
700	229,4	960,47	0,2668
800	264,9	1108,96	0,3080
900	300,9	1259,82	0,3500
1000	337,4	1412,70	0,3924
1100	374,4	1567,39	0,4354
1200	411,6	1723,44	0,4787
1300	449,2	1880,84	0,5225
1400	487,1	2039,52	0,5665
1500	525,2	2198,85	0,6108

Tabelle 84.5: *Kohlendioxid* (nach Ruhrkohlen-Handbuch)

1. Mittlere spezifische Wärmekapazität $\bar{c}$

0 bis t °C	kcal/m^3 (NZ) · K	kJ/m^3 (NZ) · K	kWh/m^3 (NZ) · K
t = 0 °C	0,384	1,6077	0,000 4465
100	0,409	1,7124	4756
200	0,431	1,8045	5012
300	0,449	1,8799	5221
400	0,464	1,9427	5395
500	0,480	2,0097	5581
600	0,492	2,0599	5721
700	0,503	2,1060	5849
800	0,513	2,1478	5965
900	0,522	2,1855	6070
1000	0,530	2,2190	6163
1100	0,538	2,2525	6256
1200	0,544	2,2776	6326
1300	0,550	2,3027	6395
1400	0,556	2,3279	6465
1500	0,560	2,3446	6512

2. Enthalpie h

(0 bis) t °C	kcal/m³ (NZ)	kJ/m³ (NZ)	kWh/m³ (NZ)
t = 100 °C	40,9	171,2	0,0476
200	86,2	360,9	0,1002
300	129,3	541,4	0,1503
400	185,6	777,1	0,2158
500	240,0	1004,8	0,2791
600	295,2	1235,9	0,3433
700	352,1	1474,2	0,4094
800	410,4	1718,3	0,4772
900	469,8	1967,0	0,5463
1000	530,0	2219,0	0,6163
1100	591,8	2477,7	0,6881
1200	652,8	2733,1	0,7591
1300	715,0	2993,6	0,8314
1400	778,4	3259,0	0,9051
1500	840,0	3516,9	0,9767

Tabelle 84.6: *Kohlendioxid* (nach *Baehr*)

1. Mittlere spezifische Wärmekapazität $\bar{c}$

0 bis t °C	kcal/m³ (NZ) · K	kJ/m³ (NZ) · K	kWh/m³ (NZ) · K
t = 0 °C	0,3829	1,6032	0,000 4453
100	0,4059	1,7038	4733
200	0,4278	1,7911	4975
300	0,4459	1,8671	5186
400	0,4620	1,9341	5373
500	0,4761	1,9934	5537
600	0,4888	2,0464	5684
700	0,5001	2,0937	5816
800	0,5102	2,1363	5934
900	0,5194	2,1748	6041
1000	0,5278	2,2096	6138
1100	0,5353	2,2410	6225
1200	0,5421	2,2698	6305
1300	0,5484	2,2960	6378
1400	0,5541	2,3201	6445
1500	0,5594	2,3421	6506

2. Enthalpie h

(0 bis) t °C	kcal/m³ (NZ)	kJ/m³ (NZ)	kWh/m³ (NZ)
t = 100 °C	40,7	170,38	0,0473
200	85,6	358,22	0,0995
300	133,8	560,13	0,1556
400	184,8	773,64	0,2149
500	238,1	996,70	0,2769
600	293,3	1227,84	0,3411
700	350,1	1465,59	0,4071
800	408,2	1709,04	0,4747
900	467,5	1957,32	0,5437
1000	527,8	2209,60	0,6138
1100	588,8	2465,10	0,6848
1200	650,6	2723,76	0,7566
1300	712,9	2984,80	0,8291
1400	775,8	3248,14	0,9023
1500	839,1	3513,15	0,9759

Tabelle 84.7: *Sauerstoff* (nach Ruhrkohlen-Handbuch)

1. Mittlere spezifische Wärmekapazität c̄

0 bis t °C	kcal/m³ (NZ) · K	kJ/m³ (NZ) · K	kWh/m³ (NZ) · K
t = 0 °C	0,312	1,3063	0,000 3628
100	0,315	1,3188	3663
200	0,319	1,3356	3709
300	0,324	1,3565	3767
400	0,329	1,3775	3826
500	0,334	1,3984	3884
600	0,339	1,4199	3942
700	0,343	1,4361	3988
800	0,347	1,4528	4035
900	0,350	1,4654	4070
1000	0,353	1,4779	4105
1100	0,356	1,4905	4140
1200	0,359	1,5031	4174
1300	0,362	1,5156	4209
1400	0,364	1,5240	4223
1500	0,366	1,5324	4256

2. Enthalpie h

(0 bis) t °C	kcal/m³ (NZ)	kJ/m³ (NZ)	kWh/m³ (NZ)
t = 100 °C	31,5	131,9	0,0366
200	63,8	267,1	0,0742
300	97,2	407,0	0,1130
400	131,6	551,0	0,1538
500	167,0	699,2	0,1942
600	203,4	851,6	0,2365
700	240,1	1005,3	0,2792
800	277,6	1162,3	0,3228
900	315,0	1318,8	0,3663
1000	353,0	1477,9	0,4105
1100	391,6	1639,6	0,4553
1200	430,8	1803,7	0,5009
1300	470,6	1970,3	0,5472
1400	509,6	2133,6	0,5926
1500	549,0	2298,6	0,6384

Tabelle 84.8: *Sauerstoff* (nach *Baehr*)

1. Mittlere spezifische Wärmekapazität c̄

0 bis t °C	kcal/m³ (NZ) · K	kJ/m³ (NZ) · K	kWh/m³ (NZ) · K
t = 0 °C	0,3119	1,3060	0,000 3628
100	0,3147	1,3177	3660
200	0,3190	1,3354	3709
300	0,3239	1,3561	3767
400	0,3290	1,3775	3826
500	0,3339	1,3980	3883
600	0,3384	1,4169	3936
700	0,3426	1,4344	3984
800	0,3464	1,4501	4028
900	0,3498	1,4645	4068
1000	0,3529	1,4776	4104
1100	0,3558	1,4896	4138
1200	0,3584	1,5006	4168
1300	0,3609	1,5109	4197
1400	0,3632	1,5206	4224
1500	0,3654	1,5297	4249

2. Enthalpie h

(0 bis) t °C	kcal/m³ (NZ)	kJ/m³ (NZ)	kWh/m³ (NZ)
t = 100 °C	31,5	131,77	0,0366
200	63,8	267,08	0,0742
300	97,2	406,83	0,1130
400	131,6	551,00	0,1531
500	167,0	699,00	0,1942
600	203,1	850,14	0,2362
700	239,8	1004,08	0,2789
800	277,1	1160,08	0,3222
900	314,8	1318,05	0,3661
1000	352,9	1477,60	0,4104
1100	391,4	1638,56	0,4552
1200	430,1	1800,72	0,5002
1300	469,1	1964,17	0,5456
1400	508,5	2128,84	0,5913
1500	548,0	2294,55	0,6374

Tabelle 84.9: *Stickstoff* (nach Ruhrkohlen-Handbuch)

1. Mittlere spezifische Wärmekapazität $\bar{c}$

0 bis t °C	kcal/m³ (NZ) · K	kJ/m³ (NZ) · K	kWh/m³ (NZ) · K
t = 0 °C	0,311	1,3021	0,000 3616
100	0,311	1,3021	3616
200	0,312	1,3063	3628
300	0,314	1,3147	3651
400	0,316	1,3230	3674
500	0,319	1,3356	3709
600	0,322	1,3481	3744
700	0,324	1,3565	3767
800	0,328	1,3733	3814
900	0,331	1,3858	3849
1000	0,334	1,3984	3884
1100	0,337	1,4110	3919
1200	0,340	1,4235	3953
1300	0,342	1,4319	3977
1400	0,345	1,4444	4012
1500	0,347	1,4528	4035

2. Enthalpie h

(0 bis) t °C	kcal/m³ (NZ)	kJ/m³ (NZ)	kWh/m³ (NZ)
t = 100 °C	31,1	130,2	0,0362
200	62,4	261,3	0,0726
300	94,2	394,4	0,1095
400	126,4	529,2	0,1470
500	159,5	667,8	0,1855
600	193,2	808,9	0,2247
700	226,8	949,6	0,2637
800	262,4	1098,3	0,3051
900	297,9	1247,2	0,3464
1000	334,0	1398,4	0,3884
1100	370,7	1552,0	0,4310
1200	408,0	1708,2	0,4744
1300	444,6	1861,5	0,5170
1400	483,0	2022,2	0,5616
1500	520,5	2179,2	0,6052

Tabelle 84.10: *Stickstoff* (nach Baehr)

1. Mittlere spezifische Wärmekapazität $\bar{c}$

0 bis t °C	kcal/m³ (NZ) · K	kJ/m³ (NZ) · K	kWh/m³ (NZ) · K
t = 0 °C	0,3101	1,2982	0,000 3606
100	0,3103	1,2993	3909
200	0,3112	1,3031	3620
300	0,3128	1,3098	3638
400	0,3151	1,3193	3665
500	0,3179	1,3308	3697
600	0,3209	1,3436	3732
700	0,3240	1,3567	3769
800	0,3272	1,3698	3805
900	0,3302	1,3826	3841
1000	0,3331	1,3948	3874
1100	0,3360	1,4066	3907
1200	0,3386	1,4177	3938
1300	0,3411	1,4281	3967
1400	0,3434	1,4378	3994
1500	0,3456	1,4471	4020

2. Enthalpie h

(0 bis) t °C	kcal/m³ (NZ)	kJ/m³ (NZ)	kWh/m³ (NZ)
t = 100 °C	31,0	129,93	0,0361
200	62,2	260,62	0,0724
300	93,9	392,94	0,1092
400	126,0	527,72	0,1466
500	158,9	665,40	0,1848
600	192,5	806,16	0,2239
700	226,8	949,69	0,2638
800	261,7	1095,84	0,3044
900	297,2	1244,34	0,3457
1000	333,1	1394,80	0,3874
1100	369,6	1547,26	0,4298
1200	406,3	1701,24	0,4726
1300	443,4	1856,53	0,5157
1400	480,8	2012,92	0,5591
1500	518,5	2170,65	0,6030

Tabelle 84.11: *Atmosphärische Luft* (nach Ruhrkohlen-Handbuch)

1. Mittlere spezifische Wärmekapazität $\bar{c}$

0 bis t °C	kcal/m³ (NZ) · K	kJ/m³ (NZ) · K	kWh/m³ (NZ) · K
t = 0 °C	0,310	1,2929	0,000 3605
100	0,311	1,3021	3616
200	0,313	1,3105	3640
300	0,315	1,3188	3663
400	0,318	1,3314	3698
500	0,321	1,3440	3733
600	0,324	1,3565	3767
700	0,328	1,3733	3814
800	0,331	1,3858	3849
900	0,334	1,3984	3884
1000	0,337	1,4110	3919
1100	0,340	1,4235	3953
1200	0,343	1,4361	3988
1300	0,345	1,4444	4012
1400	0,347	1,4528	4035
1500	0,350	1,4654	4070

2. Enthalpie h

(0 bis) t °C	kcal/m³ (NZ)	kJ/m³ (NZ)	kWh/m³ (NZ)
t = 100 °C	31,1	130,2	0,0362
200	62,6	262,1	0,0728
300	94,5	395,7	0,1099
400	127,2	532,6	0,1479
500	160,5	672,0	0,1866
600	194,4	813,9	0,2260
700	229,6	961,3	0,2670
800	264,8	1108,7	0,3079
900	300,6	1258,6	0,3495
1000	337,0	1411,0	0,3919
1100	374,0	1565,9	0,4349
1200	411,6	1723,3	0,4786
1300	448,6	1877,8	0,5215
1400	485,8	2033,9	0,5649
1500	525,0	2198,1	0,6105

Tabelle 84.12: *Atmosphärische Luft* (nach *Baehr*)

1. Mittlere spezifische Wärmekapazität $\bar{c}$

0 bis t °C	kcal/m³ (NZ) · K	kJ/m³ (NZ) · K	kWh/m³ (NZ) · K
t = 0 °C	0,3097	1,2966	0,000 3602
100	0,3105	1,3000	3611
200	0,3121	1,3067	3630
300	0,3144	1,3162	3656
400	0,3173	1,3283	3690
500	0,3204	1,3414	3726
600	0,3237	1,3554	3765
700	0,3270	1,3692	3803
800	0,3303	1,3828	3841
900	0,3334	1,3957	3877
1000	0,3363	1,4080	3911
1100	0,3391	1,4196	3943
1200	0,3417	1,4305	3974

2. Enthalpie h

(0 bis) t °C	kcal/m³ (NZ)	kJ/m³ (NZ)	kWh/m³ (NZ)
t = 100 °C	31,0	130,00	0,0361
200	62,4	261,34	0,0726
300	94,3	394,86	0,1097
400	126,9	531,32	0,1476
500	160,2	670,70	0,1863
600	194,2	813,24	0,2259
700	228,9	958,44	0,2662
800	264,2	1106,24	0,3073
900	300,0	1256,13	0,3489
1000	336,3	1408,00	0,3911
1100	373,0	1561,56	0,4338
1200	410,0	1716,60	0,4768

Tabelle 84.13: *Sauerstoffangereicherte Luft* ($O_{2,a}$ nach Ruhrkohlen-Handbuch – $N_{2,atm}$ Eigenberechnung)

1. Mittlere spezifische Wärme $\bar{c}$

0 bis t °C	$O_{2,a}$ = 25 Vol.-%			$O_{2,a}$ = 30 Vol.-%		
	kcal/m³ (NZ) · K	kJ/m³ (NZ) · K	kWh/m³ (NZ) · K	kcal/m³ (NZ) · K	kJ/m³ (NZ) · K	kWh/m³ (NZ) · K
t = 0 °C	0,3101	1,2983	0,000 3606	0,3102	1,2987	0,000 3607
100	0,3112	1,3029	3619	0,3115	1,3042	3622
200	0,3133	1,3117	3643	0,3137	1,3134	3648
300	0,3155	1,3209	3669	0,3160	1,3230	3674
400	0,3186	1,3339	3705	0,3193	1,3368	3713
500	0,3217	1,3469	3741	0,3225	1,3502	3750
600	0,3248	1,3599	3777	0,3257	1,3636	3787
700	0,3288	1,3766	3823	0,3297	1,3804	3834
800	0,3318	1,3892	3858	0,3328	1,3934	3870
900	0,3348	1,4017	3893	0,3358	1,4059	3905
1000	0,3378	1,4143	3928	0,3388	1,4185	3940
1100	0,3408	1,4269	3963	0,3418	1,4310	3974
1200	0,3438	1,4394	3998	0,3448	1,4436	4009
1300	0,3459	1,4482	4022	0,3469	1,4524	4034
1400	0,3479	1,4566	4045	0,3489	1,4608	4057
1500	0,3508	1,4687	4079	0,3518	1,4729	4091

2. Enthalpie h

(0 bis) t °C	kcal/m³ (NZ)	kJ/m³ (NZ)	kWh/m³ (NZ)	kcal/m³ (NZ)	kJ/m³ (NZ)	kWh/m³ (NZ)
t = 100 °C	31,12	130,29	0,03619	31,15	130,40	0,03622
200	62,66	262,34	0,07286	62,74	262,66	0,07296
300	94,65	396,28	0,11006	94,80	396,91	0,11023
400	127,44	533,57	0,14819	127,72	534,74	0,14851
500	160,85	673,45	0,18703	161,25	675,12	0,18750
600	194,88	815,92	0,22660	195,42	818,18	0,22723
700	230,16	963,63	0,26763	230,79	966,27	0,26836
800	265,44	1111,34	0,30865	266,24	1114,69	0,30958
900	301,32	1261,57	0,35037	302,22	1265,33	0,35142
1000	337,80	1414,30	0,39279	338,80	1418,49	0,39395
1100	374,88	1569,55	0,43591	375,98	1574,15	0,43719
1200	412,56	1727,31	0,47972	413,76	1732,33	0,48112
1300	449,67	1882,68	0,52287	450,97	1888,12	0,52438
1400	487,06	2039,22	0,56635	488,46	2045,08	0,56798
1500	526,20	2203,09	0,61186	527,70	2209,37	0,61360

1. Mittlere spezifische Wärmekapazität $\bar{c}$

0 bis t °C	$O_{2,a}$ = 35 Vol.-%			$O_{2,a}$ = 40 Vol.-%		
	kcal/m³ (NZ) · K	kJ/m³ (NZ) · K	kWh/m³ (NZ) · K	kcal/m³ (NZ) · K	kJ/m³ (NZ) · K	kWh/m³ (NZ) · K
t = 0 °C	0,3104	1,2996	0,000 3609	0,3105	1,3000	0,000 3610
100	0,3117	1,3050	3624	0,3120	1,3063	3628
200	0,3141	1,3151	3652	0,3144	1,3163	3656
300	0,3166	1,3255	3681	0,3172	1,3281	3688
400	0,3199	1,3394	3720	0,3206	1,3423	3728
500	0,3233	1,3536	3759	0,3241	1,3569	3769
600	0,3267	1,3678	3799	0,3276	1,3716	3809
700	0,3307	1,3846	3845	0,3316	1,3883	3856
800	0,3338	1,3976	3881	0,3348	1,4017	3893
900	0,3368	1,4101	3916	0,3378	1,4143	3928
1000	0,3398	1,4227	3951	0,3408	1,4269	3963
1100	0,3428	1,4352	3986	0,3438	1,4394	3998
1200	0,3458	1,4478	4021	0,3468	1,4520	4033
1300	0,3480	1,4570	4047	0,3491	1,4616	4059
1400	0,3500	1,4654	4070	0,3511	1,4670	4083
1500	0,3528	1,4771	4102	0,3538	1,4813	4114

2. Enthalpie h

(0 bis) t °C	kcal/m³ (NZ)	kJ/m³ (NZ)	kWh/m³ (NZ)	kcal/m³ (NZ)	kJ/m³ (NZ)	kWh/m³ (NZ)
t = 100 °C	31,17	130,51	0,03624	31,20	130,63	0,03628
200	62,82	262,98	0,07305	62,88	263,27	0,07312
300	94,98	397,66	0,11044	95,16	398,42	0,11065
400	127,96	535,74	0,14879	128,24	536,92	0,14912
500	161,65	676,80	0,18797	162,05	678,47	0,18843
600	196,02	820,70	0,22793	196,56	822,96	0,22856
700	231,49	969,20	0,26917	232,12	971,84	0,26991
800	267,04	1118,04	0,31051	267,84	1121,39	0,31144
900	303,12	1269,10	0,35247	304,02	1272,87	0,35351
1000	339,80	1422,67	0,39512	340,80	1426,86	0,39628
1100	377,08	1578,76	0,43847	378,18	1583,36	0,43974
1200	414,96	1737,35	0,48251	416,16	1742,38	0,48391
1300	452,40	1894,11	0,52605	453,83	1900,10	0,52771
1400	490,00	2051,53	0,56977	491,54	2057,98	0,57156
1500	529,20	2215,65	0,61535	530,70	2221,93	0,61709

1. Mittlere spezifische Wärmekapazität $\bar{c}$

0 bis t °C	$O_{2,a}$ = 45 Vol.-%			$O_{2,a}$ = 50 Vol.-%		
	kcal/m³ (NZ) · K	kJ/m³ (NZ) · K	kWh/m³ (NZ) · K	kcal/m³ (NZ) · K	kJ/m³ (NZ) · K	kWh/m³ (NZ) · K
t = 0 °C	0,3106	1,3004	0,000 3612	0,3107	1,3008	0,000 3613
100	0,3122	1,3071	3630	0,3125	1,3084	3634
200	0,3148	1,3180	3660	0,3152	1,3197	3665
300	0,3177	1,3301	3694	0,3183	1,3327	3701
400	0,3213	1,3452	3736	0,3220	1,3481	3744
500	0,3249	1,3603	3778	0,3258	1,3641	3788
600	0,3286	1,3758	3821	0,3295	1,3796	3831
700	0,3326	1,3925	3867	0,3335	1,3963	3878
800	0,3359	1,4063	3906	0,3369	1,4105	3917
900	0,3389	1,4189	3941	0,3399	1,4231	3952
1000	0,3419	1,4315	3976	0,3429	1,4357	3987
1100	0,3449	1,4440	4010	0,3459	1,4482	4022
1200	0,3479	1,4566	4045	0,3489	1,4608	4057
1300	0,3502	1,4662	4072	0,3512	1,4704	4084
1400	0,3522	1,4746	4095	0,3532	1,4788	4107
1500	0,3549	1,4859	4127	0,3559	1,4901	4138

2. Enthalpie h

(0 bis) t °C	kcal/m³ (NZ)	kJ/m³ (NZ)	kWh/m³ (NZ)	kcal/m³ (NZ)	kJ/m³ (NZ)	kWh/m³ (NZ)
t = 100 °C	31,22	130,71	0,03630	31,25	130,84	0,03634
200	62,96	263,60	0,07321	63,04	263,94	0,07330
300	95,31	399,04	0,11083	95,49	399,80	0,11103
400	128,52	538,09	0,14944	128,80	539,26	0,14977
500	162,45	680,15	0,18890	162,90	682,03	0,18942
600	197,16	825,47	0,22926	197,70	827,73	0,22988
700	232,82	974,77	0,27072	233,45	977,41	0,27145
800	268,72	1125,08	0,31247	269,52	1128,43	0,31340
900	305,01	1277,02	0,35466	305,91	1280,78	0,35571
1000	341,90	1431,47	0,39756	342,90	1435,65	0,39872
1100	379,39	1588,43	0,44115	380,49	1593,04	0,44243
1200	417,48	1747,91	0,48544	418,68	1752,93	0,48684
1300	455,26	1906,08	0,52937	456,56	1911,53	0,53088
1400	493,08	2064,43	0,57335	494,48	2070,29	0,57498
1500	532,35	2228,84	0,61901	533,85	2235,12	0,62076

1. Mittlere spezifische Wärmekapazität $\bar{c}$

0 bis t °C	$O_{2,a}$ = 80 Vol.-%			$O_{2,a}$ = 90 Vol.-%		
	kcal/m³ (NZ) · K	kJ/m³ (NZ) · K	kWh/m³ (NZ) · K	kcal/m³ (NZ) · K	kJ/m³ (NZ) · K	kWh/m³ (NZ) · K
t = 0 °C	0,3115	1,3042	0,000 3622	0,3117	1,3050	0,000 3624
100	0,3140	1,3147	3651	0,3145	1,3167	3657
200	0,3175	1,3293	3692	0,3182	1,3322	3700
300	0,3217	1,3469	3741	0,3229	1,3519	3755
400	0,3262	1,3657	3793	0,3276	1,3716	3809
500	0,3307	1,3846	3845	0,3324	1,3917	3865
600	0,3352	1,4034	3898	0,3371	1,4114	3920
700	0,3392	1,4202	3944	0,3411	1,4281	3966
800	0,4329	1,4357	3987	0,3450	1,4444	4012
900	0,3459	1,4482	4022	0,3480	1,4570	4047
1000	0,3489	1,4608	4057	0,3510	1,4696	4081
1100	0,3519	1,4733	4092	0,3540	1,4821	4116
1200	0,3549	1,4859	4127	0,3570	1,4947	4151
1300	0,3577	1,4976	4159	0,3598	1,5064	4184
1400	0,3597	1,5060	4183	0,3618	1,5148	4207
1500	0,3619	1,5152	4208	0,3640	1,5240	4233

2. Enthalpie h

(0 bis) t °C	kcal/m³ (NZ)	kJ/m³ (NZ)	kWh/m³ (NZ)	kcal/m³ (NZ)	kJ/m³ (NZ)	kWh/m³ (NZ)
t = 100 °C	31,40	131,47	0,03651	31,45	131,67	0,03657
200	63,50	265,86	0,07384	63,64	266,45	0,07400
300	96,51	404,07	0,11222	96,87	405,58	0,11264
400	130,48	546,29	0,15172	131,04	548,64	0,15237
500	165,35	692,29	0,19227	166,20	695,85	0,19326
600	201,12	842,05	0,23386	202,26	846,82	0,23519
700	237,44	994,11	0,27609	238,77	999,68	0,27764
800	274,32	1148,52	0,31898	276,00	1155,56	0,32093
900	311,31	1303,39	0,36199	313,20	1311,31	0,36419
1000	348,90	1460,77	0,40570	351,00	1469,57	0,40814
1100	387,09	1620,67	0,45010	389,40	1630,34	0,45279
1200	425,88	1783,07	0,49521	428,40	1793,63	0,49814
1300	465,01	1946,90	0,54071	467,74	1958,33	0,54388
1400	503,58	2108,39	0,58556	506,52	2120,70	0,58898
1500	542,85	2272,80	0,63122	546,00	2285,99	0,63488

1. Mittlere spezifische Wärmekapazität $\bar{c}$

0 bis t °C	$O_{2,a}$ = 60 Vol.-%			$O_{2,a}$ = 70 Vol.-%		
	kcal/m³ (NZ) · K	kJ/m³ (NZ) · K	kWh/m³ (NZ) · K	kcal/m³ (NZ) · K	kJ/m³ (NZ) · K	kWh/m³ (NZ) · K
t = 0 °C	0,3110	1,3021	0,000 3616	0,3112	1,3029	0,000 3619
100	0,3130	1,3105	3640	0,3135	1,3126	3645
200	0,3160	1,3230	3674	0,3167	1,3260	3683
300	0,3194	1,3373	3714	0,3206	1,3423	3728
400	0,3234	1,3540	3760	0,3248	1,3599	3777
500	0,3274	1,3708	3807	0,3291	1,3779	3827
600	0,3314	1,3875	3853	0,3333	1,3955	3876
700	0,3354	1,4043	3900	0,3373	1,4122	3922
800	0,3389	1,4189	3941	0,3409	1,4273	3964
900	0,3419	1,4315	3976	0,3439	1,4398	3999
1000	0,3449	1,4440	4010	0,3469	1,4524	4034
1100	0,3479	1,4566	4045	0,3499	1,4650	4069
1200	0,3509	1,4691	4080	0,3529	1,4775	4103
1300	0,3534	1,4796	4109	0,3555	1,4884	4134
1400	0,3554	1,4880	4133	0,3575	1,4968	4157
1500	0,3579	1,4985	4162	0,3599	1,5068	4185

2. Enthalpie h

(0 bis) t °C	kcal/m³ (NZ)	kJ/m³ (NZ)	kWh/m³ (NZ)	kcal/m³ (NZ)	kJ/m³ (NZ)	kWh/m³ (NZ)
t = 100 °C	31,30	131,05	0,03640	31,35	131,26	0,03645
200	63,20	264,61	0,07349	63,34	265,19	0,07365
300	95,82	401,18	0,11142	96,18	402,69	0,11184
400	129,36	541,60	0,15042	129,92	543,95	0,15107
500	163,70	685,38	0,19035	164,55	688,94	0,19134
600	198,84	832,50	0,23121	199,98	837,28	0,23253
700	234,78	982,98	0,27300	236,11	988,55	0,27455
800	271,12	1135,13	0,31526	272,72	1141,82	0,31712
900	307,71	1288,32	0,35780	309,51	1295,86	0,35990
1000	344,90	1444,03	0,40105	346,90	1452,40	0,40337
1100	382,69	1602,25	0,44499	384,89	1611,46	0,44755
1200	421,08	1762,98	0,48963	423,48	1773,03	0,49242
1300	459,42	1923,50	0,53421	462,15	1934,93	0,53738
1400	497,56	2083,18	0,57856	500,50	2095,49	0,58198
1500	536,85	2247,68	0,62424	539,85	2260,24	0,62773

Tabelle 84.14: *Atmosphärischer Stickstoff* (nach Ruhrkohlen-Handbuch O_2 und Luft)

1. Mittlere spezifische Wärmekapazität $\bar{c}$

0 bis t °C	kcal/m³ (NZ) · K	kJ/m³ (NZ) · K	kWh/m³ (NZ) · K
t = 0 °C	0,3095	1,2958	0,000 3599
100	0,3099	1,2975	3603
200	0,3114	1,3038	3621
300	0,3126	1,3088	3635
400	0,3151	1,3193	3664
500	0,3176	1,3297	3693
600	0,3200	1,3398	3721
700	0,3240	1,3565	3767
800	0,3268	1,3682	3800
900	0,3298	1,3808	3835
1000	0,3328	1,3934	3870
1100	0,3358	1,4059	3905
1200	0,3388	1,4185	3940
1300	0,3405	1,4256	3959
1400	0,3425	1,4340	3983
1500	0,3458	1,4478	4021

2. Enthalpie h

(0 bis) t °C	kcal/m³ (NZ)	kJ/m³ (NZ)	kWh/m³ (NZ)
t = 100 °C	30,99	129,7	0,0360
200	62,28	260,8	0,0724
300	93,78	392,6	0,1090
400	126,04	527,7	0,1466
500	158,80	664,9	0,1847
600	192,00	803,9	0,2233
700	226,80	949,6	0,2637
800	261,44	1094,6	0,3040
900	296,82	1242,7	0,3451
1000	332,80	1393,4	0,3870
1100	369,38	1546,5	0,4295
1200	406,56	1702,2	0,4727
1300	442,65	1853,3	0,5147
1400	479,50	2007,6	0,5576
1500	518,70	2171,7	0,6031

Tabelle 84.15: *Wasserdampf* (nach Ruhrkohlen-Handbuch)

1. Mittlere spezifische Wärmekapazität $\bar{c}$

0 bis t °C	kcal/m³ (NZ) · K	kJ/m³ (NZ) · K	kWh/m³ (NZ) · K
t = 0 °C	0,356	1,4905	0,000 4140
100	0,358	1,4989	4163
200	0,362	1,5156	4209
300	0,367	1,5366	4267
400	0,372	1,5575	4326
500	0,378	1,5826	4395
600	0,384	1,6077	4465
700	0,390	1,6329	4535
800	0,397	1,6622	4616
900	0,403	1,6873	4686
1000	0,410	1,7166	4767
1100	0,416	1,7417	4837
1200	0,422	1,7668	4907
1300	0,427	1,7878	4965
1400	0,434	1,8171	5047
1500	0,439	1,8380	5105

2. Enthalpie h

(0 bis) t °C	kcal/m³ (NZ)	kJ/m³ (NZ)	kWh/m³ (NZ)
t = 100 °C	35,8	149,9	0,0416
200	72,4	303,1	0,0842
300	110,1	461,0	0,1280
400	148,8	623,0	0,1730
500	189,0	791,3	0,2198
600	230,4	964,6	0,2679
700	273,0	1143,0	0,3174
800	317,6	1329,7	0,3693
900	362,7	1518,6	0,4217
1000	410,0	1716,6	0,4767
1100	457,6	1915,9	0,5321
1200	506,4	2120,2	0,5888
1300	555,1	2324,1	0,6455
1400	607,6	2543,9	0,7065
1500	658,5	2757,0	0,7657

Tabelle 84.16: *Wasserdampf* (nach Baehr)

1. Mittlere spezifische Wärmekapazität $\bar{c}$

0 bis t °C	kcal/m³ (NZ) · K	kJ/m³ (NZ) · K	kWh/m³ (NZ) · K
t = 0 °C	0,3568	1,4937	0,000 4149
100	0,3593	1,5045	4179
200	0,3633	1,5211	4225
300	0,3683	1,5414	4282
400	0,3736	1,5641	4345
500	0,3794	1,5883	4412
600	0,3854	1,6135	4482
700	0,3916	1,6397	4555
800	0,3980	1,6665	4629
900	0,4045	1,6935	4704
1000	0,4110	1,7207	4780
1100	0,4174	1,7477	4855
1200	0,4238	1,7743	4929
1300	0,4300	1,8004	5001
1400	0,4361	1,8258	5072
1500	0,4420	1,8506	5141

2. Enthalpie h

(0 bis) t °C	kcal/m³ (NZ)	kJ/m³ (NZ)	kWh/m³ (NZ)
t = 100 °C	35,9	150,45	0,0418
200	72,7	304,22	0,0845
300	110,4	462,42	0,1285
400	149,4	625,64	0,1738
500	189,7	794,15	0,2206
600	231,2	968,10	0,2689
700	274,1	1147,79	0,3188
800	318,4	1333,20	0,3703
900	364,0	1524,15	0,4234
1000	411,0	1720,70	0,4780
1100	459,2	1922,47	0,5340
1200	508,5	2129,16	0,5914
1300	559,0	2340,52	0,6501
1400	610,5	2556,12	0,7100
1500	663,0	2775,90	0,7711

Tabelle 84.17: *Methan* (nach Ruhrkohlen-Handbuch)

1. Mittlere spezifische Wärmekapazität $\bar{c}$

0 bis t °C	kcal/m³ (NZ) · K	kJ/m³ (NZ) · K	kWh/m³ (NZ) · K
t = 0 °C	0,355	1,4863	0,000 4128
100	0,390	1,6329	4535
200	0,422	1,7668	4907
300	0,454	1,9008	5279
400	0,484	2,0264	5628
500	0,514	2,1520	5977
600	0,542	2,2692	6302
700	0,568	2,3781	6605
800	0,594	2,4870	6907
900	0,618	2,5874	7186
1000	0,641	2,6837	7453

2. Enthalpie h

(0 bis) t °C	kcal/m³ (NZ)	kJ/m³ (NZ)	kWh/m³ (NZ)
t = 100 °C	39,0	163,3	0,0453
200	84,4	353,4	0,0981
300	136,2	570,2	0,1584
400	193,6	810,6	0,2251
500	257,0	1076,0	0,2988
600	325,2	1361,5	0,3781
700	397,6	1664,7	0,4623
800	475,2	1989,6	0,5526
900	556,2	2328,7	0,6467
1000	641,0	2683,7	0,7453

Tabelle 84.18: *Methan* (nach *Schmidt* und *Baehr*)

1. Mittlere spezifische Wärmekapazität c̄

0 bis t °C	kcal/m³ (NZ) · K	kJ/m³ (NZ) · K	kWh/m³ (NZ) · K
t = 0 °C	0,3689	1,5444	0,000 4290
100	0,3948	1,6529	4591
200	0,4217	1,7654	4904
300	0,4515	1,8904	5251
400	0,4823	2,0195	5610
500	0,5121	2,1440	5956
600	0,5407	2,2637	6288
700	0,5688	2,3815	6615
800	0,5947	2,4900	6917
900	0,6188	2,5909	7197
1000	0,6425	2,6901	7473

2. Enthalpie h

(0 bis) t °C	kcal/m³ (NZ)	kJ/m³ (NZ)	kWh/m³ (NZ)
t = 100 °C	39,5	165,29	0,0459
200	84,3	353,08	0,0981
300	135,5	567,12	0,1575
400	192,9	807,80	0,2244
500	256,0	1072,00	0,2978
600	324,4	1358,22	0,3773
700	398,2	1667,05	0,4631
800	475,8	1992,00	0,5533
900	556,9	2331,81	0,6477
1000	642,5	2690,10	0,7473

Tabelle 84.19: *Äthan* (nach Ruhrkohlen-Handbuch)

1. Mittlere spezifische Wärmekapazität c̄

0 bis t °C	kcal/m³ (NZ) · K	kJ/m³ (NZ) · K	kWh/m³ (NZ) · K
t = 0 °C	0,532	2,2274	0,000 6186
100	0,603	2,5246	7012
200	0,671	2,8093	7802
300	0,735	3,0773	8547
400	0,796	3,3327	9256
500	0,853	3,5713	9919
600	0,906	3,7932	0,00 10535
700	0,956	4,0026	11116
800	1,003	4,1994	11663
900	1,046	4,3794	12163
1000	1,085	4,5427	12616

2. Enthalpie h

(0 bis) t °C	kcal/m³ (NZ)	kJ/m³ (NZ)	kWh/m³ (NZ)
t = 100 °C	60,3	252,5	0,0701
200	134,2	561,9	0,1560
300	220,5	923,2	0,2564
400	318,4	1333,1	0,3702
500	426,5	1785,7	0,4959
600	543,6	2275,9	0,6321
700	669,2	2801,8	0,7781
800	802,4	3359,5	0,9330
900	941,4	3941,5	1,0947
1000	1085,0	4542,7	1,2616

Tabelle 84.20: *Äthylen* (*Äthen*) (nach Ruhrkohlen-Handbuch)

1. Mittlere spezifische Wärmekapazität $\bar{c}$

0 bis t °C	kcal/m³ (NZ) · K	kJ/m³ (NZ) · K	kWh/m³ (NZ) · K
t = 0 °C	0,428	1,7920	0,000 4977
100	0,485	2,0306	5640
200	0,539	2,2567	6267
300	0,589	2,4660	6849
400	0,635	2,6586	7384
500	0,678	2,8387	7884
600	0,718	3,0061	8349
700	0,754	3,1568	8767
800	0,786	3,2908	9140
900	0,815	3,4122	9477
1000	0,840	3,5169	9767

2. Enthalpie h

(0 bis) t °C	kcal/m³ (NZ)	kJ/m³ (NZ)	kWh/m³ (NZ)
t = 100 °C	48,5	203,1	0,0564
200	107,8	451,3	0,1253
300	176,7	739,8	0,2055
400	254,0	1063,4	0,2953
500	339,0	1419,3	0,3942
600	430,8	1803,7	0,5009
700	527,8	2209,8	0,6137
800	628,8	2632,7	0,7312
900	733,5	3071,0	0,8529
1000	840,0	3516,9	0,9767

Tabelle 84.21: *Äthylen* (*Äthen*) (nach Schmidt und Baehr)

1. Mittlere spezifische Wärmekapazität $\bar{c}$

0 bis t °C	kcal/m³ (NZ) · K	kJ/m³ (NZ) · K	kWh/m³ (NZ) · K
t = 0 °C	0,4471	1,8719	0,000 5200
100	0,5028	2,1053	5848
200	0,5560	2,3277	6466
300	0,6045	2,5309	7030
400	0,6500	2,7216	7560
500	0,6911	2,8935	8038
600	0,7285	3,0502	8473
700	0,7620	3,1904	8862
800	0,7986	3,3436	9288
900	0,8236	3,4484	9579
1000	0,8512	3,5637	9899

2. Enthalpie h

(0 bis) t °C	kcal/m³ (NZ)	kJ/m³ (NZ)	kWh/m³ (NZ)
t = 100 °C	50,3	210,53	0,0585
200	111,2	465,54	0,1293
300	181,3	759,27	0,2109
400	260,0	1088,64	0,3024
500	345,6	1446,75	0,4019
600	437,1	1830,12	0,5084
700	533,4	2233,28	0,6204
800	638,9	2674,88	0,7430
900	741,3	3103,56	0,8621
1000	851,2	3563,70	0,9899

Tabelle 84.22: *Acethylen* (*Äthin*) (nach Schmidt und Baehr)

1. Mittlere spezifische Wärmekapazität $\bar{c}$

0 bis t °C	kcal/m³ (NZ) · K	kJ/m³ (NZ) · K	kWh/m³ (NZ) · K
t = 0 °C	0,4519	1,8920	0,000 5256
100	0,4907	2,0546	5707
200	0,5207	2,1801	6056
300	0,5466	2,2886	6357
400	0,5665	2,3720	6589
500	0,5845	2,4470	6797
600	0,6010	2,5163	6990
700	0,6157	2,5778	7161
800	0,6300	2,6378	7327
900	0,6425	2,6899	7472
1000	0,6546	2,7405	7613

2. Enthalpie h

(0 bis) t °C	kcal/m³ (NZ)	kJ/m³ (NZ)	kWh/m³ (NZ)
t = 100 °C	49,1	205,46	0,0571
200	104,1	436,02	0,1211
300	164,0	686,58	0,1907
400	226,6	948,80	0,2636
500	294,6	1233,50	0,3426
600	360,6	1509,78	0,4194
700	431,0	1804,46	0,5012
800	504,0	2110,24	0,5862
900	578,2	2420,91	0,6725
1000	654,6	2740,50	0,7613

Tabelle 84.23: *Benzoldampf* (nach Ruhrkohlen-Handbuch)

1. Mittlere spezifische Wärmekapazität $\bar{c}$

0 bis t °C	kcal/m³ (NZ) · K	kJ/m³ (NZ) · K	kWh/m³ (NZ) · K
t = 0 °C	0,78	3,266	0,000 907
100	0,95	3,977	0,00 1105
200	1,10	4,605	1279
300	1,24	5,192	1442
400	1,36	5,694	1581
500	1,47	6,155	1709
600	1,56	6,531	1814
700	1,65	6,908	1919
800	1,72	7,201	2000
900	1,79	7,494	2081
1000	1,86	7,787	2163

2. Enthalpie h

(0 bis) t °C	kcal/m³ (NZ)	kJ/m³ (NZ)	kWh/m³ (NZ)
t = 100 °C	95	398	0,110
200	220	921	0,256
300	372	1557	0,433
400	544	2278	0,633
500	735	3077	0,855
600	936	3919	1,088
700	1155	4836	1,343
800	1376	5761	1,600
900	1611	6745	1,873
1000	1860	7787	2,163

Tabelle 84.24: *Benzolreiche Schwere KWstoffe*
(2/3 Äthylen + 1/3 Benzoldampf nach Ruhrkohlen-Handbuch)

1. Mittlere spezifische Wärmekapazität $\bar{c}$

0 bis t °C	kcal/m³ (NZ) · K	kJ/m³ (NZ) · K	kWh/m³ (NZ) · K
t = 0 °C	0,545	2,282	0,000 634
100	0,640	2,680	744
200	0,726	3,040	844
300	0,806	3,375	937
400	0,877	3,672	0,00 1020
500	0,942	3,944	1095
600	0,999	4,183	1162
700	1,053	4,409	1224
800	1,117	4,677	1299
900	1,140	4,773	1326
1000	1,180	4,940	1372

2. Enthalpie h

(0 bis) t °C	kcal/m³ (NZ)	kJ/m³ (NZ)	kWh/m³ (NZ)
t = 100 °C	64,0	268,0	0,074
200	145,2	607,9	0,169
300	241,8	1012,4	0,281
400	350,8	1468,7	0,408
500	471,0	1972,0	0,548
600	599,4	2509,6	0,697
700	737,1	3086,1	0,857
800	893,6	3741,3	1,039
900	1026,0	4295,7	1,193
1000	1180,0	4940,0	1,372

Tabelle 84.25: *Benzolarme Schwere KWstoffe*
(0,9 Äthylen + 0,1 Benzoldampf nach Ruhrkohlen-Handbuch)

1. Mittlere spezifische Wärmekapazität $\bar{c}$

0 bis t °C	kcal/m³ (NZ) · K	kJ/m³ (NZ) · K	kWh/m³ (NZ) · K
t = 0 °C	0,463	1,938	0,000 538
100	0,532	2,227	619
200	0,595	2,491	692
300	0,664	2,780	772
400	0,708	2,964	823
500	0,757	3,169	880
600	0,802	3,358	933
700	0,844	3,534	981
800	0,879	3,680	0,00 1022
900	0,913	3,823	1062
1000	0,942	3,944	1095

2. Enthalpie h

(0 bis) t °C	kcal/m³ (NZ)	kJ/m³ (NZ)	kWh/m³ (NZ)
t = 100 °C	53,2	222,7	0,062
200	119,0	498,2	0,138
300	199,2	834,0	0,232
400	283,2	1185,4	0,329
500	378,5	1584,7	0,440
600	481,2	2014,7	0,560
700	590,8	2473,6	0,687
800	703,2	2944,2	0,818
900	821,7	3440,3	0,955
1000	942,0	3944,0	1,095

Tabelle 84.26: *Propan* (nach *Faltin*)

1. Mittlere spezifische Wärmekapazität c̄

0 bis t °C	kcal/m³ (NZ) · K	kJ/m³ (NZ) · K	kWh/m³ (NZ) · K
t = 0 °C	0,726	3,0396	0,000 8442
100	0,824	3,4499	9581
200	0,922	3,8602	0,00 10721
300	1,020	4,2705	11860
400	1,118	4,6808	13000
500	1,216	5,0911	14140

2. Enthalpie h

(0 bis) t °C	kcal/m³ (NZ)	kJ/m³ (NZ)	kWh/m³ (NZ)
t = 100 °C	82,4	344,99	0,0958
200	184,4	772,05	0,2144
300	306,0	1281,16	0,3558
400	447,2	1872,34	0,5200
500	608,0	2545,57	0,7070

Tabelle 84.26a: *Butan* (nach *Faltin*)

1. Mittlere spezifische Wärmekapazität c̄

0 bis t °C	kcal/m³ (NZ) · K	kJ/m³ (NZ) · K	kWh/m³ (NZ) · K
t = 0 °C	1,036	4,3375	0,00 12047
100	1,325	5,5475	15407
200	1,595	6,6779	18547
300	1,820	7,6200	21163
400	2,025	8,4783	23547
500	2,205	9,2319	25640

2. Enthalpie h

(0 bis) t °C	kcal/m³ (NZ)	kJ/m³ (NZ)	kWh/m³ (NZ)
t = 100 °C	132,5	554,75	0,1541
200	319,0	1335,59	0,3709
300	546,0	2285,99	0,6349
400	810,0	3391,31	0,9419
500	1102,5	4615,95	1,2820

Tabelle 84.27: *Schwefelwasserstoff* (nach *E. Schmidt*)

1. Mittlere spezifische Wärmekapazität c̄

0 bis t °C	kcal/m³ (NZ) · K	kJ/m³ (NZ) · K	kWh/m³ (NZ) · K
t = 0 °C	0,3614	1,5131	0,000 4203
100	0,3685	1,5430	4286
200	0,3760	1,5743	4373
300	0,3841	1,6082	4467
400	0,3926	1,6437	4566
500	0,4017	1,6817	4671
600	0,4105	1,7188	4774
700	0,4194	1,7559	4878
800	0,4283	1,7930	4981
900	0,4364	1,8270	4075
1000	0,4444	1,8606	5168
1100	0,4516	1,8906	5252
1200	0,4586	1,9201	5334
1300	0,4649	1,9465	5407
1400	0,4707	1,9706	5474
1500	0,4765	1,9952	5542

2. Enthalpie h

(0 bis) t °C	kcal/m³ (NZ)	kJ/m³ (NZ)	kWh/m³ (NZ)
t = 100 °C	36,9	154,30	0,0429
200	75,2	314,86	0,0875
300	115,2	482,46	0,1340
400	157,0	657,48	0,1826
500	200,8	840,85	0,2336
600	246,3	1031,28	0,2865
700	293,6	1229,13	0,3414
800	342,6	1434,40	0,3984
900	392,7	1644,30	0,4568
1000	444,4	1860,60	0,5168
1100	496,7	2079,66	0,5777
1200	550,3	2304,12	0,6400
1300	604,4	2530,45	0,7029
1400	658,9	2758,84	0,7663
1500	714,8	2992,80	0,8313

Mittlere spezifische Wärmekapazität und Enthalpie der Verbrennungsgase technischer Brenngase (Modellgase) sowie feuerungstechnischer Wirkungsgrad

Tabelle 85.1: Kohlenstoff

1.1. Grundwerte

$$\underbrace{C + O_2 + 3{,}76\,N_2}_{\text{atm. Luft}} \triangleq CO_2 + 3{,}76\,N_2$$

12,011 kg C = 22,4136 m³ (NZ)

1 m³ (NZ) C = 12,011 : 22,4136 = 0,53588 (~ 0,536) kg

1 m³ C + 1 m³ O_2 + 3,76 m³ N_2 = 1 m³ CO_2 + 3,76 m³ N_2

H_o (= H_u) = 7825 kcal/kg (*Lorenz*)
= 4193,26 kcal/m³ (NZ)
= 17556,34 kJ/m³ (NZ)
= 4,87588 kWh/m³ (NZ)

ρ_d = 0,53588 kg/m³ (NZ)
= 0,41441 (Luft = 1)

$\sqrt{d}$ = 0,64375

W_o (= W_u) bezogen auf: kcal: 6514; kJ: 27272; kWh: 7,5742

Verbrennungsgas VG (Abgas)

Luftzahl der Verbrennung	λ	1	1,25	1,5	1,75	2	3
Luftbedarf m³/m³ C	L	4,76	5,95	7,14	8,33	9,52	14,28
Abgasmenge m³/m³ C	VG	4,76	5,95	7,14	8,33	9,52	14,28
Abgas-Zusammensetzung Vol.-% (trocken)	CO_2	21,00	16,81	14,01	12,00	10,50	7,00
	N_2	79,00	78,99	78,99	79,00	79,00	79,00
	O_2	0	4,20	7,00	9,00	10,50	14,00

1.2. Mittlere spezifische Wärmekapazität $\bar{c}$

Luftzahl der Verbrennung λ	1	1,25	1,5	1,75	2	3
$\bar{c}$ VG (trocken)						
0 bis t °C	kcal/m³ VG (NZ) · K					
t = 0 °C	0,3263	0,3233	0,3213	0,3199	0,3188	0,3163
100	0,3316	0,3277	0,3250	0,3231	0,3217	0,3184
200	0,3370	0,3323	0,3292	0,3269	0,3252	0,3212
300	0,3424	0,3372	0,3336	0,3311	0,3292	0,3249
400	0,3471	0,3415	0,3377	0,3349	0,3329	0,3282
500	0,3528	0,3467	0,3426	0,3397	0,3375	0,3324
600	0,3577	0,3513	0,3470	0,3439	0,3416	0,3363
700	0,3616	0,3549	0,3504	0,3472	0,3448	0,3392
800	0,3669	0,3599	0,3553	0,3519	0,3494	0,3436
900	0,3711	0,3639	0,3591	0,3556	0,3531	0,3470
1000	0,3752	0,3678	0,3628	0,3592	0,3566	0,3504
1100	0,3792	0,3716	0,3665	0,3628	0,3601	0,3537
1200	0,3828	0,3751	0,3699	0,3662	0,3634	0,3569
1300	0,3857	0,3778	0,3726	0,3688	0,3659	0,3594
1400	0,3893	0,3813	0,3759	0,3720	0,3692	0,3624
1500	0,3917	0,3836	0,3782	0,3743	0,3714	0,3646
0 bis t °C	kJ/m³ VG (NZ) · K					
t = 0 °C	1,3663	1,3538	1,3453	1,3391	1,3346	1,3241
100	1,3883	1,3719	1,3609	1,3528	1,3470	1,3332
200	1,4109	1,3914	1,3783	1,3687	1,3617	1,3448
300	1,4334	1,4116	1,3969	1,3862	1,3784	1,3601
400	1,4532	1,4296	1,4138	1,4023	1,3938	1,3740
500	1,4771	1,4517	1,4346	1,4221	1,4130	1,3916
600	1,4976	1,4709	1,4530	1,4400	1,4304	1,4079
700	1,5139	1,4860	1,4672	1,4536	1,4436	1,4201
800	1,5359	1,5070	1,4874	1,4734	1,4630	1,4386
900	1,5538	1,5237	1,5036	1,4890	1,4781	1,4529
1000	1,5707	1,5398	1,5191	1,5040	1,4929	1,4670
1100	1,5877	1,5559	1,5345	1,5191	1,5077	1,4810
1200	1,6029	1,5706	1,5489	1,5332	1,5216	1,4944
1300	1,6148	1,5819	1,5599	1,5439	1,5321	1,5046
1400	1,6300	1,5964	1,5739	1,5576	1,5456	1,5174
1500	1,6401	1,6062	1,5835	1,5670	1,5548	1,5264
0 bis t °C	kWh/m³ VG (NZ) · K					
t = 0 °C	0,000 3795	0,000 3760	0,000 3736	0,000 3719	0,000 3707	0,000 3677
100	3856	3810	3780	3757	3741	3703
200	3918	3864	3828	3801	3782	3735
300	3981	3920	3880	3850	3828	3777
400	4036	3970	3927	3895	3871	3816
500	4102	4032	3984	3950	3924	3865
600	4159	4085	4035	3999	3973	3910
700	4205	4127	4075	4037	4009	3944
800	4266	4185	4131	4092	4063	3995
900	4315	4232	4176	4135	4105	4035
1000	4362	4277	4219	4177	4146	4074
1100	4409	4321	4262	4219	4187	4113
1200	4452	4362	4302	4258	4226	4150
1300	4485	4393	4332	4288	4255	4179
1400	4527	4434	4371	4326	4292	4214
1500	4555	4461	4398	4352	4318	4239

1.3. Enthalpie h (je m³ VG aus 1 m³ C)

Luftzahl der Verbrennung λ	1	1.25	1,5	1,75	2	3
			h VG (trocken)			
(0 bis) t °C			kcal/m³ (NZ) C			
t = 100 °C	157,8	195,0	232,1	269,2	306,3	454,7
200	320,8	395,5	470,1	544,6	619,3	917,4
300	488,9	601,8	714,7	827,4	940,3	1391,7
400	660,8	812,7	964,4	1116,0	1267,7	1874,6
500	839,7	1031,5	1223,2	1414,7	1606,4	2373,1
600	1021,6	1254,2	1486,7	1719,0	1951,4	2881,2
700	1204,8	1478,2	1751,5	2024,5	2297,7	3390,5
800	1397,0	1713,3	2029,3	2345,1	2661,3	3925,4
900	1589,8	1948,9	2307,7	2666,2	3024,9	4460,0
1000	1785,8	2188,3	2590,5	2992,4	3394,6	5003,4
1100	1985,5	2432,3	2878,6	3324,6	3771,0	5556,4
1200	2186,8	2678,4	3169,6	3660,4	4151,7	6116,5
1300	2386,6	2922,6	3458,3	3993,3	4528,9	6671,2
1400	2594,4	3176,2	3757,8	4338,6	4920,0	7245,7
1500	2797,0	3424,0	4050,6	4676,5	5303,0	7809,1
(0 bis) t °C			kJ/m³ (NZ) C			
t = 100 °C	660,7	816,4	971,8	1127,1	1282,4	1903,7
200	1343,1	1655,9	1968,2	2280,1	2592,9	3841,0
300	2046,9	2519,6	2992,3	3464,2	3936,8	5826,8
400	2766,6	3402,6	4037,7	4672,5	5307,6	7848,6
500	3515,7	4318,7	5121,3	5923,1	6725,7	9935,7
600	4277,2	5251,1	6224,5	7197,1	8170,1	12063,0
700	5044,3	6188,9	7333,2	8476,2	9620,0	14195,3
800	5849,0	7173,2	8496,3	9818,5	11142,3	16434,9
900	6656,2	8159,7	9661,9	11162,8	12664,7	18673,1
1000	7476,8	9162,0	10845,9	12528,6	14212,5	20948,2
1100	8312,9	10183,6	12052,1	13919,4	15788,4	23263,5
1200	9155,7	11213,9	13270,5	15325,4	17382,3	25608,6
1300	9992,2	12236,3	14479,2	16719,1	18961,6	27931,0
1400	10862,2	13298,1	15733,2	18164,9	20599,1	30336,3
1500	11710,5	14335,6	16959,1	19579,6	22202,6	32695,1
(0 bis) t °C			kWh/m³ VG (NZ) C			
t = 100 °C	0,1835	0,2267	0,2699	0,3130	0,3562	0,5287
200	0,3730	0,4599	0,5466	0,6333	0,7201	1,0667
300	0,5685	0,6998	0,8310	0,9621	1,0934	1,6183
400	0,7684	0,9450	1,1214	1,2977	1,4741	2,1798
500	0,9764	1,1994	1,4223	1,6450	1,8679	2,7594
600	1,1879	1,4584	1,7287	1,9988	2,2691	3,3502
700	1,4009	1,7188	2,0366	2,3541	2,6717	3,9424
800	1,6244	1,9922	2,3597	2,7269	3,0945	4,5644
900	1,8486	2,2662	2,6834	3,1002	3,5173	5,1860
1000	2,0765	2,5445	3,0122	3,4795	3,9472	5,8179
1100	2,3087	2,8283	3,3472	3,8658	4,3849	6,4609
1200	2,5428	3,1144	3,6856	4,2563	4,8276	7,1122
1300	2,7751	3,3984	4,0213	4,6434	5,2662	7,7572
1400	3,0167	3,6933	4,3695	5,0449	5,7209	8,4252
1500	3,2523	3,9814	4,7100	5,4378	6,1663	9,0803

1.4. Feuerungstechnischer Wirkungsgrad η_f

Luftzahl der Verbrennung λ	1	1,25	1,5	1,75	2	3
	η_f (bezogen auf VG trocken)					
(0 bis) t °C (VG)	%					
t = 100 °C	96,2	95,3	94,5	93,6	92,7	89,2
200	92,3	90,6	88,8	87,0	85,2	78,1
300	88,3	85,6	83,0	80,3	77,6	66,8
400	84,2	80,6	77,0	73,4	69,8	55,3
500	80,0	75,4	70,8	66,3	61,7	43,4
600	75,6	70,1	64,5	59,0	53,5	31,3
700	71,3	64,7	58,2	51,7	45,2	19,1
800	66,7	59,1	51,6	44,1	36,5	6,4
900	62,1	53,5	45,0	36,4	27,9	–
1000	57,4	47,8	38,2	28,6	19,0	–
1100	52,7	42,0	31,4	20,7	10,1	–
1200	47,8	36,1	24,4	12,7	1,0	–
1300	43,1	30,3	17,5	4,8	–	–
1400	38,1	24,3	10,4	–	–	–
1500	33,3	18,3	3,4	–	–	–

Anmerkung: Siehe Bild 58

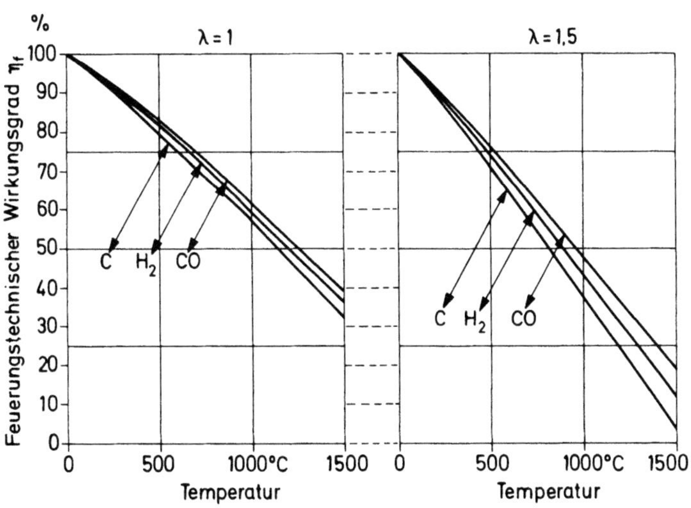

Bild 58. Feuerungstechnischer Wirkungsgrad von Kohlenstoff, Wasserstoff und Kohlenmonoxid für λ = 1 und 1,5 zwischen 0 °C und 1500 °C

Tabelle 85.2: Wasserstoff

2.1. Grundwerte

$$\underbrace{H_2 + 0{,}5\ O_2 + 1{,}88\ N_2}_{\text{atm. Luft}} = H_2O_D + 1{,}88\ N_2$$

$H_{o,n}$ = 3044 kcal/m³ (NZ) = 12744,6 kJ/m³ (NZ) = 3,5395 kWh/m³ (NZ)
$H_{u,n}$ = 2576 kcal/m³ (NZ) = 10785,2 kJ/m³ (NZ) = 2,9953 kWh/m³ (NZ)
ρ = 0,0899 kg/m³ (NZ)
d = 0,0695 (Luft = 1)
$\sqrt{d}$ = 0,26363

W_o =	bezogen auf	kcal: 11546	kJ: 48343	kWh: 13,4260
W_u =	bezogen auf	kcal: 9771	kJ: 40910	kWh: 11,3618

L_{min} = 2,38 m³/m³ H_2
$V_{min,tr}$ = 1,88 m³/m³ H_2
$V_{min,f}$ = 2,88 m³/m³ H_2

Verbrennungsgas VG (Abgas)

Luftzahl der Verbrennung	λ	1	11,25	1,5	1,75	2	3
Luftbedarf m³/m³ H_2	L	2,38	2,975	3,57	4,165	4,76	7,14
Abgasmenge VG trocken m³/m³ H_2		1,88	2,475	3,07	3,665	4,26	6,64
Abgasmenge VG feucht m³/m³ H_2		2,88	3,475	4,07	4,665	5,26	7,64
Abgas-Zusammensetzung Vol.-% trocken:	N_2	100,00	94,94	91,86	89,77	88,27	84,95
	O_2	—	5,06	8,14	10,23	11,73	15,05
feucht:	N_2	65,28	67,62	69,29	70,52	71,49	73,83
	O_2	–	3,60	6,14	8,04	9,50	13,08
	H_2O_D	34,72	28,78	24,57	21,44	19,01	13,09

2.2. Mittlere spezifische Wärmekapazität $\bar{c}$

Luftzahl der Verbrennung λ	1	1,25	1,5	1,75	2	3
			$\bar{c}$ VG feucht			
0 bis t °C			kcal/m³ VG (NZ) · K			
t = 0 °C	0,3266	0,3240	0,3221	0,3207	0,3197	0,3170
100	0,3273	0,3247	0,3228	0,3214	0,3203	0,3177
200	0,3294	0,3266	0,3247	0,3233	0,3222	0,3195
300	0,3324	0,3296	0,3276	0,3262	0,3250	0,3222
400	0,3354	0,3326	0,3306	0,3291	0,3279	0,3250
500	0,3395	0,3365	0,3344	0,3329	0,3316	0,3287
600	0,3435	0,3405	0,3383	0,3367	0,3354	0,3323
700	0,3469	0,3437	0,3414	0,3397	0,3384	0,3351
800	0,3520	0,3485	0,3461	0,3443	0,3429	0,3396
900	0,3560	0,3524	0,3499	0,3480	0,3465	0,3429
1000	0,3604	0,3566	0,3538	0,3518	0,3503	0,3464
1100	0,3644	0,3604	0,3576	0,3555	0,3538	0,3498
1200	0,3685	0,3643	0,3613	0,3591	0,3574	0,3532
1300	0,3715	0,3672	0,3641	0,3618	0,3601	0,3557
1400	0,3759	0,3713	0,3680	0,3656	0,3637	0,3591
1500	0,3789	0,3742	0,3708	0,3683	0,3663	0,3615
0 bis t °C			kJ/m³ VG (NZ) · K			
t = 0 °C	1,3675	1,3565	1,3486	1,3428	1,3383	1,3273
100	1,3704	1,3593	1,3515	1,3456	1,3411	1,3300
200	1,3790	1,3676	1,3595	1,3535	1,3489	1,3375
300	1,3917	1,3800	1,3718	1,3656	1,3608	1,3492
400	1,4044	1,3925	1,3840	1,3777	1,3728	1,3608
500	1,4214	1,4089	1,4001	1,3936	1,3885	1,3761
600	1,4383	1,4254	1,4163	1,4095	1,4043	1,3914
700	1,4525	1,4389	1,4293	1,4222	1,4166	1,4031
800	1,4736	1,4593	1,4491	1,4416	1,4357	1,4216
900	1,4905	1,4754	1,4648	1,4569	1,4507	1,4357
1000	1,5089	1,4928	1,4815	1,4730	1,4664	1,4504
1100	1,5258	1,5090	1,4971	1,4883	1,4814	1,4647
1200	1,5427	1,5252	1,5127	1,5035	1,4963	1,4789
1300	1,5554	1,5373	1,5245	1,5149	1,5075	1,4894
1400	1,5738	1,5546	1,5409	1,5307	1,5228	1,5036
1500	1,5866	1,5665	1,5523	1,5418	1,5336	1,5136
0 bis t °C			kWh/m³ VG (NZ) · K			
t = 0 °C	0,000 3798	0,000 3767	0,000 3746	0,000 3729	0,000 3717	0,000 3686
100	3806	3775	3753	3737	3725	3694
200	3830	3798	3776	3759	3746	3715
300	3865	3833	3810	3793	3779	3747
400	3901	3867	3844	3826	3813	3779
500	3948	3913	3889	3870	3856	3822
600	3995	3959	3933	3915	3900	3864
700	4034	3996	3970	3950	3934	3897
800	4093	4053	4025	4004	3987	3948
900	4140	4098	4068	4046	4029	3987
1000	4191	4146	4114	4091	4073	4028
1100	4238	4191	4158	4133	4114	4068
1200	4285	4236	4201	4176	4156	4107
1300	4320	4270	4234	4207	4187	4137
1400	4371	4317	4279	4251	4229	4176
1500	4406	4351	4311	4282	4259	4204

2.3. Enthalpie h (je VG aus 1 m³ Hz)

Luftzahl der Verbrennung λ	1	1,25	1,5	1,75	2	3
h VG feucht						
(0 bis) t °C	kcal/m³ VG (NZ)					
t = 100 °C	94,3	112,8	131,4	149,9	168,5	242,7
200	189,7	227,0	264,3	301,6	338,9	488,1
300	287,2	343,6	400,0	456,5	512,9	738,6
400	386,4	462,3	538,1	614,0	690,0	993,3
500	488,9	584,7	680,5	776,4	872,2	1255,6
600	593,6	709,8	826,1	942,3	1058,5	1523,4
700	699,4	836,0	972,6	1109,2	1245,8	1792,2
800	810,9	968,9	1127,0	1285,0	1443,0	2075,3
900	922,7	1102,1	1281,5	1460,9	1640,3	2357,8
1000	1037,9	1239,0	1440,1	1641,2	1842,3	2646,7
1100	1154,5	1377,7	1600,9	1824,1	2047,2	2939,9
1200	1273,4	1519,7	1764,7	2010,3	2255,9	3238,3
1300	1390,9	1658,7	1926,5	2194,3	2462,1	3533,2
1400	1515,6	1806,4	2097,1	2387,8	2678,5	3841,3
1500	1637,0	1950,3	2264,5	2563,1	2890,1	4143,1
(0 bis) t °C	kJ/m³ VG (NZ)					
t = 100 °C	394,8	472,3	550,1	627,6	705,5	1016,1
200	794,2	950,4	1106,6	1262,7	1418,9	2043,6
300	1202,4	1438,6	1674,7	1911,3	2147,4	3092,4
400	1617,8	1935,6	2252,9	2570,7	2888,9	4158,7
500	2046,9	2448,0	2849,1	3250,6	3651,7	5256,9
600	2485,3	2971,8	3458,7	3945,2	4431,7	6378,2
700	2928,2	3500,2	4072,1	4644,0	5215,9	7503,6
800	3395,1	4056,6	4718,5	5380,0	6041,6	8688,9
900	3863,2	4614,3	5365,4	6116,5	6867,6	9871,6
1000	4345,5	5187,4	6029,4	6871,4	7713,3	11081,2
1100	4833,7	5768,2	6702,6	7637,1	8571,2	12308,8
1200	5331,5	6362,7	7388,4	8416,7	9445,0	13558,1
1300	5823,4	6944,6	8065,9	9187,1	10308,3	14792,8
1400	6345,5	7563,0	8780,1	9997,2	11214,3	16082,8
1500	6853,8	8165,5	9481,0	10731,2	12100,3	17346,3
(0 bis) t °C	kWh/m³ VG (NZ)					
t = 100 °C	0,1097	0,1312	0,1528	0,1743	0,1959	0,2822
200	0,2206	0,2640	0,3073	0,3507	0,3941	0,5676
300	0,3340	0,3995	0,4651	0,5308	0,5964	0,8588
400	0,4493	0,5376	0,6257	0,7140	0,8023	1,1550
500	0,5685	0,6799	0,7913	0,9028	1,0142	1,4600
600	0,6902	0,8253	0,9606	1,0957	1,2308	1,7714
700	0,8133	0,9721	1,1309	1,2898	1,4486	2,0840
800	0,9429	1,1266	1,3105	1,4942	1,6779	2,4131
900	1,0729	1,2815	1,4901	1,6987	1,9073	2,7416
1000	1,2069	1,4407	1,6745	1,9084	2,1422	3,0776
1100	1,3424	1,6020	1,8615	2,1210	2,3805	3,4185
1200	1,4807	1,7671	2,0520	2,3376	2,6231	3,7655
1300	1,6173	1,9287	2,2401	2,5515	2,8629	4,1084
1400	1,7623	2,1005	2,4385	2,7765	3,1145	4,4666
1500	1,9035	2,2678	2,6331	2,9803	3,3606	4,8176

2.4. Feuerungstechnischer Wirkungsgrad η_f

Luftzahl der Verbrennung λ	1	1,25	1,5	1,75	2	3
η_f (bezogen auf VG feucht)						
(0 bis) t °C	%					
t = 100 °C	96,3	95,6	94,9	94,2	93,5	90,6
200	92,6	91,2	89,7	88,3	86,8	81,1
300	88,9	86,7	84,5	82,3	80,1	71,3
400	85,0	82,1	79,1	76,2	73,2	61,4
500	81,0	77,3	73,6	69,9	66,1	51,3
600	77,0	72,4	67,9	63,4	58,9	40,9
700	72,8	67,5	62,2	56,9	51,6	30,4
800	68,5	62,4	56,2	50,1	44,0	19,4
900	64,2	57,2	50,3	43,3	36,3	8,5
1000	59,7	51,9	44,1	36,3	28,5	–
1100	55,2	46,5	37,9	29,2	20,5	–
1200	50,6	41,0	31,5	22,0	12,4	–
1300	46,0	35,6	25,2	14,8	4,4	–
1400	41,2	29,9	18,6	7,3	–	–
1500	36,5	24,3	12,1	0,5	–	–

Anmerkung: 1) siehe Bild 58
2) siehe ferner
F. Schuster, gwf-Arbeitsblatt Nr. 43 (Juli 1973): Enthalpie und feuerungstechnischer Wirkungsgrad der Verbrennungsgase von H_2, CO und CH_4.
(u.a. h bezogen auf kcal und η_f für λ = 1, 2, 3, 4 und 5).

Tabelle 85.3: Kohlenmonoxid

3.1. Grundwerte

$\underbrace{CO + 0{,}5\ O_2 + 1{,}88\ N_2}_{\text{atm. Luft}} = CO_2 + 1{,}88\ N_2$

$H_{o,n}$ = 3018 kcal/m³ (NZ) = 12635,8 kJ/m³ (NZ) = 3,5094 kWh/m³ (NZ)
ρ = 1,2506 kg/m³ (NZ)
d = 0,9671 (Luft = 1)
$\sqrt{d}$ = 0,98341
W_o = kcal: 3069 kJ: 12849 kWh: 3,5685
L_{min} = 2,38 m³/m³ CO
$V_{min,tr}$ = 2,88 m³/m³ CO

Verbrennungsgas VG (Abgas)

Luftzahl der Verbrennung	λ	1	1,25	1,5	1,75	2	3
Luftbedarf m³/m³CO	L	2,38	2,975	3,57	4,165	4,76	7,14
Abgasmenge VG trocken m³/m³CO		2,88	3,475	4,07	4,665	5,26	7,64
Abgas-Zusammensetzung Vol.-%							
	CO_2	34,72	28,78	24,57	21,44	19,01	13,09
trocken:	N_2	65,28	67,62	69,29	70,52	71,49	73,83
	O_2	–	3,60	6,14	8,04	9,50	13,08

3.2. Mittlere spezifische Wärmekapazität $\bar{c}$

Luftzahl der Verbrennung λ	1	1,25	1,5	1,75	2	3
			$\bar{c}$ VG (trocken)			
0 bis t °C			kcal/m³ VG (NZ) · K			
t = 0 °C	0,3363	0,3320	0,3290	0,3267	0,3250	0,3207
100	0,3450	0,3393	0,3353	0,3323	0,3300	0,3244
200	0,3533	0,3465	0,3417	0,3381	0,3353	0,3285
300	0,3609	0,3532	0,3478	0,3437	0,3406	0,3330
400	0,3674	0,3590	0,3532	0,3488	0,3454	0,3371
500	0,3749	0,3659	0,3595	0,3547	0,3510	0,3420
600	0,3810	0,3715	0,3648	0,3598	0,3559	0,3465
700	0,3861	0,3762	0,3691	0,3639	0,3598	0,3499
800	0,3922	0,3819	0,3746	0,3692	0,3650	0,3547
900	0,3973	0,3867	0,3791	0,3735	0,3691	0,3585
1000	0,4021	0,3911	0,3833	0,3776	0,3731	0,3621
1100	0,4068	0,3955	0,3876	0,3816	0,3770	0,3658
1200	0,4108	0,3994	0,3913	0,3853	0,3806	0,3692
1300	0,4142	0,4026	0,3943	0,3882	0,3834	0,3718
1400	0,4183	0,4064	0,3980	0,3918	0,3869	0,3751
1500	0,4210	0,4090	0,4005	0,3942	0,3893	0,3774
0 bis t °C			kJ/m³ VG (NZ) · K			
t = 0 °C	1,4082	1,3902	1,3774	1,3680	1,3606	1,3427
100	1,4446	1,4208	1,4039	1,3914	1,3817	1,3580
200	1,4793	1,4507	1,4305	1,4155	1,4038	1,3753
300	1,5109	1,4788	1,4561	1,4392	1,4261	1,3941
400	1,5382	1,5029	1,4786	1,4603	1,4460	1,4113
500	1,5696	1,5318	1,5051	1,4852	1,4697	1,4320
600	1,5953	1,5556	1,5274	1,5065	1,4902	1,4506
700	1,6167	1,5751	1,5455	1,5236	1,5065	1,4650
800	1,6422	1,5991	1,5685	1,5457	1,5281	1,4852
900	1,6635	1,6188	1,5872	1,5637	1,5454	1,5009
1000	1,6833	1,6374	1,6049	1,5807	1,5619	1,5162
1100	1,7031	1,6560	1,6226	1,5978	1,5785	1,5315
1200	1,7201	1,6722	1,6383	1,6130	1,5934	1,5457
1300	1,7342	1,6855	1,6510	1,6253	1,6054	1,5568
1400	1,7512	1,7016	1,6664	1,6402	1,6199	1,5705
1500	1,7625	1,7123	1,6768	1,6504	1,6299	1,5800
0 bis t °C			kWh/m³ VG (NZ) · K			
t = 0 °C	0,000 3911	0,000 3861	0,000 3826	0,000 3799	0,000 3779	0,000 3729
100	4012	3946	3899	3864	3837	3772
200	4108	4029	3973	3931	3899	3820
300	4196	4107	4044	3997	3961	3872
400	4272	4174	4107	4056	4016	3919
500	4359	4254	4180	4125	4082	3977
600	4431	4320	4242	4184	4139	4029
700	4490	4374	4292	4231	4184	4069
800	4561	4441	4356	4293	4244	4125
900	4620	4496	4408	4343	4292	4168
1000	4675	4548	4457	4390	4338	4211
1100	4730	4599	4506	4437	4384	4253
1200	4777	4644	4550	4480	4425	4293
1300	4816	4681	4585	4514	4459	4324
1400	4863	4726	4628	4555	4499	4362
1500	4895	4756	4657	4584	4527	4388

3.3. Enthalpie h (je m³ VG aus 1 m³ CO)

Luftzahl der Verbrennung λ	1	1,25	1,5	1,75	2	3
			h VG (trocken)			
(0 bis) t °C			kcal/m³ VG (NZ)			
t = 100 °C	99,4	117,9	136,5	155,0	173,6	245,0
200	203,5	240,8	278,1	315,4	352,7	501,9
300	311,8	368,2	424,6	481,1	537,5	763,2
400	423,2	499,0	574,9	650,8	726,7	1030,1
500	539,9	635,7	731,5	827,4	923,2	1306,6
600	658,4	774,7	890,9	1007,1	1123,3	1588,3
700	778,5	915,1	1051,7	1183,7	1324,9	1871,4
800	903,7	1061,8	1219,8	1377,8	1535,8	2168,1
900	1029,8	1209,3	1388,6	1568,0	1747,4	2465,0
1000	1157,9	1359,0	1560,1	1761,3	1962,4	2766,8
1100	1288,7	1511,9	1735,1	1958,3	2181,4	3074,1
1200	1419,8	1665,5	1911,1	2156,7	2402,3	3384,7
1300	1550,8	1818,7	2086,4	2354,3	2622,0	3693,2
1400	1686,4	1977,2	2267,9	2558,6	2849,3	4012,1
1500	1818,5	2131,8	2445,1	2758,4	3071,5	4324,6
(0 bis) t °C			kJ/m³ VG (NZ)			
t = 100 °C	416,2	493,6	571,5	649,0	726,8	1025,8
200	852,0	1008,2	1164,3	1320,5	1476,7	2101,4
300	1305,4	1541,6	1777,7	2014,3	2250,4	3195,4
400	1771,9	2089,2	2407,0	2724,8	3042,5	4312,8
500	2260,5	2661,5	3062,6	3464,2	3865,3	5470,5
600	2756,6	3243,5	3730,0	4216,5	4703,0	6649,9
700	3259,4	3831,3	4403,3	4955,9	5547,1	7835,2
800	3783,6	4445,5	5107,1	5768,6	6430,1	9077,4
900	4311,6	5063,1	5813,8	6564,9	7316,0	10320,5
1000	4847,9	5689,9	6531,8	7374,2	8215,8	11584,0
1100	5395,5	6330,0	7264,5	8199,0	9133,1	12870,6
1200	5944,4	6973,1	8001,4	9029,7	10057,9	14171,1
1300	6492,9	7614,5	8735,3	9857,0	10977,8	15462,7
1400	7060,6	8278,1	9495,2	10712,3	11929,4	16797,9
1500	7613,7	8925,4	10237,1	11548,9	12859,8	18106,2
(0 bis) t °C			kWh/m³ VG (NZ)			
t = 100 °C	0,1156	0,1371	0,1587	0,1802	0,2019	0,2845
200	0,2366	0,2800	0,3234	0,3667	0,4101	0,5836
300	0,3626	0,4281	0,4937	0,5594	0,6250	0,8874
400	0,4921	0,5802	0,6685	0,7567	0,8450	1,1978
500	0,6278	0,7392	0,8506	0,9621	1,0735	1,5193
600	0,7656	0,9008	1,0359	1,1710	1,3062	1,8469
700	0,9052	1,0641	1,2229	1,3764	1,5406	2,1760
800	1,0508	1,2347	1,4184	1,6021	1,7858	2,5210
900	1,1974	1,4062	1,6147	1,8233	2,0319	2,8663
1000	1,3464	1,5802	1,8141	2,0480	2,2817	3,2172
1100	1,4985	1,7580	2,0176	2,2771	2,5365	3,5745
1200	1,6509	1,9366	2,2222	2,5078	2,7934	3,9357
1300	1,8033	2,1148	2,4260	2,7376	3,0488	4,2944
1400	1,9609	2,2991	2,6371	2,9751	3,3131	4,6652
1500	2,1145	2,4788	2,8431	3,2074	3,5715	5,0286

3.4. Feuerungstechnischer Wirkungsgrad η_f

Luftzahl der Verbrennung λ	1	1,25	1,5	1,75	2	3
η_f (bezogen auf VG trocken)						
(0 bis) t °C	%					
t = 100 °C	96,7	96,1	95,5	94,9	94,2	91,9
200	93,3	92,0	90,8	89,5	88,3	83,4
300	89,7	87,8	85,9	84,1	82,2	74,7
400	86,0	83,5	81,0	78,4	75,9	65,9
500	82,1	78,9	75,8	72,6	69,4	56,7
600	78,2	74,3	70,5	66,6	62,8	47,4
700	74,2	69,7	65,2	60,8	56,1	38,0
800	70,1	64,8	59,6	54,3	49,1	28,2
900	65,9	59,9	54,0	48,0	42,1	18,3
1000	61,6	55,0	48,3	41,6	35,0	8,3
1100	57,3	49,9	42,5	35,1	27,7	–
1200	53,0	44,8	36,7	28,5	20,4	–
1300	48,6	39,7	30,9	22,0	13,1	–
1400	44,1	34,5	24,9	15,2	5,6	–
1500	39,7	29,4	19,0	8,6	–	–

Anmerkung: 1) siehe Bild 58
2) siehe ferner
F. Schuster, gwf-Arbeitsblatt Nr. 43 (Juli 1973): Enthalpie und feuerungstechnischer Wirkungsgrad der Verbrennungsgase (u. a. h bezogen auf kcal und η_f für λ = 1, 2, 3, 4 und 5).

Tabelle 85.4: Methan (Modellgas Nr. 1)

4.1. Grundwerte

$$CH_4 + \underbrace{2\,O_2 + 7{,}52\,N_2}_{\text{atm. Luft}} = CO_2 + 2\,H_2O_D + 7{,}52\,N_2$$

$H_{o,n}$ = 9510 kcal/m³ (NZ) = 39861,5 kJ/m³ (NZ) = 11,0601 kWh/m³ (NZ)
$H_{u,n}$ = 8570 kcal/m³ (NZ) = 35880,9 kJ/m³ (NZ) = 9,9669 kWh/m³ (NZ)
ρ = 0,71741 kg/m³ (NZ)
d = 0,5548 (Luft = 1)
$\sqrt{d}$ = 0,74485
W_o = } bezogen auf kcal: 12768 kJ: 53455 kWh: 14,8488
W_u = } bezogen auf kcal: 11506 kJ: 48172 kWh: 13,3881
L_{min} = 9,52 m³/m³ CH_4
$V_{min,tr}$ = 8,52 m³/m³ CH_4
$V_{min,f}$ = 10,52 m³/m³ CH_4

Verbrennungsgas VG (Abgas)

Luftzahl der Verbrennung		λ*)	1	1,25	1,5	1,75	2	3
Luftbedarf m³/m³ CH_4		L	9,52	11,90	14,28	16,66	19,04	28,56
Abgasmenge m³/m³ CH_4	VG	trocken	8,52	10,90	13,28	15,66	18,04	27,56
	VG	feucht	10,52	12,90	15,28	17,66	20,04	29,56
Abgas-Zusammensetzung Vol.-%	trocken:	CO_2	11,74	9,17	7,53	6,39	5,54	3,63
		N_2	88,26	86,24	84,94	84,04	83,38	81,86
		O_2	0	4,59	7,53	9,57	11,08	14,51
	feucht:	CO_2	9,51	7,75	6,54	5,66	4,99	3,38
		N_2	71,48	72,87	73,83	74,52	75,05	76,32
		O_2	0	3,88	6,54	8,49	9,98	13,53
		H_2O_D	19,01	15,50	13,09	11,33	9,98	6,77

4.2. Mittlere spezifische Wärmekapazität $\bar{c}$

Luftzahl der Verbrennung λ	1	1,25	1,5	1,75	2	3
			$\bar{c}$ VG feucht			
0 bis t °C			kcal/m³ VG (NZ)·K			
t = 0 °C	0,3265	0,3235	0,3214	0,3198	0,3188	0,3159
100	0,3293	0,3259	0,3236	0,3219	0,3206	0,3175
200	0,3328	0,3292	0,3266	0,3248	0,3234	0,3201
300	0,3369	0,3329	0,3301	0,3281	0,3265	0,3228
400	0,3407	0,3365	0,3336	0,3315	0,3299	0,3261
500	0,3455	0,3410	0,3379	0,3356	0,3339	0,3297
600	0,3499	0,3452	0,3419	0,3395	0,3376	0,3332
700	0,3536	0,3488	0,3456	0,3432	0,3414	0,3371
800	0,3587	0,3536	0,3501	0,3475	0,3455	0,3409
900	0,3629	0,3575	0,3539	0,3512	0,3491	0,3443
1000	0,3671	0,3615	0,3577	0,3549	0,3528	0,3477
1100	0,3711	0,3654	0,3614	0,3585	0,3563	0,3511
1200	0,3750	0,3691	0,3650	0,3621	0,3598	0,3544
1300	0,3779	0,3719	0,3677	0,3646	0,3623	0,3567
1400	0,3820	0,3755	0,3711	0,3678	0,3654	0,3594
1500	0,3847	0,3783	0,3739	0,3707	0,3682	0,3637
0 bis t °C			kJ/m³ VG (NZ)·K			
t = 0 °C	1,3669	1,3542	1,3455	1,3390	1,3346	1,3225
100	1,3785	1,3644	1,3547	1,3476	1,3422	1,3293
200	1,3935	1,3781	1,3676	1,3599	1,3540	1,3400
300	1,4106	1,3936	1,3820	1,3735	1,3670	1,3515
400	1,4265	1,4090	1,3969	1,3881	1,3813	1,3652
500	1,4466	1,4277	1,4146	1,4051	1,3979	1,3805
600	1,4651	1,4451	1,4313	1,4212	1,4135	1,3952
700	1,4802	1,4605	1,4470	1,4370	1,4295	1,4114
800	1,5018	1,4804	1,4657	1,4549	1,4467	1,4271
900	1,5192	1,4969	1,4815	1,4703	1,4618	1,4414
1000	1,5369	1,5137	1,4977	1,4860	1,4771	1,4558
1100	1,5538	1,5298	1,5132	1,5011	1,4919	1,4699
1200	1,5700	1,5453	1,5283	1,5158	1,5064	1,4837
1300	1,5823	1,5569	1,5394	1,5266	1,5168	1,4935
1400	1,5993	1,5722	1,5536	1,5401	1,5297	1,5049
1500	1,6108	1,5840	1,5655	1,5520	1,5417	1,5225
0 bis t °C			kWh/m³ VG (NZ)·K			
t = 0 °C	0,000 3797	0,000 3762	0,000 3738	0,000 3719	0,000 3707	0,000 3674
100	3829	3790	3763	3743	3728	3693
200	3871	3828	3799	3778	3761	3722
300	3918	3871	3839	3815	3797	3754
400	3963	3914	3880	3856	3837	3792
500	4018	3966	3929	3903	3883	3835
600	4070	4014	3976	3948	3926	3876
700	4112	4057	4019	3992	3971	3921
800	4172	4112	4071	4041	4019	3964
900	4220	4158	4115	4084	4061	4004
1000	4269	4205	4160	4128	4103	4044
1100	4316	4249	4203	4170	4144	4083
1200	4361	4293	4245	4211	4184	4121
1300	4395	4325	4276	4241	4213	4149
1400	4443	4367	4316	4278	4249	4180
1500	4474	4400	4349	4311	4283	4229

4.3. Enthalpie h (je VG feucht aus 1 m^3/NZ CH_4

Luftzahl der Verbrennung λ	1	1,25	1,5	1,75	2	3
			h VG feucht			
(0 bis) t °C			kcal/m³ (NZ) CH_4			
t = 0 °C	0	0	0	0	0	0
100	346	420	494	568	642	939
200	700	849	998	1147	1296	1892
300	1063	1288	1513	1738	1963	2863
400	1434	1736	2039	2342	2645	3856
500	1817	2199	2581	2963	3345	4873
600	2209	2672	3134	3576	4060	5910
700	2604	3150	3697	4243	4789	6975
800	3019	3649	4279	4910	5540	8061
900	3435	4151	4866	5582	6297	9159
1000	3626	4664	5466	6268	7070	10278
1100	4295	5185	6075	6965	7855	11416
1200	4734	5713	6693	7673	8652	12571
1300	5169	6236	7303	8371	9438	13708
1400	5626	6782	7938	9094	10251	14875
1500	6071	7321	8570	9820	11069	16124
(0 bis) t °C			kJ/m³ (NZ) CH_4			
t = 0 °C	0	0	0	0	0	0
100	1450	1758	2070	2380	2690	3929
200	2932	3555	4179	4803	5427	7922
300	4452	5393	6335	7277	8218	11985
400	6003	7268	8538	9805	11073	16143
500	7609	9207	10808	12407	14007	20404
600	9248	11187	13122	14971	16996	24745
700	10901	13188	15477	17765	20052	29204
800	12639	15277	17917	20555	23194	33748
900	14384	17379	20374	23369	26365	38346
1000	16168	19257	22884	26242	29600	43033
1100	17981	21709	25434	29161	32888	47795
1200	19819	23919	28022	32124	36225	52631
1300	21642	26109	30578	35047	39516	57393
1400	23555	28395	33236	38076	42917	62280
1500	25418	30652	35882	41113	46344	67509
(0 bis) t °C			kWh/m³ (NZ) CH_4			
t = 0 °C	0	0	0	0	0	0
100	0,403	0,488	0,575	0,661	0,747	1,091
200	0,814	0,988	1,161	1,334	1,508	2,201
300	1,237	1,498	1,760	2,021	2,283	3,329
400	1,668	2,019	2,372	2,724	3,076	4,484
500	2,114	2,558	3,002	3,446	3,891	5,668
600	2,569	3,108	3,645	4,159	4,721	6,874
700	3,028	3,663	4,299	4,935	5,570	8,112
800	3,511	4,244	4,977	5,710	6,443	9,374
900	3,996	4,828	5,659	6,491	7,324	10,652
1000	4,491	5,349	6,357	7,289	8,222	11,954
1100	4,995	6,030	7,065	8,100	9,136	13,276
1200	5,505	6,644	7,784	8,923	10,063	14,620
1300	6,012	7,253	8,494	9,735	10,977	15,943
1400	6,543	7,888	9,232	10,577	11,921	17,300
1500	7,061	8,514	9,967	11,420	12,873	18,753

4.4. Feuerungstechnischer Wirkungsgrad η_f

Luftzahl der Verbrennung λ	1	1,25	1,5	1,75	2	3
η_f (bezogen auf VG feucht)						
t °C (VG)	%					
t = 0 °C	(100)	(100)	(100)	(100)	(100)	(100)
100	96,0	95,1	94,2	93,4	92,5	89,0
200	91,8	90,1	88,4	86,6	84,9	77,9
300	87,6	85,0	82,3	79,7	77,1	66,6
400	83,3	79,7	76,2	72,7	69,1	55,0
500	78,8	74,3	69,9	65,4	61,0	43,1
600	74,2	68,8	63,4	58,3	52,6	31,0
700	69,6	63,2	56,9	50,5	44,1	18,6
800	64,8	57,4	50,1	42,7	35,4	5,9
900	59,9	51,6	43,2	34,9	26,5	–
1000	54,9	45,6	36,2	26,9	17,5	–
1100	49,9	39,5	29,1	18,7	8,3	–
1200	44,8	33,3	21,9	10,5	–	–
1300	39,7	27,2	14,8	2,3	–	–
1400	34,4	20,9	7,4	–	–	–
1500	29,2	14,6	– (0)	–	–	–

Anmerkung: 1) *F. Schuster*, gwf-Arbeitsblatt Nr. 1 (Jan. 1970): Methan CH_4-Inertengehalt über gesamten Mischbereich und H_{or}, d (Luft = 1), L_{min}, W_o, L_o sowie Zusammensetzung mit N_2, CO_2 und Luft für W_o = 6000 bis 12765. Energie-Einheit nur kcal.

2) *F. Schuster*, gwf-Arbeitsblatt Nr. 43 (Juli 1973): Enthalpie und feuerungstechnischer Wirkungsgrad der Verbrennungsgase von H_2, CO und CH_4. (u. a. Werte für λ = 1, 2, 3, 4 und 5. Energie-Einheit nur kcal).

3) siehe Bild 59

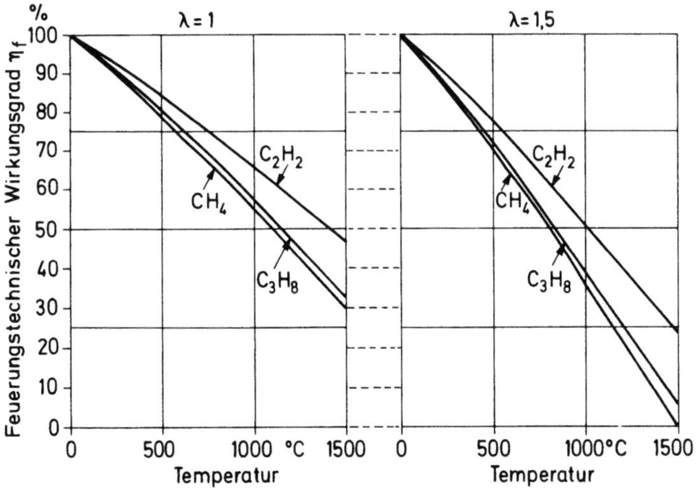

Bild 59. Feuerungstechnischer Wirkungsgrad von KWstoffgasen für λ = 1 und 1,5 zwischen 0 °C und 1500 °C

Tabelle 85.5: Propan (Modellgas Nr. 3)

5.1. Grundwerte

$$C_3H_8 + \underbrace{5\,O_2 + 18{,}8\,N_2}_{\text{atm. Luft}} = 3\,CO_2 + 4\,H_2O_D = 18{,}8\,N_2$$

$H_{o,n}$ = 24172 kcal/m³ (NZ) = 101203 kJ/m³ (NZ) = 28,1119

$H_{u,n}$ = 22256 kcal/m³ (NZ) = 93181 kJ/m³ (NZ) = 25,8836

ρ = 2,0102 kg/m³ (NZ)

d = 1,5546 (Luft = 1)

$\sqrt{d}$ = 1,24682

		kcal	kJ	kWh
W_o =	bezogen auf	kcal: 19387	kJ: 81169	kWh: 22,5469
W_u =	bezogen auf	kcal: 17850	kJ: 74734	kWh: 20,7594

L_{min} = 23,8 m³/m³ C_3H_8

$V_{min,tr}$ = 21,8 m³/m³ C_3H_8

$V_{min,f}$ = 25,8 m³/m³ C_3H_8

Verbrennungsgas VG (Abgas)

Luftzahl der Verbrennung		λ	1	1,25	1,5	1,75	2	3
Luftbedarf m³/m³ C_3H_8		L	23,8	29,75	35,7	41,65	47,6	71,4
Abgasmenge m³/m³ C_3H_8	VG	trocken	21,8	27,75	33,7	39,65	45,6	69,4
		feucht	25,8	31,75	37,7	43,65	49,6	73,4
Abgas-Zusammensetzung Vol.-%	trocken:	CO_2	13,76	10,81	8,90	7,57	6,58	4,32
		N_2	86,24	84,69	83,68	82,98	82,46	81,28
		O_2	0	4,50	7,42	9,45	10,96	14,40
	feucht:	CO_2	11,63	9,45	7,96	6,87	6,05	4,09
		N_2	72,87	74,01	74,80	75,38	75,81	76,84
		O_2	0	3,94	6,63	8,59	10,08	13,62
		H_2O_D	15,50	12,60	10,61	9,16	8,06	5,45

5.2. Mittlere spezifische Wärmekapazität $\bar{c}$

Luftzahl der Verbrennung λ	1	1,25	1,5	1,75	2	3
			$\bar{c}$ VG feucht			
0 bis t °C			kcal/m³ VG (NZ) · K			
t = 0 °C	0,3265	0,3234	0,3213	0,3197	0,3186	0,3158
100	0,3297	0,3262	0,3238	0,3220	0,3207	0,3176
200	0,3336	0,3297	0,3271	0,3252	0,3237	0,3202
300	0,3379	0,3336	0,3307	0,3285	0,3269	0,3231
400	0,3419	0,3374	0,3344	0,3321	0,3304	0,3264
500	0,3469	0,3420	0,3387	0,3363	0,3345	0,3301
600	0,3514	0,3462	0,3427	0,3402	0,3382	0,3336
700	0,3550	0,3500	0,3465	0,3440	0,3421	0,3375
800	0,3602	0,3547	0,3510	0,3483	0,3462	0,3413
900	0,3644	0,3587	0,3548	0,3520	0,3498	0,3447
1000	0,3686	0,3627	0,3586	0,3557	0,3534	0,3481
1100	0,3726	0,3665	0,3623	0,3593	0,3570	0,3515
1200	0,3764	0,3702	0,3659	0,3628	0,3604	0,3548
1300	0,3794	0,3729	0,3685	0,3653	0,3629	0,3571
1400	0,3833	0,3765	0,3719	0,3685	0,3659	0,3598
1500	0,3860	0,3793	0,3747	0,3713	0,3687	0,3627
0 bis t °C			kJ/m³ VG (NZ) · K			
t = 0 °C	1,3668	1,3539	1,3451	1,3387	1,3338	1,3221
100	1,3803	1,3657	1,3556	1,3483	1,3428	1,3296
200	1,3967	1,3805	1,3695	1,3614	1,3551	1,3408
300	1,4148	1,3968	1,3845	1,3755	1,3687	1,3526
400	1,4314	1,4127	1,3999	1,3905	1,3834	1,3666
500	1,4523	1,4320	1,4181	1,4080	1,4003	1,3820
600	1,4712	1,4497	1,4350	1,4243	1,4162	1,3968
700	1,4865	1,4653	1,4508	1,4402	1,4322	1,4131
800	1,5081	1,4852	1,4695	1,4581	1,4495	1,4288
900	1,5256	1,5017	1,4854	1,4735	1,4645	1,4431
1000	1,5431	1,5184	1,5014	1,4891	1,4797	1,4574
1100	1,5601	1,5345	1,5170	1,5042	1,4946	1,4715
1200	1,5761	1,5498	1,5319	1,5188	1,5089	1,4853
1300	1,5883	1,5614	1,5429	1,5298	1,5193	1,4950
1400	1,6049	1,5764	1,5569	1,5427	1,5320	1,5063
1500	1,6162	1,5880	1,5686	1,5545	1,5439	1,5184
0 bis t °C			kWh/m³ VG (NZ) · K			
t = 0 °C	0,000 3797	0,000 3761	0,000 3736	0,000 3719	0,000 3705	0,000 3673
100	3834	3794	3766	3745	3730	3693
200	3880	3835	3804	3782	3764	3724
300	3930	3880	3846	3821	3802	3757
400	3976	3924	3889	3863	3843	3796
500	4034	3978	3939	3911	3890	3839
600	4087	4027	3986	3956	3934	3880
700	4129	4070	4030	4001	3978	3925
800	4189	4126	4082	4050	4026	3969
900	4238	4171	4126	4093	4068	4009
1000	4286	4218	4171	4136	4110	4048
1100	4334	4263	4214	4178	4152	4088
1200	4378	4305	4255	4219	4191	4126
1300	4412	4337	4286	4249	4220	4153
1400	4458	4379	4325	4285	4256	4184
1500	4489	4411	4357	4318	4289	4218

Verbrennungsgas VG (C_3H_8)

5.3. Enthalpie h (je m³ VG aus 1 m³ C_3H_8)

Luftzahl der Verbrennung λ	1	1,25	1,5	1,75	2	3
h VG feucht						
(0 bis) t °C	kcal/m³ (NZ) C_3H_8					
t = 0 °C	0	0	0	0	0	0
100	851	1036	1221	1406	1591	2331
200	1721	2094	2466	2839	3211	4701
300	2615	3178	3740	4302	4865	7114
400	3528	4285	5042	5799	6556	9583
500	4475	5430	6385	7340	8294	12114
600	5439	6596	7753	8909	10066	14693
700	6412	7778	9144	10510	11877	17341
800	7435	9010	10586	12161	13737	20039
900	8461	10249	12038	13826	15615	22769
1000	9509	11514	13519	15525	17530	25550
1100	10575	12800	15026	17251	19476	30718
1200	11654	14103	16552	19001	21451	31246
1300	12724	15392	18061	20730	23398	34073
1400	13846	16736	19627	22518	25408	36970
1500	14939	18063	21187	24311	27434	39929
(0 bis) t °C	kJ/m³ (NZ) C_3H_8					
t = 0 °C	0	0	0	0	0	0
100	3561	4336	5111	5885	6660	9759
200	7207	8766	10326	11885	13442	19683
300	10950	13305	15659	18013	20367	29783
400	14772	17941	21110	24279	27447	40122
500	18734	22733	26731	30729	34727	50721
600	22774	27616	32459	37302	42145	61516
700	26846	32566	38286	44005	49725	72604
800	31128	37724	44321	50917	57514	83900
900	35423	42912	50400	57888	65377	95330
1000	39813	48208	56603	64999	73394	106974
1100	44275	53592	62909	72226	81543	128610
1200	48795	59048	69302	79555	89809	130823
1300	53691	64445	75618	86791	97963	142655
1400	57970	70072	82174	94276	106378	154786
1500	62548	75627	88705	101784	114862	167176
(0 bis) t °C	kWh/m³ (NZ) C_3H_8					
t = 0 °C	0	0	0	0	0	0
100	0,989	1,204	1,420	1,635	1,850	2,711
200	2,002	2,435	2,868	3,301	3,734	5,468
300	3,042	3,696	4,350	5,004	5,658	8,273
400	4,103	4,984	5,864	6,744	7,624	11,145
500	5,204	6,315	7,425	8,536	9,646	14,089
600	6,326	7,671	9,016	10,362	11,707	17,088
700	7,457	9,046	10,635	12,224	13,813	20,168
800	8,647	10,479	12,311	14,144	15,976	23,306
900	9,840	11,920	14,000	16,080	18,160	26,481
1000	11,059	13,391	15,723	18,055	20,387	29,715
1100	12,299	14,887	17,475	20,063	22,651	35,725
1200	13,554	16,402	19,251	22,099	24,947	36,340
1300	14,914	17,901	21,005	24,109	27,212	39,626
1400	16,103	19,464	22,826	26,188	29,549	42,996
1500	17,374	21,008	24,640	28,273	31,906	46,438

5.4. Feuerungstechnischer Wirkungsgrad η_f

Luftzahl der Verbrennung λ	1	1,25	1,5	1,75	2	3
			η_f (bezogen auf VG feucht)			
t °C (VG)			%			
t = 0 °C	(100)	(100)	(100)	(100)	(100)	(100)
100	96,2	95,3	94,5	93,7	92,9	89,5
200	92,3	90,6	88,9	87,2	85,6	78,9
300	88,2	85,7	83,2	80,7	78,1	68,0
400	84,1	80,7	77,3	73,9	70,5	56,9
500	79,9	75,6	71,3	67,0	62,7	45,6
600	75,6	70,4	65,2	60,0	54,8	34,0
700	71,2	65,1	58,9	52,8	46,6	22,1
800	66,6	59,5	52,4	45,4	39,3	10,0
900	62,0	53,9	45,9	37,9	29,8	–
1000	57,3	48,3	39,3	30,2	21,2	–
1100	52,5	42,5	32,5	22,5	12,5	–
1200	47,6	36,6	25,6	14,6	3,6	–
1300	42,8	30,8	18,8	6,9	–	–
1400	37,8	24,8	11,8	–	–	–
1500	32,9	18,8	4,8	–	–	–

Anmerkung: 1) *F. Schuster*, gwf-Arbeitsblatt Nr. 3 (März 1970): Propan C_3H_8 und Butane – wie betr. CH_4, S. 191
2) *F. Schuster*, gwf-Arbeitsblatt Nr. 51 (März 1974): wie betr. CH_4 – S. 191
3) siehe Bild 59

Tabelle 85.6: Acetylen (Äthin – Modellgas Nr. 40)

6.1. Grundwerte

$$C_2H_2 + \underbrace{2{,}5\,O_2 + 9{,}4\,N_2}_{\text{atm. Luft}} = 2\,CO_2 + H_2O_D + 9{,}4\,N_2$$

$H_{o,n}$ = 13970 kcal/m³ (NZ) = 58489,6 kJ/m³ (NZ) = 16,2471 kWh/m³ (NZ)
$H_{u,n}$ = 13500 kcal/m³ (NZ) = 56521,8 kJ/m³ (NZ) = 15,7005 kWh/m³ (NZ)
ρ = 1,1717 kg/m³ (NZ)
d = 0,9061 (Luft = 1)
$\sqrt{d}$ = 0,95189
W_o = } bezogen auf kcal: 14676 kJ: 61446 kWh: 17,0683
W_u = } bezogen auf kcal: 14182 kJ: 59378 kWh: 16,4940
L_{min} = 11,9 m³/m³ C_2H_2
$V_{min,tr}$ = 11,4 m³/m³ C_2H_2
$V_{min,f}$ = 12,4 m³/m³ C_2H_2

Verbrennungsgas VG (Abgas)

Luftzahl der Verbrennung		λ	1	1,25	1,5	1,75	2	3
Luftbedarf m³/m³ C_2H_2		L	11,9	14,875	17,85	20,825	23,8	35,7
Abgasmenge m³/m³ C_2H_2	VG	trocken	11,4	14,375	17,35	20,325	23,3	35,2
	VG	feucht	12,4	15,375	18,35	21,325	24,3	36,2
Abgas-Zusammensetzung Vol.-%	trocken:	CO_2	17,54	13,91	11,53	9,84	8,58	5,68
		N_2	82,46	81,74	81,27	80,94	80,69	80,12
		O_2	0	4,35	7,20	9,22	10,73	14,20
	feucht:	CO_2	16,13	13,01	10,90	9,38	8,23	5,52
		N_2	75,81	76,43	76,84	77,14	77,37	77,91
		O_2	0	4,06	6,81	8,79	10,28	13,81
		H_2O_D	8,06	6,50	5,45	4,69	4,12	2,76

6.2. Mittlere spezifische Wärmekapazität $\bar{c}$

Luftzahl der Verbrennung λ	1	1,25	1,5	1,75	2	3
			$\bar{c}$ VG feucht			
0 bis t °C			kcal/m³ VG (NZ) · K			
t = 0 °C	0,3264	0,3235	0,3215	0,3201	0,3190	0,3164
100	0,3306	0,3270	0,3245	0,3228	0,3214	0,3183
200	0,3352	0,3310	0,3282	0,3261	0,3246	0,3209
300	0,3400	0,3354	0,3323	0,3300	0,3283	0,3243
400	0,3444	0,3394	0,3361	0,3337	0,3318	0,3275
500	0,3497	0,3444	0,3408	0,3382	0,3362	0,3316
600	0,3544	0,3488	0,3451	0,3424	0,3403	0,3355
700	0,3582	0,3524	0,3484	0,3456	0,3434	0,3383
800	0,3634	0,3573	0,3532	0,3503	0,3480	0,3427
900	0,3676	0,3613	0,3570	0,3540	0,3516	0,3462
1000	0,3718	0,3652	0,3608	0,3577	0,3552	0,3496
1100	0,3758	0,3691	0,3645	0,3612	0,3588	0,3529
1200	0,3795	0,3726	0,3680	0,3647	0,3621	0,3562
1300	0,3824	0,3754	0,3707	0,3673	0,3647	0,3586
1400	0,3862	0,3790	0,3741	0,3706	0,3680	0,3617
1500	0,3888	0,3815	0,3765	0,3730	0,3703	0,3639
0 bis t °C			kJ/m³ VG (NZ) · K			
t = 0 °C	1,3366	1,3543	1,3460	1,3400	1,3354	1,3248
100	1,3841	1,3690	1,3587	1,3513	1,3457	1,3325
200	1,4035	1,3859	1,3740	1,3654	1,3589	1,3436
300	1,4237	1,4043	1,3912	1,3818	1,3746	1,3577
400	1,4419	1,4211	1,4070	1,3969	1,3893	1,3712
500	1,4642	1,4419	1,4268	1,4159	1,4077	1,3883
600	1,4839	1,4605	1,4447	1,4334	1,4247	1,4045
700	1,4996	1,4752	1,4587	1,4468	1,4378	1,4165
800	1,5215	1,4961	1,4789	1,4665	1,4571	1,4350
900	1,5391	1,5127	1,4949	1,4820	1,4722	1,4493
1000	1,5564	1,5291	1,5106	1,4977	1,4872	1,4635
1100	1,5734	1,5451	1,5261	1,5124	1,5021	1,4775
1200	1,5889	1,5602	1,5408	1,5268	1,5162	1,4911
1300	1,6011	1,5718	1,5519	1,5376	1,5268	1,5013
1400	1,6169	1,5868	1,5665	1,5518	1,5407	1,5145
1500	1,6277	1,5971	1,5764	1,5615	1,5503	1,5237
0 bis t °C			kWh/m³ VG (NZ) · K			
t = 0 °C	0,000 3795	0,000 3761	0,000 3738	0,000 3722	0,000 3709	0,000 3679
100	3844	3802	3773	3753	3737	3701
200	3898	3849	3816	3792	3774	3732
300	3954	3900	3864	3838	3818	3771
400	4004	3947	3908	3880	3858	3808
500	4067	4005	3963	3932	3910	3856
600	4121	4056	4012	3981	3957	3901
700	4165	4097	4051	4018	3993	3934
800	4226	4155	4107	4073	4047	3985
900	4275	4201	4152	4116	4089	4025
1000	4323	4247	4195	4160	4130	4065
1100	4370	4291	4238	4200	4172	4103
1200	4413	4333	4279	4240	4211	4141
1300	4447	4365	4310	4270	4240	4170
1400	4491	4407	4350	4310	4279	4206
1500	4521	4436	4378	4337	4305	4232

6.3. Enthalpie h (je m^3 VG feucht aus 1 m^3 C_2H_2

Luftzahl der Verbrennung λ	1	1,25	1,5	1,75	2	3
			h VG feucht			
(0 bis) t °C			kcal/m^3 (NZ) C_2H_2			
t = 0 °C	0	0	0	0	0	0
100	410	503	595	688	781	1152
200	831	1018	1204	1391	1577	2323
300	1265	1547	1829	2111	2393	3522
400	1708	2087	2467	2846	3225	4742
500	2168	2647	3127	3606	4085	6002
600	2637	3216	3799	4380	4961	7286
700	3109	3792	4475	5158	5841	8573
800	3605	4395	5185	5975	6766	9926
900	4103	4999	5897	6793	7690	11278
1000	4610	5615	6621	7628	8632	12654
1100	5126	6242	7357	8473	9590	14052
1200	5647	6875	8104	9332	10560	15471
1300	6164	7504	8842	10181	11520	16875
1400	6704	8158	9612	11065	12519	18332
1500	7231	8798	10364	11930	13496	19761
(0 bis) t °C			kJ/m^3 (NZ) C_2H_2			
t = 0 °C	0	0	0	0	0	0
100	1716	2105	2493	2886	3270	4824
200	3481	4262	5043	5824	6604	9728
300	5296	6477	7658	8840	10021	14745
400	7152	8740	10327	11916	13504	19855
500	9078	11085	13091	15097	17103	25128
600	11040	13465	15907	18340	20773	30505
700	13017	15877	18737	21596	24457	35895
800	15094	18402	21710	25018	28326	41557
900	17176	20932	24688	28443	32197	47217
1000	19300	23509	27720	31938	36140	52979
1100	21461	26132	30804	35476	40150	58835
1200	23643	28785	33928	39070	44211	64775
1300	25809	31416	37020	42627	48233	70653
1400	28070	34157	40242	46328	52415	76754
1500	30275	36834	43391	49950	56506	82735
(0 bis) t °C			kWh/m^3 (NZ) C_2H_2			
t = 0 °C	0	0	0	0	0	0
100	0,477	0,585	0,692	0,800	0,908	1,340
200	0,967	1,184	1,400	1,617	1,834	2,702
300	1,471	1,799	2,127	2,455	2,783	4,095
400	1,986	2,427	2,868	3,309	3,750	5,514
500	2,521	3,078	3,636	4,193	4,750	6,979
600	3,066	3,740	4,418	5,093	5,769	8,472
700	3,615	4,409	5,204	5,998	6,792	9,969
800	4,192	5,111	6,030	6,948	7,867	11,542
900	4,770	5,813	6,856	7,899	8,942	13,113
1000	5,360	6,529	7,699	8,870	10,037	14,714
1100	5,960	7,258	8,555	9,853	11,151	16,340
1200	6,566	7,994	9,423	10,851	12,279	17,990
1300	7,168	8,725	10,282	11,839	13,396	19,622
1400	7,796	9,486	11,176	12,866	14,557	21,317
1500	8,408	10,230	12,051	13,873	15,693	22,978

6.4. Feuerungstechnischer Wirkungsgrad η_f

Luftzahl der Verbrennung λ	1	1,25	1,5	1,75	2	3
			η_f (bezogen auf VG feucht)			
(1 bis) t °C (VG)			%			
t = 0 °C	(100)	(100)	(100)	(100)	(100)	(100)
100	97,0	96,3	95,6	94,9	94,2	91,5
200	93,8	92,5	91,1	89,7	88,3	82,8
300	90,6	88,5	86,4	84,4	82,3	73,9
400	87,3	84,5	81,7	78,9	74,1	64,9
500	83,9	80,4	76,8	73,3	69,7	55,5
600	80,5	76,2	71,9	67,6	63,2	46,0
700	77,0	71,9	66,8	61,8	56,7	36,5
800	73,3	67,4	61,6	55,7	49,9	26,5
900	69,6	63,0	56,3	49,7	43,0	16,5
1000	65,9	58,4	51,0	43,5	36,1	6,3
1100	62,0	53,8	45,5	37,2	29,0	–
1200	58,2	49,1	40,0	30,9	21,8	–
1300	54,3	44,4	34,5	24,6	14,7	–
1400	50,3	39,6	28,8	18,0	7,3	–
1500	46,4	34,8	23,2	11,6	0	–

Anmerkung: siehe Bild 59

Tabelle 85.7: Propan-Luftgas (Modellgas Nr. 24) – $W_o \sim 6000$ (kcal)

7.1. Grundwerte

$$0{,}265\ C_3H_8 + \underbrace{0{,}15435\ O_2 + 0{,}58065\ N_2}_{\text{Luftgas-Luft (73,5 Vol.-\%)}} + \underbrace{1{,}17065\ O_2 + 4{,}40164\ N_2}_{\text{atm. Verbrennungsluft}} = 0{,}795\ CO_2 + 1{,}06\ H_2O_D + 4{,}9823\ N_2$$

$H_{o,n}$ = 6406 kcal/m³ (NZ) = 26819 kJ/m³ (NZ) = 7,4483 kWh/m³ (NZ)
$H_{u,n}$ = 5898 kcal/m³ (NZ) = 24693 kJ/m³ (NZ) = 6,8580 kWh/m³ (NZ)
ρ = 1,4831 kg/m³ (NZ)
d = 1,1470 (Luft = 1)
$\sqrt{d}$ = 1,07096

W_o =	bezogen auf	kcal: 5981	kJ: 25042	kWh: 6,9548
W_u =		kcal: 5507	kJ: 23057	kWh: 6,4036

L_{min} = 5,5723 m³/m³ Luftgas
$V_{min,tr}$ = 5,7773 m³/m³ Luftgas
$V_{min,f}$ = 6,8373 m³/m³ Luftgas

Verbrennungsgas (Abgas)

Luftzahl der Verbrennung λ		1	1,25	1,5	1,75	2	3
Luftbedarf m³/m³ Luftgas L		5,5723	6,9654	8,3585	9,7515	11,1446	16,7169
Abgasmenge m³/m³ Luftgas	trocken	5,7773	7,1704	8,5635	9,9565	11,3496	16,9219
	feucht	6,8373	8,2304	9,6235	11,0165	12,4096	17,9819
Abgas-Zusammensetzung Vol.-% trocken	CO_2	13,76	11,09	9,28	7,98	7,00	4,70
	N_2	86,24	84,83	83,89	83,21	82,69	81,47
	O_2	0	4,08	6,83	8,81	10,31	13,83
feucht	CO_2	11,63	9,66	8,26	7,22	6,41	4,42
	N_2	72,87	73,90	74,65	75,19	75,62	76,67
	O_2	0	3,56	6,08	7,97	9,43	13,02
	H_2O_D	15,50	12,88	11,01	9,62	8,54	5,89

7.2. Mittlere spezifische Wärmekapazität $\bar{c}$

Luftzahl der Verbrennung λ	1	1,25	1,5	1,75	2	3
$\bar{c}$ VG (feucht)						
0 bis t °C	kcal/m³ VG (NZ) · K					
t = 0 °C	0,3265	0,3239	0,3221	0,3207	0,3196	0,3170
100	0,3297	0,3267	0,3245	0,3229	0,3217	0,3186
200	0,3336	0,3302	0,3278	0,3260	0,3246	0,3211
300	0,3379	0,3342	0,3316	0,3297	0,3281	0,3244
400	0,3419	0,3380	0,3352	0,3331	0,3315	0,3275
500	0,3469	0,3427	0,3397	0,3375	0,3358	0,3316
600	0,3514	0,3470	0,3439	0,3416	0,3398	0,3354
700	0,3551	0,3505	0,3472	0,3448	0,3429	0,3383
800	0,3602	0,3554	0,3520	0,3495	0,3475	0,3427
900	0,3644	0,3594	0,3559	0,3532	0,3512	0,3462
1000	0,3688	0,3633	0,3597	0,3570	0,3548	0,3496
1100	0,3726	0,3673	0,3635	0,3606	0,3584	0,3530
1200	0,3764	0,3709	0,3670	0,3641	0,3619	0,3563
1300	0,3794	0,3748	0,3698	0,3668	0,3645	0,3588
1400	0,3833	0,3775	0,3734	0,3703	0,3679	0,3620
1500	0,3860	0,3801	0,3759	0,3727	0,3703	0,3643
0 bis t °C	kJ/m³ VG (NZ) · K					
t = 0 °C	1,3669	1,3560	1,3484	1,3426	1,3381	1,3272
100	1,3803	1,3677	1,3587	1,3520	1,3468	1,3340
200	1,3967	1,3824	1,3723	1,3647	1,3588	1,3444
300	1,4148	1,3993	1,3883	1,3802	1,3738	1,3582
400	1,4314	1,4150	1,4033	1,3947	1,3879	1,3713
500	1,4523	1,4348	1,4223	1,4130	1,4058	1,3881
600	1,4712	1,4529	1,4398	1,4302	1,4227	1,4042
700	1,4865	1,4673	1,4537	1,4436	1,4357	1,4163
800	1,5081	1,4881	1,4739	1,4633	1,4550	1,4349
900	1,5256	1,5048	1,4899	1,4789	1,4704	1,4493
1000	1,5432	1,5211	1,5060	1,4946	1,4856	1,4638
1100	1,5601	1,5376	1,5217	1,5098	1,5007	1,4780
1200	1,5761	1,5531	1,5367	1,5246	1,5151	1,4918
1300	1,5884	1,5690	1,5481	1,5357	1,5260	1,5022
1400	1,6049	1,5806	1,5633	1,5504	1,5404	1,5158
1500	1,6163	1,5914	1,5737	1,5606	1,5504	1,5253
0 bis t °C	kWh/m³ VG (NZ) · K					
t = 0 °C	0,000 3796	0,000 3766	0,000 3745	0,000 3729	0,000 3716	0,000 3686
100	3834	3798	3773	3755	3740	3705
200	3879	3839	3811	3790	3774	3734
300	3929	3886	3856	3833	3815	3772
400	3975	3930	3897	3873	3855	3809
500	4033	3985	3950	3924	3904	3855
600	4086	4035	3999	3972	3951	3900
700	4128	4075	4037	4009	3987	3938
800	4188	4133	4093	4064	4041	3985
900	4237	4179	4138	4107	4084	4025
1000	4286	4225	4183	4151	4126	4065
1100	4333	4270	4226	4193	4168	4105
1200	4377	4313	4268	4234	4208	4143
1300	4411	4358	4299	4265	4238	4172
1400	4457	4390	4342	4306	4278	4210
1500	4489	4420	4371	4334	4306	4236

7.3. Enthalpie h (je m³ VG feucht aus 1 m³ Luftgas)

Luftzahl der Verbrennung λ	1	1,25	1,5	1,75	2	3
h VG feucht						
(0 bis) t °C	kcal/m³ (NZ) Luftgas					
t = 100 °C	225	269	312	356	399	573
200	456	544	631	718	806	1155
300	693	825	957	1089	1222	1750
400	935	1113	1290	1468	1645	2356
500	1186	1410	1635	1859	2083	2981
600	1441	1714	1986	2258	2530	3619
700	1699	2019	2339	2659	2979	4258
800	1970	2340	2710	3080	3450	4930
900	2242	2662	3082	3502	3922	5602
1000	2520	2990	3462	3933	4403	6287
1100	2802	3325	3847	4370	4893	6983
1200	3089	3664	4239	4814	5389	7689
1300	3372	4010	4626	5253	5880	8387
1400	3669	4350	5031	5711	6392	9114
1500	3959	4693	5426	6159	6893	9826
(0 bis) t °C	kJ/m³ (NZ) Luftgas					
t = 100 °C	944	1126	1308	1489	1671	2399
200	1910	2276	2641	3007	3372	4835
300	2902	3455	4008	4561	5114	7327
400	3915	4658	5402	6146	6889	9864
500	4965	5904	6844	7783	8723	12481
600	6035	7175	8314	9453	10593	15150
700	7115	8454	9793	11132	12471	17827
800	8249	9798	11347	12897	14445	20641
900	9388	11146	12904	14664	16422	23455
1000	10551	12519	14493	16465	18436	26322
1100	11733	13921	16108	18297	20485	29235
1200	12931	15339	17746	20155	22562	32191
1300	14118	16788	19367	21993	24619	35117
1400	15363	18213	21062	23912	26762	38159
1500	16576	19647	22717	25788	28859	41140
(0 bis) t °C	kWh/m³ (NZ) Luftgas					
t = 100 °C	0,262	0,313	0,363	0,414	0,464	0,666
200	0,530	0,632	0,734	0,835	0,937	1,343
300	0,806	0,960	1,113	1,267	1,420	2,035
400	1,087	1,294	1,500	1,707	1,913	2,739
500	1,379	1,640	1,901	2,162	2,423	3,466
600	1,676	1,993	2,309	2,625	2,942	4,208
700	1,976	2,348	2,720	3,092	3,464	4,951
800	2,291	2,721	3,151	3,582	4,012	5,733
900	2,607	3,096	3,584	4,072	4,561	6,514
1000	2,930	3,477	4,025	4,573	5,120	7,310
1100	3,259	3,866	4,474	5,081	5,689	8,119
1200	3,591	4,260	4,929	5,598	6,266	8,940
1300	3,921	4,663	5,370	6,108	6,837	9,753
1400	4,267	5,058	5,849	6,641	7,433	10,598
1500	4,604	5,456	6,309	7,162	8,015	11,426

7.4. Feuerungstechnischer Wirkungsgrad η_f

Luftzahl der Verbrennung λ	1	1,25	1,5	1,75	2	3
	η_f (bezogen auf VG feucht)					
(0 bis) t °C	%					
t = 100 °C	96,2	95,4	94,7	94,0	93,2	90,3
200	92,3	90,8	89,3	87,8	86,3	80,4
300	88,2	86,0	83,8	81,5	79,3	70,3
400	84,1	81,1	78,1	75,1	72,1	60,1
500	79,9	76,1	72,3	68,5	64,7	49,5
600	75,6	70,9	66,3	61,7	57,1	38,6
700	71,2	65,8	60,3	54,9	49,5	27,8
800	66,6	60,3	54,0	47,8	41,5	16,4
900	62,0	54,9	47,7	40,6	33,5	5,0
1000	57,3	49,3	41,3	33,3	25,3	–
1100	52,5	43,6	34,8	25,9	17,0	–
1200	47,6	37,9	28,1	18,4	8,6	–
1300	42,8	32,0	21,6	10,9	0,3	–
1400	37,8	26,2	14,7	3,2	–	–
1500	32,9	20,4	8,0	–	–	–

Anmerkung: siehe Bild 60

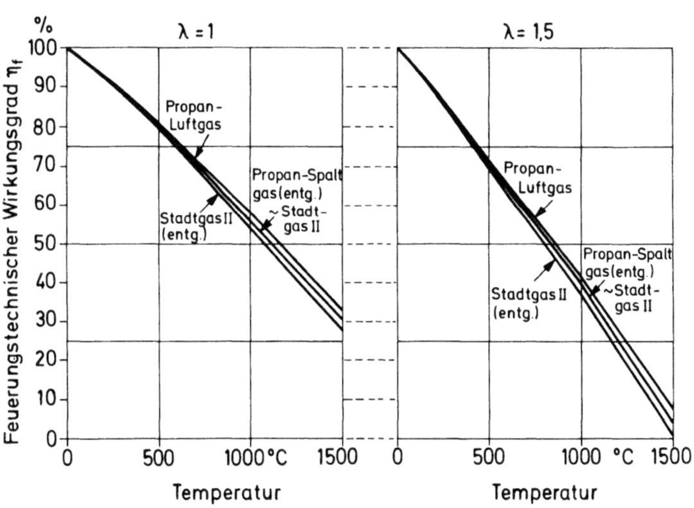

Bild 60. Feuerungstechnischer Wirkungsgrad von Stadtgasen „klassischer" Qualität für λ = 1 und 1,5 zwischen 0 °C und 1500 °C

Tabelle 85.8: Propan-Spaltgas (Modellgas Nr. 19 – Stadtgas-Qualität entgiftet)

8.1. Grundwerte

$$0{,}695\ H_2 + 0{,}03\ CO + 0{,}09\ C_3H_8 + 0{,}185\ CO_2 + \underbrace{0{,}8125\ O_2 + 3{,}055\ N_2}_{\text{atm. Luft}} = 0{,}485\ CO_2 + 1{,}055\ H_2O_D + 3{,}055\ N_2$$

$H_{o,n}$ = 4382 kcal/m³ (NZ) = 18345 kJ/m³ (NZ) = 5,0949 kWh/m³ (NZ)
$H_{u,n}$ = 3884 kcal/m³ (NZ) = 16261 kJ/m³ (NZ) = 4,5162 kWh/m³ (NZ)
ρ = 0,6467 kg/m³ (NZ)
d = 0,5001 (Luft = 1)
$\sqrt{d}$ = 0,70718
W_o = } bezogen auf kcal: 6196 kJ: 25941 kWh: 7,2045
W_u = } bezogen auf kcal: 5492 kJ: 22994 kWh: 6,3862
L_{min} = 3,8675 m³/m³ Spaltgas
$V_{min,tr}$ = 3,540 m³/m³ Spaltgas
$V_{min,f}$ = 4,595 m³/m³ Spaltgas

Verbrennungsgas (Abgas)

Luftzahl der Verbrennung λ		1	1,25	1,5	1,75	2	3
Luftbedarf m³/m³ Spaltgas L		3,8675	4,834375	5,80125	6,768125	7,735	11,6025
Abgasmenge m³/m³ Spaltgas	trocken	3,540	4,507	5,474	6,441	7,4075	11,275
	feucht	4,595	5,562	6,529	7,496	8,4525	12,320
Abgas-Zusammensetzung Vol.-% trocken	CO_2	13,70	10,76	8,86	7,53	6,55	4,30
	N_2	86,30	84,73	83,72	83,01	82,49	81,29
	O_2	–	4,51	7,42	9,46	10,96	14,41
feucht	CO_2	10,55	8,72	7,43	6,47	5,73	3,93
	N_2	66,49	68,66	70,19	71,33	72,20	74,34
	O_2	0	3,65	6,22	8,13	9,60	13,17
	H_2O_D	22,96	18,97	16,16	14,07	12,47	8,56

8.2. Mittlere spezifische Wärmekapazität $\bar{c}$

Luftzahl der Verbrennung λ	1	1,25	1,5	1,75	2	3
			$\bar{c}$ VG (feucht)			
0 bis t °C			kcal/m³ VG (NZ) · K			
t = 0 °C	0,3290	0,3259	0,3238	0,3221	0,3209	0,3179
100	0,3321	0,3286	0,3261	0,3243	0,3229	0,3194
200	0,3360	0,3321	0,3294	0,3273	0,3257	0,3219
300	0,3404	0,3362	0,3332	0,3310	0,3293	0,3252
400	0,3445	0,3400	0,3369	0,3345	0,3327	0,3283
500	0,3495	0,3448	0,3414	0,3389	0,3370	0,3324
600	0,3542	0,3492	0,3457	0,3431	0,3411	0,3362
700	0,3580	0,3528	0,3491	0,3464	0,3443	0,3392
800	0,3634	0,3579	0,3541	0,3512	0,3490	0,3437
900	0,3687	0,3620	0,3580	0,3550	0,3527	0,3472
1000	0,3721	0,3662	0,3620	0,3589	0,3565	0,3507
1100	0,3763	0,3702	0,3659	0,3627	0,3602	0,3542
1200	0,3804	0,3740	0,3696	0,3663	0,3637	0,3575
1300	0,3835	0,3770	0,3724	0,3691	0,3664	0,3601
1400	0,3877	0,3810	0,3762	0,3727	0,3700	0,3634
1500	0,3906	0,3837	0,3789	0,3753	0,3725	0,3658
0 bis t °C			kJ/m³ VG (NZ) · K			
t = 0 °C	1,3776	1,3646	1,3555	1,3487	1,3435	1,3308
100	1,3906	1,3758	1,3654	1,3577	1,3518	1,3373
200	1,4069	1,3905	1,3789	1,3703	1,3637	1,3476
300	1,4252	1,4076	1,3951	1,3859	1,3787	1,3614
400	1,4422	1,4236	1,4104	1,4005	1,3930	1,3746
500	1,4634	1,4436	1,4295	1,4190	1,4110	1,3915
600	1,4829	1,4620	1,4474	1,4365	1,4281	1,4077
700	1,4990	1,4772	1,4618	1,4503	1,4416	1,4201
800	1,5213	1,4985	1,4825	1,4705	1,4613	1,4389
900	1,5436	1,5157	1,4989	1,4864	1,4769	1,4536
1000	1,5581	1,5332	1,5157	1,5027	1,4928	1,4684
1100	1,5757	1,5500	1,5321	1,5184	1,5081	1,4828
1200	1,5924	1,5660	1,5474	1,5336	1,5229	1,4969
1300	1,6055	1,5784	1,5593	1,5451	1,5342	1,5076
1400	1,6232	1,5951	1,5752	1,5605	1,5492	1,5215
1500	1,6353	1,6066	1,5863	1,5712	1,5596	1,5313
0 bis t °C			kWh/m³ VG (NZ) · K			
t = 0 °C	0,000 3826	0,000 3790	0,000 3765	0,000 3746	0,000 3731	0,000 3696
100	3862	3821	3792	3771	3754	3714
200	3907	3862	3830	3806	3787	3743
300	3958	3909	3875	3849	3829	3781
400	4005	3954	3917	3890	3869	3818
500	4064	4009	3970	3941	3919	3865
600	4118	4060	4020	3990	3966	3910
700	4163	4103	4060	4028	4004	3944
800	4225	4162	4117	4084	4058	3996
900	4287	4209	4163	4128	4102	4037
1000	4327	4258	4210	4173	4146	4078
1100	4376	4305	4255	4217	4188	4118
1200	4423	4349	4298	4259	4229	4157
1300	4459	4384	4331	4291	4261	4187
1400	4508	4430	4375	4334	4302	4226
1500	4542	4462	4406	4364	4331	4253

8.3. Enthalpie h (je m³ VG feucht aus 1 m³ Spaltgas)

Luftzahl der Verbrennung λ	1	1,25	1,5	1,75	2	3
	h VG feucht					
(0 bis) t °C	kcal/m³ (NZ) Spaltgas					
t = 100 °C	153	183	213	243	273	394
200	310	369	430	491	551	793
300	469	561	653	744	835	1202
400	633	756	880	1003	1125	1618
500	803	959	1115	1270	1424	2047
600	976	1165	1354	1543	1730	2485
700	1152	1374	1596	1820	2037	2925
800	1336	1593	1849	2106	2360	3387
900	1525	1812	2104	2395	2683	3850
1000	1710	2037	2364	2690	3014	4321
1100	1902	2265	2628	2990	3349	4800
1200	2097	2496	2896	3295	3689	5286
1300	2291	2726	3161	3596	4027	5767
1400	2494	2967	3439	3911	4379	6268
1500	2692	3201	3711	4220	4723	6759
(0 bis) t °C	kJ/m³ (NZ) Spaltgas					
t = 100 °C	639	765	891	1018	1143	1648
200	1299	1547	1801	2054	2305	3321
300	1965	2349	2733	3117	3496	5032
400	2651	3167	3683	4199	4710	6774
500	3362	4015	4666	5319	5963	8572
600	4088	4879	5670	6461	7242	10406
700	4822	5751	6681	7620	8529	12247
800	5592	6668	7743	8818	9881	14182
900	6384	7587	8808	10028	11235	16117
1000	7159	8528	9896	11264	12618	18091
1100	7964	9483	11004	12520	14022	20095
1200	8781	10452	12124	13795	15446	22131
1300	9591	11413	13235	15057	16858	24146
1400	10442	12421	14399	16376	18332	26243
1500	11271	13404	15535	17667	19774	28299
(0 bis) t °C	kWh/m³ (NZ) Spaltgas					
t = 100 °C	0,177	0,213	0,248	0,283	0,317	0,458
200	0,361	0,430	0,500	0,571	0,640	0,922
300	0,546	0,652	0,759	0,866	0,971	1,397
400	0,736	0,880	1,023	1,166	1,308	1,881
500	0,934	1,115	1,296	1,477	1,656	2,381
600	1,135	1,355	1,575	1,794	2,011	2,890
700	1,339	1,597	1,855	2,116	2,369	3,401
800	1,553	1,852	2,151	2,449	2,744	3,939
900	1,773	2,107	2,446	2,785	3,120	4,476
1000	1,988	2,368	2,748	3,128	3,504	5,024
1100	2,212	2,634	3,056	3,477	3,894	5,581
1200	2,439	2,903	3,367	3,831	4,290	6,146
1300	2,664	3,170	3,676	4,182	4,682	6,706
1400	2,900	3,450	3,999	4,548	5,091	7,288
1500	3,130	3,723	4,315	4,907	5,492	7,859

8.4. Feuerungstechnischer Wirkungsgrad η_f

Luftzahl der Verbrennung λ	1	1,25	1,5	1,75	2	3
	η_f (bezogen auf VG feucht)					
(0 bis) t °C	%					
t = 0 °C	(100)	(100)	(100)	(100)	(100)	(100)
100	96,1	95,3	94,5	93,7	93,0	89,9
200	92,0	90,5	88,9	87,4	85,8	79,6
300	87,9	85,6	83,2	80,8	78,5	69,1
400	83,7	80,5	77,3	74,2	71,0	58,3
500	79,3	75,3	71,3	67,3	63,3	47,3
600	74,9	70,0	65,1	60,3	55,5	36,0
700	70,3	64,6	58,9	53,1	47,5	24,7
800	65,6	59,0	52,4	45,8	39,2	12,8
900	60,7	53,3	45,8	38,3	30,9	0,9
1000	56,0	47,6	39,1	30,7	22,4	–
1100	51,0	41,7	32,3	23,0	13,8	–
1200	46,0	35,7	25,4	15,2	5,0	–
1300	41,0	29,8	18,6	7,4	–	–
1400	35,8	23,6	11,5	–	–	–
1500	30,6	17,6	4,5	–	–	–

Anmerkung: siehe Bild 60

Tabelle 85.9: Stadtgas II (Modellgas Nr. 12)

9.1. Grundwerte

$$0{,}45\,H_2 + 0{,}12\,CO + 0{,}22\,CH_4 + 0{,}02\,C_3H_6\,(C_nH_m) + 0{,}04\,CO_2 + 0{,}15\,N_2 + \underbrace{0{,}815\,O_2 + 3{,}0644\,N_2}_{\text{atm. Luft}} =$$

$$= 0{,}44\,CO_2 + 0{,}95\,H_2O_D + 3{,}2144\,N_2$$

$H_{o,n}$ = 4271 kcal/m³ (NZ) = 17883 kJ/m³ (NZ) = 4,9667 kWh/m³ (NZ)
$H_{u,n}$ = 3825 kcal/m³ (NZ) = 16016 kJ/m³ (NZ) = 4,4480 kWh/m³ (NZ)
ρ = 0,6533 kg/m³ (NZ)
d = 0,5052 (Luft = 1)
$\sqrt{d}$ = 0,71077

W_o =	bezogen auf	kcal: 6009	kJ: 25160	kWh: 6,9877
W_u =		kcal: 5382	kJ: 22533	kWh: 6,2580

L_{min} = 3,8794 m³/m³ Stadtgas II
$V_{min,tr}$ = 3,6544 m³/m³ Stadtgas II
$V_{min,f}$ = 4,6044 m³/m³ Stadtgas II

Verbrennungsgas (Abgas)

Luftzahl der Verbrennung λ		1	1,25	1,5	1,75	2	3
Luftbedarf m³/m³ Stadtgas L		3,8794	4,84925	5,8191	6,78895	7,7588	11,6382
Abgasmenge m³/m³ Stadtgas	trocken	3,6544	4,62425	5,5941	6,56395	7,5338	11,4132
	feucht	4,6044	5,57425	6,5441	7,51395	8,4838	12,3632
Abgas-Zusammensetzung Vol.-%							
trocken	CO_2	12,04	9,52	7,87	6,70	5,84	3,86
	N_2	87,96	86,08	84,85	83,99	83,35	81,86
	O_2	0	4,40	7,28	9,31	10,81	14,28
feucht	CO_2	9,56	7,89	6,72	5,86	5,19	3,56
	N_2	69,81	71,42	72,54	73,37	74,01	75,58
	O_2	0	3,65	6,22	8,13	9,60	13,18
	H_2O_D	20,63	17,04	14,52	12,64	11,20	7,68

9.2. Mittlere spezifische Wärmekapazität $\bar{c}$

Luftzahl der Verbrennung λ	1	1,25	1,5	1,75	2	3
	$\bar{c}$ VG (feucht)					
0 bis t °C	kcal/m³ VG (NZ) · K					
t = 0 °C	0,3273	0,3245	0,3225	0,3211	0,3199	0,3172
100	0,3301	0,3269	0,3247	0,3230	0,3217	0,3186
200	0,3337	0,3302	0,3277	0,3259	0,3244	0,3210
300	0,3378	0,3341	0,3314	0,3294	0,3279	0,3242
400	0,3417	0,3377	0,3349	0,3328	0,3312	0,3273
500	0,3466	0,3423	0,3393	0,3371	0,3354	0,3312
600	0,3511	0,3466	0,3435	0,3412	0,3394	0,3351
700	0,3547	0,3501	0,3468	0,3444	0,3425	0,3380
800	0,3599	0,3551	0,3516	0,3491	0,3471	0,3424
900	0,3641	0,3590	0,3555	0,3528	0,3508	0,3458
1000	0,3684	0,3631	0,3594	0,3566	0,3545	0,3493
1100	0,3725	0,3670	0,3632	0,3603	0,3581	0,3527
1200	0,3764	0,3708	0,3668	0,3639	0,3616	0,3561
1300	0,3794	0,3736	0,3696	0,3666	0,3642	0,3586
1400	0,3835	0,3775	0,3733	0,3702	0,3677	0,3619
1500	0,3864	0,3802	0,3759	0,3727	0,3702	0,3642
0 bis t °C	kJ/m³ VG (NZ) · K					
t = 0 °C	1,3702	1,3585	1,3502	1,3442	1,3394	1,3280
100	1,3819	1,3686	1,3592	1,3524	1,3471	1,3340
200	1,3971	1,3823	1,3719	1,3643	1,3584	1,3439
300	1,4144	1,3986	1,3875	1,3792	1,3728	1,3573
400	1,4306	1,4139	1,4021	1,3934	1,3866	1,3703
500	1,4510	1,4331	1,4207	1,4114	1,4043	1,3868
600	1,4698	1,4511	1,4381	1,4285	1,4210	1,4028
700	1,4852	1,4657	1,4519	1,4419	1,4340	1,4149
800	1,5069	1,4866	1,4722	1,4616	1,4534	1,4335
900	1,5245	1,5032	1,4883	1,4773	1,4687	1,4479
1000	1,5425	1,5202	1,5047	1,4932	1,4843	1,4626
1100	1,5596	1,5366	1,5204	1,5085	1,4993	1,4768
1200	1,5760	1,5523	1,5357	1,5235	1,5139	1,4908
1300	1,5886	1,5643	1,5473	1,5347	1,5250	1,5012
1400	1,6057	1,5806	1,5628	1,5498	1,5397	1,5150
1500	1,6176	1,5917	1,5736	1,5603	1,5499	1,5247
0 bis t °C	kWh/m³ VG (NZ) · K					
t = 0 °C	0,000 3805	0,000 3773	0,000 3750	0,000 3733	0,000 3720	0,000 3688
100	3838	3801	3775	3756	3741	3705
200	3880	3839	3810	3789	3773	3732
300	3928	3884	3853	3830	3813	3770
400	3973	3927	3894	3870	3851	3806
500	4030	3980	3946	3920	3900	3852
600	4082	4030	3994	3967	3946	3896
700	4156	4071	4032	4005	3983	3930
800	4185	4129	4089	4059	4037	3981
900	4234	4175	4133	4103	4079	4021
1000	4284	4222	4179	4147	4122	4062
1100	4332	4268	4223	4190	4164	4101
1200	4377	4311	4265	4231	4204	4140
1300	4412	4345	4297	4262	4235	4169
1400	4460	4390	4340	4304	4276	4208
1500	4492	4421	4370	4333	4304	4234

9.3. Enthalpie h (je m³ VG feucht aus 1 m³ Stadtgas II)

Luftzahl der Verbrennung λ	1	1,25	1,5	1,75	2	3
			h VG feucht			
(0 bis) t °C			kcal/m³ (NZ) Stadtgas II			
t = 100 °C	152	182	212	243	273	394
200	307	368	429	490	550	794
300	467	558	651	743	835	1202
400	629	753	877	1000	1124	1618
500	798	954	1110	1267	1423	2048
600	970	1159	1349	1538	1728	2485
700	1152	1366	1589	1811	2034	2925
800	1326	1583	1841	2098	2356	3386
900	1509	1801	2094	2386	2679	3848
1000	1696	2024	2352	2680	3008	4319
1100	1887	2250	2614	2978	3342	4797
1200	2080	2480	2880	3281	3681	5283
1300	2271	2708	3144	3581	4017	5763
1400	2472	2948	3420	3894	4368	6263
1500	2668	3179	3689	4200	4711	6753
(0 bis) t °C			kJ/m³ (NZ) Stadtgas II			
t = 100 °C	636	763	890	1016	1143	1649
200	1287	1541	1796	2050	2305	3323
300	1954	2339	2724	3109	3494	5034
400	2635	3153	3670	4188	4706	6776
500	3340	3994	4648	5303	5957	8573
600	4060	4853	5647	6440	7233	10406
700	4823	5719	6651	7584	8516	12245
800	5551	6629	7707	8786	9864	14178
900	6317	7541	8766	9990	11214	16111
1000	7102	8474	9847	11220	12592	18082
1100	7899	9422	10945	12469	13992	20083
1200	8708	10383	12060	13737	15412	22117
1300	9509	11336	13164	14991	16819	24128
1400	10351	12342	14318	16303	18287	26222
1500	11172	13309	15447	17585	19723	28275
(0 bis) t °C			kWh/m³ (NZ) Stadtgas II			
t = 100 °C	0,177	0,212	0,247	0,282	0,317	0,458
200	0,357	0,428	0,499	0,569	0,640	0,923
300	0,543	0,650	0,757	0,863	0,970	1,398
400	0,732	0,876	1,019	1,163	1,307	1,882
500	0,928	1,109	1,291	1,473	1,654	2,381
600	1,128	1,348	1,568	1,789	2,009	2,890
700	1,340	1,588	1,847	2,106	2,365	3,401
800	1,542	1,841	2,140	2,440	2,740	3,938
900	1,754	2,094	2,434	2,775	3,115	4,474
1000	1,973	2,354	2,735	3,116	3,497	5,022
1100	2,194	2,617	3,040	3,463	3,886	5,578
1200	2,418	2,884	3,349	3,815	4,280	6,143
1300	2,641	3,148	3,656	4,163	4,671	6,701
1400	2,875	3,428	3,977	4,528	5,079	7,283
1500	3,103	3,696	4,290	4,884	5,478	7,853

9.4. Feuerungstechnischer Wirkungsgrad η_f

Luftzahl der Verbrennung λ	1	1,25	1,5	1,75	2	3
	η_f (bezogen auf VG feucht)					
(0 bis) t °C	%					
t = 100 °C	96,0	95,2	94,4	93,7	92,9	89,7
200	92,0	90,4	88,8	87,2	85,6	79,3
300	87,8	85,4	83,0	80,6	78,2	68,6
400	83,5	80,3	77,1	73,9	70,6	57,7
500	79,1	75,1	71,0	66,9	62,8	46,5
600	74,6	69,7	64,7	59,8	54,8	35,0
700	69,9	64,3	58,5	52,6	46,8	23,5
800	65,3	58,6	51,9	45,1	38,4	11,5
900	60,6	52,9	45,3	37,6	30,0	–
1000	55,7	47,1	38,5	29,9	21,4	–
1100	50,7	41,2	31,7	22,1	12,6	–
1200	45,6	35,2	24,7	14,2	3,8	–
1300	40,6	29,2	17,8	6,4	–	–
1400	35,4	22,9	10,6	–	–	–
1500	30,2	16,9	3,6	–	–	–

Anmerkung: Vgl. Bild 60 (Stadtgas II entgiftet)

Tabelle 85.10: Stadtgas II (Modellgas Nr. 13 – entgiftet)

10.1. Grundwerte

$$0{,}49\ H_2 + 0{,}03\ CO + 0{,}24\ CH_4 + 0{,}02\ C_3H_6\,(C_nH_m) + 0{,}08\ CO_2 + 0{,}14\ N_2 + \underbrace{0{,}83\ O_2 + 3{,}1208\ N_2}_{\text{atm. Luft}} =$$

$$= 0{,}41\ CO_2 + 1{,}09\ H_2O_D + 3{,}2608\ N_2$$

$H_{o,n}$ = 4312 kcal/m³ (NZ) = 18052 kJ/m³ (NZ) = 5,0136 kWh/m³ (NZ)
$H_{u,n}$ = 3828 kcal/m³ (NZ) = 16027 kJ/m³ (NZ) = 4,4513 kWh/m³ (NZ)
ρ = 0,6252 kg/m³ (NZ)
d = 0,4835 (Luft = 1)
$\sqrt{d}$ = 0,69536

		kcal	kJ	kWh
W_o =	bezogen auf	kcal: 6201	kJ: 25961	kWh: 7,2100
W_u =	bezogen auf	kcal: 5505	kJ: 23049	kWh: 6,4014

L_{min} = 3,9508 m³/m³ Stadtgas II
$V_{min,tr}$ = 3,6708 m³/m³ Stadtgas II
$V_{min,f}$ = 4,7608 m³/m³ Stadtgas II

Verbrennungsgas (Abgas)

Luftzahl der Verbrennung λ		1	1,25	1,5	1,75	2	3
Luftbedarf m³/m³ Stadtgas L		3,9508	4,9385	5,9262	6,9139	7,9016	11,8524
Abgasmenge m³/m³ Stadtgas	trocken	3,6708	4,6585	5,6462	6,6339	7,6216	11,5724
	feucht	4,7608	5,7485	6,7362	7,7239	8,7116	12,6624
Abgas-Zusammensetzung Vol.-% trocken	CO_2	11,17	8,80	7,26	6,18	5,38	3,54
	N_2	88,83	86,75	85,39	84,44	83,73	82,12
	O_2	0	4,45	7,35	9,38	10,89	14,34
feucht	CO_2	8,61	7,13	6,09	5,31	4,71	3,24
	N_2	68,49	70,30	71,57	72,52	73,26	75,05
	O_2	0	3,61	6,16	8,06	9,52	13,10
	H_2O_D	22,90	18,96	16,18	14,11	12,51	8,61

10.2. Mittlere spezifische Wärmekapazität $\bar{c}$

Luftzahl der Verbrennung λ	1	1,25	1,5	1,75	2	3
$\bar{c}$ VG (feucht)						
0 bis t °C	kcal/m³ VG (NZ)·K					
t = 0 °C	0,3276	0,3248	0,3228	0,3213	0,3202	0,3174
100	0,3302	0,3270	0,3248	0,3232	0,3219	0,3188
200	0,3337	0,3302	0,3278	0,3259	0,3245	0,3211
300	0,3378	0,3340	0,3314	0,3294	0,3279	0,3243
400	0,3416	0,3376	0,3349	0,3328	0,3312	0,3273
500	0,3464	0,3422	0,3393	0,3371	0,3354	0,3313
600	0,3508	0,3465	0,3434	0,3411	0,3394	0,3351
700	0,3545	0,3500	0,3468	0,3444	0,3425	0,3380
800	0,3597	0,3550	0,3516	0,3491	0,3471	0,3424
900	0,3639	0,3590	0,3555	0,3528	0,3508	0,3459
1000	0,3683	0,3631	0,3594	0,3567	0,3546	0,3494
1100	0,3724	0,3670	0,3632	0,3604	0,3582	0,3528
1200	0,3764	0,3708	0,3669	0,3639	0,3617	0,3562
1300	0,3794	0,3737	0,3697	0,3667	0,3643	0,3587
1400	0,3836	0,3776	0,3734	0,3703	0,3679	0,3620
1500	0,3864	0,3803	0,3760	0,3728	0,3704	0,3643
0 bis t °C	kJ/m³ VG (NZ)·K					
t = 0 °C	1,3715	1,3597	1,3515	1,3453	1,3405	1,3288
100	1,3824	1,3693	1,3599	1,3530	1,3476	1,3345
200	1,3971	1,3826	1,3723	1,3646	1,3587	1,3443
300	1,4141	1,3985	1,3875	1,3793	1,3730	1,3576
400	1,4301	1,4136	1,4021	1,3934	1,3867	1,3704
500	1,4502	1,4328	1,4205	1,4113	1,4043	1,3869
600	1,4689	1,4507	1,4379	1,4283	1,4209	1,4029
700	1,4843	1,4652	1,4518	1,4417	1,4339	1,4150
800	1,5061	1,4861	1,4721	1,4616	1,4534	1,4336
900	1,5237	1,5029	1,4882	1,4772	1,4688	1,4481
1000	1,5419	1,5201	1,5047	1,4933	1,4844	1,4628
1100	1,5591	1,5365	1,5206	1,5087	1,4995	1,4771
1200	1,5757	1,5524	1,5360	1,5237	1,5142	1,4912
1300	1,5884	1,5645	1,5477	1,5351	1,5254	1,5017
1400	1,6058	1,5810	1,5634	1,5503	1,5402	1,5155
1500	1,6178	1,5923	1,5744	1,5609	1,5506	1,5253
0 bis t °C	kWh/m³ VG (NZ)·K					
t = 0 °C	0,000 3809	0,000 3776	0,000 3753	0,000 3736	0,000 3723	0,000 3690
100	3839	3803	3777	3758	3743	3706
200	3880	3840	3811	3790	3774	3733
300	3927	3884	3854	3831	3813	3770
400	3972	3926	3894	3870	3851	3806
500	4028	3979	3945	3920	3900	3852
600	4080	4029	3993	3967	3946	3896
700	4122	4069	4032	4004	3982	3930
800	4183	4127	4088	4059	4037	3982
900	4232	4174	4133	4103	4079	4022
1000	4282	4222	4179	4147	4123	4063
1100	4330	4267	4223	4190	4165	4102
1200	4376	4311	4266	4232	4205	4141
1300	4411	4345	4298	4263	4237	4171
1400	4460	4391	4342	4306	4278	4209
1500	4493	4422	4372	4335	4306	4236

10.3. Enthalpie h (je m³ VG feucht aus 1 m³ Stadtgas II)

Luftzahl der Verbrennung λ	1	1,25	1,5	1,75	2	3
			h VG feucht			
(0 bis) t °C			kcal/m³ (NZ) Stadtgas II entgiftet			
t = 100 °C	157	188	219	250	280	404
200	318	380	442	504	565	813
300	482	576	670	763	857	1232
400	650	776	902	1028	1154	1658
500	824	984	1143	1302	1461	2097
600	1002	1195	1388	1581	1774	2546
700	1181	1408	1635	1862	2089	2996
800	1370	1632	1895	2157	2419	3469
900	1559	1857	2155	2453	2751	3942
1000	1753	2087	2421	2755	3089	4424
1100	1950	2321	2691	3062	3432	4914
1200	2150	2558	2965	3373	3781	5412
1300	2348	2793	3235	3682	4126	5904
1400	2556	3039	3522	4004	4487	6417
1500	2759	3279	3800	4319	4840	6920
(0 bis) t °C			kJ/m³ (NZ) Stadtgas II entgiftet			
t = 100 °C	658	787	916	1045	1174	1690
200	1330	1590	1849	2108	2367	3404
300	2020	2412	2804	3196	3588	5157
400	2723	3251	3778	4305	4832	6941
500	3452	4118	4784	5450	6117	8781
600	4196	5004	5811	6619	7427	10658
700	4947	5896	6846	7795	8744	12542
800	5736	6834	7933	9031	10129	14523
900	6529	7775	9023	10269	11516	16503
1000	7341	8738	10136	11534	12932	18522
1100	8165	9716	11267	12818	14370	20575
1200	9002	10709	12416	14123	15830	22658
1300	9831	11692	13544	15414	17275	24719
1400	10703	12724	14744	16764	18785	26866
1500	11553	13730	15908	18085	20262	28971
(0 bis) t °C			kWh/m³ (NZ) Stadtgas II entgiftet			
t = 100 °C	0,183	0,219	0,254	0,290	0,326	0,469
200	0,369	0,441	0,513	0,585	0,657	0,945
300	0,561	0,670	0,779	0,888	0,997	1,432
400	0,756	0,903	1,049	1,196	1,342	1,928
500	0,959	1,144	1,329	1,514	1,699	2,439
600	1,165	1,390	1,614	1,838	2,063	2,960
700	1,374	1,637	1,901	2,165	2,429	3,483
800	1,593	1,898	2,203	2,508	2,813	4,033
900	1,813	2,159	2,506	2,852	3,198	4,583
1000	2,039	2,427	2,815	3,203	3,592	5,144
1100	2,268	2,698	3,129	3,560	3,991	5,714
1200	2,500	2,974	3,448	3,922	4,396	6,293
1300	2,730	3,247	3,762	4,281	4,798	6,865
1400	2,973	3,534	4,095	4,656	5,217	7,462
1500	3,209	3,813	4,418	5,023	5,627	8,046

10.4. Feuerungstechnischer Wirkungsgrad η_f

Luftzahl der Verbrennung λ	1	1,25	1,5	1,75	2	3
	η_f (bezogen auf VG feucht)					
(0 bis) t °C	%					
t = 100 °C	95,9	95,1	94,3	93,5	92,7	89,5
200	91,7	90,1	88,5	86,8	85,2	78,8
300	87,4	85,0	82,5	80,1	77,6	67,8
400	83,0	79,7	76,4	73,1	69,9	56,7
500	78,5	74,3	70,1	66,0	61,8	45,2
600	73,8	68,8	63,7	58,7	53,7	33,5
700	69,1	63,2	57,3	51,4	45,4	21,7
800	64,2	57,4	50,5	43,6	36,8	9,4
900	59,3	51,5	43,7	35,9	28,1	–
1000	54,2	45,5	36,8	28,0	19,3	–
1100	49,1	39,4	29,7	20,0	10,3	–
1200	43,8	33,2	22,5	11,9	1,2	–
1300	38,7	27,1	15,5	3,8	–	–
1400	33,2	20,6	8,0	–	–	–
1500	27,9	14,3	0,7	–	–	–

Anmerkung: siehe Bild 60

Tabelle 85.11: Kokereigas (Modellgas Nr. 26) („klassisches" Ferngas)

11.1. Grundwerte

$$0{,}55\ H_2 + 0{,}05\ CO + 0{,}26\ CH_4 + 0{,}02\ C_3H_6 + 0{,}02\ CO_2 + 0{,}10\ N_2 + \underbrace{0{,}91\ O_2 + 3{,}4216\ N_2}_{\text{atm. Luft}} =$$

$$= 0{,}39\ CO_2 + 1{,}13\ H_2O_D + 3{,}5216\ N_2$$

$H_{o,n}$ = 4745 kcal/m³ (NZ) = 19866 kJ/m³ (NZ) = 5,5173 kWh/m³ (NZ)
$H_{u,n}$ = 4214 kcal/m³ (NZ) = 17645 kJ/m³ (NZ) = 4,9005 kWh/m³ (NZ)
ρ = 0,5014 kg/m³ (NZ)
d = 0,3877 (Luft = 1)
$\sqrt{d}$ = 0,62266

		kcal	kJ	kWh
W_o =	bezogen auf	kcal: 7620	kJ: 31905	kWh: 8,8608
W_u =	bezogen auf	kcal: 6768	kJ: 28338	kWh: 7,8702

L_{min} = 4,3316 m³/m³ Gas
$V_{min,tr}$ = 3,9116 m³/m³ Gas
$V_{min,f}$ = 5,0416 m³/m³ Gas

Verbrennungsgas (Abgas)

Luftzahl der Verbrennung		λ	1,0	1,25	1,5	1,75	2	3
Luftbedarf m³/m³ Gas		L	4,3316	5,4145	6,4974	7,5803	8,6632	12,9948
Abgasmenge m³/m³ Gas	trocken		3,9116	4,9945	6,0774	7,1603	8,2432	12,5748
	feucht		5,0416	6,1245	7,2074	8,2903	9,3732	13,7048
Abgas-Zusammensetzung Vol.-%	trocken	CO_2	9,97	7,81	6,42	5,45	4,73	3,10
	trocken	N_2	99,03	87,64	86,10	85,02	84,23	82,43
	trocken	O_2	0	4,55	7,48	9,53	11,04	14,47
	feucht	CO_2	7,74	6,37	5,41	4,70	4,16	2,85
	feucht	N_2	69,85	71,47	72,60	73,44	74,08	75,63
	feucht	O_2	0	3,71	6,31	8,23	9,70	13,27
	feucht	H_2O_D	22,41	18,45	15,68	13,63	12,06	8,25

11.2. Mittlere spezifische Wärmekapazität $\bar{c}$

Luftzahl der Verbrennung λ	1	1,25	1,5	1,75	2	3
			$\bar{c}$ VG (feucht)			
0 bis t °C			kcal/m³ VG (NZ) · K			
t = 0 °C	0,3266	0,3237	0,3216	0,3201	0,3188	0,3161
100	0,3290	0,3258	0,3236	0,3219	0,3205	0,3176
200	0,3322	0,3288	0,3264	0,3247	0,3232	0,3201
300	0,3361	0,3324	0,3297	0,3278	0,3262	0,3228
400	0,3400	0,3359	0,3332	0,3312	0,3295	0,3260
500	0,3444	0,3403	0,3374	0,3352	0,3334	0,3296
600	0,3488	0,3444	0,3413	0,3390	0,3371	0,3331
700	0,3523	0,3480	0,3450	0,3428	0,3409	0,3369
800	0,3575	0,3528	0,3495	0,3471	0,3451	0,3407
900	0,3616	0,3567	0,3533	0,3508	0,3487	0,3441
1000	0,3659	0,3608	0,3572	0,3545	0,3523	0,3476
1100	0,3699	0,3646	0,3609	0,3582	0,3559	0,3510
1200	0,3738	0,3684	0,3645	0,3617	0,3594	0,3543
1300	0,3768	0,3712	0,3672	0,3643	0,3619	0,3567
1400	0,3809	0,3749	0,3707	0,3676	0,3651	0,3595
1500	0,3837	0,3778	0,3736	0,3705	0,3680	0,3624
0 bis t °C			kJ/m³ VG (NZ) · K			
t = 0 °C	1,3675	1,3552	1,3466	1,3402	1,3346	1,3235
100	1,3773	1,3640	1,3547	1,3478	1,3418	1,3297
200	1,3909	1,3767	1,3667	1,3594	1,3530	1,3400
300	1,4072	1,3915	1,3806	1,3725	1,3657	1,3513
400	1,4225	1,4064	1,3951	1,3867	1,3797	1,3649
500	1,4420	1,4246	1,4125	1,4035	1,3960	1,3800
600	1,4602	1,4418	1,4290	1,4195	1,4116	1,3946
700	1,4752	1,4571	1,4445	1,4352	1,4273	1,4107
800	1,4966	1,4770	1,4633	1,4532	1,4447	1,4265
900	1,5139	1,4935	1,4792	1,4686	1,4598	1,4408
1000	1,5318	1,5104	1,4954	1,4844	1,4752	1,4554
1100	1,5488	1,5266	1,5111	1,4996	1,4901	1,4695
1200	1,5651	1,5423	1,5263	1,5145	1,5047	1,4835
1300	1,5776	1,5540	1,5375	1,5253	1,5153	1,4934
1400	1,5948	1,5697	1,5521	1,5391	1,5284	1,5050
1500	1,6067	1,5816	1,5642	1,5512	1,5406	1,5173
0 bis t °C			kWh/m³ VG (NZ) · K			
t = 0 °C	0,000 3798	0,000 3764	0,000 3740	0,000 3722	0,000 3707	0,000 3676
100	3825	3788	3762	3743	3727	3694
200	3863	3823	3796	3775	3758	3722
300	3908	3865	3834	3812	3794	3754
400	3951	3906	3875	3851	3833	3791
500	4005	3957	3923	3898	3878	3833
600	4055	4004	3969	3942	3921	3874
700	4097	4047	4012	3986	3965	3919
800	4157	4102	4064	4036	4013	3963
900	4205	4148	4108	4079	4055	4002
1000	4254	4195	4153	4123	4098	4043
1100	4301	4240	4197	4165	4139	4082
1200	4347	4283	4239	4206	4180	4121
1300	4381	4316	4270	4236	4209	4148
1400	4429	4359	4311	4275	4246	4181
1500	4462	4393	4344	4308	4279	4215

11.3. Enthalpie h (je m³ VG feucht aus 1 m³ Kokereigas)

Luftzahl der Verbrennung λ	1	1,25	1,5	1,75	2	3
			h VG feucht			
(0 bis) t °C			kcal/m³ (NZ) Vokereigas			
t = 100 °C	166	199	233	267	300	435
200	334	402	470	538	605	877
300	507	610	712	814	916	1326
400	684	822	959	1097	1234	1786
500	866	1040	1214	1388	1561	2257
600	1053	1263	1474	1684	1894	2737
700	1241	1490	1738	1987	2234	3230
800	1439	1726	2012	2299	2585	3733
900	1637	1963	2288	2614	2938	4242
1000	1841	2206	2571	2936	3299	4760
1100	2047	2452	2857	3262	3666	5287
1200	2257	2703	3149	3594	4038	5823
1300	2465	2950	3436	3922	4405	6350
1400	2683	3209	3735	4262	4785	6892
1500	2896	3465	4033	4602	5168	7444
(0 bis) t °C			kJ/m³ (NZ) Kokereigas			
t = 100 °C	693	834	975	1116	1256	1821
200	1400	1684	1967	2251	2534	3670
300	2124	2553	2981	3409	3836	5552
400	2863	3440	4016	4593	5167	7477
500	3628	4355	5083	5811	6535	9449
600	4408	5290	6171	7052	7930	11459
700	5196	6237	7278	8319	9355	13524
800	6024	7225	8426	9626	10822	15629
900	6856	8219	9581	10944	12301	17759
1000	7708	9235	10763	12291	13813	19931
1100	8572	10268	11964	13659	15348	22138
1200	9450	11316	13182	15049	16907	24379
1300	10319	12352	14386	16419	18444	26587
14000	11234	13437	15640	17842	20035	28855
1500	12126	14506	16887	19267	21637	31169
(0 bis) t °C			kWh/m³ (NZ) Kokereigas			
t = 100 °C	0,192	0,232	0,271	0,310	0,349	0,506
200	0,389	0,468	0,546	0,625	0,704	1,019
300	0,590	0,709	0,828	0,947	1,065	1,542
400	0,795	0,955	1,115	1,276	1,435	2,076
500	1,008	1,210	1,412	1,614	1,815	2,624
600	1,224	1,469	1,714	1,959	2,202	3,183
700	1,443	1,732	2,021	2,310	2,598	3,756
800	1,673	2,007	2,340	2,673	3,005	4,341
900	1,904	2,283	2,661	3,040	3,416	4,932
1000	2,141	2,565	2,989	3,414	3,836	5,535
1100	2,381	2,852	3,323	3,794	4,262	6,148
1200	2,625	3,143	3,661	4,178	4,695	6,771
1300	2,866	3,431	3,995	4,560	5,122	7,384
1400	3,120	3,732	4,344	4,955	5,564	8,014
1500	3,368	4,029	4,690	5,351	6,009	8,656

11.4. Feuerungstechnischer Wirkungsgrad η_f

Luftzahl der Verbrennung λ	1	1,25	1,5	1,75	2	3
	η_f (bezogen auf VG feucht)					
(0 bis) t °C						
t = 0 °C	(100)	(100)	(100)	(100)	(100)	(100)
100	96,1	95,3	94,5	93,7	92,9	89,7
200	92,1	90,5	88,9	87,2	85,6	79,2
300	88,0	85,5	83,1	80,7	78,3	68,5
400	83,8	80,5	77,2	74,0	70,7	57,6
500	79,4	75,3	71,2	67,1	63,0	45,4
600	75,0	70,0	65,0	60,0	55,1	35,1
700	70,6	64,7	58,8	52,9	47,0	23,4
800	65,9	59,1	52,2	45,4	38,7	11,4
900	61,1	53,4	45,7	38,0	30,3	–
1000	56,3	47,7	39,0	30,3	21,7	–
1100	51,4	41,8	32,2	22,6	13,0	–
1200	46,4	35,9	25,3	14,7	4,2	–
1300	41,5	30,0	18,5	6,9	–	–
1400	36,3	23,8	11,4	–	–	–
1500	31,3	17,8	4,3	–	–	–

Anmerkung: siehe Bild 61

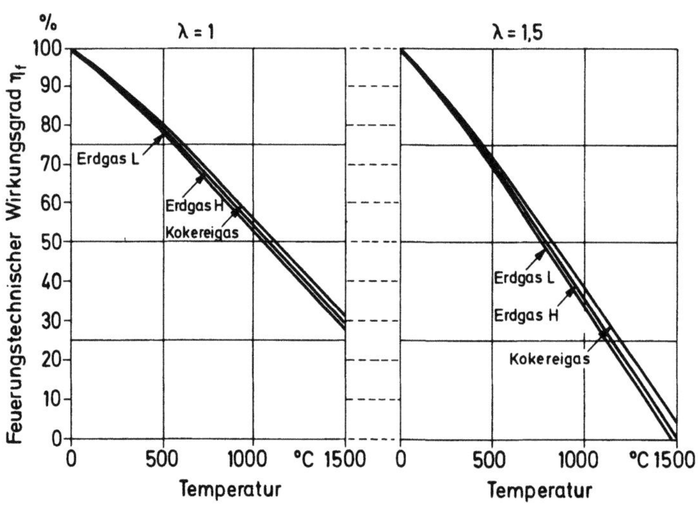

Bild 61. Feuerungstechnischer Wirkungsgrad von Kokereigas und Erdgas H bzw. L für λ = 1 und 1,5 zwischen 0 °C und 1500 °C

Tabelle 85.12: Erdgas L (Modellgas Nr. 28)

12.1. Grundwerte

$$0{,}85\ CH_4 + 0{,}01\ CO_2 + 0{,}14\ N_2 + \underbrace{1{,}7\ O_2 + 6{,}392\ N_2}_{\text{atm. Luft}} = 0{,}86\ CO_2 + 1{,}7\ H_2O_D + 6{,}532\ N_2$$

$H_{o,n}$ = 8083,5 kcal/m³ (NZ) = 33844 kJ/m³ (NZ) = 9,3994 kWh/m³ (NZ)
$H_{u,n}$ = 7284,5 kcal/m³ (NZ) = 30499 kJ/m³ (NZ) = 8,4704 kWh/m³ (NZ)
ρ = 0,8046 kg/m³ (NZ)
d = 0,6222 (Luft = 1)
$\sqrt{d}$ = 0,78882
W_o = } bezogen auf kcal: 10248 kJ: 42905 kWh: 11,9158
W_u = } bezogen auf kcal: 9235 kJ: 38664 kWh: 10,7380
L_{min} = 8,092 m³/m³ Erdgas L
$V_{min,tr}$ = 7,392 m³/m³ Erdgas L
$V_{min,f}$ = 9,092 m³/m³ Erdgas L

Verbrennungsgas (Abgas)

Luftzahl der Verbrennung λ	1	1,25	1,5	1,75	2	3
Luftbedarf m³/m³ $Erdgas_L$	8,092	10,115	12,138	14,161	16,184	24,276
Abgasmenge m³/m³ $Erdgas_L$ VG						
trocken	7,392	9,415	11,438	13,461	15,484	23,576
feucht	9,092	11,115	13,138	15,161	17,184	25,276
Abgas-Zusammensetzung Vol.-%						
trocken CO_2	11,63	9,13	7,52	6,39	5,55	3,65
trocken N_2	88,37	86,36	85,05	84,14	83,48	81,93
trocken O_2	0	4,51	7,43	9,47	10,97	14,42
feucht CO_2	9,46	7,74	6,55	5,67	5,00	3,40
feucht N_2	71,84	73,15	74,04	74,71	75,22	76,42
feucht O_2	0	3,82	6,47	8,41	9,89	13,45
feucht H_2O_D	18,70	15,29	12,94	11,21	9,89	6,73

12.2. Mittlere spezifische Wärmekapazität $\bar{c}$

Luftzahl der Verbrennung λ	1	1,25	1,5	1,75	2	3
$\bar{c}$ VG (feucht)						
0 bis t °C	kcal/m³ VG (NZ)·K					
t = 0 °C	0,3263	0,3236	0,3217	0,3203	0,3192	0,3166
100	0,3291	0,3259	0,3238	0,3222	0,3209	0,3180
200	0,3326	0,3291	0,3267	0,3249	0,3236	0,3204
300	0,3367	0,3329	0,3303	0,3284	0,3270	0,3235
400	0,3405	0,3365	0,3338	0,3318	0,3302	0,3266
500	0,3453	0,3411	0,3382	0,3360	0,3344	0,3305
600	0,3497	0,3453	0,3423	0,3400	0,3383	0,3342
700	0,3533	0,3487	0,3455	0,3431	0,3414	0,3371
800	0,3584	0,3536	0,3503	0,3478	0,3460	0,3415
900	0,3625	0,3575	0,3541	0,3515	0,3496	0,3449
1000	0,3668	0,3615	0,3579	0,3552	0,3532	0,3483
1100	0,3708	0,3654	0,3616	0,3589	0,3567	0,3517
1200	0,3746	0,3691	0,3652	0,3624	0,3602	0,3550
1300	0,3776	0,3719	0,3679	0,3650	0,3628	0,3575
1400	0,3816	0,3757	0,3716	0,3685	0,3662	0,3607
1500	0,3844	0,3783	0,3741	0,3710	0,3686	0,3630
0 bis t °C	kJ/m³ VG (NZ)·K					
t = 0 °C	1,3662	1,3547	1,3468	1,3409	1,3364	1,3257
100	1,3777	1,3646	1,3555	1,3488	1,3437	1,3315
200	1,3926	1,3780	1,3679	1,3605	1,3548	1,3413
300	1,4096	1,3939	1,3831	1,3751	1,3690	1,3544
400	1,4255	1,4089	1,3975	1,3890	1,3826	1,3672
500	1,4456	1,4279	1,4158	1,4068	1,3999	1,3836
600	1,4640	1,4457	1,4330	1,4236	1,4164	1,3994
700	1,4791	1,4598	1,4465	1,4367	1,4292	1,4113
800	1,5006	1,4804	1,4665	1,4563	1,4484	1,4298
900	1,5178	1,4969	1,4824	1,4717	1,4635	1,4440
1000	1,5355	1,5136	1,4985	1,4873	1,4788	1,4584
1100	1,5524	1,5297	1,5140	1,5024	1,4936	1,4725
1200	1,5685	1,5452	1,5290	1,5171	1,5080	1,4864
1300	1,5808	1,5569	1,5404	1,5282	1,5189	1,4967
1400	1,5977	1,5728	1,5557	1,5430	1,5333	1,5103
1500	1,6092	1,5838	1,5662	1,5533	1,5434	1,5198
0 bis t °C	kWh/m³ VG (NZ)·K					
t = 0 °C	0,000 3794	0,000 3762	0,000 3740	0,000 3724	0,000 3712	0,000 3682
100	3826	3790	3765	3746	3732	3698
200	3868	3827	3799	3778	3763	3725
300	3915	3871	3841	3819	3802	3762
400	3959	3913	3881	3858	3840	3797
500	4015	3966	3932	3907	3888	3843
600	4066	4015	3980	3954	3934	3887
700	4108	4054	4017	3990	3969	3920
800	4167	4112	4073	4044	4023	3971
900	4215	4157	4117	4087	4065	4010
1000	4265	4204	4162	4131	4107	4050
1100	4311	4248	4205	4173	4148	4090
1200	4356	4291	4247	4213	4188	4128
1300	4390	4324	4278	4244	4218	4157
1400	4437	4368	4321	4285	4259	4194
1500	4469	4399	4350	4314	4286	4221

12.3. Enthalpie h (je m³ VG feucht aus 1 m³ Erdgas L)

Luftzahl der Verbrennung λ	1	1,25	1,5	1,75	2	3
q	h VG feucht					
(0 bis) t °C	kcal/m³ (NZ) Erdgas L					
t = 100 °C	299	362	425	488	552	804
200	605	732	858	985	1112	1619
300	918	1110	1302	1494	1686	2453
400	1238	1496	1754	2012	2270	3302
500	1570	1895	2221	2547	2873	4176
600	1908	2303	2698	3093	3488	5069
700	2248	2713	3177	3642	4106	5964
800	2607	3144	3682	4219	4756	6905
900	2967	3576	4186	4796	5406	7846
1000	3335	4018	4702	5386	6069	8805
1100	3708	4467	5226	5985	6743	9779
1200	4087	4922	5758	6592	7427	10768
1300	4463	5373	6384	7194	8104	11746
1400	4857	5846	6834	7822	8811	12765
1500	5242	6307	7372	8437	9502	13762
(0 bis) t °C	kJ/m³ (NZ) Erdgas L					
t = 100 °C	1253	1517	1781	2045	2309	3366
200	2532	3063	3594	4125	4656	6780
300	3845	4648	5451	6254	7057	10270
400	5184	6264	7344	8424	9503	13823
500	6571	7936	9300	10664	12028	17486
600	7987	9641	11296	12950	14604	21223
700	9414	11358	13303	15247	17191	24970
800	10915	13164	15414	17663	19912	28911
900	12420	14974	17528	20081	22634	32849
1000	13961	16824	19687	22549	25411	36863
1100	15526	18703	21880	25056	28233	40941
1200	17113	20609	24106	27601	31097	45083
1300	18685	22496	26309	30120	33931	49180
1400	20337	24475	28614	32751	36888	53443
1500	21946	26406	30866	35323	39782	57620
(0 bis) t °C	kWh/m³ (NZ) Erdgas L					
t = 100 °C	0,348	0,421	0,495	0,568	0,641	0,935
200	0,703	0,851	0,998	1,146	1,293	1,883
300	1,068	1,291	1,514	1,737	1,960	2,852
400	1,440	1,740	2,040	2,339	2,639	3,839
500	1,825	2,204	2,583	2,962	3,341	4,856
600	2,218	2,678	3,137	3,597	4,056	5,894
700	2,614	3,154	3,695	4,235	4,775	6,935
800	3,031	3,656	4,281	4,905	5,530	8,029
900	3,449	4,159	4,868	5,577	6,286	9,123
1000	3,877	4,672	5,468	6,262	7,057	10,238
1100	4,312	5,194	6,077	6,959	7,841	11,371
1200	4,753	5,724	6,695	7,666	8,636	12,521
1300	5,189	6,248	7,307	8,365	9,424	13,659
1400	5,648	6,797	7,947	9,096	10,245	14,842
1500	6,095	7,334	8,572	9,810	11,049	16,003

12.4. Feuerungstechnischer Wirkungsgrad η_f

Luftzahl der Verbrennung λ	1	1,25	1,5	1,75	2	3
	η_f (bezogen auf VG feucht)					
(0 bis) t °C	%					
t = 0 °C	(100)	(100)	(100)	(100)	(100)	(100)
100	95,9	95,0	94,2	93,3	92,4	89,0
200	91,7	90,0	88,2	86,5	84,7	77,8
300	87,4	84,8	82,1	79,5	76,9	66,3
400	83,0	79,5	75,9	72,4	68,8	54,7
500	78,5	74,0	69,5	65,0	60,6	42,7
600	73,8	68,4	63,0	57,5	52,1	30,4
700	69,1	62,8	56,4	50,0	43,6	18,1
800	64,2	56,8	49,5	42,1	34,7	5,2
900	59,3	50,9	42,5	34,2	25,8	–
1000	54,2	44,8	35,5	26,1	16,7	–
1100	49,1	38,7	28,3	17,8	7,4	–
1200	43,9	32,4	21,0	9,5	–	–
1300	39,7	26,2	13,7	1,2	–	–
1400	33,3	19,8	6,2	–	–	–
1500	28,0	13,4	–	–	–	–

Anmerkung: siehe Bild 61

Tabelle 85.13: Erdgas H (= Erdölgas – Modellgas Nr. 29)

13.1. Grundwerte

$$0{,}90\,CH_4 + 0{,}06\,C_3H_8 + 0{,}01\,CO_2 + 0{,}03\,N_2 + \underbrace{2{,}1\,O_2 + 7{,}896\,N_2}_{\text{atm. Luft}} = 1{,}09\,CO_2 + 2{,}04\,H_2O_D + 7{,}926\,N_2$$

$H_{o,n}$ = 10009 kcal/m³ (NZ) = 41907 kJ/m³ (NZ) = 11,6387 kWh/m³ (NZ)
$H_{u,n}$ = 9048 kcal/m³ (NZ) = 37884 kJ/m³ (NZ) = 10,5213 kWh/m³ (NZ)
ρ = 0,8236 kg/m³ (NZ)
d = 0,6369 (Luft = 1)
$\sqrt{d}$ = 0,79805

W_o =	bezogen auf	kcal = 12542	kJ = 52512	kWh = 14,5839
W_u =	bezogen auf	kcal = 11338	kJ = 47470	kWh = 13,1838

L_{min} = 9,996 m³/m³ Gas
$V_{min,tr}$ = 9,016 m³/m³ Gas
$V_{min,f}$ = 11,056 m³/m³ Gas

Verbrennungsgas (Abgas)

Luftzahl der Verbrennung λ		1,0	1,25	1,50	1,75	2	3
Luftbedarf m³/m³ Gas		9,996	12,495	14,994	17,493	19,992	29,988
Abgasmenge m³/m³ Gas	trocken	9,016	11,515	14,014	16,513	19,012	29,008
	feucht	11,056	13,555	16,054	18,553	21,052	31,048
Abgas-Zusammensetzung Vol.-%							
trocken	CO_2	12,09	9,46	7,78	6,60	5,73	3,76
	N_2	87,91	85,98	84,73	83,87	83,23	81,77
	O_2	0	4,56	7,49	9,53	11,04	14,47
feucht	CO_2	9,86	8,04	6,79	5,88	5,18	3,51
	N_2	71,69	73,04	73,96	74,64	75,16	76,40
	O_2	0	3,87	6,54	8,49	9,97	13,52
	H_2O_D	18,45	15,05	12,71	10,99	9,69	6,57

13.2. Mittlere spezifische Wärmekapazität $\bar{c}$

Luftzahl der Verbrennung λ	1	1,25	1,5	1,75	2	3
			$\bar{c}$ VG (feucht)			
0 bis t °C			kcal/m³ VG (NZ)·K			
t = 0 °C	0,3265	0,3235	0,3214	0,3198	0,3187	0,3160
100	0,3293	0,3260	0,3236	0,3219	0,3206	0,3177
200	0,3330	0,3293	0,3267	0,3249	0,3234	0,3203
300	0,3371	0,3330	0,3302	0,3282	0,3266	0,3231
400	0,3409	0,3367	0,3338	0,3317	0,3300	0,3264
500	0,3458	0,3422	0,3381	0,3358	0,3340	0,3301
600	0,3502	0,3454	0,3420	0,3396	0,3378	0,3336
700	0,3538	0,3491	0,3458	0,3434	0,3416	0,3374
800	0,3590	0,3538	0,3503	0,3477	0,3457	0,3412
900	0,3631	0,3577	0,3541	0,3514	0,3493	0,3446
1000	0,3673	0,3618	0,3579	0,3551	0,3529	0,3481
1100	0,3714	0,3656	0,3616	0,3587	0,3565	0,3515
1200	0,3752	0,3693	0,3652	0,3622	0,3599	0,3548
1300	0,3782	0,3721	0,3679	0,3648	0,3624	0,3571
1400	0,3822	0,3757	0,3713	0,3680	0,3655	0,3599
1500	0,3850	0,3785	0,3741	0,3708	0,3684	0,3628
0 bis t °C			kJ/m³ VG (NZ)·K			
t = 0 °C	1,3670	1,3543	1,3455	1,3391	1,3342	1,3232
100	1,3789	1,3647	1,3550	1,3478	1,3424	1,3302
200	1,3940	1,3786	1,3680	1,3603	1,3539	1,3410
300	1,4113	1,3943	1,3825	1,3740	1,3674	1,3526
400	1,4274	1,4097	1,3975	1,3886	1,3818	1,3665
500	1,4476	1,4285	1,4154	1,4057	1,3984	1,3819
600	1,4662	1,4460	1,4321	1,4219	1,4141	1,3966
700	1,4814	1,4615	1,4477	1,4377	1,4301	1,4128
800	1,5029	1,4813	1,4665	1,4556	1,4473	1,4286
900	1,5203	1,4978	1,4823	1,4710	1,4624	1,4429
1000	1,5380	1,5146	1,4985	1,4867	1,4777	1,4574
1100	1,5549	1,5307	1,5140	1,5018	1,4925	1,4716
1200	1,5711	1,5462	1,5290	1,5165	1,5070	1,4854
1300	1,5834	1,5578	1,5401	1,5273	1,5174	1,4952
1400	1,6003	1,5731	1,5544	1,5407	1,5303	1,5067
1500	1,6118	1,5848	1,5662	1,5526	1,5423	1,5189
0 bis t °C			kWh/m³ VG (NZ)·K			
t = 0 °C	0,000 3797	0,000 3761	0,000 3737	0,000 3719	0,000 3705	0,000 3675
100	3829	3790	3763	3743	3728	3694
200	3872	3829	3799	3778	3760	3724
300	3920	3872	3840	3816	3798	3757
400	3964	3915	3881	3857	3838	3795
500	4020	3967	3931	3904	3884	3838
600	4072	4016	3977	3949	3927	3879
700	4114	4059	4021	3993	3972	3924
800	4174	4114	4073	4043	4020	3968
900	4222	4160	4117	4085	4062	4007
1000	4271	4206	4162	4129	4104	4048
1100	4319	4251	4205	4171	4145	4087
1200	4363	4294	4247	4212	4185	4125
1300	4398	4326	4277	4242	4214	4153
1400	4444	4369	4317	4279	4250	4185
1500	4476	4401	4350	4312	4283	4218

13.3. Enthalpie h (je m³ VG feucht aus 1 m³ Erdgas H)

Luftzahl der Verbrennung λ	1	1,25	1,5	1,75	2	3
			h VG feucht			
(0 bis) t °C			kcal/m³ (NZ) Erdgas H			
t = 100 °C	364	442	519	597	675	961
200	736	893	1049	1206	1362	1938
300	1118	1354	1590	1827	2063	2932
400	1508	1826	2143	2461	2779	3949
500	1911	2312	2714	3115	3516	4992
600	2323	2809	3295	3781	4266	6054
700	2738	3312	3886	4460	5033	7145
800	3175	3837	4498	5160	5822	8257
900	3613	4364	5116	5867	6618	9382
1000	4061	4904	5746	6588	7430	10529
1100	4517	5451	6386	7321	8255	11695
1200	4978	6007	7036	8064	9093	12878
1300	5436	6556	7677	8798	9919	14043
1400	5916	7130	8344	9558	10772	15240
1500	6384	7696	9008	10320	11632	16460
(0 bis) t °C			kJ/m³ (NZ) Erdgas H			
t = 100 °C	1524	1850	2175	2501	2826	4023
200	3082	3737	4392	5047	5701	8113
300	4681	5670	6659	7647	8636	12274
400	6312	7643	8974	10305	11636	16533
500	8002	9682	11361	13040	14720	20899
600	9726	11760	13794	15828	17862	25347
700	11465	13867	16269	18672	21074	29914
800	13293	16064	18834	21605	24375	34571
900	15128	18273	21418	24563	27708	39282
1000	17004	20530	24056	27582	31108	44083
1100	18911	22824	26737	30650	34563	48963
1200	20844	25150	29457	33763	38070	53917
1300	22758	27451	32143	36836	41528	58796
1400	24770	29853	34936	40019	45101	63806
1500	26730	32223	37716	43209	48702	68916
(0 bis) t °C			kWh/m³ (NZ) Erdgas H			
t = 100 °C	0,423	0,514	0,604	0,694	0,785	1,117
200	0,856	1,038	1,220	1,402	1,583	2,253
300	1,300	1,575	1,849	2,124	2,398	3,409
400	1,753	2,123	2,492	2,862	3,232	4,592
500	2,223	2,689	3,155	3,622	4,088	5,804
600	2,701	3,266	3,831	4,396	4,961	7,040
700	3,184	3,851	4,518	5,186	5,853	8,308
800	3,692	4,461	5,231	6,000	6,770	9,601
900	4,201	5,075	5,948	6,822	7,695	10,910
1000	4,723	5,702	6,681	7,660	8,640	12,243
1100	5,252	6,339	7,426	8,512	9,599	13,598
1200	5,789	6,985	8,181	9,377	10,573	14,974
1300	6,321	7,624	8,927	10,230	11,534	16,329
1400	6,879	8,291	9,703	11,114	12,526	17,721
1500	7,424	8,949	10,475	12,000	13,526	19,140

13.4. Feuerungstechnischer Wirkungsgrad η_f

Luftzahl der Verbrennung λ	1	1,25	1,5	1,75	2	3
	η_f (bezogen auf VG feucht)					
(0 bis) t °C	%					
t = 0 °C	(100)	(100)	(100)	(100)	(100)	(100)
100	96,0	95,1	94,3	93,4	92,5	89,4
200	91,9	90,1	88,4	86,7	85,0	78,6
300	87,6	85,0	82,4	79,8	77,2	67,6
400	83,3	79,8	76,3	72,8	69,3	56,4
500	78,9	74,4	70,0	65,6	61,1	44,8
600	74,3	69,0	63,6	58,2	52,8	33,1
700	69,7	63,4	57,1	50,7	44,4	21,0
800	64,9	57,6	50,3	43,0	35,7	8,7
900	60,1	51,8	43,5	35,2	26,9	–
1000	55,1	45,8	36,5	27,2	17,9	–
1100	50,1	39,8	29,4	19,1	8,8	–
1200	45,0	33,6	22,2	10,9	–	–
1300	39,9	27,5	15,2	2,8	–	–
1400	34,6	21,2	7,8	–	–	–
1500	29,4	14,9	0,4	–	–	–

Anmerkung: siehe Bild 61

Tabelle 85.14: Hochofengichtgas (Modellgas Nr. 4)

14.1. Grundwerte

$$0{,}02\,H_2 + 0{,}28\,CO + 0{,}10\,CO_2 + 0{,}60\,N_2 \underbrace{+\,0{,}15\,O_2 + 0{,}564\,N_2}_{\text{atm. Luft}} = 0{,}38\,CO_2 + 0{,}02\,H_2O_D + 1{,}164\,N_2$$

$H_{o,n}$ = 906 kcal/m³ (NZ) = 3792,9 kJ/m³ (NZ) = 1,0534 kWh/m³ (NZ)
$H_{u,n}$ = 897 kcal/m³ (NZ) = 3753,7 kJ/m³ (NZ) = 1,0425 kWh/m³ (NZ)
ρ = 1,2999 kg/m³ (NZ)
d = 1,0053 (Luft = 1)
$\sqrt{d}$ = 1,00527

		kcal	kJ	kWh
W_o =	bezogen auf	kcal: 901	kJ: 3773	kWh: 1,0479
W_u =	bezogen auf	kcal: 892	kJ: 3734	kWh: 1,0370

L_{min} = 0,714 m³/m³ Hochofengichtgas
$V_{min,tr}$ = 1,544 m³/m³ Hochofengichtgas
$V_{min,f}$ = 1,564 m³/m³ Hochofengichtgas

Verbrennungsgas VG (Abgas)

Luftzahl der Verbrennung	λ	1	1,25	1,5	1,75	2	3
Luftbedarf m³/m³ Hochofengichtgas	L	0,714	0,8925	1,071	1,2495	1,428	2,142
Abgasmenge m³/m³ Brenngas VG	trocken	1,544	1,7225	1,901	2,0795	2,258	2,972
	feucht	1,564	1,7425	1,921	2,0995	2,278	2,992
Abgas-Zusammensetzung Vol.-% trocken:	CO_2	24,61	22,06	19,99	18,27	16,83	12,79
	N_2	75,39	75,76	76,07	76,32	76,53	77,12
	O_2	0	2,18	3,94	5,41	6,64	10,09
feucht:	CO_2	24,30	21,81	19,78	18,10	16,68	12,70
	N_2	74,42	74,89	75,28	75,59	75,86	76,61
	O_2	0	2,15	3,90	5,36	6,58	10,02
	H_2O_D	1,28	1,15	1,04	0,95	0,88	0,67

14.2. Mittlere spezifische Wärmekapazität $\bar{c}$

Luftzahl der Verbrennung λ	1	1,25	1,5	1,75	2	3
			$\bar{c}$ VG (feucht)			
0 bis t °C			kcal/m³ VG (NZ) · K			
t = 0 °C	0,3293	0,3273	0,3257	0,3244	0,3233	0,3201
100	0,3354	0,3329	0,3309	0,3292	0,3278	0,3238
200	0,3416	0,3386	0,3362	0,3343	0,3326	0,3279
300	0,3475	0,3442	0,3414	0,3392	0,3373	0,3320
400	0,3527	0,3491	0,3462	0,3438	0,3418	0,3361
500	0,3589	0,3550	0,3518	0,3492	0,3471	0,3408
600	0,3641	0,3600	0,3566	0,3539	0,3515	0,3450
700	0,3683	0,3642	0,3608	0,3580	0,3557	0,3491
800	0,3738	0,3694	0,3659	0,3629	0,3604	0,3534
900	0,3783	0,3738	0,3701	0,3670	0,3644	0,3572
1000	0,3826	0,3779	0,3741	0,3709	0,3683	0,3608
1100	0,3868	0,3820	0,3781	0,3749	0,3722	0,3645
1200	0,3906	0,3857	0,3818	0,3785	0,3757	0,3679
1300	0,3936	0,3886	0,3846	0,3812	0,3784	0,3704
1400	0,3974	0,3922	0,3880	0,3845	0,3816	0,3733
1500	0,3999	0,3948	0,3907	0,3872	0,3843	0,3761
0 bis t °C			kJ/m³ VG (NZ) · K			
t = 0 °C	1,3788	1,3705	1,3637	1,3581	1,3534	1,3402
100	1,4043	1,3938	1,3853	1,3782	1,3723	1,3555
200	1,4300	1,4178	1,4078	1,3995	1,3925	1,3730
300	1,4548	1,4409	1,4295	1,4201	1,4122	1,3899
400	1,4766	1,4617	1,4496	1,4396	1,4311	1,4073
500	1,5025	1,4863	1,4731	1,4621	1,4534	1,4269
600	1,5244	1,5072	1,4932	1,4816	1,4718	1,4443
700	1,5421	1,5248	1,5108	1,4991	1,4892	1,4615
800	1,5652	1,5468	1,5318	1,5194	1,5090	1,4796
900	1,5840	1,5650	1,5495	1,5366	1,5258	1,4954
1000	1,6018	1,5823	1,5664	1,5531	1,5420	1,5107
1100	1,6197	1,5996	1,5832	1,5696	1,5582	1,5260
1200	1,6354	1,6150	1,5984	1,5846	1,5729	1,5403
1300	1,6480	1,6272	1,6102	1,5961	1,5842	1,5509
1400	1,6639	1,6422	1,6246	1,6100	1,5977	1,5631
1500	1,6744	1,6530	1,6356	1,6211	1,6089	1,5746
0 bis t °C			kWh/m³ VG (NZ) · K			
t = 0 °C	0,000 3829	0,000 3806	0,000 3787	0,000 3772	0,000 3759	0,000 3722
100	3900	3871	3847	3828	3811	3765
200	3972	3938	3910	3887	3867	3813
300	4040	4002	3970	3944	3922	3860
400	4101	4060	4026	3998	3975	3908
500	4173	4128	4091	4061	4037	3963
600	4234	4186	4147	4115	4088	4011
700	4283	4235	4196	4163	4136	4059
800	4347	4296	4254	4220	4191	4109
900	4399	4346	4303	4268	4238	4153
1000	4449	4394	4350	4313	4283	4196
1100	4498	4442	4397	4359	4327	4238
1200	4542	4485	4439	4401	4368	4278
1300	4577	4519	4472	4433	4400	4307
1400	4621	4561	4512	4471	4437	4341
1500	4650	4591	4542	4502	4468	4373

14.3. Enthalpie h (je VG feucht aus 1 m³/NZ Hochofengichtgas)

Luftzahl der Verbrennung λ	1	1,25	1,5	1,75	2	3
	h VG feucht					
(0 bis) t °C	kcal/m³ (NZ) Hochofengichtgas					
t = 100 °C	52	58	64	69	75	97
200	107	118	129	140	152	196
300	163	180	197	214	231	298
400	221	243	266	289	311	402
500	281	309	338	367	395	510
600	342	376	411	446	480	619
700	403	444	485	526	567	731
800	468	515	562	610	657	846
900	533	586	640	694	747	962
1000	598	659	719	779	839	1080
1100	666	732	799	865	933	1200
1200	733	807	880	954	1027	1321
1300	800	880	960	1040	1121	1441
1400	870	957	1044	1130	1217	1564
1500	938	1032	1126	1219	1313	1688
(0 bis) t °C	kJ/m³ (NZ) Hochofengichtgas					
t = 100 °C	220	243	266	289	313	406
200	447	494	541	588	634	822
300	683	753	824	894	965	1248
400	924	1019	1114	1209	1304	1684
500	1175	1295	1415	1535	1655	2135
600	1430	1576	1721	1866	2012	2593
700	1688	1860	2032	2203	2375	3061
800	1958	2156	2354	2552	2750	3541
900	2230	2454	2679	2904	3128	4027
1000	2305	2757	3009	3261	3513	4520
1100	2786	3066	3345	3625	3904	5023
1200	3069	3377	3685	3992	4300	5530
1300	3351	3686	4021	4356	4691	6032
1400	3643	4006	4369	4732	5095	6548
1500	3928	4321	4713	5105	5498	7067
(0 bis) t °C	kWh/m³ (NZ) Hochofengichtgas					
t = 100 °C	0,061	0,067	0,074	0,080	0,087	0,113
200	0,124	0,137	0,150	0,163	0,176	0,228
300	0,190	0,209	0,229	0,248	0,268	0,346
400	0,257	0,283	0,309	0,336	0,362	0,468
500	0,326	0,360	0,393	0,426	0,460	0,593
600	0,397	0,438	0,478	0,518	0,559	0,720
700	0,469	0,517	0,564	0,612	0,660	0,850
800	0,544	0,599	0,654	0,709	0,764	0,984
900	0,619	0,682	0,744	0,806	0,869	1,118
1000	0,696	0,766	0,836	0,906	0,976	1,255
1100	0,774	0,852	0,929	1,007	1,084	1,395
1200	0,852	0,938	1,023	1,109	1,194	1,536
1300	0,931	1,024	1,117	1,210	1,303	1,675
1400	1,012	1,113	1,213	1,314	1,415	1,818
1500	1,091	1,200	1,309	1,418	1,527	1,963

14.4. Feuerungstechnischer Wirkungsgrad η_f

Luftzahl der Verbrennung λ	1	1,25	1,5	1,75	2	3
	η_f (bezogen auf VG feucht)					
(0 bis) t °C						
t = 0 °C	(100)	(100)	(100)	(100)	(100)	(100)
100	94,1	93,5	92,9	92,3	91,7	89,2
200	88,1	86,8	85,6	84,3	83,1	78,1
300	81,8	79,9	78,1	76,2	74,3	66,8
400	75,4	72,9	70,3	67,8	65,3	55,1
500	68,7	65,5	62,3	59,1	55,9	43,1
600	61,9	58,0	54,2	50,3	46,4	30,9
700	55,0	50,5	45,9	41,3	36,7	18,5
800	47,8	42,5	37,3	32,0	26,7	5,7
900	40,6	34,6	28,6	22,6	16,7	–
1000	33,3	26,5	19,8	13,1	6,4	–
1100	25,8	18,3	10,9	3,4	–	–
1200	18,2	10,0	1,8	–	–	–
1300	10,7	1,8	–	–	–	–
1400	2,9	–	–	–	–	–
1500	–	–	–	–	–	–

Anmerkung: 1) siehe Bild 62

2) *F. Schuster*, gwf-Arbeitsblatt Nr. 59 (Nov. 1974): Mittlere spezifische Wärmekapazität der Verbrennungsgase von Vergasungsgasen (u. a. Grundwerte von Hochofengichtgas sowie $\bar{c}$ bezogen auf kcal).

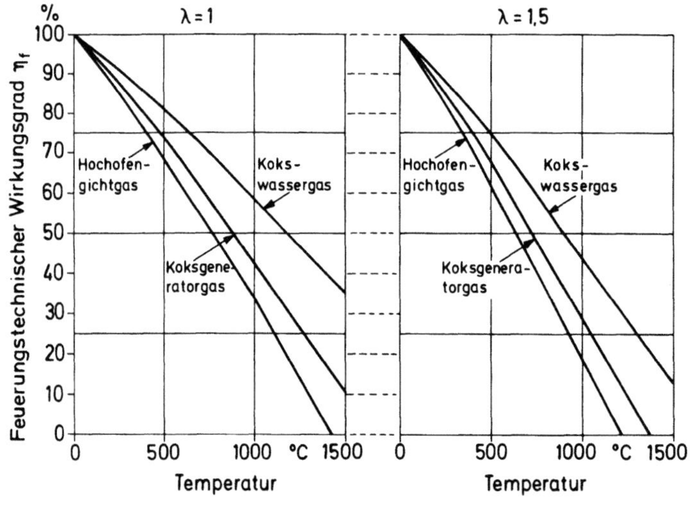

Bild 62. Feuerungstechnischer Wirkungsgrad von technischen Vergasungsgasen für λ = 1 und 1,5 zwischen 0 °C und 1500 °C

Tabelle 85.15: Koksgeneratorgas (Modellgas Nr. 5)

15.1. Grundwerte

$$0{,}12\,H_2 + 0{,}28\,CO + 0{,}05\,CO_2 + 0{,}55\,N_2 + \underbrace{0{,}2\,O_2 + 0{,}752\,N_2}_{\text{atm. Luft}} = 0{,}33\,CO_2 + 0{,}12\,H_2O_D + 1{,}302\,N_2$$

$H_{o,n}$ = 1210 kcal/m³ (NZ) = 5067,4 kJ/m³ (NZ) = 1,4073 kWh/m³ (NZ)
$H_{u,n}$ = 1154 kcal/m³ (NZ) = 4832,2 kJ/m³ (NZ) = 1,3420 kWh/m³ (NZ)
ρ = 1,1477 kg/m³ (NZ)
d = 0,8876 (Luft = 1)
$\sqrt{d}$ = 0,94212

		kcal	kJ	kWh
W_o =	bezogen auf	1285	5379	1,4938
W_u =	bezogen auf	1225	5129	1,4244

L_{min} = 0,952 m³/m³ Koksgeneratorgas
$V_{min,tr}$ = 1,632 m³/m³ Koksgeneratorgas
$V_{min,f}$ = 1,752 m³/m³ Koksgeneratorgas

Verbrennungsgas VG (Abgas)

Luftzahl der Verbrennung	λ	1	1,25	1,5	1,75	2	3
Luftbedarf m³/m³ Koksgeneratorgas	L	0,952	1,19	1,428	1,666	1,904	2,856
Abgasmenge m³/m³ Koksgeneratorgas VG	trocken	1,632	1,870	2,108	2,346	2,584	3,536
	feucht	1,752	1,990	2,228	2,466	2,704	3,656
Abgas-Zusammensetzung Vol.-% trocken:	CO_2	20,2	17,65	15,65	14,07	12,77	9,33
	N_2	79,8	79,68	79,61	79,54	79,49	79,36
	O_2	0	2,67	4,74	6,39	7,74	11,31
feucht:	CO_2	18,84	16,58	14,81	13,38	12,20	9,03
	N_2	74,31	74,88	75,31	75,67	75,97	76,75
	O_2	0	2,51	4,49	6,08	7,39	10,94
	H_2O_D	6,85	6,03	5,39	4,87	4,44	3,28

15.2. Mittlere spezifische Wärmekapazität $\bar{c}$

Luftzahl der Verbrennung λ	1	1,25	1,5	1,75	2	3
			$\bar{c}$ VG (feucht)			
0 bis t °C			kcal/m³ VG (NZ) · K			
t = 0 °C	0,3278	0,3257	0,3240	0,3227	0,3216	0,3185
100	0,3327	0,3301	0,3280	0,3264	0,3250	0,3214
200	0,3378	0,3349	0,3325	0,3306	0,3291	0,3249
300	0,3434	0,3397	0,3371	0,3349	0,3332	0,3284
400	0,3477	0,3442	0,3414	0,3391	0,3373	0,3322
500	0,3534	0,3494	0,3465	0,3440	0,3420	0,3365
600	0,3583	0,3542	0,3509	0,3483	0,3462	0,3404
700	0,3622	0,3581	0,3549	0,3523	0,3502	0,3444
800	0,3676	0,3632	0,3598	0,3570	0,3547	0,3485
900	0,3719	0,3674	0,3628	0,3609	0,3586	0,3522
1000	0,3761	0,3714	0,3678	0,3648	0,3623	0,3557
1100	0,3803	0,3755	0,3717	0,3686	0,3661	0,3593
1200	0,3840	0,3791	0,3753	0,3722	0,3696	0,3627
1300	0,3870	0,3820	0,3780	0,3748	0,3722	0,3651
1400	0,3908	0,3856	0,3815	0,3781	0,3754	0,3679
1500	0,3934	0,3882	0,3841	0,3808	0,3781	0,3708
0 bis t °C			kJ/m³ VG (NZ) · K			
t = 0 °C	1,3726	1,3636	1,3566	1,3510	1,3463	1,3337
100	1,3929	1,3820	1,3735	1,3666	1,3609	1,3456
200	1,4145	1,4020	1,3923	1,3844	1,3779	1,3604
300	1,4376	1,4223	1,4112	1,4023	1,3950	1,3751
400	1,4558	1,4409	1,4292	1,4198	1,4120	1,3910
500	1,4795	1,4631	1,4505	1,4402	1,4318	1,4089
600	1,5000	1,4828	1,4693	1,4585	1,4495	1,4253
700	1,5166	1,4995	1,4860	1,4751	1,4661	1,4420
800	1,5390	1,5206	1,5062	1,4946	1,4850	1,4592
900	1,5571	1,5381	1,5190	1,5112	1,5012	1,4744
1000	1,5748	1,5552	1,5398	1,5273	1,5171	1,4894
1100	1,5921	1,5719	1,5561	1,5433	1,5328	1,5043
1200	1,6079	1,5873	1,5712	1,5581	1,5474	1,5184
1300	1,6203	1,5993	1,5827	1,5694	1,5584	1,5287
1400	1,6364	1,6144	1,5972	1,5832	1,5717	1,5404
1500	1,6472	1,6254	1,6083	1,5945	1,5832	1,5525
0 bis t °C			kWh/m³ VG (NZ) · K			
t = 0 °C	0,000 3812	0,000 3787	0,000 3768	0,000 3752	0,000 3739	0,000 3704
100	3868	3838	3814	3795	3780	3737
200	3928	3894	3867	3845	3827	3778
300	3993	3950	3919	3895	3874	3819
400	4043	4002	3969	3943	3922	3863
500	4109	4063	4029	4000	3976	3913
600	4166	4118	4081	4051	4026	3958
700	4212	4164	4127	4097	4072	4005
800	4274	4223	4183	4151	4124	4053
900	4325	4272	4219	4197	4169	4095
1000	4374	4319	4276	4242	4213	4137
1100	4422	4366	4322	4286	4257	4178
1200	4466	4409	4364	4327	4298	4217
1300	4500	4442	4396	4359	4328	4246
1400	4545	4484	4436	4397	4365	4278
1500	4575	4514	4467	4428	4397	4312

15.3. Enthalpie h (je VG feucht aus 1 m³/NZ Koksgeneratorgas)

Luftzahl der Verbrennung λ	1	1,25	1,5	1,75	2	3
h VG feucht						
(0 bis) t °C	kcal/m³ (NZ) Koksgeneratorgas					
t = 100 °C	58	66	73	80	88	117
200	118	133	148	163	178	238
300	180	203	225	248	270	360
400	244	274	304	334	365	486
500	310	348	386	424	462	615
600	377	423	469	515	562	747
700	444	499	554	608	663	881
800	515	578	641	704	767	1019
900	586	658	727	801	873	1159
1000	659	739	819	900	980	1301
1100	733	822	911	1000	1089	1445
1200	807	905	1003	1101	1199	1591
1300	881	988	1095	1202	1308	1735
1400	959	1074	1190	1306	1421	1883
1500	1034	1159	1284	1409	1534	2034
(0 bis) t °C	kJ/m³ (NZ) Koksgeneratorgas					
t = 100 °C	244	275	306	337	368	492
200	496	558	620	683	745	995
300	756	849	943	1037	1132	1508
400	1020	1147	1274	1400	1527	2034
500	1296	1456	1616	1776	1936	2575
600	1577	1771	1964	2158	2352	3126
700	1860	2089	2318	2546	2775	3690
800	2157	2421	2685	2949	3212	4268
900	2455	2755	3046	3354	3653	4852
1000	2759	3095	3431	3766	4102	5445
1100	3068	3441	3814	4186	4559	6050
1200	3380	3791	4201	4611	5021	6662
1300	3690	4137	4584	5031	5478	7266
1400	4014	4498	4982	5466	5950	7884
1500	4329	4852	5375	5898	6421	8514
(0 bis) t °C	kWh/m³ (NZ) Koksgeneratorgas					
t = 100 °C	0,068	0,076	0,085	0,094	0,102	0,137
200	0,138	0,155	0,172	0,190	0,207	0,276
300	0,210	0,236	0,262	0,288	0,314	0,419
400	0,283	0,319	0,354	0,389	0,424	0,565
500	0,360	0,404	0,449	0,493	0,538	0,715
600	0,438	0,492	0,546	0,599	0,653	0,868
700	0,517	0,580	0,644	0,707	0,770	1,025
800	0,599	0,672	0,746	0,819	0,892	1,185
900	0,682	0,765	0,846	0,931	1,015	1,347
1000	0,766	0,860	0,953	1,046	1,139	1,512
1100	0,852	0,956	1,059	1,163	1,266	1,680
1200	0,939	1,053	1,167	1,281	1,394	1,850
1300	1,025	1,149	1,273	1,397	1,521	2,018
1400	1,115	1,249	1,384	1,518	1,652	2,190
1500	1,202	1,348	1,493	1,638	1,783	2,365

15.4. Feuerungstechnischer Wirkungsgrad η_f

Luftzahl der Verbrennung λ	1	1,25	1,5	1,75	2	3
	η_f (bezogen auf VG feucht)					
(0 bis) t °C						
t = 0 °C	(100)	(100)	(100)	(100)	(100)	(100)
100	95,0	94,3	93,7	93,0	92,4	89,8
200	89,7	88,5	87,2	85,9	84,6	79,4
300	84,4	82,4	80,5	78,5	76,6	68,8
400	78,9	76,3	73,6	71,0	68,4	57,9
500	73,2	69,9	66,6	63,3	59,9	46,7
600	67,4	63,4	59,4	55,3	51,3	35,3
700	61,5	56,8	52,0	47,3	42,6	23,6
800	55,4	49,9	44,4	39,0	33,5	11,7
900	49,2	43,0	37,0	30,6	24,4	–
1000	42,9	36,0	29,0	22,1	15,1	–
1100	36,5	28,8	21,1	13,4	5,7	–
1200	30,0	21,6	13,1	4,6	–	–
1300	23,6	14,4	5,1	–	–	–
1400	16,9	6,9	–	–	–	–
1500	10,4	–	–	–	–	–

Anmerkung: 1) siehe Bild 62
2) siehe ferner *F. Schuster*, gwf-Arbeitsblatt Nr. 59 (Nov. 1974): Mittlere spezifische Wärmekapazität der Verbrennungsgase von Vergasungsgasen. (u. a. Grundwerte von Koksgeneratorgas sowie $\bar{c}$ bezogen auf kcal).

Tabelle 85.16: Kokswassergas (Modellgas Nr. 8)

16.1. Grundwerte

$$0{,}5\,H_2 + 0{,}4\,CO + 0{,}05\,CO_2 + 0{,}05\,N_2 + \underbrace{0{,}45\,O_2 + 1{,}692\,N_2}_{\text{atm. Luft}} = 0{,}45\,CO_2 + 0{,}5\,H_2O_D + 1{,}742\,N_2$$

$H_{o,n}$ = 2729 kcal/m³ (NZ) = 11426,6 kJ/m³ (NZ) = 3,1735 kWh/m³ (NZ)
$H_{u,n}$ = 2495 kcal/m³ (NZ) = 10446,9 kJ/m³ (NZ) = 2,9014 kWh/m³ (NZ)
ρ = 0,7066 kg/m³ (NZ)
d = 0,5464 (Luft = 1)
$\sqrt{d}$ = 0,73920

		kcal	kJ	kWh
W_o =	bezogen auf	kcal: 3692	kJ: 15458	kWh: 4,2931
W_u =	bezogen auf	kcal: 3376	kJ: 14133	kWh: 3,9250

L_{min} = 2,142 m³/m³ Kokswassergas
$V_{min,tr}$ = 2,192 m³/m³ Kokswassergas
$V_{min,f}$ = 2,692 m³/m³ Kokswassergas

Verbrennungsgas VG (Abgas)

Luftzahl der Verbrennung	λ	1	1,25	1,5	1,75	2	3
Luftbedarf m³/m³ Wassergas	L	2,142	2,6775	3,213	3,7485	4,284	6,426
Abgasmenge m³/m³ Wassergas							
VG	trocken	2,192	2,7275	3,263	3,7985	4,334	6,476
VG	feucht	2,692	3,2275	3,763	4,2985	4,834	6,976
Abgas-Zusammensetzung Vol.-%							
trocken:	CO_2	20,53	16,50	13,79	11,85	10,38	6,95
	N_2	79,47	79,38	79,32	79,27	79,24	79,16
	O_2	0	4,12	6,89	8,88	10,38	13,89
feucht:	CO_2	16,72	13,94	11,96	10,47	9,31	6,45
	N_2	64,71	67,09	68,77	70,05	71,04	73,48
	O_2	0	3,48	5,98	7,85	9,31	12,90
	H_2O_D	18,57	15,49	13,29	11,63	10,34	7,17

16.2. Mittlere spezifische Wärmekapazität $\bar{c}$

Luftzahl der Verbrennung λ	1	1,25	1,5	1,75	2	3
			$\bar{c}$ VG (feucht)			
0 bis t °C			kcal/m³ VG (NZ) · K			
t = 0 °C	0,3316	0,3280	0,3254	0,3235	0,3220	0,3183
100	0,3361	0,3319	0,3290	0,3267	0,3250	0,3207
200	0,3412	0,3365	0,3332	0,3306	0,3287	0,3238
300	0,3464	0,3412	0,3375	0,3347	0,3325	0,3271
400	0,3511	0,3456	0,3417	0,3388	0,3365	0,3308
500	0,3569	0,3509	0,3467	0,3435	0,3410	0,3348
600	0,3619	0,3556	0,3511	0,3478	0,3451	0,3386
700	0,3662	0,3598	0,3553	0,3519	0,3493	0,3427
800	0,3717	0,3650	0,3601	0,3565	0,3537	0,3467
900	0,3763	0,3693	0,3643	0,3605	0,3576	0,3503
1000	0,3809	0,3736	0,3684	0,3645	0,3614	0,3539
1100	0,3853	0,3778	0,3724	0,3684	0,3652	0,3575
1200	0,3893	0,3816	0,3761	0,3720	0,3688	0,3609
1300	0,3926	0,3847	0,3790	0,3748	0,3715	0,3634
1400	0,3968	0,3885	0,3826	0,3782	0,3747	0,3662
1500	0,3997	0,3914	0,3856	0,3811	0,3777	0,3692
0 bis t °C			kJ/m³ VG (NZ) · K			
t = 0 °C	1,3882	1,3732	1,3625	1,3544	1,3482	1,3327
100	1,4072	1,3898	1,3773	1,3679	1,3606	1,3427
200	1,4284	1,4089	1,3949	1,3844	1,3762	1,3556
300	1,4504	1,4285	1,4129	1,4012	1,3921	1,3696
400	1,4702	1,4471	1,4307	1,4183	1,4087	1,3849
500	1,4942	1,4692	1,4514	1,4380	1,4276	1,4019
600	1,5153	1,4890	1,4701	1,4560	1,4450	1,4178
700	1,5331	1,5066	1,4876	1,4734	1,4623	1,4350
800	1,5564	1,5281	1,5079	1,4927	1,4808	1,4517
900	1,5755	1,5461	1,5251	1,5094	1,4970	1,4667
1000	1,5947	1,5642	1,5424	1,5260	1,5133	1,4818
1100	1,6131	1,5816	1,5591	1,5422	1,5291	1,4967
1200	1,6301	1,5979	1,5748	1,5576	1,5441	1,5109
1300	1,6436	1,6105	1,5869	1,5691	1,5553	1,5213
1400	1,6613	1,6267	1,6020	1,5834	1,5689	1,5333
1500	1,6734	1,6389	1,6142	1,5957	1,5812	1,5457
0 bis t °C			kWh/m³ VG (NZ) · K			
t = 0 °C	0,000 3855	0,000 3814	0,000 3784	0,000 3762	0,000 3744	0,000 3701
100	3908	3860	3825	3799	3779	3729
200	3967	3913	3874	3845	3822	3765
300	4028	3967	3924	3892	3866	3804
400	4083	4019	3973	3939	3912	3846
500	4150	4080	4031	3994	3965	3894
600	4209	4135	4083	4044	4013	3938
700	4258	4184	4132	4092	4061	3985
800	4323	4244	4188	4146	4113	4032
900	4376	4294	4236	4192	4158	4074
1000	4429	4344	4284	4238	4203	4116
1100	4480	4393	4330	4283	4247	4157
1200	4527	4438	4374	4326	4288	4196
1300	4565	4473	4407	4358	4320	4225
1400	4614	4518	4449	4398	4357	4258
1500	4648	4552	4483	4432	4392	4293

16.3. Enthalpie h (je VG feucht aus 1 m^3/NZ Kokswassergas)

Luftzahl der Verbrennung λ	1	1,25	1,5	1,75	2	3
h VG feucht						
(0 bis) t °C	kcal/m^3 (NZ) Kokswassergas					
t = 100 °C	90	107	124	140	157	224
200	184	217	251	284	318	452
300	280	330	381	432	482	685
400	378	446	514	582	651	923
500	480	566	652	738	824	1168
600	585	689	793	897	1001	1417
700	690	813	936	1059	1182	1674
800	801	942	1084	1226	1368	1935
900	917	1073	1234	1395	1556	2199
1000	1025	1206	1386	1567	1747	2469
1100	1141	1341	1541	1742	1942	2743
1200	1258	1478	1699	1919	2139	3021
1300	1374	1614	1854	2094	2334	3295
1400	1495	1756	2016	2276	2536	3576
1500	1614	1895	2176	2457	2739	3863
(0 bis) t °C	kJ/m^3 (NZ) Kokswassergas					
t = 100 °C	244	275	306	337	368	492
200	496	558	620	683	745	995
300	756	849	943	1037	1132	1508
400	1020	1147	1274	1400	1527	2034
500	1296	1456	1616	1776	1936	2575
600	1577	1771	1964	2158	2352	3126
700	1860	2089	2318	2546	2775	3690
800	2157	2421	2685	2949	3212	4268
900	2455	2755	3046	3354	3653	4852
1000	2759	3095	3431	3766	4102	5445
1100	3068	3441	3814	4186	4559	6050
1200	3380	3791	4201	4611	5021	6662
1300	3690	4137	4584	5031	5478	7266
1400	4014	4498	4982	5466	5950	7884
1500	4329	4852	5375	5898	6421	8514
(0 bis) t °C	kWh/m^3 (NZ) Kokswassergas					
t = 100 °C	0,105	0,125	0,144	0,163	0,183	0,260
200	0,214	0,253	0,292	0,331	0,370	0,525
300	0,325	0,384	0,443	0,502	0,561	0,796
400	0,440	0,519	0,598	0,677	0,756	1,073
500	0,559	0,658	0,758	0,858	0,958	1,358
600	0,680	0,801	0,922	1,043	1,164	1,648
700	0,802	0,945	1,088	1,231	1,374	1,946
800	0,931	1,096	1,261	1,426	1,590	2,250
900	1,060	1,247	1,434	1,622	1,809	2,558
1000	1,192	1,402	1,612	1,822	2,031	2,871
1100	1,327	1,559	1,792	2,025	2,258	3,190
1200	1,462	1,719	1,975	2,231	2,488	3,513
1300	1,597	1,877	2,156	2,435	2,715	3,832
1400	1,739	2,041	2,344	2,646	2,949	4,159
1500	1,877	2,204	2,531	2,857	3,184	4,492

16.4. Feuerungstechnischer Wirkungsgrad η_f

Luftzahl der Verbrennung λ	1	1,25	1,5	1,75	2	3
	η_f (bezogen auf VG feucht)					
((0 bis) t °C	%					
t = 0 °C	(100)	(100)	(100)	(100)	(100)	(100)
100	96,4	95,7	95,0	94,4	93,7	91,0
200	92,6	91,3	90,0	88,6	87,3	81,9
300	88,8	86,8	84,7	82,7	80,7	72,6
400	84,8	82,1	79,4	76,7	73,9	63,0
500	80,7	77,3	73,9	70,4	67,0	53,2
600	76,6	72,4	68,2	64,1	59,9	43,2
700	72,3	67,4	62,5	57,6	52,6	32,9
800	67,9	62,2	56,5	50,9	45,2	22,5
900	63,5	57,0	50,6	44,1	37,7	11,9
1000	58,9	51,7	44,4	37,2	30,0	1,0
1100	54,3	46,3	38,2	30,2	22,2	–
1200	49,6	40,8	31,9	23,1	14,3	–
1300	44,9	35,3	25,7	16,1	6,4	–
1400	40,1	29,6	19,2	8,8	–	–
1500	35,3	24,1	12,8	1,5	–	–

Anmerkung: 1) siehe Bild 62
2) siehe ferner *F. Schuster*, gwf-Arbeitsblatt 59 (Nov. 1974): Mittlere spezifische Wärmekapazität der Verbrennungsgase von Vergasungsgasen. (u. a. Grundwerte von Kokswassergas sowie $\bar{c}$ bezogen auf kcal).

Verbrennungstemperatur

Unter der theoretischen Verbrennungstemperatur, nicht ganz korrekt auch als Flammentemperatur bezeichnet, versteht man jene Temperatur, die sich in den Verbrennungsgasen als Mittelwert einstellen würde, wenn die gesamte bei der Verbrennung frei werdende Wärme adiabatisch auf die Verbrennungsgase überginge. Die Grundgleichung *ohne* Vorwärmung von Gas und/oder Luft lautet:

$$t_v = \frac{H_{u,n}}{VG_f \cdot \bar{c}_{t_v} \cdot K} \ {}^\circ C \qquad (185)$$

t_v Verbrennungstemperatur in °C

VG_f Verbrennungsgas-(Abgas-)-Menge feucht in Mengeneinheiten (kmol, kg, m^3/NZ) je Mengeneinheit Brenngas bzw. allgemein Brennstoff

$H_{u,n}$ Heizwert des Brennstoffs in Energieeinheiten (kcal, kJ, kWh) je Mengeneinheit (kmol, kg, m^3/NZ) Brenngas bzw. allgemein Brennstoff

$\bar{c}_{t_v}$ mittlere spezifische Wärmekapazität der VG feucht zwischen 0 und t_v °C in Energie-Einheiten (kcal, kJ, kWh) je Mengeneinheit (kmol, kg, m^3/NZ) · K

K Temperatur-Gradeinheit Kelvin

Bei *Vorwärmung* des Brennstoffs und/oder der Verbrennungsluft ist die dadurch eingebrachte Wärmemenge dem Heizwert in Gl. (185) zuzuzählen.

Die praktische Auswertung der Gleichung (185) ist erschwert, weil 1. die $\bar{c}$-Werte temperaturabhängig sind und 2. CO_2 und H_2O_D der Verbrennungsgase ab etwa 1500 °C dissoziieren:

$$2\,CO_2 \rightleftharpoons 2\,CO + O_2 \qquad (186)$$

$$2\,H_2O_D \rightleftharpoons 2\,H_2 + O_2 \qquad (187)$$

Es gibt verschiedene Methoden der rechnerischen Auswertung – siehe die folgenden Literaturangaben:

W. Gumz (*L. Hardt*), Kurzes Handbuch der Brennstoff- und Feuerungstechnik. 3. Aufl., S. 371 ff., Springer-Verlag, Berlin/Göttingen/Heidelberg 1962.

F. Schuster, Verbrennungslehre. S. 245 ff., R. Oldenbourg-Verlag, München/Wien 1970.

Tabelle 86: Verbrennungstemperaturen mit Luft für stöchiometrische (Gas + Luft-Gemische) mit Berücksichtigung der Dissoziation

Gas	Lit. 1)	Lit. 2)
H_2	2086 °C	2180 °C
CO	2123	2150
CH_4	1922	1950
C_2H_6	1956	2000
C_3H_8	1964	2040
n-C_4H_{10}	1968	2060
i-C_4H_{10}	1965	–
C_2H_4	2070	2140
C_3H_6	2034	2090
n-C_4H_8	2022	–
i-C_4H_8	2015	–
C_2H_2	2246	–
C_6H_6	2047	–

1) *Aide-Mémorie de l'Industrie du Gaz.* 3. Aufl., Paris 1972. S. 253 (Methode *Ribaud*).

2) *W. Sackmann,* GWI-Arbeitsblatt Nr. 71 (Nov. 1959): Theoretische Verbrennungstemperaturen einiger Brenngase mit Luft unter Berücksichtigung der Dissertion (Methode *H. Schöberl,* Gaswärme 6 (1957), S. 351/358).
(Inhalt: λ = 1, 0 = stöchiometrisch und λ = 1, 3 – Außer Einzelgasen auch technische Brenngase: Hochofengichtgas, Koksgeneratorgas, Kokswassergas, Kokereigas, Stadtgas I und II). Siehe auch: Literatur *W. Sackmann,* Tabelle 87.

Anmerkung: Stöchiometrische Zusammensetzung bei Luft (und O_2) als Verbrennungspartner siehe Tabelle 74, S. 147.

Anhang. CO: 20,0 Vol.-% Gas: t_V = 1650 ± 10 °C Meßtemperatur

CO (Vol.-%)	t_V
20,0	1650 ± 10 °C
25,0	1930 ± 10
32,0	2100 ± 10
37,0	2000 ± 10
45,0	1850 ± 10
55,0	1560 ± 10

Tabelle 87: Wirkliche Verbrennungstemperaturen einiger Einzelgase mit Sauerstoff bei 1 atm nach der Linienumkehrmethode

Gas	Gas-Konz. Vol.-%	Meßwerte	
H_2	67	2487 °C	
	73	2527	
	78	2660	
	82	2427	
CO	20	1850 ± 10 °C	± 10 je nach Feuchtigkeitsgehalt
	30	2400 ± 10	
	40	2680 ± 10	
	60	2905 ± 10	
	70	2925 ± 10	
	80	2805 ± 10	
CH_4	stöch.	2737 °C	
C_3H_8		2776	
C_2H_2	18,0	2927	
	stöch.	–	
	33,0	3007	
	44,0	3137	
	50,0	2927	

Quelle: *W. Sackmann,* GWI-Arbeitsblatt Nr. 98 (Febr. 1962): Wie Titel der Tabelle.

Anmerkung: Stöchiometrische Zusammensetzung bei (Luft und) O_2 als Verbrennungspartner siehe Tabelle 74, S. 147.

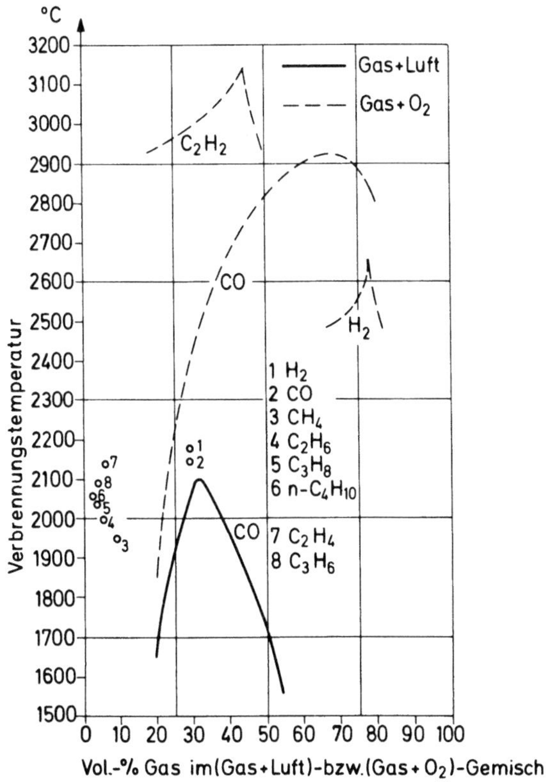

Bild 63

Verbrennungstemperaturen verschiedener Einzelbrenngase bei Verbrennung mit Luft oder Sauerstoff

I. Sondereigenschaften

1. Transporteigenschaften von Gasen

Nach *W. Gumz* sind im Titelbegriff dieses Abschnitts alle jene Gaseigenschaften zusammengefaßt, die von gaskinetischen Bewegungsvorgängen bestimmt werden. (*W. Gumz/L. Hardt,* Kurzes Handbuch der Brennstoff- und Feuerungstechnik. 3. Aufl., S. 33. Springer-Verlag, Berlin/Göttingen/Heidelberg 1962). Es handelt sich um

Diffusion (Selbstdiffusion und Diffusion von Gasen ineinander bei Gasgemischen).
Viskosität oder Zähigkeit (dynamische und kinematische Gasviskosität).
Wärmeleitfähigkeit.

Die *Dimensionen* dieser Größen sind (siehe z. B. *U. Stille,* Messen und Rechnen in der Physik. S. 330 und 341. Friedr. Vieweg & Sohn, Braunschweig 1955) bei folgenden Kurzzeichen bzw. Symbolen:

Länge	L
Masse	M
Zeit	Z
Temperatur	Θ

Diffusion = D $\left(\frac{L^2}{Z}\right)$

dynamische Viskosität = η $\left(\frac{M}{L \cdot Z}\right)$

kinematische Viskosität = γ $\left(\frac{L^2}{Z}\right)$

Wärmeleitfähigkeit = λ $\left(\frac{L \cdot M}{Z^3 \cdot \Theta}\right)$

Die Einheit der *dynamischen* Viskosität war bisher das *Poise* (nach *J. L. Poiseuille,* 1799 bis 1869):

1 Poise = $0{,}1 \frac{N \cdot s}{m^2}$ (N SI-Einheit nach *I. Newton,* 1642 bis 1727)

Die Einheit der *kinematischen* Viskosität war bisher das *Stokes* (nach *G. G. Stokes,* 1819 bis 1903):

1 Stokes = $10^{-4} \cdot \frac{m^2}{s}$ (nach SI-Einheiten)

Die dynamische Viskosität η für wichtige Einzelgase ist in Tabelle 88 in Abhängigkeit von der Temperatur bei 1 atm zusammengestellt.

Tabelle 88: Dynamische Viskosität von Einzelgasen in Poise^{-3}

	– 200 °C	– 100 °C	0 °C	100 °C	200 °C	300 °C	400 °C	600 °C	800 °C
H_2	0,033	0,061	0,0835	0,1034	0,1214	0,1381	0,1535	0,1825	0,2102
CO	–	0,112	0,166	0,210	0,247	0,279	–	–	–
CH_4	–	–	0,102	0,133	0,161	0,186	–	–	–
C_2H_6	–	–	0,086	0,115	0,142	–	–	–	–
C_3H_8	–	–	0,075	0,101	0,125	0,144	–	–	–
C_4H_{10}	–	–	0,069	0,095	–	–	–	–	–
C_2H_4	–	–	0,094	0,126	0,154	–	–	–	–
C_3H_6	–	–	0,078	0,107	–	–	–	–	–
C_2H_2	–	–	0,096	0,126	–	–	–	–	–
C_6H_6	—	—	0,068	–	0,121	0,147	–	–	–
Inerte									
N_2	–	–	0,165	0,208	0,246	0,280	0,311	0,366	0,413
CO_2	–	–	0,137	0,1828	0,2250	0,2645	0,2988	0,3602	0,4135
O_2	–	–	0,192	0,244	0,290	–	0,369	0,435	0,493

Quelle: *D'Ans-Lax,* Taschenbuch für Chemiker und Physiker. 3. Aufl., 1. Bd. (*E. Lax* und *Cl. Synowietz*): Makroskopische physikalisch-chemische Eigenschaften. S. 1423 ff. (weiterer Inhalt: dynamische Viskosität von binären Gasgemischen, wie z. B. $H_2 + CH_4$, $CO + N_2$, $CO_2 + H_2$, $C_2H_4 + N_2$, $H_2 + O_2$ usw. – ferner η bei hohen Drücken von CH_4, C_3H_8, n- und i-C_4H_{10}: bis S. 1436). Springer-Verlag, Berlin/Heidelberg/New York 1967.

Anmerkung: Siehe *H. D. Baehr,* Physikalische Größen und ihre Einheiten. S. 92 und S. 108. Bertelsmann Universitätsverlag, Düsseldorf 1974.

dynamische Viskosität
bisherige Einheit *Poise* (P)

SI-Einheit: $1\ \text{P} = 0{,}1\ \text{Pa}\cdot\text{s}$ (Pascal-Sekunde) $= 0{,}1\ \frac{\text{kg}}{\text{s}\cdot\text{m}}$

$1\ \text{Pa} = 10^{-2}\ \text{mbar}$

$1\ \text{Pa}\cdot\text{s} = 10^{-2}\ \text{mbar}\cdot\text{s} = 1\ \frac{\text{kg}}{\text{s}\cdot\text{m}}$

kinematische Viskosität $= \frac{\text{P}}{\text{Dichte}}$

bisherige Einheit *Stokes* (St)

SI-Einheit: $0{,}1\ \text{Pa}\cdot\text{s}\cdot\frac{\text{m}^3}{\text{kg}} = 0{,}1\ \frac{\text{kg}}{\text{s}\cdot\text{m}}\cdot\frac{\text{m}^3}{\text{kg}} = 10^{-1}\cdot\frac{\text{m}^2}{\text{s}}$

$1\ \text{St} = 10^{-4}\cdot\frac{\text{m}^2}{\text{s}}$

J. L. Poiseulle, 1623–1662
B. Pascal, 1799–1867
G. G. Stokes, 1819–1903

Kompressibilitätskoeffizient

Die spezifische Wärmekapazität ($\bar{c}$) wird in der technischen Praxis in der Regel unter *konstantem Druck* (c_p) benutzt. Für manche Betrachtungen und theoretisch-wissenschaftliche Ableitungen von Gesetzmäßigkeiten ist es wertvoll, sich mit der Wärmekapazität für *konstantes Volumen* (c_v) zu beschäftigen.

Für (ideale) Gase ist der sogenannte (isotherme) *Kompressibilitätskoeffizient*

$$\frac{c_p}{c_v} = \kappa$$

bestimmend für die Molekülstruktur.

(siehe *W. Gumz/L. Hardt,* Kurzes Handbuch der Brennstoff- und Feuerungstechnik. 3. Aufl., S. 90/91. Springer-Verlag, Berlin/Göttingen/Heidelber 1962.

N. Elsner, Grundlagen der Technischen Thermodynamik. S. 92. Bertelsmann Universitätsverlag, 1973.)

Für *einatomige* Gase (Edelgase) ergibt sich im Idealfall

$$\frac{c_p}{c_v} = \kappa = \frac{5}{3} = 1{,}666\ldots \qquad (188)$$

Nahe diesem Grenzwert liegen z. B. die Werte für Argon Ar und Xenon Xe.

(siehe *D'Ans-Lax,* Taschenbuch für Chemiker und Physiker. 3. Aufl., 1. Bd.: *E. Lax* und *Cl. Synowietz,* Makroskopische physikalisch-chemische Eigenschaften. S. 1290/1297. Springer-Verlag, Berlin/Heidelberg/New York 1967.)

Für *zweiatomige* Gase rechnet man je nach der Molekülstruktur mit

$$\frac{c_p}{c_v} = \kappa = \frac{7}{5} = 1{,}40 \tag{189}$$

(Beispiele nach *D'Ans-Lax*/ wie oben: Kohlenmonoxid CO, Wasserstoff H_2, Stickstoff N_2, Sauerstoff O_2) oder

$$\frac{c_p}{c_v} = \kappa = \frac{8}{6} = \frac{4}{3} = 1{,}333\ldots, \tag{190}$$

welcher Wert auch für *mehratomige* (3 Atome im Molekül) gilt. (Beispiel nach *D'Ans-Lax*/ wie oben: Kohlendioxid CO_2, Ammoniak NH_3)

Abweichungen von den κ-Grenzwerten bei verschiedenen Temperaturen und verschiedenen Drücken siehe *D'Ans-Lax*, wie oben.

Für jedes reale Gas, auch solche Gase, die sich praktisch angenähert „ideal" verhalten, gibt es eine sogenannte *Boyle*-Temperatur, oberhalb der es sich bis zu ziemlich hohen Drücken fast ideal verhält, das heißt, daß das *Boyle-Mariotte*sche Gesetz ($p \cdot v$ = konstant) weitgehend erfüllt ist. So liegt die Boyle-Temperatur z.B. für Kohlendioxid CO_2, dessen kritische Temperatur rd. 31 °C beträgt, bei rd. 500 °C ($\approx$ 470 °C).

Quellen: *E. Ühlein*, Römpps Chemisches Wörterbuch. S. 305/306. Franckh'sche Verlagshandlung W. Keller & Co., Stuttgart 1969.

N. Elsner, Grundlagen der Technischen Thermodynamik. S. 310. Bertelsmann Universitätsverlag, Düsseldorf 1973.

Über die *Temperaturabhängigkeit* der Wärmeleitfähigkeit von Gasen finden sich zahlreiche Wertangaben bei *D'Ans-Lax*, Taschenbuch für Chemiker und Physiker. 3. Aufl., Band 1: *E. Lax* und *Cl. Synowietz*, Makroskopische physikalisch-chemische Eigenschaften. S. 1466/1471. Springer-Verlag, Berlin/Heidelberg/New York 1967. Die *Druckabhängigkeit* der Wärmeleitfähigkeit ist S. 1472/1474 sowie S. 189 (Luft) und S. 624/625 (Wasserdampf) behandelt.

2. Strahlung

Gasstrahlung

Von den technisch wichtigen Gasen ist die Strahlung von Kohlendioxid CO_2 und Wasserdampf H_2O_D wegen ihres Gehalts in den feuerungstechnisch sich auswirkenden Verbrennungsgasen wesentlich. Die Grunderkenntnisse auf diesem Gebiet gehen auf *A. Schack* (1924) zurück, der diese Art der Wärmestrahlung als eine Funktion der Temperatur und des Produktes aus dem Teildruck des strahlenden Gases mal der Schichtdicke erkannte. Für eine graphische Ermittlung einer Wärmeübergangszahl durch Gasstrahlung, bezogen auf verschiedene Betriebsbedingungen, hat *B. Koch* ein Diagramm entworfen, das die Gastemperatur, die Wandtemperatur des Feuerungsraums, den Teildruck des strahlenden Gases und die Schichtstärke berücksichtigt. Leider ist als Energieeinheit nur kcal zugrunde gelegt.

Eine zusammende Darstellung mit einer Übersicht der Vorliteratur gibt *W. Gumz* (*W. Gumz/L. Hardt*, Kurzes Handbuch der Brennstoff- und Feuerungstechnik, 3. Aufl., S. 102/105. Springer-Verlag, Berlin/ Göttingen/Heidelberg 1962).

Gas-Leuchtflammenstrahlung

Bei Flammen von KWstoff-haltigen Brenngasen tritt eine Entleuchtung erst auf, wenn eine ausreichende Menge an Primärluft vor der Verbrennung zugeführt wird. Im Bereich der Primärluft-freien Verbrennung bis zum Punkt der eintretenden vollständigen Flammenentleuchtung wird das Flammenleuchten durch Zwischenabscheidung von freiem Kohlenstoff (Ruß) hervorgerufen. Über die theoretischen Grundlagen berichtet ebenfalls *W. Gumz* (wie oben).

J. Vertiefungsliteratur

Handbücher, Lexika, Wörterbücher

1. *American Gas Association (C. G. Segeler, M. D. Ringler, E. M. Kafka* u.a.), Gas Engineers Handbook. 1505 S., zahlreiche Abb., Tabellen, Diagramme, Literaturangaben. Industrial Press, New York, N.Y. 1965.
(Inhalt: Allgemeine Tafeln und Tabellen – Brennstoffe – Verbrennung und Wärmeübergang – Erzeugung und Aufbereitung von Gasen – Gasuntersuchung – Gasmessung – Gastransport – Gasverteilung – Gasspeicherung – Korrosion – Gasverwendung – Erdgas als chemischer Rohstoff – Eigenschaftsanpassung – Elektrische Anwendungen in der Gasindustrie).
2. *Association Technique,* Aide-Mémoire de l'Industrie du Gaz. 3. Auflage, XCV + 754 S., zahlreiche Abb., Tabellen, Diagramme, Literaturangaben. Société du Journal des Usines à Gaz, Paris 1972.
(Inhalt: Kurzzeichen – Einheiten – Mathematik – Allgemeine Mechanik – Materialienwiderstand – Elektrizität – Beleuchtungsgrundlagen – Thermodynamik – Wasserdampf – Luft – Meteorologie – Wärmeübertragung – Strömung – Atomchemie – Thermochemie – Verbrennung – Guß und Stahl – Feuerfeste Stoffe – Messen und Untersuchen – Gaserzeugung – Flüssiggase – Katalysatoren – Gasaufbereitung – Gasspeicherung – Gasverteilung – Gasverwendung – Richtlinien und Vorschriften – Statistik – Bibliographie).
3. *BGW-DVGW,* Jahrbuch Gas und Wasser 77/78. 492 S., R. Oldenbourg-Verlag, München/Wien 1977.
(Inhalt: Statistische Angaben – Behörden, Kommissionen, Organisationen, national und international – Deutsche Verbände und Vereine – Ausländische Verbände und Vereine – Kurzbezeichnungen nationaler und internationaler Organisationen – Fachzeitschriften – Regelwerke, DIN-Normen – Berufsbildung und Forschung – Gasversorgungsunternehmen – Firmen mit DVGW-Bescheinigung).
4. *Bischoff, G.* und *W. Gocht,* Das Energie-Handbuch. 2. Auflage, 311 S., 166 Abb., 96 Tabellen. Verlag Vieweg, Braunschweig 1976.
(Inhalt: Vorkommen, Lagerstätten und Reserven von Energieträgern auf der Erde – Die Entstehung organischer Energieträger – Braunkohle – Steinkohle – Erdöl und Erdgas – Uran und Thorium – Wasserkraft – Kernenergie – Eltversorgung – Gasversorgung – Sonstige Energiequellen – Weltwirtschaft der primären Energieträger).
5. *Böge, A.,* Das Techniker Handbuch. 3. Auflage, 1454 S., 1552 Abb., 250 Tafeln. Verlag Vieweg, Braunschweig 1977.
6. *Haeder, W.* und *G. Reichow,* Lexikon der Heizungs-, Lüftungs- und Klimatechnik. 489 S., über 2000 Stichwörter, über 300 Abbildungen. C. Marhold-Verlag, Berlin-Charlottenburg 1971.
(Inhalt: Im Rahmen des Titels der Veröffentlichung wurden auch viele Begriffe aufgenommen, die zum Bereich der Brenngase und ihrer Eigenschaften gehören).
7. *Internationale Vereinigung der Gasindustrie,* Fachwörterbuch der Gasindustrie. 628 S., Elsevier Publishing Comp., Amsterdam/London/New York – Princeton 1961. Siebensprachig: französisch, englisch/amerikanisch, spanisch, italienisch, portugiesisch, niederländisch, deutsch. Abb. und Tabellen.
(Inhalt: Wissenschaftliche und technische Grundlagen der Gaserzeugung – Gasverteilung – Gasverwendung – Koks und Nebenerzeugnisse – Personalfragen – Hygiene und Arbeitsschutz – Verwaltung und Wirtschaft).
8. *Meyer,* Handbuch über die Technik. Lexikon mit 1035 S., 674 Abb., 2. Auflage. Bibl. Inst., Mannheim/Wien/Zürich 1976.
9. *Meyer,* Physik-Lexikon. 864 S. (rd. 10000 Stichwörter), 600 Abbildungen. Bibl. Inst., Mannheim/Wien/Zürich 1076.
10. *Perry, J. H.* u.a., Chemical Engineers' Handbook. 3. Auflage, 1884 S., McGraw-Hill Book Comp. Inc., New York/Toronto/London 1950.
(Inhalt: Mathematische Tabellen, Gewichte und Maßeinheiten – Mathematik – Physikalische und Chemische Eigenschaftswerte – Physikalische und Chemische Gesetze – Stoffströmung – Wärmeübergang – Verdampfung – Allgemeine Theorie von Diffusionsvorgängen – Destillation und Sublimation – Gasabsorption – Extraktion in der flüssigen Phase und Dialyse – Befeuchtung, Entfeuchtung, Kühltürme und Versprühungen – Trocknung – Adsorption – Mechanische Trennung – Zerkleinerung und Korngrößenvergrößerung – Mischungen – Hochdrucktechnik – Betriebsüberwachung – Stoff-Leitung und -Speicherung – Brennstoffe – Öfen – Krafterzeugung und mechanische Kraftfortleitung – Kältetechnik – Anlagenplanung – Elektrizität und Elektrotechnik – Elektrochemie – Wirtschaftlichkeitsberechnungen und Kostenermittlung – Sicherheits- und Feuerschutz).
11. *Schumny, H.,* Taschenrechner-Handbuch. 120 S., 20 Abbildungen. Verlag Vieweg, Braunschweig 1976.
(Inhalt: Rechenlogik und Ausstattungsvarianten – Grundtypen und ihre Funktionsweisen mit Anwendungsbeispielen – Gewöhnliche Taschenrechner – Taschenrechner mit Funktionstasten, Hierarchie oder Klammertasten und Speicher – Taschenrechner mit umgekehrter Polnischer Notation – Programmierte Taschenrechner – Zusammenfassung, Übersicht, Näherungsformeln.)
12. *Stepanek, J.,* Wörterbuch Industrieöfen und industrielle Wärmeanlagen. 420 S., deutsch-englisch-spanisch-französisch mit etwa 6000 Bezeichnungen. Vulkan-Verlag, Essen 1977.
13. *Ühlein, E.,* Römpps Chemisches Wörterbuch. 957 S. mit 6207 Fachbezeichnungen und ihrem Begriffsinhalt. Franck'sche Verlagshandlung, W. Keller & Co., Stuttgart 1969.

14. *Weast, R. C., S. M. Selby, Ch. D. Hodgmann* u.a., Handbook of Chemistry and Physics. 45. Auflage, 1460 S., The Chemical Rubber Co., Cleveland, Ohio 1964/65.
(Inhalt: Mathematische Tabellen – Elemente und anorganische Verbindungen – Organische Verbindungen – Allgemeine chemische Eigenschaften – Allgemeine physikalische Zahlenwerte – Verschiedenes Allgemeines.)
15. Siehe ferner Nr. 38, 40, 41, 56, 61, 81, 86, 88, 102, 139, 174, 185, 231, 241, 243, 248, 253a, 263.

Ideales Gas und quasi-ideale Gase

16. *Schuster, F.*, gwf-Arbeitsblätter. R. Oldenbourg-Verlag, München.
Nr. 1 (Jan. 1970). Methan CH_4
Nr. 2 (Febr. 1970): Äthan C_2H_6
Nr. 3 (März 1970): Propan C_3H_8
Nr. 4 (April 1970): n-Butan C_4H_{10}
Nr. 6 (Juni 1970): Äthylen C_2H_4 (Äthen)
Nr. 7 (Juli 1970): Propylen C_3H_6 (Propen)
Nr. 8 (Aug. 1970): Butylen C_4H_8 (n-Buten-1)
Nr. 31 (Juli 1972): Wasserstoff H_2
Nr. 40 (April 1973): Kohlenmonoxid CO
(Inhalt: Einfluß des Gehalts an Inerten $I = N_2, CO_2$, Luft. Brennwert H_0 – relative Dichte d – Luftbedarf L_{min} – Wobbewert W_0 – Luftbedarfs-Index L_0 – Alle Energieangaben nur in kcal.)
17. *Schuster, F.*, gwf-Arbeitsblatt Nr. 22 (Okt. 1971): Taupunkt feuchter Gase. R. Oldenbourg-Verlag, München.
(Inhalt: Sättigungsdruck von Wasser zwischen –50 °C und +103 °C. Taupunkt für 5 bis 100 Vol.-% Feuchtigkeitsgehalt von Gasen bei Gesamtdrücken von 650 bis 850 Torr als alleiniger Druckeinheit.)
18. *Schuster, F.*, gwf-Arbeitsblatt Nr. 41 (Mai 1973): (Kohlendioxid + Stickstoff)-Gemische, Zusammensetzung und Dichte. R. Oldenbourg-Verlag, München.
(Inhalt: Berechnung auf Grund gerundeter Dichtewerte für die beiden Komponenten.)
19. *Schuster, F.*, gwf-Arbeitsblatt Nr. 66 (Juni 1975): Molvolumen des idealen Gases bei verschiedenen Temperaturen und Drücken. R. Oldenbourg-Verlag, München.
(Inhalt: Temperaturbereich –50 °C bis +100 °C, Druckbereich 1 bis 5 atm, auch umgerechnet auf Torr und mbar.)
20; *Schuster, F.*, gwf-Arbeitsblatt Nr. 67 (Juli 1975): Absolute und relative Gasdichte. R. Oldenbourg-Verlag, München.
(Inhalt: Umrechnung von d = 0,34 bis 2,10 sowie ρ = 0,44 bis 2,72. Beziehungen zwischen Dichte und den verschiedenen Modellgas-Arten in graphischer Darstellung. Umrechnungs-Dichteleiter.)
21. *Schuster, F.*, gwf-Arbeitsblatt Nr. 68 (Aug. 1975): (Wasserstof + Kohlenmonoxid)-Gemische – Eigenschaften. R. Oldenbourg-Verlag, München.
(Inhalt: Wärmewerte – Dichten – Wobbewerte – Verbrennungswerte.)
22. Siehe ferner Nr. 33, 40, 78, 149, 153, 154, 155, 158, 159, 163.

Reale Gase

23. *Herning, F.* und *E. Wolowski*, Kompressibilitätszahl und Realgasfaktor von technischen Gasen. I: gwf-gas/erdgas 105 (1964) Nr. 3, S. 64/69 (Gas 36/41), 4 Abb., 7 Tabellen, 8 Literaturangaben.
(Inhalt: Mathematisch-physikalische Grundlagen – Untersuchungsapparatur des Battelle-Instituts – Meßergebnisse für Wasserstoff, Methan und klassisches Ferngas.)
24. *Herning, F.* und *E. Wolowski*, Kompressibilitätszahl und Realgasfaktor von technischen Gasen. II: gwf-gas/erdgas 105 (1964), Nr. 17, S. 450/456 (Gas 218/24), 10 Abb., 6 Tabellen, 7 Literaturangaben.
(Inhalt: Untersuchungen von Erdgas.)
25. *Herning, F.* und *E. Wolowski*, Kompressibilitätszahlen und Realgasfaktoren von Erdgasen nach neuen amerikanischen Berechnungsunterlagen. Gesammelte Berichte der Ruhrgas AG, Heft 15 (1966), S. 7/14, 8 Abb., 9 Tabellen, 9 Literaturangaben.
26. *Herning, F.*, Über eine einfache Näherungsformel zur Berechnung der Kompressibilitätszahl technischer Gasgemische. gwf-gas/erdgas 114 (1973), Nr. 3, S. 124130, 5 Abb., 12 Tabellen, 5 Literaturangaben.
(Inhalt: Gleichung aus der Molzusammensetzung, der kritischen Kelvin-Temperatur und den Kompressibilitätszahlen der Gemischbestandteile – Gemessene Prüfung an verschiedenen Gasgemischen.)
27. *Schuster, F.*, gwf-Arbeitsblatt Nr. 54 (Juni 1974): Realgasfaktoren und Kompressibilitätszahlen. I: Grundlagen und Verhalten von Luft, Wasserstoff, Stickstoff, Sauerstoff und Kohlendioxid. R. Oldenbourg-Verlag, München.
(Inhalt: Realgasfaktor Z, Kompressibilitätszahl K, Amagatwerte zwischen 0 und 120/150 atm, 0/50 bzw. –50/+50 °C – 12 Literaturangaben.)
28. *Schuster, F.*, gwf-Arbeitsblatt Nr. 62 (Febr. 1975): Realgasfaktoren und Kompressibilitätszahlen. II: Verhalten von Wasserstoff und Kohlenmonoxid. R. Oldenbourg-Verlag, München.
(Inhalt: Druck- und Temperaturbereiche wie gwf-Arbeitsblatt Nr. 54).
29. *Schuster, F.*, gwf-Arbeitsblatt Nr. 65 (Mai 1975): Realgasfaktoren und Kompressibilitätszahlen. III: Gleichung von van der Waals. R. Oldenbourg-Verlag, München.
(Inhalt: Das ideale Gas – Gaskonstante – van der Waals-Gleichung – 9 Literaturangaben.)
30. *Wolowski, E.*, Kompressibilitätszahlen von Erdgasen bei schwankender Gaszusammensetzung. gwf-gas/erdgas 111 (1970), Nr. 5, S. 241/244, 6 Abb., 1 Tabelle, 3 Literaturangaben.

31. *Wolowski, E.*, Über das Kompressibilitätsverhalten von wasserstoffhaltigen Gasgemischen bei Drücken bis 150 atm. 115 S., 45 Abb., 10 Tabellen, 84 Literaturangaben. Dr.-Diss., TH Aachen 1971.

32. *Wolowski, E.* und *H. Hartmann*, ‚Über den Joule-Thomson-Effekt von Gasen. Sonderdruck S. 13/22. (Inhalt: Berechnung des differentialen Effeks 1. über die van der Waalssche Gleichung und 2. über den Realgasfaktor und die Kompressibilitätszahl – Berechnung des integralen Effekts aus Anfangsdruck, Anfangstemperatur und Enddruck.)
J. P. Joule, 1818–1889
W. Thomson 1824–1907 (= Lord Kelvin)
differentialer Effekt: (Differentialquotient)
$$\left(\frac{\partial T}{\partial p}\right)_h = -\frac{(\partial h/\partial p)_T}{(\partial h/\partial T)_p}$$
integraler Effekt: (Differenzenquotient)
$$\frac{T_2 - T_1}{p_2 - p_1} \equiv \left(\frac{\Delta T}{\Delta p}\right)_h$$

33. *Schuster, F.*, Über Reihengesetzmäßigkeiten bei Brennstoff-Kenngrößen von Gasen. gwf-gas/erdgas 111 (1970), Nr. 5, S. 272/276.
(Inhalt: Struktur- und Konzentrationsreihen – Beispiele für Wobbewerte und Luftbedarfs-Index an Reihen reiner organischer Einzelwerte – Beispiel für Reihe von atmosphärischer Luft bis zu reinem Sauerstoff – „ideale" und „reale" Gase – Gas-Theorie und Gas-Praxis.)

34. Siehe ferner Nr. 40, 149, 157, 158, 159.

Brennstoff- und Gastechnik, Verfahrenstechnik

35. *Beránek, J.*, *K. Rose* und *G. Winterstein*, Grundlagen der Wirbelschichttechnik. Buchreihe „Verfahrenstechnik" Bd. 5, 256 S., 114 Abb., 8 Tabellen (VEB-Verlag für Grundstoffindustire, Leipzig), Otto Krauskopf-Verlag, Mainz 1975.
(Inhalt: Phänomenologische Beschreibung von Wirbelschichten – Beschreibung von Wirbelschichten durch dimensionslose Kennzahlen und mathematische Modelle – Anwendung der Wirbelschichttechnik – Literaturzusammenstellung.)

36. *Bertelsmann, W.* und *F. Schuster*, Einführung in die technische Behandlung gasförmiger Stoffe. 411 S., 288 Abb., zahlreiche Tabellen und Literaturangaben. J. Springer-Verlag, Berlin 1930.
(Inhalt: Unter verfahrenstechnisch systematischer Ordnung des Gesamtstoffs nach dem Aggregatzustand „fest, flüssig, gasförmig" Aufteilung auf folgende Kapitel: Grundlagen – Erwärmen, Kühlen, Verdichten und Verflüssigen von Gasen – Gewinnung von Gasen – Erzeugung von Gasen – Reinigung von Gasen – Messung von Gasen – Aufspeicherung von Gasen – Beförderung von Gasen – Untersuchung von Gasen – Statistik.)

37. *BP*, Gas Making and Natural Gas. London 1972. 305 S., 84 Abb., Tabellen.
(Inhalt: Gas Making from Solid, Liquid and Gaseous Feedstocks – Natural Gas – Effect of Load Variation and Feedstock or Natural Gas-Availability on the Techniques of Gas Manufacture and Natural Gas-Supply – 115 Literaturangaben.)

38. *Gumz, W. (L. Hardt)*, Kurzes Handbuch der Brennstoff- und Feuerungstechnik. 3. Auflage, 749 S., 187 Abb. Springer-Verlag, Berlin/Heidelberg/Göttingen 1962.
(Inhalt: Grundlegende Darstellung des Stoffs in folgenden Hauptkapiteln: Physikalische Grundgesetze – Die Brennstoffe – Verbrennung – Vergasung – Verbrennungs- und Vergasungsvorgänge – Energiewirtschaft – Zahlreiche Literaturangaben – Ausführliches Sachverzeichnis.)

39. *Österreichische Vereinigung für das Gas- und Wasserfach ÖVGW*, In Österreich gebräuchliche Brenngase. Mitteilung G 31, März 1977. 8 Seiten.
(Inhalt: Nach Hinweis auf die ÖNORM M 7443 Teil 2 werden die in allen einzelnen Gasversorgungen verteilten Brenngase nach Gruppen gegliedert und tabellarisch zusammengestellt mit den wichtigsten Grenzwerten der Brenneigenschaften – Gasarten: Luftgase, Spaltgase, Erdgasaustauschgase, Erdgas H.)

40. *RWTH Aachen*, Alma Mater Aquensis (gasfachliche Veröffentlichungen von *F. Schuster*)

Bibliographie II:	S. 96	– 11 Zitate (1963)
III:	S. 122	– 18 Zitate (1964)
IV:	S. 190	– 13 Zitate (1965)
V:	S. 165/166	– 24 Zitate (1966)
VI:	S. 123/124	– 19 Zitate (1967)
VII:	S. 133	– 14 Zitate (1968)
VIII:	S. 183	– 16 Zitate (1969)
IX:	S. 167	– 24 Zitate (1970)
X:	S. 147	– 18 Zitate (1971)
XI:	S. 184/185	– 19 Zitate (1972)
XII:	S. 261/262	– 21 Zitate (1973)
XIII:	S. 150	– 21 Zitate (1974)

41. *Schreckenberg, W.*, *A. Palmen* und *M. Schubert* (Messer Griesheim), Gase-Handbuch. 2. Auflage, 206 S., 127 Abb., 74 Tafeln. Messer Griesheim, Frankfurt am Main 1973.
(Inhalt: Industriegase – Gasgesetze – Gasgemische – Gemische von Gasen mit Wasserdampf – Eigenschaften der Gase – Tiefkalte, verflüssigte Gase – Handhabung von Reinstgasen – Vorschriften – Umrechnungstabellen – Tabelle der physikalischen Gaseigenschaften.)

42. *Schubert, H., J. Kowaczek* und *K. Kurth,* Tabellenbuch für die Gastechnik. 361 S., 199 Abbildungen. VEB-Verlag für Grundstoffindustrie. Leipzig 1969.
(Inhalt: Grundwerte für die Gastechnik – Werte für die Gaserzeugung, -fortleitung, -verteilung, -verwendung.)
43. *Schuster, F.,* Gasverwendung – Gasfachliche Grundlagen. 267 S., 37 Abb., zahlreiche Tabellen. R. Oldenbourg-Verlag, München und Wien 1969. Schriftenreihe Gas · Erdgas 1.
(Inhalt: Gasverwendungsgeschichte – Gasanwendungsgebiete – Brenntechnisch wichtige Gaseigenschaften – Dimension und Einheit – Die technischen Brenngase – Richtlinien für die Gasbeschaffenheit – Austauschbarkeit verschieden zusammengesetzter Gase – Umstellung von Gasbrennern und Gasgeräten – Einrichtungen und Betrieb von Gasverbrauchsanlagen – Gasgeräteprüfung – Gasverbrauch und Gasverbrauchstarife – Umrechnungswerte für Einheiten – Literaturhinweise zu jedem Kapitel.)
44. *Schuster, F.,* Über synthetische Dreistoff-Tauschgase für technische Typenbrenngase – Ein Beitrag zur Systematik der technischen Brenngase. Gaswärme 11 (1962), Nr. 4, S. 121/130.
45. *Zerbe, C.* und 41 Mitarbeiter, Mineralöle und verwandte Produkte. 2. Auflage, Springer-Verlag, Berlin/Heidelberg/New York 1969. 1. Teil: 847 S., 582 Abb., zahlreiche Tabellen.
Gasfachlicher Inhalt:
Flüssiggas – S. 757/784 (*Th. Hammerich* und *A. Schmitz*) – Vorkommen – Gewinnung – Eigenschaften – Verwendung – Chemische und Physikalische Prüfverfahren – DIN 51621 und 51622: Qualitätsanforderungen, weitere DIN-Blätter 51610 bis 51640.
Erdgas – S. 785/795 (*H. Pichler* und *W. Ripperger*) – Zusammensetzung und Einteilung – Verbrauch und Vorräte – Prüfung durch Gaschromatographische Analyse, Bestimmung des Schwefelgehalts und des Wassergehalts – Physikalische Eigenschaften: Dichte, Viskosität, Spezifische Wärme, Heizwert, Zündgrenzen.
Stadtgas aus Mineralölen – S. 796/802 (*H. Pichler* und *Th. Heike*) – Statistik – Herstellung, Einsatzstoffe und Erzeugungsverfahren – Anforderungen – Prüfung – Wirtschaftlichkeit.
Raffineriegase – S. 802/803 (*C. Zerbe*) – Allgemeines und Verwendung.
2. Teil: 969 S., im allgemeinen keine gasfachlichen Abschnitte.
46. Siehe ferner Nr. 53, 56, 62, 71, 72, 77 bis 81, 83, 86 bis 89, 92, 164 bis 166, 169 bis 172, 231, 247 bis 253, 257, 268.

Größen, Einheiten, Dimensions-Systeme

47. *Aylward, G. H.* und *T. J. V. Findlay (M. Zipprich* und *H. F. Ebel),* Datensammlung Chemie in SI-Einheiten. 158 S., Taschentext 27. Verlag Chemie, Weinheim 1975.
(Inhalt: Gasfachliche Auswahl / Das Internationale Einheitensystem SI – Grundlegende Konstanten – Allgemeine Umrechnungsfaktoren – Kalorie-Joule-Umrechnung – Löslichkeit von Gasen in Wasser – Dampfdruck und Dichte von Wasser und Quecksilber bei verschiedenen Temperaturen – 57 Literaturangaben.)
48. *Baehr, H. D.,* Physikalische Größen und ihre Einheiten, 115 S., 6 Abb., 12 Tabellen, 42 Beispiele, 17 Literaturangaben (Liste). Studienbücher Naturwissenschaft und Technik Bd. 19. Bertelsmann Universitätsverlag, Düsseldorf 1974.
(Inhalt: Ausgezeichnete konzentrierte und doch umfassende Darstellung in folgenden Kapiteln: Größen, Größengleichungen und Einheiten – Größen- und Einheitensysteme – Größenarten und ihre SI-Einheiten – Einheiten, die nicht zum Internationalen Einheitensystem gehören – Umrechnungsfaktoren.)
49. *Bender, G.* und *E. Pippig,* Einheiten Maßsysteme SI. 236 S., 13 Abb., 5 Tabellen. Verlag Vieweg, Braunschweig 1973.
50. *Böge, A.,* Die neuen gesetzlichen Einheiten und ihre Anwendung. 4. Auflage, 15 S., Verlag Vieweg, Braunschweig 1973.
51. *BP Benzin und Petroleum AG,* Einheiten für die Mineralölindustrie. 1973. 91 Blätter.
(Inhalt: SI-Einheiten als allgemeine Grundlage – Geometrische Größen – Masse- und Stoffmengengrößen – Zeit und Bewegung – Temperatur und Wärme – Elektrische und magnetische Größen – Akustik – Radiologische Größen – Zusammenfassung der behandelten Größen, ihrer Einheiten und Dimensionen – Ausgezeichnetes Stichworteregister – 12 Literaturangaben.)
52. *Braun, E. W.,* Die Anwendung der neuen gesetzlichen Einheiten im Gasfach. Neue DELIWA-Ztschr. (1973), S. 337/339, 340, 348.
(Inhalt: Begriff „Einheit" – Gesetzliche Einheiten – Anwendungen in der Gaspraxis – Wegfall bisheriger Kurzzeichen – Druck-, Wärme- und Leistungseinheiten – Geänderte gebräuchliche Größen und Einheiten – 11 Literaturhinweise.)
53. *D'Ans-Lax,* Taschenbuch für Chemiker und Physiker. 3. Auflage. Bd. I: *E. Lax* und *Cl. Synowietz,* Makroskopische physikalisch-chemische Eigenschaften. 1522 S., Springer-Verlag, Berlin/Heidelberg/New York 1967.
(Inhalt: Reichhaltiges Tabellenwerk für Stoffe aller drei Aggregatzustände „Fest, flüssig, gasförmig" in folgenden weitgehend unterteilten Kapiteln: Maßsysteme und meßtechnische Daten – Zusammenfassende Tabellen – Mechanisch-thermische Konstanten homogener Stoffe – Mechanisch-thermische Konstanten für das Gleichgewicht heterogener Systeme – Grenzflächen – Kalorische Daten – Dynamische Konstanten.)
54. *DIN-Taschenbuch 22/AEF-Taschenbuch,* Normen für Größen und Einheiten in Naturwissenschaft und Technik. 4. Auflage, 368 S., Berlin 1974. – Siehe Nr. 32, 57, 58.
55. *DVGW,* Merkblatt GW 110 „Einheiten im Gas- und Wasserfach" *(H. Dienelt).* ZFGW-Verlag, Frankfurt am Main 1976.
56. *DVGW,* Stoffwerte-Katalog technisch wichtiger Gase und Gasgemische (in Vorbereitung: nach gwf 118/1977, Nr. 5 Berichte, S. 12).
57. *Görtler, H.,* Dimensionsanalyse. Theorie der physikalischen Dimensionen mit Anwendungen. 247 S., 14 Abbildungen. Springer-Verlag, Berlin/Heidelberg/New York 1975.

(Inhalt: Beschreiben, Bewerten und Messen physikalischer Vorgänge – Dimensionsformeln, dimensionshomogene Funktionen und Gleichungen – Das Π-Theorem – Anwendungsbeispiele zur Dimensionsanalyse und Einführung in die Ähnlichkeits- oder Modelltheorie – 22 Lehrbücher zur praktischen Anwendung der Dimensionsanalyse und der Modelltheorie – 71 Literaturangaben.)

58. *Haeder, W.* und *E. Gärtner,* Die gesetzlichen Einheiten in der Technik. 4. Auflage, 236 S., Hrsg. DNA Berlin, Beuth-Vertrieb, Berlin/Köln/Frankfurt am Main 1974.
(Inhalt: Das „Gesetz über Einheiten im Meßwesen" – Die „Gesetzlichen Einheiten" – Nicht mehr zugelassene Einheiten, Übergangsfristen – Die Umstellung der Technik auf die „Gesetzlichen Einheiten" – Massengrößen und Kraftgrößen – Kleines ABC von Größen, Einheiten und Begriffen der Technik mit Beispielen und Berechnungsaufgaben – Gesetze und Ausführungsverordnung – 44 Literaturangaben – Ausführliches Stichwortverzeichnis.)

59. *Jandč, J.,* Berechnung der Ott-Zahl aus der Zusammensetzung des Gases, gaswärme international 20 (1971), Nr. 5, S. 198/201, 3 Abb., 1 Tabelle, 11 Literaturangaben.
(Inhalt: Methode auf Grund der maximalen Luftzahl mit einem Injektor und der zur Nullkegelhöhe notwendigen Luftzahl.)

60. *Pawlowski, J.,* Die Ähnlichkeitstheorie in der physikalisch-technischen Forschung – Grundlagen und Anwendung. 172 S., 45 Abb., 4 Tabellen, 60 Literaturangaben. Springer-Verlag, Berlin/Heidelberg/New York 1971.
(Inhalt: Grundlagen der Dimensionstheorie – pi-Darstellung von physikalisch-technischen Sachverhalten – Ähnlichkeitstheoretische Erfassung veränderlicher Stoffgrößen – Ähnlichkeit und Modelltheorie – Ähnlichkeitstheoretische Diskussion von Vorgängen mit nicht-Newtonschen Stoffen – Zur theoretischen und experimentellen Erforschung der Transportvorgänge in einspindeligen Schnecken.)

61. *Sacklowski, A.,* Physikalische Größen und Einheiten – Einheitenlexikon. 216 S., 10 Tabellen. DEVA-Fachverlag, Stuttgart 1960.
(Inhalt: Vorläufer der SI-Regelung – Die Arbeit enthält viele Ausdrücke und geschichtlich interessante Angaben, ist aber, den heutigen Stand betreffend, im Endergebnis überholt.)

62. *Schuster, F.,* gwf-Arbeitsblatt Nr. 5 (Mai 1970): Gasfachlich wichtige Größen, ihre Dimension und ihre Einheiten. R. Oldenbourg-Verlag, München.
(Inhalt: Physikalische Grundgrößen und ihre Dimension – Vorsatz-Kurzzeichen – Reduktion auf Normzustand – Umrechnung von Druck-, Energie- und angloamerikanischen Einheiten – Energieeinheit nur kcal.)

63. *Schuster, F.,* Größen – Begriffsinhalt, Kurzzeichen, Einheiten. gwf-Arbeitsblatt Nr. 25 (Jan. 1972). R. Oldenbourg-Verlag, München.
(Inhalt: Gesetz über Einheiten im Meßwesen vom 2.7.1969 – Ausführungsverordnung zum Gesetz vom 26.6.1970 – Basisgrößen und Basiseinheiten – Abgeleitete Einheiten – 7 Literaturangaben.)

64. *Schuster, F.,* Umrechnungen mit SI-Einheiten. gwf-Arbeitsblatt Nr. 38 (Febr. 1973). R. Oldenbourg-Verlag, München.
(Inhalt: Umrechnungen für Wärmemenge, Druck, Leistung – Umrechnungen mit Hilfe von Zahlenleitern.)

65. *Winter, F. W.,* Die neuen Einheiten im Meßwesen. 2. Auflage, 157 S., 30 Abb., 21 Tabellen. Verlag W. Girardet, Essen 1974.
(Inhalt: Praxisnahe Darstellung mit Gleichungen, Diagrammen und Rechenbeispielen aus Technik und Naturwissenschaften – Geschichte der Einheitensysteme – Gesetz und Ausführungsverordnung über Einheiten im Meßwesen – DIN 1301 Einheiten, Einheitennamen, Einheitenzeichen – Größe und Einheiten – Gesetze, Verordnungen, Richtlinien, Literatur.)

66. Siehe ferner Nr. 76, 83, 84, 87 bis 90, 92, 122, 124, 127, 145, 152a, 153, 201.

Arbeitsblätter, Regeln, Normen

67. *BWG–DVGW,* Jahrbuch Gas und Wasser. Abschnitt Regelwerk, DIN-Normen: S. 202 bis 245. R. Oldenbourg-Verlag, München und Wien 1977.

68. *DIN-Taschenbuch 32,* Mineralöl- und Brennstoffnormen. Prüfverfahren für Brennstoffe, Lösungsmittel und Gase. 3. Auflage, 328 S., Berlin 1976.

69. *DIN-Taschenbuch 57,* Mineralöl- und Brennstoffnormen. Grundnormen. 284 S., Berlin 1976.

70. *DIN-Taschenbuch 58,* Mineralöl und Brennstoffnormen. Mineralölerzeugnisse, Gase und Laborgeräte. Eigenschaften und Anforderungen. 240 S., Berlin 1976.

71. *DVGW-Arbeitsblatt G 600,* Technische Regeln für Gas-Installationen DVGW-TRGI 1972. 5. Auflage, 89 S., 13 Abb., 11 Tabellen, 14 Diagramme. DVGW, Frankfurt am Main 1972.
(Inhalt: Definition wichtiger Gas-Begriffe – Leitungsanlagen – Anschluß und Aufstellung häuslicher Gasverbrauchseinrichtungen – Abgasabführung häuslicher Feuerstätten – Prüfung und Inbetriebnahme von Gasanlagen – Übersicht der mit der DVGW-TRGI zusammenhängenden Normblätter – Übersicht der Blätter des gesamten DVGW-Regelwerks Gas und andere Bestimmungen, die mit DVGW-TRGI zusammenhängen.)

72. *Höppner, J., Schmidt* und *P. Schölhorn,* Kommentar zu den DVGW-TRGI 1972. 312 S., 41 Abb., 8 Diagramme. A. W. Gentner-Verlag, Stuttgart 1973.
(Inhalt: Erläuterungen zu allen Punkten der DVGW-TRGI 1972.)

73. *Jahrbuch 1977 der ASTM-Normen* (Standards), Teil 26: Brenngase (gaseous fuels), Kohle und Koks (coal and coke), atmosphärische Analyse (atmospheric analysis), 844 S., 125 Normen (Standards).

76. *Oberdorfer, G.,* Das System Internationaler Einheiten (SI). Standort der Größenlehre. 70 S., Springer-Verlag, Wien/New York 1977.
(Inhalt: Physikalische und logische Grundlagen – Späterer Weiterausbau – Physikalische Hintergründe des mathematischen Formalismus.)

77. *Regel + Meßtechnik RMG,* Gas-Druckregelung. 4. Auflage, 110 S. mit Abb. und Tabellen. Kassel 1974. (Inhalt: Abgesehen von den Druckreglern werden gasfachliche Begriffe und Einheiten sowie Vorschriften und Richtlinien behandelt, so weit sie für das Brenngasfach wichtig erscheinen.)

78. *Ruhrgas AG – Normenstelle,* DVGW-Regelwerk Gas. Information Nr. 8, A: 18 S., B: 26 S., Stand: 30.9.1977, Essen.
(Inhalt: A – Gasverteilung, Gastransport, Korrosion, Nachrichten- u. Elektrotechnik, Berufsbildung. B – Gasgewinnung, Gasverwendung.)

79. *Schuster, F.,* gwf-Arbeitsblatt Nr. 72 (Dezember 1975). R. Oldenbourg-Verlag, München.
(Inhalt: Abschließende Titel-Übersicht der von F. Schuster von Januar 1970 bis November 1975 bearbeiteten 71 Einzel-Arbeitsblätter.)

80. *Verein Deutscher Eisenhüttenleute VDEh,* Vorschriften für energie- und wärmetechnische Anlagen. 78 S., Verlag Stahleisen, Düsseldorf 1972.
(Inhalt: Verzeichnis der Gesetze, Verordnungen, technischen Regeln und Sicherheitsvorschriften für Planung, Bau und Betriebssicherheit.)

81. *VDI,* Richtlinien und Handbücher. Ausgabe August 1977. 52 S., Beuth-Verlag, Berlin/Köln.
(Inhalt: VDI- und VDE-Handbücher – Einzelne VDI-Richtlinien – Diagramme und Vordrucke – Vorankündigungen Zurückziehungen – Bestellnummernverzeichnis.)

82. *DIN Deutsches Institut für Normung,* Verzeichnis der DIN-Normen und Norm-Entwürfe 1977. 976 Seiten. Beuth-Verlag, Berlin/Köln 1977.
(Inhalt rd. 17300 Normen und Entwürfe – laufende Nummernfolge – Hinweis auf Gruppen-Nummern – Stichwortverzeichnis mit rd. 30000 Benennungen – DK-Übersicht – Fremdsprachige DIN-Normenübersetzung.)

82a. Siehe ferner Nr. 40.

Kohlenwasserstoffe

83. *Gallant, R. W.,* Physical Properties of Hydrocarbons. Bd. 1, 225 S., Gulf Publishing Comp., Houston-Texas 1968.
(Inhalt: Mit kurzen Texterläuterungen graphische Darstellungen (Diagramme) folgender Eigenschaften für die wichtigsten reinen, chlorierten und oxydierten Kohlenwasserstoffe: Dampf- oder Sättigungsdruck in amerikanischen Einheiten – Verdampfungswärme in kcal/g – Enthalpie in cal/g · °C – Dichte in g/Milliliter – Dampfviskosität in Mikropoise – Flüssigkeitsviskosität in Zentipoise – Oberflächenspannung in dyn/cm – Wärmeleitfähigkeit in cal/cm · s · °C – Zahlreiche Literaturangaben.)

84. *Schuster, F.,* gwf-Arbeitsblatt Nr. 30 (Juni 1972): Sättigungsdruck/Temperatur-Kurven für Einzel-Gas-Kohlenwasserstoffe der Paraffin- und Olefinreihe. R. Oldenbourg-Verlag, München.
(Inhalt: Berechnung nach der log-Gleichung für Druckbereiche von 1/10 und 10/40 atm.)

85. Siehe ferner Nr. 40.

Flüssiggase

86. *Kurth, K., O.-E. Fischer, H.-J. Dreßler, E. Heins,* Flüssiggas-Handbuch. 341 S., 148 Abb., 77 Tabellen, 87 Literaturangaben. VEB-Verlag für Grundstoffindustrie, Leipzig 1975.
(Inhalt: Grundlagen der Flüssiggas-Technik – Gewinnung von Flüssiggasen – Flüssiggasfortleitung – Flüssiggasvertrieb – Flüssiggasanlagen-Installation – Sicherheitstechnik, Arbeits- und Brandschutz beim Flüssiggaseinsatz – Verwendungsgebiete für Flüssiggas – Vorschriften.)

87. *Leggewie, G.,* Flüssiggase – Technische und wissenschaftliche Grundlagen ihrer Anwendung. R. Oldenbourg-Verlag, München/Wien. Bd. 1: 2. Auflage mit 374 S., 240 Abb., 40 Tabellen – 1965. Bd. 2: 523 S., 237 Abb., 70 Tabellen – 1960. Nachtrags-Bd.: 101 S., 37 Abb., 50 Tabellen – 1971.
(Inhalt: Das gesamte Sonderfachgebiet „Flüssiggase" grundlegend erfassendes Werk, das mit konzentriert gehaltenen textlichen Ausführungen in den Diagrammen und Tabellen folgende Abschnitte behandelt: Grundlagen – Thermodynamik – Strömungstechnik – Flüssiggas-Gemische – (Gas + Luft)-Gemische – Verbrennungstechnik – Treibdüsenbrenner – Wärmewirtschaft – Abgasabführung – Flüssiggasanlagen – Flüssiggas- und Gaswärme-Anwendung – Keine Literaturangaben.)

88. *Progas-Handbuch,* 71 S., 22 Abb., 22 Tabellen. Progas GmbH, Dortmund 1974.
(Inhalt: Technische Grundlagen/Eigenschaften von Flüssiggasen – Flüssiggasversorgungsanlagen – Verbrennung von Flüssiggas – Grundsätzliche Überlegungen zur Flüssiggasanwendung – Planung und Bau von Flüssiggasanlagen – Anhang/Maßeinheiten – Druckangaben – Normzustand – Kritischer Zustand – Vorschriften, Richtlinien usw.)

89. *Schuster, F.,* gwf-Arbeitsblatt Nr. 42 (Juni 1973): Luftgase – Eigenschaftswerte und Zusammensetzung. R. Oldenbourg-Verlag, München.
(Inhalt: Berechnungsergebnisse für H_o und W_o-Werte nur in kcal als Energieeinheit über den gesamten Kohlenwasserstoff-Bereich mit Luft für die Gas-Paraffine und -Olefine.)

90. *Schuster, F.,* gwf-Arbeitsblatt Nr. 46 (Okt. 1973): Taupunkt von Propan- und Butan-Luftgasen. R. Oldenbourg-Verlag, München.
(Inhalt: Dampfdruckkurven von Propan und n-Butan für Drücke von 0,003 bis 10 atm – Eigenschaftswerte für die Luftgase bei 1, 2 und 3 atm sowie 1000 und 2000 mm WS Überdruck bei 1 atm – Flüssiggas-Gehalt im Luftgas zwischen 20 und 50 Vol.-% Flüssiggas.)

91. Siehe ferner Nr. 40.

Erdgase

92. *Laurien, H.* und 37 Autoren-Mitarbeiter, Taschenbuch Erdgas. 2. Auflage, 1120 S., 563 Abb., 123 Tabellen. R. Oldenbourg-Verlag, München/Wien 1970.
(Inhalt: Entstehung des Erdgases und der Erdgas-Lagerstätter/Gesteinsphysik – Chemie und Physik der Erdgase – Aufsuchen von Erdgas-Lagerstätten – Erdgas-Förderung – Untertagespeicherung von Erdgas – Transport von Erdgas im gasförmigen Zustand vom Erdgasfeld zum Verbraucher – Transport von Erdgas in verflüssigtem, tiefgekühltem Zustand – Entwicklung des Erdgas-Transports zu Lande und zu Wasser – Verfahrenstechnik der Erdgasverwendung – Entwicklungsarbeiten zur Erweiterung der Verfahrenstechnik der Erdgas-Verwendung – Rechtsgrundlagen und Vorschriften – Rechtsvorschriften der Anliegerstaaten dem Nordsee-Schelf-– umfangreiches Sachverzeichnis.)

93. Siehe ferner Nr. 40.

Mathematik und graphisches Rechnen

94. *Birnbaum, H.* und *N. Denkmann,* Mathematik-Aufgaben für Ingenieure. 413 S., 239 Abb., 2538 Aufgaben mit Lösungen, 1 Anhang. Verlag Vieweg, Braunschweig 1976. (VEB-Fachbuchverlag, Leipzig 1973.)
(Inhalt: Aussagenlogik und Mengen – Elementare Arithmetik – Gleichungen und Ungleichungen mit einer Variablen – Reelle Funktionen – Reelle Zahlenfolgen und Zahlenreihen – Determinanten und Matrizen – Systeme von Gleichungen und Ungleichungen – Linearoptimierung – Dreidimensionale Vektoren – Analytische Geometrie der Ebene und des Raums – Differentialrechnung – Integralrechnung – Differentialgeometrie – Funktionenreihen – Gewöhnliche Differentialgleichungen – Vektoranalysis – Funktionstheorie – Wahrscheinlichkeitsrechnung und Statistik – Fehler- und Ausgleichsrechnung.)

95. *Björck, A.* und *G. Dahlquist,* Numerische Methoden. 374 S., 97 Abb., 5 Tabellen, 103 Literaturhinweise. R. Oldenbourg-Verlag, München/Wien 1972.
(Inhalt: Allgemeine Prinzipien des numerischen Rechnens – Berechnungs-Genauigkeit – Numerische Anwendung von Reihen – Approximation von Funktionen – Numerische lineare Algebra – Nichtlineare Gleichungen – Differenzverfahren und Anwendung auf numerische Integration, Differentiation und Interpolation – Differentialgleichungen – Fourier-Methoden – Lineare Optimierung – Monte-Carlo-Methode und Simulation – Nomographie.)

96. *Bronstein, I. N.* und *K. A. Semendjajew,* Taschenbuch der Mathematik. 5. Auflage, 584 S., Verlag H. Deutsch, Zürich und Frankfurt am Main 1965.
(Inhalt: Tabellen – Graphische Darstellungen – Näherungsrechnung – Algebra – Geometrie – Trigonometrie – Analytische Geometrie – Differentialgeometrie – Grundzüge der Analysis – Differentialrechnung – Integralrechnung – Differentialgleichungen – Komplexe Zahlen und ihre Funktionen – Vektorrechnung – Fourierreihen – Variationsrechnung – Wahrscheinlichkeitsrechnung – Empirische Formeln und Interpolation – Ausführliche Literaturzusammenstellung und Sachregister.)

97. *Courant, R.* und *D. Hilbert,* Methoden der Mathematischen Physik I. 3. Auflage, 469 S., 26 Abbildungen. Heidelberger Taschenbücher Bd. 30. Springer-Verlag, Berlin/Heidelberg/New York 1968.
(Inhalt: Algebra der linearen Transformationen und quadratischen Formen – Problem der Reihenentwicklung willkürlicher Funktionen – Theorie der linearen Integralgleichungen – Grundtatsachen der Variationsrechnung – Schwingungs- und Eigenwertprobleme der mathematischen Physik – Anwendung der Variationsrechnung auf die Eigenwertprobleme – Spezielle durch Eigenwertprobleme definierte Funktionen.)

98. *Courant, R.* und *D. Hilbert,* Methoden der mathematischen Physik II. 2. Auflage, 549 S., 57 Abbildungen. Heidelberger Taschenbücher Bd. 31. Springer-Verlag, Berlin/Heidelberg/New York 1968.
(Inhalt: Grundbegriffe – Allgemeine Theorie der partiellen Differentialgleichungen erster Ordnung – Lineare Differentialgleichungen höherer Ordnung im allgemeinen – Elliptische Differentialgleichungen, insbesondere Potentialtheorie – Hyperbolische Differentialgleichungen mit zwei unabhängigen Veränderlichen – Hyperbolische Differentialgleichungen mit mehr als zwei unabhängigen Veränderlichen – Lösung der Rand- und Eigenwertprobleme auf Grund der Variationsrechnung.)

99. *Dallmann, H.* und *K.-H. Elster,* Einführung in die höhere Mathematik. 718 S., 272 Abb., 2 Tabellen. Verlag Vieweg, Braunschweig 1973.
(Inhalt: Funktionen einer unabhängigen Veränderlichen – Differentialrechnung für Funktionen einer unabhängigen Veränderlichen – Graphische, numerische und instrumentelle Verfahren zur Bestimmung – Integralrechnung – Reihen – Vektorrechnung und Analytische Geometrie.)

100. *Dirschmid, H., W. Kummer* und *M. Schweda,* Einführung in die mathematischen Methoden der Theoretischen Physik. 212 S., Verlag Vieweg, Braunschweig 1976.
(Inhalt: Grundlagen der mathematisch-physikalischen Analysis – Die partiellen Differentialgleichungen der mathematischen Physik – Lösungssätze dazu und ihre Interpretation – Selbstadjungierte Differentialgleichungen zweiter Ordnung – Rand- und Eigenwertaufgaben – Deltafunktion – Greensche Funktionen.)

101. *Doerfling, R.,* Mathematik für Ingenieure und Techniker. 7. Auflage, 660 S., 313 Abbildungen. R. Oldenbourg-Verlag, München/Wien 1965.
(Inhalt: Arithmetik und Algebra – Elementargeometrie – Trigonometrie – Analytische Geometrie – Differential- und Integralrechnung – Differentialgleichungen – Vektoranalysis – Differentialgeometrie – Ausgleichsrechnung nach der Methode der kleinsten Quadrate.)

102. *Dreszer, J.* (mit 21 Kapitel-Autoren), Mathematik-Handbuch für Technik und Naturwissenschaft. 1346 S., Verlag H. Deutsch, Zürich/Frankfurt am Main/Thun 1975.
(Inhalt: Erweitertes Ergänzungswerk zum Taschenbuch der Mathematik von Bronstein und Semendjajew/Nr. 96. – Enthält ebenfalls eine ausführliche Literaturzusammenstellung über die 40 Hauptkapitel und ein ausführliches Sachwortverzeichnis.)

103. *Filtschakow, P. F., (F. Cap),* Numerische und graphische Methoden der angewandten Mathematik. 760 S., 170 Abb., 197 Tabellen. Verlag Vieweg, Braunschweig 1975.
(Inhalt: Grundbegriffe – Tabellierung und Interpolation – Näherungsmethoden zur Lösung von Gleichungen und Gleichungssystemen – Das Rechnen mit Potenzreihen – Näherungsmethoden bei der Differentiation und Integration – Die Integration gewöhnlicher Differentialgleichungen – Konforme Abbildungen – Graphische Methoden zur Lösung einiger Filtrierungsprobleme – Methode der kleinsten Quadrate – Interpolation experimenteller Daten – Elemente der Nomographie.)

104. *Fladt, K.* und *A. Baur,* Analytische Geometrie spezieller Flächen und Raumkurven. 534 S., 142 Abbildungen. Verlag Vieweg, Braunschweig 1975.
(Inhalt: Aus der Koordinatengeometrie – Aus der algebraischen Geometrie – Aus der Differentialgeometrie – Algebraische Flächen – Konoide und andere Regelflächen – Weitere Flächen dritter, vierter und höherer Ordnung – Die Zykliden – Die Römerfläche – Fußpunktsflächen und inverse Flächen – Räumliche Cremonatransformationen – Quadratische Komplexe – Verschiedene Flächen.)

105. *Försterling, H.-D.,* Mathematik für Naturwissenschaftler. 280 S., Verlag Vieweg, Braunschweig 1975.
(Inhalt: Funktionen – Differentialrechnung – Integralrechnung – Unendliche Reihen – Gewöhnliche Differentialgleichungen – Funktionen mehrerer Veränderlicher – Numerische Methoden – Lösungen von Aufgaben.)

106. *Heber, G.,* Mathematische Hilfsmittel der Physik II. (*W. Holzmüller*). 162 S., 4 Abbildungen. Verlag Vieweg, Braunschweig 1968.
(Inhalt: Gewöhnliche Differentialgleichungen – Partielle Differentialgleichungen – Spezielle Funktionen – Lineare Integralgleichungen – Variationsrechnung – Funktionalanalysis.)

107. *Joos, G.* und *Th. Kaluza,* Höhere Mathematik für den Praktiker. 7. Auflage, 387 S., 93 Abbildungen. J. A. Barth-Verlag, Leipzig 1954.
(Inhalt: Elementare Hilfsmittel – Differentialrechnung – Integralrechnung – Reihen – Differentialgleichungen – Variationsrechnung – Funktionen komplexer Veränderlicher – Korrelationsrechnung – Matrizenrechnung – Zahlreiche Aufgaben mit ihren Lösungen.)

108. *Jordan-Engeln, G.* und *F. Reutter* Numerische Mathematik für Ingenieure. 352 S., 28 Abb., zahlreiche Tabellen und Rechenbeispiele. BI-Hochschultaschenbücher Bd. 104. Verlag. Bibl. Inst., Mannheim 1973.
(Inhalt: Darstellung von Zahlen und Fehleranalyse – Numerische Verfahren zur Lösung algebraischer und Transzendenter Gleichungen – Verfahren zur numerischen Lösung linearer Gleichungssysteme – Systeme nichtlinearer Gleichungen – Eigenwerte und Eigenvektoren von Matrizen – Approximation stetiger Funktionen – Interpolation durch algebraische Polynome – Numerische Differentiation – Numerische Quadratur – Numerische Verfahren für Anfangswertprobleme bei gewöhnlichen Differentialgleichungen erster Ordnung – Numerische Verfahren für Anfangswertprobleme bei Systemen von gewöhnlichen Differentialgleichungen erster Ordnung und bei Differentialgleichungen höherer Ordnung – 134 Literaturhinweise.)

109. *Lenz, H.,* Grundlagen der Elementarmathematik. 3. Auflage, 415 S., 101 Abbildungen. C. Hanser-Verlag, München/Wien 1976.
(Inhalt: Mengen und Zahlen – Elementargeometrie – Algebra und Koordinatengeometrie – Literatur: 6 Sammelwerke, 172 Lehrbücher und Zeitschriftenaufsätze.)

110. *Meschowski, H.,* Richtigkeit und Wahrheit in der Mathematik. 219 S., Verlag Bibl. Inst., Mannheim/Wien/Zürich 1976.
(Inhalt: Vergleich zwischen „Wahrheit" in irgendeinem metaphysischem Sinn und „Richtigkeit" als Widerspruchsfreiheit – Rückblick auf frühe mathematische Deutungen – Grundlagenforschung – Anwendung bzw. Anwendbarkeit der Mathematik bei der Beschreibung der Natur – Nachweis mathematischer Kunststrukturen – 148 Literaturangaben.)

111. *Rademacher, H.* und *O. Toeplitz,* Von Zahlen und Figuren. 164 S., 129 Abbildungen. Heidelberger Taschenbücher Bd. 50. Springer-Verlag, Berlin/Heidelberg/New York 1968.
(Inhalt: Primzahlenreihe – Durchlaufen von Kurvennetzen – Maximumaufgaben – Inkommensurable Strecken und irrationale Zahlen – Minimaleigenschaft des Höhenfußpunktdreiecks – Schnitte des geraden Kreiskegels – Waring'sches Problem – Geschlossene, sich selbst durchdringende Kurven – Zerlegung einer Zahl in Primfaktoren – Vierfarbenproblem – Reguläre Polyeder – Pythagoreische Zahlen und Fermat-Problem – Pferchkreis eines Punkthaufens – Annäherung irrationaler Zahlen durch rationale – Geradführung durch Gelenkmechanismen – Vollkommene Zahlen – Nichtabbrechen der Primzahlreihe – Grundsätzliches über Maximumaufgaben – Figur größten Inhalts bei gegebenem Umfang – Periodische Dezimalbrüche – Kennzeichnende Kreiseigenschaft – Kurven konstanter Breite – Unentbehrlichkeit des Zirkels bei elementargeometrischen Konstruktionen.)

112. *Szabó, I., K. Wellnitz* und *W. Zander,* Mathematik. 2. Auflage, 373 S., 153 Abbildungen. Hütte/Taschenbücher der Technik. Springer-Verlag, Berlin/Heidelberg/New York 1974.
(Inhalt: Tabellen – Arithmetik – Kreis- und Hyperbelfunktionen – Differential- und Integralrechnung – Lineare Vektoralgebra – Vektoranalysis – Analytische Geometrie – Funktionen einer komplexen Veränderlichen – Differentialgleichungen – Praktische Mathematik – Inhalte von Flächen und Körpern – Wahrscheinlichkeitsrechnung und Statistik – Rechnen auf digitalen Rechenautomaten.)

113. *Stoer, J.,* Einführung in die Numerische Mathematik I. 2. Auflage, 291 S., Heidelberger Taschenbücher Bd. 105. Springer-Verlag, Berlin/Heidelberg/New York 1976.
(Inhalt: Fehleranalyse – Interpolation – Integration von Funktionen – Lineare Gleichungssysteme – Nullstellenbestimmung durch Iterationsverfahren, Minimierungsverfahren.)

114. *Werner, H.* (mit Unterstützung von *R. Schaback, R. Runge* und *U. Ebert*), Praktische Mathematik I – Methoden der linearen Algebra. 2. Auflage, 275 S., Springer-Verlag, Berlin/Heidelberg/New York 1975.
(Inhalt: Hilfsmittel der praktischen Mathematik – Numerische Methoden zur Lösung von Gleichungen – Lineare

Gleichungssysteme – Eigenwertaufgaben bei Matrizen – Systematisch geordnetes Literaturverzeichnis, geordnet nach: Numerische Mathematik – Tabellenwerke – Programmierung.)

115. *Werner, H.* und *R. Schaback,* Mathematik II – Methoden der Analysis (mit Unterstützung von *R. Runge* und *H. Arndt*). 355 S., Springer-Verlag, Berlin/Heidelberg/New York 1972.
(Inhalt: Interpolation – Approximationstheorie – Spline-Funktionen mit der Darstellung linearer Funktionale – Numerische Methoden für Anfangswertprobleme bei gewöhnlichen Differentialgleichungen.)

116. *Wilkinson, J. H. (G. Goos),* Rundungsfehler. 208 S., Heidelberger Taschenbücher Bd. 44. Springer-Verlag, Berlin/Heidelberg/New York 1969.
(Inhalt: Grundlegende Rechenoperationen – Das Rechnen mit Polynomen – Das Rechnen mit Matrizen – 50 Literaturangaben.)

117. *Wörle, H.* und *H.-J. Rumpf,* Ingenieur-Mathematik in Beispielen. 208 S., 145 Abb., 220 vollständig durchgerechnete Beispiele. R. Oldenbourg-Verlag, München 1976.
(Inhalt: Lineare Algebra – Nichtlineare Algebra – Spezielle transzendente Funktionen – Komplexe Zahlen.)

118. *Zachmann, G.,* Mathematik für Chemiker. 2. Auflage, 664 S., 261Abb., 18 Tabellen. Verlag Chemie. Weinheim 1974.
(Inhalt: Differential- und Integralrechnung – Differentialgleichungen – Lineare Algebra – Gruppentheorie, Wahrscheinlichkeitsrechnung – Fehlerrechnung – Statistik.)

119. *Zurmühl, R.,* Matrizen. Eine Darstellung für Ingenieure. 2. Auflage, 467 S., 76 Abbildungen. Springer-Verlag, Berlin/Göttingen/Heidelberg 1958.
(Inhalt: Matrizenkalkül – Lineare Gleichungen – Quadratische Formen nebst Anwendungen – Eigenwertproblem – Struktur der Matrix – Numerische Verfahren – Anwendungen – 15 Literaturangaben zur Einführung.)

120. *Breuer, J.* Einführung in die Mengenlehre. 6. Auflage 111 S., 75 Abbildungen. Schroedel-Verlag, Hannover und Schöningh-Verlag, Paderborn 1972.
(Inhalt: Endliche Mengen – Unendliche Mengen – Geordnete Mengen – Punktmengen – Zahlreiche Übungsaufgaben mit Lösungen – 56 Literaturhinweise.)

121. *Dieudonné, J., (L. Boll* und *K. Matthes),* Grundzüge der modernen Analysis. 2. Auflage, 388 S., Verlag Vieweg, Braunschweig 1973.
(Inhalt: Anfangsgründe der Mengenlehre – Reelle Zahlen – Metrische Räume – Eigenschaften der reellen Zahlengeraden – Normierte Räume – Hilbert-Räume – Räume stetiger Funktionen – Differentialrechnung – Analytische Funktionen – Ihre Anwendung auf die Topologie der Ebene – Existenzsätze – Elementare Spektraltheorie – Literatur.)

122. *Jeffrey, A.,* Mathematik für Naturwissenschaftler und Ingenieure.
Bd. 1 (*R. Janoschek*): Vektoren, Differential- und Integralrechnung. 385 S., 86 Abb., zahlreiche Aufgaben + ihre Lösungen, 18 Tabellen. Verlag Chemie, Weinheim 1973.
(Inhalt: Einführung in Mengen und Zahlen – Variable, Funktionen und Abbildungen – Folgen, Grenzwerte und Stetigkeit – Komplexe Zahlen und Vektoren – Differentiation von Funktionen – Exponentialfunktion, hyperbolische Funktionen und logarithmische Funktion – Grundlagen der Integralrechnung – Systematische Integration.)
Bd. 2 (*R. Janoschek* und *W. Engels*): Lineare Algebra, Vektor-Analysis, Differentialgleichungen. 378 S., 42 Abb., 5 Tabellen. Wieder zahlreiche Aufgaben/Lösungen. Verlag Chemie, Weinheim 1975.
(Inhalt: Lineare Transformationen und Matrizen – Funktionen einer komplexen Variablen – Skalare, Vektoren und Felder – Reihen – Der Satz von Taylor und seine Anwendungen – Differentialgleichungen und Geometrie – Differentialgleichungen erster Ordnung – Solche höherer Ordnung – Fourier-Reihen.)

123. *Klaua, D.,* Elementare Axiome der Mengenlehre. Einführung in allgemeine Mengenlehre I. 124 S., Verlag Vieweg, Braunschweig 1972.
IIa: Grundbegriffe der axiomatischen Mengenlehre. 134 S. – 1973.
IIb: 193 S. – 1973.

Anmerkung: Siehe auch Nr. 111 – (Nr. 109).
Die im Abschnitt „Mengenlehre" genannten Bücher unter Nr. 121 und Nr. 122 enthalten auch weitgehend andere mathematische Kapitel.

124. *Pirani, M.* und *J. Fischer,* Graphische Darstellung in Wissenschaft und Technik. 3. Auflage, 216 S., 104 Abbildungen. Göschen Bd. 728/728a. Verlag W. de Gruyter, Berlin 1957.
(Inhalt: Darstellung der Abhängigkeit zweier Größen mit unbekanntem theoretischen Zusammenhang – Darstellung bei bekanntem theoretischen Zusammenhang – Darstellung der Abhängigkeit von drei und mehr Größen – 268 Literaturangaben.)

125. *Schuster, F.,* gwf-Arbeitsblatt Nr. 26 (Febr. 1972): Anwendung graphischer Methoden I. R. Oldenbourg-Verlag, München.
(Inhalt: Funktionen $y = x$, $y = x^2$, $y = 10$: x bei verschiedener Koordinatenteilung – Graphische Dreistoff-Darstellung – Nomogramm zur Reduktion auf Normzustand.)

126. *Schuster, F.,* gwf-Arbeitsblatt Nr. 44 (Aug. 1973): Anwendung graphischer Methoden II. R. Oldenbourg-Verlag, München.
(Inhalt: Kurvendarstellung für $\log x$ und $1 : \log x$ entsprechend dem Arbeitsblatt Nr. 26. – Siehe Nr. 125.)

127. *Schwerte, H., W. Gütschow, I. Runge* und *F. Wolf,* Graphisches Rechnen. 2. Auflage, 147 S., 71 Abbildungen. Beuth-Verlag, Berlin 1929.
Zum graphischen Rechnen siehe auch Nr. 40.

128. *Haeder, W.,* Die Umstellung des Mollier-i,x-Diagramms auf kJ und mbar. 20 S., 3 Abb., 3 Tabellen. Verlag Haenchen und Jäh, Berlin-Charlottenburg 1962.
(Inhalt: Grundlagen und Diagramme für feuchte Luft.)

129. *Schuster, F.,* Über gasfachliche Erweiterungen des Mollier-i,x-Diagramms. Marhold-Verlag, Berlin.
1. Teil: Haustechn. Rdsch. 71 (1972), S. 238/240.
(Inhalt: Grundsätzliches und Anwendung auf Luft – 5 Abbildungen – 3 Literaturangaben.)
2. Teil: Haustechn. Rdsch. 71 (1972), S. 322/324.
(Inhalt: Anwendung auf Verbrennungsgase – Methan-Verbrennung als Beispiel, bezogen auf H_o und H_u des Brenngases – 2 Abb., 1 Tabelle.)

Anmerkung: Zum Mollier-i,x-Diagramm, das nach den SI-Kurzzeichen heute als Mollier-h,x-Diagramm zu bezeichnen ist, siehe ausführliche Behandlung in den Veröffentlichungen Nr. 153, 158, 160 u.a.

130. *Kemnitz, F.* und *R. Engelhard,* Große mathematische Formelsammlung. 64 + 49 S., Verlag Vieweg, Braunschweig 1975.
(Inhalt: Mathematische und naturwissenschaftliche Tafeln mit vierstelligen Logarithmen – Mathematische Formelsammlung betr. Logik und Beweismethoden – Mengenlehre – Relationen – Algebraische Strukturen – Zahlenmengen – Der Körper der reellen Zahl – Der Körper der komplexen Zahlen – Vektoren in der Geometrie – Systeme linearer Gleichungen – Allgemeine Gleichungen mit einer Variablen – Arithmetische und geometrische Folgen und Reihen – Geometrie – Analytische Geometrie – Analysis – Spezielle Funktionen – Kombinatorik, Statistik, Wahrscheinlichkeitsrechnung.)

131. *Küster, F. W. – A. Thiel – K. Fischbeck,* Logarithmische Rechentafeln. 84. bis 93. Auflage, 302 S., Verlag Walter de Gruyter & Co., Berlin 1962.

132. *Kusch, L.,* Mathematische und naturwissenschaftliche Formeln und Tabellen. 4. Auflage, 109 S., Girardet-Verlag, Essen 1976.
(Inhalt: Physikalische Tafeln – Umrechnung in SI-System – Chemische Tafeln – Physikalische Formeln – Mathematische Zeichen und Formeln.)

133. *Kusch, L.,* Fünfstellige Logarithmen und Zahlentafeln. 4. Auflage, 110 S., Verlag Girardet, Essen 1976.
(Inhalt: Briggsche Logarithmen – Logarithmen der trigonometrischen Funktionen – Natürliche Logarithmen – Zahlentafeln.)

134. *Müller, W. – E. Schulze,* Technische Tabellen und Formeln. 5. Auflage, 165 S., 114 Abb., 99 Tafeln. Göschen Bd. 579. Verlag Walter de Gruyter & Co., Berlin 1962.
(Inhalt: Wärme – Festigkeit – Maschinenelemente – Elektrotechnik.)

135. *Rottmann, K.,* Mathematische Formelsammlung. 2. Auflage, BI-Hochschultaschenbücher Bd. 13, 176 S., 31 Abbildungen. Verlag Bibl. Inst., Mannheim 1960.
(Inhalt: Mathematische Gleichungen und Formeln für Arithmetik – Algebra – Anwendungen – Geometrie – Analytische Geometrie – Koordinatensysteme – Spezielle Funktionen – Reihen und Reihenentwicklungen – Differentialrechnung – Integralrechnung.)

136. *Schlömilch, O.,* Fünfstellige logarithmische und trigonometrische Tafeln. 62 Auflage, 176 S., Verlag Vieweg, Braunschweig 1976.

137. *Bocker, P.,* Datenübertragung – Nachrichten in Datenfernverarbeitungssystemen. Springer-Verlag, Berlin/Heidelberg/New York.
Bd. 1: Grundlagen (Mitarbeiter: *H. H. Voss, S. Grützmann, J. Petersen*). 286 S., 140 Abbildungen – 1976.
(Inhalt: Nachrichtentechnische Grundbegriffe – Übertragungswege – Datenübertragungsverfahren – Berücksichtigung der Eigenschaften realer Übertragungswege bei der Datenübertragung – Grundlagen der Datenvermittlung.)
Bd. 2: Einrichtungen und Systeme (Mitarbeiter: *S. Grützmann, J. Peters, H. Finck, H. H. Voss*). 240 S., 111 Abbildungen – 1977.
(Inhalt: Datenübertragungseinrichtungen – Datenvermittlungseinrichtungen – Datennetze – Datenübertragung auf Kurzwellen – Funkverbindungen – Meßtechnik der Datenübertragung – Vereinbarungen und Richtlinien für Datenübertragung.)

138. *Schäpers, H. G.,* Grundlagen der Datenverarbeitung. 225 S., Verlag Girardet, Essen 1975.
(Inhalt: Grundbegriffe der Datenverarbeitung – Vergleiche zwischen mechanisierter und automatischer Datenverarbeitung – Bausteine einer Datenverarbeitungsanlage – Hardware/Software – Geschichte und Generationen von elektronischen Datenverarbeitungsanlagen – Gliederung von EDV-Systemen, Hersteller und Kosten, Kontrollfragen – Grundlagen der Codierung – Maschineninterne Darstellung von Daten – Redundanz – Fehlererkennung und Fehlersicherung – Schaltalgebra – Rechengesetze der Schaltalgebra – Datenhierarchie und Kommadarstellung – Befehlssystem – Grundlagen der Programmierung – Datenverarbeitung in der Zentraleinheit – Peripheriegeräte – Anwendungsmöglichkeiten und Verfahren.)

139. *Schumny, H.,* Taschenrechner-Handbuch. 120 S., 20 Abbildungen. Verlag Vieweg, Braunschweig 1976.
(Inhalt: Rechenlogik und Ausstattungsvarianten – Grundtypen und ihre Funktionsweisen mit Anwendungsbeispielen – Gewöhnliche Taschenrechner – Taschenrechner mit Funktionstasten, Hierarchie oder Klammertasten und Speicher – Taschenrechner mit Umgekehrter Polnischer Notation – Programmierbare Taschenrechner – Zusammenfassung, tabellarische Übersicht und Näherungsformeln.)

Physik, Physikalische Chemie, Wärmelehre, Thermodynamik

140. *Dietze, H.-D.,* Grundkurs in Theoretischer Physik. I/II. Universitätsverlag, Düsseldorf.
Bd. I: 304 S. – 1973.
(Inhalt: Mechanik eines Massenpunktes – Elektrische und magnetische Felder – Mechanik zweier Massenpunkte – Mechanik starrer Körper – Mechanik deformierbarer fester Körper.)

Bd. II: 316 S. – 1975.
(Inhalt: Elektrodynamik – Spezielle Relativitätstheorie – Quantentheorie – Kinetische Gastheorie – Thermodynamik.)

141. *Ebert, H.* und 42 Mitarbeiter, Physikalisches Taschenbuch. 5. Auflage, 617 S., 158 Abb., 170 Tabellen, 1 mehrfarbige Nuklidkarte. Verlag Vieweg, Braunschweig 1976.

142. *Haeder, W.* und *F. Pannier,* Physik der Heizungs- und Lüftungstechnik. 3. Auflage, 226 S., 109 Abb., 34 Tabellen. Verlag Carl Marhold, Berlin-Charlottenburg 1970.
(Inhalt: Gasfachlich wichtige und interessante Abschnitte – Grundbegriffe der Mechanik mit Einheitenübersicht – Wärme und Kälte – Thermodynamische Grundbegriffe betr. die Gesetze der Gase und Dämpfe – Wärmeübertragung – Wärme- und Kälteerzeugung – Wärme- und Kälteträger in Ruhe und Bewegung – Luftveränderungen.)

143. *Hammer, K.,* Grundkurs der Physik I. 213 S., 200 Abb., 25 Tabellen. Verlag R. Oldenbourg, München/Wien 1973.
(Inhalt: Mechanik fester Körper – Mechanik der Flüssigkeiten und Gase – Mechanische Schwingungen und Wellen – Wärmelehre.)

144. *Kittel, Ch. (R. Tilgner* und *J. Crone),* Physik der Wärme. Verlag R. Oldenbourg, München/Wien 1973.
(Inhalt: Vereinigung von Thermodynamik und statischer Mechanik – Grundlegende Begriffe – Anwendung auf Physik, Chemie, Ingenieurwissenschaften u.a.)

144a. *Orear, J. (D. Albert),* Grundlagen der modernen Physik. 3. Auflage, 568 S., 395 Abb., 13 Tabellen. C. Hanser-Verlag, München/Wien 1975.

145. *Stille, U.,* Messen und Rechnen in der Physik. 1. Auflage, 416 S., 6 Abb., 54 Tabellen, 35 Tafeln. Verlag Vieweg, Braunschweig 1955. – 2. Auflage 1961.
(Inhalt: Grundlegende Darstellung des Titelgebietes in den folgenden Teilen: Einführende Begriffsbestimmungen – Mechanik – Wärme und Strahlung – Elektrizität und Magnetismus – Akustik und Phonometrie, optische Strahlung und Photometrie – Konstantenwerte.)

145a. *Stuart, H. A.* und *G. Klages,* Kurzes Lehrbuch der Physik. 8. Auflage, 320 S., 359 Abbildungen. Springer-Verlag, Berlin/Heidelberg/New York 1977.
(Inhalt: Allgemeine Mechanik – Mechanische Eigenschaften der Stoffe – Schwingungs- und Wellenlehre, Akustik – Wärmelehre – Elektrizitätslehre – Optik und allgemeine Strahlungslehre – Atombau – Einige wichtige Konstanten der Physik.)

146. *Wahl, R.* und *A. Baumann,* Physik. 3. Auflage, 418 S., zahlreiche Abbildungen. Verlag Girardet, Essen 1975.
(Inhalt: Mechanik der festen Körper, der Flüssigkeiten und der Gase – Schwingungen und Wellen – Wärmelehre – Optik, die Lehre vom Licht – Elektrizitätslehre – Atomphysik – 52 S. Lösungen von Aufgaben.)

147. *Barrow, G. M. (G. W. Herzog),* Physikalische Chemie.
Bd. I: Einführung in die Gastheorie, Quantentheorie, Thermodynamik. 3. Auflage, 271 S., 67 Abb., 35 Tabellen. Verlag Vieweg, Braunschweig 1974.
Bd. II: Aufbau und Eigenschaften der Kerne, Atome und Moleküle. 2. Auflage, 279 S., 114 Abb., 21 Tabellen. Verlag Vieweg, Braunschweig, 1974.
Gesamtausgabe I/II: 885 S., 328 Abb., 119 Tabellen. Verlag Vieweg, Braunschweig 1973.
(Inhalt Bd. I: Die empirischen Gasgesetze – Die kinetische Gastheorie – Einführung in den Aufbau der Atome und Moleküle – Maxwell-Boltzmann-Statistik – Erster Hauptsatz der Thermodynamik – Thermochemie – Zweiter und dritter Hauptsatz der Thermodynamik – Freie Energie und freie Enthalpie – Statistische Interpretation und Berechnung der Entropie, der freien Enthalpie und der Gleichgewichtskonstanten – Einführende Literatur, 39 Angaben.)

148. *Rau, H.,* Einführung in die Physikalische Chemie. 250 S., 90 Abbildungen. Verlag Vieweg, Braunschweig 1977.
(Inhalt: I – Mikroskopische Systeme – Atom und Molekülbau – Entwicklung der Quantentheorie.
II – Makroskopische Systeme im Gleichgewicht – Aggregatzustände – Zwischenmolekulare Kräfte – Thermodynamische Grundbegriffe und mathematische Anforderungen – Der Energiesatz oder der 1. Hauptsatz der Thermodynamik – Der Entropiesatz oder der 2. Hauptsatz der Thermodynamik – Gleichgewichte.
III – Makroskopische Systeme im Potentialgefälle – Leitfähigkeit von Elektrolytlösungen – Elektrodenpolarisation – Chemische Reaktionskinetik.)

149. *Becker, R.,* Theorie der Wärme. Heidelberger Taschenbücher Bd. 10. 320 S., 124 Abbildungen. Springer-Verlag, Berlin/Heidelberg/New York 1966.
(Inhalt: Thermodynamik – Die beiden Hauptsätze der Wärmelehre – Die Entropie – Einige Anwendungen – Methode der Kreisprozesse – Thermodynamische Funktionen und allgemeine Gleichgewichte. Statistische Mechanik – Kinetische Gastheorie – Grundbegriffe der Mechanik – Mikrokanonische Gesamtheit – Kanonische Gesamtheit – Weitere Gesamtheiten – Quantenstatistik.
Ideale und reale Gase – Ideales Gas und Gasentartung – Reale Gase und Kondensation.
Der feste Körper – Kalorische Eigenschaften – Ordnung und Unordnung im Kristallgitter.
Schwankungen und BROWNsche Bewegung – Entropie und Wahrscheinlichkeit – BROWNsche Bewegung – Thermodynamik irreversibler Prozesse.
Literaturverzeichnis, geordnet nach – Allgemeine Lehrbücher – Thermodynamik – Kinetische Gastheorie – Klassische Statistik und Quantenstatistik – Ideale und reale Gase – Kondensation – Kalorische Eigenschaften fester Körper – Ordnung und Unordnung im Kristallgitter – Schwankungen und BROWNsche Bewegung – Thermodynamik irreversibler Prozesse.)

149a. *Brenig, W.,* Statistische Theorie der Wärme. 245 S., 87 Abb., 1 Blockdiagramm, 18 Tabellen. Springer-Verlag, Berlin/Heidelberg/New York 1975.
(Inhalt: Bestimmung der Gleichgewichtsverteilung – Thermodynamik des Gleichgewichts – Auswertung von Zustandssummen – keine Literaturangaben.)

150. *Berties, W.*, Übungsbeispiele aus der Wärmelehre. 11. Auflage, 267 S., 74 Abb., Zusammenstellung der Gleichungen. Verlag Vieweg, Braunschweig 1976.

151. *Brush, S. G.*, Kinetische Theorie. Bd. I (*R. Hofmann* und *Th. Görnitz*): Die Natur der Gase und der Wärme. 257 S., 6 Abbildungen. Verlag Vieweg, Braunschweig, 1970.
Bd. II (*G. Eisenreich*): Irreversible Prozesse. 314 S., 7 Abbildungen. Verlag Vieweg, Braunschweig 1970.
(Inhalt: Geschichtliche Darstellung, ergänzt durch Zusammenfassungen und Auszügen aus Originalveröffentlichungen von R. Boyle, I. Newton, D. Bernoulli, G. Gregory, J. R. Mayer, J. Joule, H. von Helmholtz, R. Claudius, J. C. Maxwell und anderen.)

152. *Cerbe, G.* und *H.-J. Hoffmann,* Einführung in die Wärmelehre. 309 S., 154 Abb., 28 Tafeln. G. Westermann-Verlag, Braunschweig 1968.
(Inhalt: Grundlagen der Wärmelehre – Zustandsänderungen des idealen Gases – Nichtumkehrbare Vorgänge und Zustandsgrößen zu ihrer Beurteilung – Das ideale Gas in Maschinen – Der Dampf und seine Anwendung in Maschinen – Mischung von Gasen und Dämpfen – Strömungsprozesse – Wärmeübertragung – Verbrennung – Aufgaben zu den einzelnen Abschnitten mit Lösungsangabe.)

152a. *Winter, F. W.*, Technische Wärmelehre – Grundlagen und ausgewählte Anwendungen. 9. Auflalge, 436 S., 429 Abb., 85 Tabellen, 32 Bildtafeln, 86 durchgerechnete Beispiele, 116 Übungen. Verlag Girardet, Essen 1975.
(Inhalt: Einheiten und ihre Systeme – SI-System – Wärmeerscheinungen – Ideale Gase – Reale Gase – Gasmischungen – Dämpfe – Wärmepumpen – Umrechnungsfaktoren – Polytropische Kompression und Expansion von Gasen – Gleichungen der Zustandsänderungen.)

153. *Baehr, H. D.*, Thermodynamik. 3. Auflage, 440 S., 271 Abb., zahlreiche Tabellen und 80 Beispiele. Springer-Verlag, Berlin/Heidelberg/New York 1973.
(Inhalt: Allgemeine Grundlagen – Der 1. Hauptsatz der Thermodynamik – Der 2. Hauptsatz der Thermodynamik – Thermodynamische Eigenschaften reiner Stoffe – Ideale Gase, Gas- und Gas-Dampf-Gemische – Stationäre Fließprozesse – Thermodynamik der Kälteerzeugung – Verbrennungsprozesse – Thermodynamik der Wärme- und Verbrennungs-Kraftanlagen – Einheiten und Tabellen als Anhang.)

154. *Baehr, H. D., H. Hartmann, H.-Chr. Pohl* und *H. Schomäcker,* Thermodynamische Funktionen idealer Gase für Temperaturen bis 6000 K. Springer-Verlag, Berlin/Heidelberg/New York 1968.

155. *Elsner, N.,* Grundlagen der Technischen Thermodynamik. 660 S., 277 Abb., Tabellen und Diagramme als Anhang. Bertelsmann Universitätsverlag, Düsseldorf 1973.
(Inhalt: Unterteilung in folgende Kapitel – Inhalt und Bedeutung der Thermodynamik – Der Thermodynamische Zustand und seine Beschreibung durch die thermischen Zustandsgrößen – Der erste Hauptsatz der Thermodynamik – Das vollkommene oder ideale Gas – Technische Verbrennungsprozesse – Der zweite Hauptsatz der Thermodynamik – Kreisprozesse – Dämpfe – Die feuchte Luft als Beispiel eines Gas-Dampf-Gemisches.
Bisher als Teil A = Grundlagen der Energielehre. Teil B betrifft die Wärmeübertragung – Grundbegriffe von der Wärmeübertragung – Wärmeleitung – Konvektion – Strahlung – Wärmeüberträger.)

156. *Falk, G.* und *W. Ruppel,* Energie und Entropie – Eine Einführung in die Thermodynamik. 408 S., 189 Abb., 4 Tabellen. Springer-Verlag, Berlin/Heidelberg/New York 1976.
(Inhalt: Die Energie und ihre Bedeutung – Energieumsetzungen und ihre Einteilung in Formen – Die Energieumsetzungen auf der Erde.
Energieformen – Die Energieform Rotationsenergie – Die Energieformen Bewegungsenergie, Kompressionsenergie, Oberflächenenergie, elektrische Energie – Die Energieform chemische Energie – Die Energieform Wärme.
System, Zustand, Prozeß – Die Gibbssche Fundamentalform eines Systems – Systeme und ihre Gibbs-Funktionen – Zerlegung von Systemen – Zustand und Prozeß.
Gleichgewichte – Gleichgewicht beim Austausch von Verschiebungsenergie, Bewegungsenergie, Rotationsenergie, Kompressionsenergie, Oberflächenenergie – Gleichgewichte beim Austausch geladener Teilchen – Thermisches Gleichgewicht.
Temperatur – Die Messung der Temperatur – Gasthermometer – Temperatur und Expansionsprozesse bei Gasen – Temperatur und Kreisprozesse – Die Temperatur magnetischer Systeme.
Entropie – Prozesse und ihre Realisierung – Reversibilität und irreversibilität – Die Messung der Entropie – Entropie und Wärmekapazitäten – Die Entropie von Gasen – Die Entropie von Festkörpern.
Die Hauptsätze – Der 1. Hauptsatz – Der 2. Hauptsatz – Systeme mit negativer Temperatur – Der 3. Hauptsatz – Der Absolutwert der Entropie.)

157. *Knoche, K. F.,* Technische Thermodynamik. 164 S., 144 Abb., 2 Tabellen. Verlag Vieweg, Braunschweig 1972.
(Inhalt: Grundbegriffe – Der erste Hauptsatz der Thermodynamik – Energieerhaltungsprinzip – Zustandsgleichungen und Zustandsänderungen – Kreisprozesse – Zweiter Hauptsatz der Thermodynamik – Zustandsgleichungen realer Gase – Gemische und Mischungsprozesse – Stationäre Verbrennungsprozesse – Strömungs- und Arbeitsprozesse – Energieumwandlung Wärme-Arbeit – 24 Literaturangaben.)

158. *Löffler, H. J.,* Thermodynamik I. Grundlagen und Anwendung auf reine Stoffe. 243 S., 125 Abb., 4 Tabellen. Springer-Verlag, Berlin/Heidelberg/New York 1969.
(Inhalt: Grundbegriffe und Definitionen – Thermodynamische Eigenschaften reiner Stoffe – Anwendung auf stationäre Prozesse ohne chemische Reaktionen – Anwendung auf Kreisprozesse ohne chemische Reaktionen – Thermodynamik der stationären Strömungsvorgänge – Kälteerzeugung durch reversibel adiabate Entmagnetisierung paramagnetischer Salze – Exergie und Anergie – Kurze Einführung in die Thermodynamik der irreversiblen Prozesse.)

159. *Löffler, H. J.,* Thermodynamik II. Gemische und chemische Reaktionen. 222 S., 73 Abb., 11 Tabellen. Springer-Verlag, Berlin/Heidelberg/New York 1969.
(Inhalt: Grundbegriffe und die drei Hauptsätze der Thermodynamik – Thermodynamik der Gemische/ideale und reale Gase – Thermodynamik chemischer Reaktionen – Ausgezeichnete Sachverzeichnisse in I und II.)

160. *Ražnjević, K.*, Thermodynamische Tabellen. 345 S., 125 Tabellen, 2 Mollier-Diagramme. VDI-Verlag, Düsseldorf 1977. (Inhalt: Feste Stoffe, Flüssigkeiten, Dämpfe und Gase-, Sättigungs- und Wärmeeigenschaften – Maßeinheiten.)

161. *Schmidt, E.*, Technische Thermodynamik. 11. Auflage (*K. Stephan* und *F. Mayinger*).
1. Bd.: Einstoffsysteme. 428 S., 193 Abb., 2 Tafeln. Springer-Verlag, Berlin/Heidelberg/New York 1975.
(Inhalt: Aufgabe und Grundbegriffe der Thermodynamik – Das thermodynamische Gleichgewicht und die empirische Temperatur – Erster und zweiter Hauptsatz der Thermodynamik – Thermodynamische Eigenschaften der Materie – Thermodynamische Prozesse – Strömende Bewegung von Gasen und Gas-Flüssigkeits-Gemischen – Luftstrahlantrieb – Dampftabellen für Wasser als Anhang.)
2. Bd.: Mehrstoffsysteme und chemische Reaktionen. 375 S., 128 Abbildungen. Springer-Verlag, Berlin/Heidelberg/New York 1977.
(Inhalt: Thermodynamik der Gemische – Thermodynamische Prozesse – Verbrennungserscheinungen und -rechnung – Einführung in die Thermodynamik der chemischen Reaktion – Übungsaufgaben.)

162. *Schuller, D.*, Thermodynamik – Methode zur Beschreibung stofflicher Systeme. 325 S., 25 Abb., 2 Tabellen. Verlag Vieweg, Braunschweig 1973.
(Inhalt: Definitionen und Vereinbarungen – Die thermische Zustandsgleichung – Die kalorische Zustandsgleichung – Zweiter Hauptsatz der Thermodynamik – Das thermodynamische Gleichgewicht – Das NERNSTsche Wärmetheorem – 46 Literaturangaben.)

163. *Spalding, D. B., S. Traustel* und *E. H. Cole,* Grundlagen der technischen Thermodynamik. 486 S., 183 Abb., 255 Hauptaufgaben mit zum Teil mehreren Unteraufgaben. Verlag Vieweg, Braunschweig 1965.
(Inhalt: Mechanische Einheiten – Arbeit – Temperatur – Wärme – Erster Hauptsatz der Wärmelehre – Der reine Stoff – Anwendung des ersten Hauptsatzes auf stationäre Strömungen – Eigenschaften reiner Stoffe – Der zweite Hauptsatz der Wärmelehre – Umkehrbarkeit – Die absolute Temperaturskala – Entropie – Exergie – Ideale Gase – Gasgemische – Brennstoffe und Verbrennung – Aufgaben-Lösungen – Zustandsgrößen des Wassers als Anhang.)

163a. *Wagner, W.*, Chemische Thermodynamik. 3. Aufl., 203 S., 22 Abb., 2 Tabellen. Verlag Vieweg, Braunschweig 1975.

Gas-Gleichgewicht (siehe auch „Vergasung")

164. *Barin, I.* und *D. Neuschütz,* Arch. Eisenhüttenwesen 46 (1975) Nr. 3, S. 159/164, 5 Abb., 2 Tabellen, 18 Literaturangaben: Berechnung der Gleichgewichtszusammensetzungen und Rußgrenzen im System C-CH_4-H_2O-CO_2.
(Inhalt: Rechenprogramm zur Ermittlung der thermodynamischen Gleichgewichte im Titel-System und Anwendungsbeispiele in der Technik.)

165. *Neuschütz, D., I. Barin* und *O. Knacke,* Thermodynamische Gleichgewichte bei der Erzeugung von Reduktionsgasen. VDEh/Betriebsforschungsinstitut, Düsseldorf.
Teil 1: Das System H_2-CO-CO_2-H_2O-CH_4. BFI-Bericht Nr. 86 (Febr. 1970), 56 S., 7 Abb., 40 Tabellen-Seiten Gleichgewichtszusammensetzungen, 10 Literaturangaben.
Teil 2: Das System C_{sol}-H_2-CO-CO_2-H_2O-CH_4. BFI-Bericht Nr. 166 (April 171), 57 S., 3 Abb., 39 Tabellen-Seiten Gleichgewichtszusammensetzungen, 8 Literaturangaben.

166. *Möller, F.,* Schutzgase aus Erdgas – Berechnung der Gleichgewichtsgase und ihre graphische Darstellung. 122 S., 23 Abb., 4 Arten von Berechnungs-Formblättern. R. Oldenbourg-Verlag, München/Wien 1971. Schriftenreihe Gas · Erdgas 3.
(Inhalt: Graphische Darstellungen im Hoffmann-Diagramm, gestützt auf die Rohstoffzusammensetzung durch das H_2/C-Verhältnis.)

Vergasung

167. *Bošnjaković, F.,* Wärmediagramme für Vergasung, Verbrennung und Rußbildung. 150 S., 111 Abb., 79 Tafeln. Springer-Verlag, Berlin/Göttingen/Heidelberg 1956.
(Inhalt: Das i, ψ-Diagramm der Vergasung – Das i,ζ-Diagramm der Verbrennung und Vergasung – Über die Rußbildung – 17 Literaturangaben.)

168. *Meunier, J. (H. Paetzold),* Vergasung fester Brennstoffe und oxydative Umwandlung von Kohlenwasserstoffen. 576 S., 105 Abbildungen. Verlag Chemie, Weinheim 1962.
(Inhalt: Theoretische Grundlagen und industrielle Anwendung der oxydativen Brennstoffumwandlung. Über 350 Literaturangaben mit Anhang von etwa 160 neueren Veröffentlichungen mit Kurzreferaten zum Titelthema.)

169. *Schuster, F.,* gwf-Arbeitsblatt Nr. 14 (Febr. 1971): Vergasungs- und Spaltungsreaktionen und ihre Gleichgewichtskonstanten. R. Oldenbourg-Verlag, München.

170. *Schuster, F.,* gwf-Arbeitsblatt Nr. 35 (Nov. 1972) und Nr. 36 (Dez. 1972): Brenngas-Zusammensetzung und Vergasungs-Diagramm I und II. R. Oldenbourg-Verlag, München.
(Inhalt: Anwendung des Hoffmann-Vergasungs-Vierecks auf Gas-Paraffin- und -Olefinkohlenwasserstoffe als Vergasungsgrundstoffe.)

171. *Schwarz-Bergkampf, E.,* Vergasungs- bzw. Spaltgase von Koks, Kohle, Benzol, Erdöl bzw. Erdgas mit Luft-Wasserdampf-Gemischen. High-Temperatures-High-Pressures 1975/Volum 7, S. 457/465, 5 Abb., 1 Tabelle, 7 Literatur-Hinweise.
(Inhalt: Vergasungsgleichungen – Zusammensetzung der Gleichgewichtsgase bei 1 atm zwischen 500 und 1000 °C für C, $CH_{0,64}$, C_6H_6, C_nH_{2n}, CH_4 bei verschiedener H_2O_D-Sättigung der Vergasungsluft.)

172. *Wurzbacher, G.,* Vergasung als erster Schritt zur Nutzung der Kohle als Brennstoff und Rohstoff. Chemie-Techn. 6 (1977), Heft 8, S. 317/325, 15 Abb., 2 Tabellen, 22 Literaturangaben.
(Inhalt: Für Vergasung maßgebliche Braun- und Steinkohle-Eigenschaften – Gleichgewichtsreaktionen – Vergasungsgeschwindigkeit – Grundformen von Vergasungsanlagen – Moderne Großverfahren.)
Siehe auch Nr. 40.

Verbrennung, Feuerungstechnik, Industriegase

173. *Boie, W.,* Vom Brennstoff zum Rauchgas. 102 S., 79 Abb., 23 Tafeln, 66 Literaturangaben. Teubner-Verlag, Leipzig 1957.
(Inhalt: Feuerungstechnisches Rechnen mit Brennstoffkenngrößen und Vereinfachung mit Mitteln der Statistik –
Teil I: Die Verbrennungsrechnung mit dimensionslosen Kenngrößen –
Teil II: Angenäherte Verbrennungsrechnung –
Teil III: Heizwert als Brennstoffkenngröße –
Teil IV: Rauchgasenthalpie und Verbrennungstemperatur – Wärmeverluste – Feuerraumendtemperatur – Feuerraumabmessungen.)

174. *Freytag, H. H.* und 18 Mitautoren, Handbuch der Raumexplosionen. 664 S., 194 Abb., 97 Tabellen. Verlag Chemie, Weinheim 1965.
(Inhalt: Verbrennungsvorgang in der Gasphase – Sphärische Detonationen – Eigenschaften brennbarer Gase und Dämpfe – Eigenschaften brennbarer Stäube und Nebel in Luft – Änderung der Eigenschaften raumexplosionsfähiger Systeme durch Erhöhung oder Verringerung der Sauerstoff-Konzentration der Luft – Elektrische Anlagen als Zündquellen – Ausgleichsströme und ihre Zündgefahren – Schaltfunken, Eigensicherheit, Hochfrequenzfunken – Elektrostatische Aufladungsvorgänge und ihre Zündgefahren – Reib- und Schlagfunken als Zündquelle – Selbstentzündliche Stoffe – Pyrophore Schwefelverbindungen – Licht- und Wärmestrahlung – Sonstige Zündquellen – Vermeidung von Raumexplosionen durch Gestaltung und Führung des Betriebs – Explosionsdruck-Entlastung – Brandbegrenzung und Brandbekämpfung – Ausführliches Sachverzeichnis.)
Siehe hierzu auch Nr. 40, 259.

175. *Gaz de France,* Combustibles Gazeux et Principes de la Combustion. 62 S., 4 Abb., 17 Diagramme, 12 Tabellen. Brochures Techniques Documentaires BT 104, Paris 1972.
(Inhalt: Konzentrierte Zusammenfassung wichtiger Brenngas-Eigenschaften und Verbrennungsgrundlagen – Übersicht der gebräuchlichen Brenngase und ihrer wichtigsten Eigenschaften – Verbrennungsgrundlagen/Wärmewert und theoretische Verbrennungstemperatur – Physikochemische Studie der Verbrennung/Luftzahl, Verbrennungsarten, Verbrennungs-Diagramme nach Ostwald usw. – Verbrennungswirkungsgrad – Flammeneigenschaften – Austauschbarkeit – Ostwald-Diagramme für die Verbrennung von Erdgasen verschiedener Herkunft, Flüssiggasen, Kokereigas und Spaltgas von Stadtgasart.)

176. *Günther, R.* mit *H. Wilhelmi, G. Janisch, R. Kleine* und *H. Tietze,* Verbrennung und Feuerungen. 432 S., 257 Abb., 39 Tabellen. Springer-Verlag, Berlin/Heidelberg/New York 1974.
(Inhalt: Flammen und Teilvorgänge der Verbrennung – Brennstoffe und Verbrennung – Vormischflammen – Freistrahlen und Diffusionsflammen gasförmiger Brennstoffe – Flamme und Feuerraum – Ölverbrennung – Verbrennung fester Brennstoffe – Sonderformen von Feuerungen – Wärmeübertragung in Feuerungen – Wärmewirtschaft der Feuerungen – Schäden an Umwelt und Anlagen – Abfallverbrennung – Physikalische und mathematische Modelle von Feuerungen – Literaturhinweise in den einzelnen Abschnitten und zusammenfassende Buchliteratur – Hochwissenschaftlich-theoretische Stoffbehandlung.)

177. *Hausen, H.,* Wärmeübertragung im Gegenstrom, Gleichstrom und Kreuzstrom. 429 S., 215 Abbildungen. 2. Auflage. Springer-Verlag, Berlin/Heidelberg/New York 1976.
(Inhalt: Wärmeübertragung und Druckabfall, vorwiegend in Rohren und Kanälen – Rekuperatoren – Regeneratoren.)

178. *Heiligenstaedt, W.,* Wärmetechnische Rechnungen für Industrieöfen. 4. Auflage, 600 S., 181 Abb., 159 Tafeln. Verlag Stahleisen, Düsseldorf 1966.
(Inhalt: Verbrennungstechnische Grundlagen – Ihre Anwendung – Ihre Anwendung auf die Berechnung von Öfen – 43 Literaturangaben.)

179. *Hostalier, P. (F. Schuster),* Die Industriellen Gasbrenner. 224 S., 143 Abbildungen. R. Oldenbourg-Verlag, München/Wien 1974.
(Inhalt: Leucht- und Vormischungsflammen – Gasdüsenberechnung – Ansaugmischer – Meßeinheiten – Mischsysteme – Atmosphärische Freiflammenbrenner – Vormischungsbrenner – Brenner ohne Vormischung – Monoblockbrenner mit Gebläseluft – Kombinationsbrenner und Mischbrenner – Infrarotstrahler – Hochtemperatur-Strahlrohre – Intensivbrenner – Tauchrohre und Unterwasserbrenner – Luftstrombrenner – Löt-, Schweiß- und Schneidbrenner – Brennerklassifikation – Brennerzubehör.)

180. *Jost, W.,* Explosions- und Verbrennungsvorgänge in Gasen. 608 S., 277 Abb., 123 Tabellen. Verlag J. Springer, Berlin 1939.
(Inhalt: Ausgezeichnete grundlegende Darstellungen mit Vorliteratur und ausführlichem Sachverzeichnis – Selbstzündung als Wärmephänomen – Funkenzündung – Fortpflanung von Explosionen – Explosionen in geschlossenen Gefäßen – Detonation – Flammen nicht vorgemischter Gase – Flammentemperaturen – Flammenstrahlung – Kinetik der Verbrennung – Kinetik der Explosionsvorgänge – Knallgas- und Kohlenoxidverbrennung – Funkenzündung durch elektrische Entladungen – Verbrennung von Kohlenwasserstoffen – Verbrennung im Otto- und Dieselmotor – Gebietszusammenfassung.)

181. *Krienke, C. F., O. Patow* und *W. Stubenvoll,* Energie nach Maß. 81 S., 93 Abb., Tabellen zu Mengenbildern. Esso, Hamburg 1975.
(Inhalt: Allgemeine Hinweise zur sinnvollen Energie-Verwendung in der Haustechnik – Energieverbrauch der Haushalte – Der Mensch und das Haus – Arten von Wärmeverbrauchs-Anlagen – Wirtschaftlichkeit von Wärmeverbrauchsanlagen – Zukunft der Energieversorgung – 51 Literaturhinweise.)

Siehe auch den Abschnitt „Energie".

182. *Lewis, B.* und *G. von Elbe,* Combustion, Flames and Explosions of Gases. 2. Auflage, 731 S., 342 Abb., zahlreiche Tabellen. Academic Press Inc., New York und London 1961.
(Inhalt: In bestimmtem Sinn moderne Fortsetzung der grundlegenden Arbeit von W. Jost/Nr. 180. – Chemistry and Kinetics of the Reactions between Gaseous Fuels and Oxidants – Flame Propagation – State of the burnt Gas – Problems in Technical Processes – Als Anhang wertvolle Tabellen mit Zahlenwerten für Thermochemische Berechnungen, Zündgrenzen, Verbrennungstemperaturen.)

183. *Niepenberg, H. P.,* Die Industriefeuerung. Aufsatzsammlungen. Vulkanverlag, Essen.
Heft 1 (1972): Industrielle Feuerungen und Begleiterscheinungen. 54 S., 101 Abb., 4 Tabellen, 32 Literaturangaben.
Heft 2 (1973): Erdgas-Übernahme- und Reduzierstationen für Kraftwerke und Großabnehmer. 38 S., 61 Abb., 9 Literaturangaben.
Heft 3 (1974): Sicherheit und Flammenüberwachung in geschlossenen Feuerräumen. 52 S., 74 Abb., 2 Tabellen, 24 Literaturangaben.
Heft 4 (1974): Die Umwelt – Die industrielle Anwendung flüssiger und gasförmiger Brennstoffe. 39 S., 43 Abb., 7 Tabellen, 71 Literaturangaben.
Siehe hierzu auch Nr. 253a bis 260.

184. *Pflaum, W.* (und im Teil I mit *F. Zacharias*), MOLLIER-Diagramme für Verbrennungsgase. 2. Auflage, 61 S. Text, 55 Arbeitsblätter, 3 Falttafeln, 48 Abb., 8 Tabellen. VDI-Verlag, Düsseldorf 1974.
(Inhalt von Teil II: Anwendungen auf die Kolbenverbrennungskraftmaschine/Kolbenmotor und die Gasturbine.)

185. *Ruhrkohlen-Handbuch,* Anhaltszahlen, Erfahrungswerte und praktische Hinweise für industrielle Verbraucher. 5. Auflage, 495 S., Verlag Glückauf, Essen 1969.
(Inhalt: Einteilung, Qualitätsmerkmale, Untersuchung und Eigenschaften der Ruhr-Brennstoffe – Verbrennung – Technische Anwendungsgebiete – Reinhaltung der Luft – Lagerung, Umschlag und Transport – Meßtechnik – Physikalische und chemische Zahlenwerte.)

186. *Schuster, F.,* Verbrennungslehre – Brennstoff- und Verbrennungs-Grundlalgen. 278 S., 58 Abb., 43 Tabellen. R. Oldenbourg-Verlag, München/Wien 1970. Schriftenreihe Gas · Erdgas 2.
(Inhalt: Dimension und Einheit – Energie im Dasein der Menschen – Brennstoffe als Grundlage der Verbrennung – Luft als Partner der Verbrennung – Einzelvorgänge bei Verbrennungen – Systematisch gegliederte Literaturübersichten zu den Einzelbegriffen.)

187. *Schuster, F.,* gwf-Arbeitslbatt Nr. 11 (Nov. 1970): Brennwert H_o und Heizwert H_u. R. Oldenbourg-Verlag, München.
(Inhalt: Werte nach DIN 51850/1962 und sich daraus ergebende Gesetzmäßigkeiten, vor allem für den Wärmewert-Quotienten. Energieeinheit nur kcal.)

188. *Schuster, F.,* gwf-Arbeitsblatt Nr. 47 (Nov. 1973): Temperaturabhängigkeit der Zünd- oder Flammengeschwindigkeit. R. Oldenbourg-Verlag, München.
(Inhalt: Berechnung nach einer von *P. Delbourg* angegebenen Gleichung für laminare und turbulente Strömung bis 500 °C.)

189. *Schuster, F.,* gwf-Arbeitslbatt Nr. 23 (Nov. 1971): Wasser-Taupunkt von Verbrennungsgasen. R. Oldenbourg-Verlag, München.
(Inhalt: Gas-Paraffinkohlenwasserstoffe, Spaltgase, Luftgase, Erdgas für Verbrennungsluft von Taupunkten zwischen 0 und 25 °C bei Luftzahlen von 1 bis 10.)

190. *Schuster, F.,* gwf-Arbeitsblatt Nr. 29 (Mai 1972): Zündgrenzen, Luftzahlen, Wärmewerte. R. Oldenbourg-Verlag, München.
(Inhalt: Zündgrenzen von Modellgasen nach der Gleichung von *H. Le Chatelier* – Luftzahlen und Wärmewerte an den Zündgrenzen – Einheit der Energie nur kcal.)

191. *Schuster, F.,* gwf-Arbeitsblatt Nr. 39 (März 1973): Mittlere spezifische Wärmekapazität der Verbrennungsgase von Einzelgasen. R. Oldenbourg-Verlag, München.
(Inhalt: Berechnung mittels der sich ausschließlich auf kcal beziehenden Grundwerte – 0 bis 1500 °C für die Verbrennung von Wasserstoff, Kohlenstoff, Methan, Propan, Olefinen, Kohlenmonoxid bei Luftzahlen von 1 bis 5.)

192. *Schuster, F.,* gwf-Arbeitsblatt Nr. 43 (Juli 1973): Enthalpie (fühlbarer Wärmeinhalt) und feuerungstechnischer Wirkungsgrad der Verbrennungsgase von H_2, CO und CH_4. R. Oldenbourg-Verlag, München.
(Inhalt: Werte für Luftzahlen von1 bis 5 mit nur kcal als Energieeinheit.)

193. *Schuster, F.,* gwf-Arbeitsblatt Nr. 51 (März 1974): Enthalpie der Verbrennungsgase und feuerungstechnischer Wirkungsgrad für Propan und Butan. R. Oldenbourg-Verlag, München.
(Inhalt: entsprechend 192.)

194. *Schuster, F.,* gwf-Arbeitsblatt Nr. 53 (Mai 1974): Verbrennungsgleichungen und Verbrennungskenngrößenwerte der Modellgase I. R. Oldenbourg-Verlag, München.
(Inhalt: Verbrennungsgleichungen.)

195. *Schuster, F.,* gwf-Arbeitsblatt Nr. 55 (Juli 1974): Verbrennungsgleichungen und Verbrennungskenngrößenwerte II. R. Oldenbourg-Verlag, München.
(Inhalt: Sauerstoff- und Luftbedarf – Verbrennungsgasemenge trocken und feucht – Zusammensetzung der Verbrennungsgase.)

196. *Schuster, F.,* gwf-Arbeitsblatt Nr. 58 (Okt. 1974): Enthalpie (fühlbarer Wärmeinhalt) der Verbrennungsgase gasförmiger Olefine und feuerungstechnischer Wirkungsgrad. R. Oldenbourg-Verlag, München.
(Inhalt: entsprechend Nr. 192 und 193 – Nur kcal als Energieeinheit.)

197. *Schuster, F.,* gwf-Arbeitsblatt Nr. 59 (Nov. 1974): Mittlere spezifische wärmekapazität der Verbrennungsgase von Vergasungsgasen. R. Oldenbourg-Verlag, München.
(Inhalt: entsprechend Nr. 191 – Als Energieeinheit nur kcal.)

198. *Schuster, F.*, gwf-Arbeitsblatt Nr. 60 (Dez. 1974): Enthalpie der Verbrennungsgase von Vergasungsgasen und feuerungstechnischer Wirkungsgrad. R. Oldenbourg-Verlag, München.
(Inhalt: entsprechend Nr. 192, 193, 196 – Nur kcal als Energieeinheit.)

199. *Schuster, F.*, gwf-Arbeitsblatt Nr. 69 (Sept. 1975): Mittlere spezifische Wärmekapazität der Verbrennungsgase technischer Sondereinzelgase sowie ihr feuerungstechnischer Wirkungsgrad. R. Oldenbourg-Verlag, München.
(Inhalt: entsprechend Nr. 192, 193, 196, 198 – Anwendung auf Mischgase mit Kokereigas als einer Komponente – Energieeinheit nur kcal.)

200. *Schuster, F.*, gwf-Arbeitsblatt Nr. 70 (Okt. 1975): Mittlere spezifische Wärmekapazität der Verbrennungsgase von Kohlenwasserstoff-Spaltgasen (Stadtgas-Qualität). R. Oldenbourg-Verlag, München.
gwf-Arbeitsblatt Nr. 71 (Nov. 1975): Ergänzung durch feuerungstechnischen Wirkungsgrad.
(Inhalt: entsprechend Nr. 192. 193, 196, 198 – Anwendung auf konvertierte und nicht-konvertierte Stadtgase – Als Energieeinheit nur kcal.)

201. *Schuster, F., G. Leggewie* und *I. Škunca,* Gas – Verbrennung – Wärme. 224 S., 100 GWI-Arbeitsblätter. Vulkan-Verlag, Essen 1964.
(Inhalt: Durch Kurven-Diagramme ergänzte GWI-Arbeitsblätter mit 71 Abb., systematisch aufgeteilt in den Kapiteln „Bezeichnungen, Begriffe, Einheiten – Brennstoffe und ihre Eigenschaften – Luft – Zündung – Verbrennung – Wärmetechnische Daten – Sonstiges – Beziehungen auf kcal als Energieeinheit".)

202. *Škunca, I.*, Der Verlag hat mit gleichem Titel und gleicher systematischer Inhaltsaufteilung weitere 100 GWI-Arbeitsblätter mit zum Teil starker Überschneidung des Inhalts Band I zusammenstellen lassen (u.a. 19 von *F. Schuster.*) Essen 1973.

203. *Schwarz-Bergkampf, E.*, Brennstellen im Betrieb. 64 S., 17 Abb., 3 Tabellen. Carl Hanser-Verlag, München 1964.
(Inhalt: Wärmeeinheiten und Heizwärmen der Grundstoffe – Brennstoffe – Verbrennungsgrößen – Transporteinrichtungen – Brenner für feste, flüssige und gasförmige Brennstoffe – Brennereinsatz in den Industrieöfen – Fehler und Abfälle bei der Verbrennung – Wirtschaftlichkeits-Kenngrößen und -Einrichtungen – Messungen, Analysen und Regelung – Betriebsrichtlinien.)

204. *Thomas, H.-J.*, Thermische Kraftanlagen. 386 S., 278 Abbildungen. Springer-Verlag, Berlin/Heidelberg/New York 1975.
(Inhalt: Grundlagen und Grundbegriffe – Thermische Kreisläufe – Gasfachlich interessant: Thermische Turbomaschinen – Entwicklungsprobleme und -tendenzen – Planung, wirtschaftlicher Einsatz, Einheiten, Formelzeichen, Sinnbilder, statistische Verbrennungsgleichungen nach *Boie* für Erdgas – 279 Literaturangaben.)

205. *VDI*, Wärme-Atlas – Berechnungsblätter für den Wärmeübergang/Loseblattausgabe. 2. Auflage, 423 S., zahlreiche Abbildungen und Tabellen.

206. *VDI*, Wärmetechnische Arbeitsmappe. 54 VDI-Regeln und Richtlinien (Stand Febr. 1976) = VDI-Handbuch Energietechnik, Teil 1. Düsseldorf.

207. *VDI*, Wärmetechnische Arbeitsmappe. Teil 2 = Handbuch Energietechnik. 11. Auflage, 133 Arbeitsblätter (Loseblattausgabe). Düsseldorf 1976.
(Inhalt: Grundlagen und Allgemeines – Stoffeigenschaften – Wärmeübertragung – Brennstoffe und Verbrennung – Dampferzeuger und Wasseraufbereitung – Dampfturbinenanlagen und Wärmekraftprozesse – Rohrleitung und Dampfspeicherung – Pumpen, Ventilatoren und Verdichter – Verbrennungskraftmaschinen.)

208. *Winter, F. W.*, Technische Wärmelehre. – Siehe Nr. 152a.

Strömungslehre, Strömungstechnik, Gasdynamik

209. *Albring, W.*, Angewandte Strömungslehre. 5. Auflage. 475 S., 450 Abbildungen. Verlag Steinkopf, Dresden 1977.

210. *Becker, E.*, Technische Strömungslehre. 3. Auflage, 144 S., 122 Abbildungen. Teubner-Verlag, 1974.
(Inhalt: Definition und Eigenschaften einer Flüssigkeit – Hydrostatik – Bernoullische Gleichung – Impulssatz für stationäre Strömung – Flügelgitter und Einzelflügel – Ebene Schichtenströmung einer zähen Flüssigkeit – Rohrströmung – Grenzschichten – Eulersche und Navier-Stokessche Gleichungen der Hydrodynamik – Übungsaufgaben und Lösungen.)

211. *Becker, E.* und *E. Piltz,* Übungen zur Technischen Strömungslehre. 120.S., 168 Abbildungen. Teubner-Verlag 1971.
(Inhalt: Hydrostatik – Bernoullische Gleichung – Impulssatz – Strömungsmaschinen, Drallsatz, Gitter – Ebene Schichtenströmung – Rohrströmung – Lösungen.)

212. *Eck, B.*, Technische Strömingslehre. 7. Auflage, 466 S., 488 Abbildungen. Springer-Verlag, Berlin/Heidelberg/ New York 1966.
(Inhalt: Hydrostatik – Bewegungslehre – Einfluß der Reibung bei ablösungsfreien Strömungen – Das Ablösungsproblem – Bewegung fester Körper in strömenden Medien – Strömung um Schaufeln und Profile – Kavitation – Gasdynamik – Strömungstechnische Messungen – Literatur.)

213. *Jogwich, A.*, Strömungslehre. 463 S. mit zahlreichen Abbildungen und Tabellen, 6 Falttafeln. Verlag W. Girardet, Essen 1975.
(Inhalt: Mechanik ruhender Flüssigkeiten und Gase – Verlustfreie Gasströmung – Reibungsbehaftete Strömung – Widerstand angeströmter Körper – Durchflußmessungen mit Drosselgeräten – Instationäre Strömung – Erweiterte Energiegleichung – Literatur.)

213a. *Rechten, A. W.*, Fluidik – Grundlagen, Bauelemente, Schaltungen. 244 S., 169 Abb., 2 Tabellen. Springer-Verlag, Berlin/Heidelberg/New York 1976.
(Inhalt: Begriffe der Fluidik – Fluide, Begriffe und Definitionen – Allseitig geführter Fluidstrom – Allseitig freier Fluidstrom/Fluidstrahl – Teilweise geführter Fluidstrom – Steuerungen von Strömungselementen – Freistrahl-

elemente – Haftstrahlelemente – Wirbelkammerverstärker – Andere aktive Strömungselemente – Passive Strömungselemente – Fluidische Aufnehmer/Fühler, Sensoren, Wandler – Mechanische Fluidikelemente – Baugruppen mit Strömungselementen – Fluidische Schaltungen/Anwendungsbeispiele – Praktische Ausführungen von Strömungselementen – Bildzeichen der Fluidik.)

214. *Rotta, J. C.*, Turbulente Strömungen. 267 S., 104 Abbildungen. Teubner-Verlag, 1972.

215. *Stelzer, F.*, Wärmeübertragung und Strömung. 323 S., 112 Abb.,im Text, 20 bebilderte Leitblätter, 20 Zahlentafeln/Tabellen, 12 Stoffwert-Diagramme. Verlag Karl Thiemig, München 1971.
(Inhalt: Grundgesetze, Größen und Einheiten – Wärmeleitung – Strömung – Zusammenwirken von Wärmeleitung und Strömung/Konvektion – Strömungen mit erheblichen Dichteunterschieden/Gasdynamik – Wärmeübergang mit Änderung des Aggregatzustandes – Aus Wärmeleitung und Konvektion zusammengesetzte Wärmeübertragung – Wärmeübertragung durch Strahlung – Aus Wärmeleitung, Konvektion und Wärmestrahlung zusammengesetzte Wärmeübertragung – Wärmeisolation – 12 Literaturhinweise – Einheiten-Umrechnungstafeln.)

216. *Tietjens, O.*, Strömungslehre – Physikalische Grundlagen vom technischen Standpunkt.
Bd. 1: 536 S., 496 Abb., 1 Fadenkreuz, Hydro- und Aerostatik/Bewegung der idealen Flüssigkeit. Springer-Verlag, Berlin/Göttingen/Heidelberg 1960.
(Inhalt: Eigenschaften der Flüssigkeiten und Gase – Gleichgewicht und Stabilität – Oberflächenspannung, Kapillarität – Potentialströmung einer inkompressiblen Flüssigkeit ohne freie Oberflächen – Zweidimensionale Potentialströmung ohne freie Oberflächen – Strömungen mit freien Oberflächen – Strömung mit Rotation und Wirbelbewegung.)
Bd. 2: 440 S., 280 Abbildungen. Bewegung der Flüssigkeiten und Gase. Springer-Verlag, Berlin/Heidelberg/New York 1970.
(Inhalt: Auswirkungen der Zähigkeit – Prandtlsche Grenzschicht – Turbulenz – Einführung in die Gasdynamik.)

217. *Wieghardt, K.*, Theoretische Strömungslehre. 2. Auflage, 237 S., 99 Abbildungen. Teubner-Verlag, 1974.

218. *Zierep, J.*, Ähnlichkeitsgesetze und Modellregeln der Strömungslehre. 138 S., 38 Abbildungen. Verlag G. Braun, Karlsruhe 1972.
(Inhalt: Problemstellung und Beispiele – Historische Bemerkungen – Wie gelangt man zu Ähnlichkeitsgesetzen? – Was bedeuten sie – Theorie zur Herleitung der Ähnlichkeitsgesetze – Dimensionsanalyse/ Das -Theorem von *Buckingham* – Fractional Analysis – Ähnlichkeitsaussagen durch Transformation der Variablen – Gasdynamische Ähnlichkeitsgesetze – Lineare Unter- und Überschallströmung – Schallnahe Strömungen – Hyperschallströmungen – Nichtgleichgewichtsvorgänge – Symbole – Literatur.)

219. *Bartlmä, F.*, Gasdynamik der Verbrennung. 247 S., 125 Abbildungen. Springer-Verlag, Wien/New York 1975.
(Inhalt: Mechanik der Gase = Gasdynamik – Mechanik der Flüssigkeiten – Strömungen – Hydro-, Aerodynamik – Strömungslehre – Verbrennungstechnik – Feuerungstechnik.)

220. *Becker, E.*, Gasdynamik. 248 S., 117 Abbildungen. Teubner-Verlag, Stuttgart 1965.
(Inhalt: Thermodynamische Grundlagen – Kontinuumsmechanische Grundlagen – Reibungsfreie Strömungen – Strömungen mit Reibung.)

221. *Oswatitsch, K.*, Grundlagen der Gasdynamik. 725 S., 309 Abb., 3 Tafeln. Springer-Verlag, Berlin/Heidelberg/New York 1976.
(Inhalt: Thermodynamik – Stationäre Fadenströmung – Instationäre Fadenströmung – Anwendung der Integralsätze – Gleichungen und spezielle Lösungen der stationären, reibungsfreien ebenen und achsensymmetrischen Strömung – Lösungseigenschaften bei der Umströmung schlanker Körper, Randbedingungen – Stationäre, reibungsfreie ebene und achsensymmetrische Unterschallströmung – Stationäre, reibungsfreie ebene und achsensymmetrische Überschallströmung – Strömungen mit Reibung.)

222. *Zierep, J.*, Theoretische Gasdynamik. 3. Auflalge, 506 S., 241 Abb., 3 Tabellen, 2 Tafeln, 156 Übungsaufgaben. Verlag G. Braun, Karlsruhe 1976.
(Inhalt: Thermodynamische Hilfsmittel – Stationäre Stromfadentheorie mit und ohne Verdichtungsstoß – Erhaltungssätze in integraler und differentieller Form – Die Stoßgleichungen sowie Auftrieb und Widerstand eines Körpers – Lineare Wellenausbreitung – Nichtlineare Wellenvorgänge – Linearisierte zweidimensionale, stationäre Strömungen – Nichtlineare zweidimensionale, stationäre Strömungen – Linearisierte stationäre Umströmung von schlanken Rotationskörpern – Nichtlineare achsensymmetrische Strömungen – Tragflügelströmungen – Einführung in die gasdynamischen Ähnlichkeitsgesetze – Stationäre, schallnahe Strömungen – Stationäre Hyperschallströmungen · Literatur: 17 Bücher über Gasdynamik, 23 Spezialwerke über Teilgebiete der Gasdynamik – 14 zusammenfassende Darstellungen, 6 Bücher über den Reibungseinfluß, 4 Tabellen und Tafelwerke, 9 einschlägige mathematische Werke.)

Anmerkung: Zum Unterabschnitt „Gasdynamik" siehe auch Nr. 223 bis 241.

Regelungslehre, Regeltechnik, Datenverarbeitung

223. *Bauer, F. L.* und *G. Goos*, Informatik I. 2. Auflage, 220 S., 111 Abb., 6 Tabellen. Heidelberger Taschenbücher Bd. 80. Springer-Verlag, Berlin/Heidelberg/New York 1973.
(Inhalt: Einführende Übersicht – Information und Nachricht – Begriffliche Grundlagen der Programmierung – Maschinenorientierte algorithmische Sprachen – Schaltnetze und Schaltwerke – Zahlensysteme – 28 Literaturangaben.)

224. *Bauer, F. L.* und *G. Goos*, Informatik II. 200 S., 69 Abbildungen. Heidelberger Taschenbücher Bd. 91. Springer-Verlag, Berlin/Heidelberg/New York 1971.
(Inhalt: Dynamische Speicherverteilung – Hintergrundspeicher und Verkehr mit der Außenwelt, Grundprogramme – Automaten und formale Sprachen – Syntaktische und sematische Definition algorithmischer Sprachen – Zur Geschichte der Informatik als Anhang – 35 Literaturangaben.)

225. *Hartmann, I.*, Lineare Systeme – Grundlagen der Systemdynamik und Regelungstechnik. 247 S., 70 Abbildungen. Springer-Verlag, Berlin/Heidelberg/New York 1976.
(Inhalt: Systemdarstellungen – Lösungsmethoden – Systemeigenschaften – Realisierung – Entwurf linearer Regelkreise im Zustandsraum – Optimale lineare zeitinvariante Einfachregelkreise.)

226. *Henze, E.* und *H. H. Homuth*, Einführung in die Informationstheorie. 4. Auflage, 84 S. Verlag Vieweg, Braunschweig 1974.

227. *Herschel, R.*, Einführung in die Theorie der Automaten, Sprachen und Algorithmen. 226 S., 152 Abbildungen. R. Oldenbourg-Verlag, München/Wien 1974.
(Inhalt: Automaten – Endliche Automaten – Kellerautomaten – Turingmaschinen – Linear beschränkte Automaten · Sprachen – Reguläre Sprachen – Satzgliederungssprachen – Syntaxanalyse – Algorithmen – Normalalgorithmus – Rekurse Funktionen – Turing-Berechenbarkeit – Mathematische Grundlagen – Halbgruppen – Semi-Thue-Systeme – Entscheidbarkeit – Aufzählbarkeit – Lösungen von Aufgaben – Klare Einführung in die Grundlagen des Fachbereichs mit weiterführenden Literaturangaben.)

228. *Hofmeister, W.*, Prozeßregler – Auswahlkriterien und Einstellungshilfen. 106 S., 52 Abb., 32 Tabellen. VDI-Verlag, Düsseldorf 1975.
(Inhalt: Auswahl von technisch und wirtschaftlich zweckmäßigen Regeleinrichtungen abhängig von der Regelaufgabe, der Art der Regelstrecke und weiteren Randbedingungen – Allgemein formulierte Anwendungskriterien für alle möglichen Regelfunktionen – Optimierung der Regelung/Proportionalbereich, Nachstellzeit und Vorhaltzeit geschlossener Regelkreise – Einstellwerte an 5 unterschiedlichen Regelstrecken auf Grund eines Vergleichs von 20 verschiedenen „Optimierungskriterien" – Kritische Kreisverstärkung – Behebung von Störungen.)

229. *Isermann, R.*, Digitale Regelsysteme. 554 S., 131 Abbildungen. Springer-Verlag, Berlin/Heidelberg/New York 1977.
(Inhalt: Prozesse und Prozeßregler – Regelung für deterministische Störungen – Regelung für stochastische Störungen – Vermischte Regelungen – Mehrgrößen-Regelungen – Signalfilterung und Zustandsschätzung – Adaptive Regelungen – Digitale Regelung mit Prozeßreglern und Mikroprozessoren.)

230. *Lauber, R.*, Prozeßautomatisierung. Bd. I: Aufbau und Programmierung von Prozeßrechensystemen. 263 S., 125 Abb., 24 Tabellen. Springer-Verlag, Berlin/Heidelberg/New York 1976.
(Inhalt: Von der Steuerungs- und Regelungstechnik zur Prozeßautomatisierung – Struktureller Aufbau von Prozeßautomatisierungssystemen – Bestandteile eines Prozeßautomatisierungssystems – Entwurf von Prozeßautomatisierungssystemen – Prozeßrechner-Zentraleinheit – Prozeßperipheriesysteme – Funktionseinheiten zur Eingabe und Ausgabe von Prozeßsignalen – Störsichere Signalübertragung zwischen Prozeß und Prozeßeinheit – Grundbegriffe der Echtzeit-Programmierung – Echtzeit-Betriebssysteme – Prozeßprogrammierungssprachen – Prozeßprogrammierungssysteme – Grundzüge der Prozeßrechner-Programmiersprache PEARL – 92 Literaturangaben.)

231. *Oppelt, W.*, Kleines Handbuch technischer Regelvorgänge. 5. Auflage, 770 S., 815 Abb., 131 Bildtafeln, 8 Tabellen und über 2000 Literaturstellen im Text. Verlag Chemie, Weinheim 1972.
(Inhalt: Grundlegende Darstellung des ganzen Fachgebiets – Begriffsbestimmung – Mathematische Behandlung – Regelstrecken – Aufbau von Regelgeräten – Regelkreis – Vermaschte Regelkreise – Nichtlineare Regelvorgänge – Unstetige Regelvorgänge – Digitale Regelanordnungen – Modellanlagen – Selbstanpassende Regelungen – Anhang: 327 Buchliteraturangaben.)

232. *Pun, L. (H. Kindler, H. Hinkel, G. Wiesenhütter)*, Abriß der Optimierungspraxis. 307 S., 96 Abb., 20 Tabellen. R. Oldenbourg-Verlag, München/Wien 1974.
(Inhalt: Optimierungsprozeß – Gütekriterien, Methoden, lineare und nichtlineare Programmierung – Extremwertsuchverfahren – Verfahren des steilsten Anstiegs, statische, quasistatische und dynamische Probleme – Dynamische Optimierungsverfahren – Variationsmethoden, dynamische Programmierung – Gradientenmethode, Maximumprinzip – Dynamische Suboptimierungsverfahren – Zweipunkt-Randwertprobleme, Dimensionsproblem, Gradientenmethode.)

233. *Raisbeck, G.*, Informationstheorie. 111 S., 30 Abb., 2 Tabellen. R. Oldenbourg-Verlag, München/Wien 1970.
(Inhalt: Begriffsdefinition „Information" – Anwendung auf diskrete Kanäle – Kanalkapazität – Signalerkennung als Nachrichtenübertragungsprozeß – Kohärente und inkohärente Signalerkennung – 10 Buchveröffentlichungen mit Inhaltskennzeichnung als Bibliographie – 18 weitere Literaturhinweise.)

234. *Rörentrop, K.*, Entwicklung der modernen Regelungstechnik. 295 S., 51 Abb., 786 Literaturangaben. R. Oldenbourg-Verlag, München/Wien 1971.
(Inhalt: Regelungstechnik in den Jahren 1800 bis 1920 sowie 1920 bis 1965 – Bezeichnungen und Darstellungen – Algebraische Stabilitätskriterien – Ortskurven-Stabilitätskriterien – Einflüsse der Nachrichtentechnik – Integraltransformationen – Rechenmaschinen – Abtastregelungen – Relaisregelungen – Mehrläufige Regelkreise – Verwendung und Behandlung von Nichtlinearitäten – Optimierung.)

235. *Sachsse, H.*, Einführung in die Kybernetik. 288 S., 77 Abb., 20 Tabellen. Verlag Vieweg, Braunschweig 1975.
(Inhalt: Grundbegriffe – Informationstheorie – Regelung – Steuerung – Lernen – Sinneserfahrung – Bipolare Wirkungsgefüge – Leistungen und Grenzen der kybernetischen Betrachtungsweise – Zahlreiche Literaturangaben – Begriffserläuterungen.)

236. *Samal, E.*, Grundriß der praktischen Regelungstechnik.
I: Grundlagen, 10. Auflage, 463 S., 262 Abb., 23 Tabellen. R. Oldenbourg-Verlag, München/Wien 1974.
(Inhalt: Grundbegriffe – Die Regelstrecken – Stetige Regler/P- und I-Regler – PI- und PID-Regler – Regelkreise mit stetigen Reglern – Unstetige Regler ohne Rückführung – Unstetige Regler mit Rückführung/quasistetiges Verhalten – Dreipunktregler mit quasistetigem Verhalten – Mehrschleifige Regelkreise zum Verbessern der Regelgüte – Regler mit veränderlicher Führungsgröße.)

237. *Schauer, H.,* Einführung in die Datenverarbeitung. 269 S., 193 Abbildungen. Springer-Verlag, Wien/New York 1976. (Inhalt: Aufbau und Funktionsweise von Computer-Systemen – Schaltalgebra – Aufbau digitaler Rechenanlagen – Betriebssysteme – Codes und Informationstheorie – Erklärendes Wörterverzeichnis, Glossar.)

238. *Schink, H.* (und *W. Bär, P. M. Frank, R. Kirsch, H. Kowalski, O. Schleehauf, H. Schulz*), Fibel der Verfahrens-Regelungstechnik. 290 S., 314 Abbildungen. R. Oldenbourg-Verlag, München/Wien 1971. (Inhalt: Regelungstechnische Grundbegriffe – Instrumentierung im Regelkreis – Untersuchungsmethode für Regelkreisglieder – Untersuchungsmethoden für Regelkreise – Fernübertragung von Signalen – Beispiele ausgeführter Anlagen – 80 Literaturangaben.)

239. *Syrbe, M.* und *B. Will,* Automatisierungstechnik im Wandel von Mikroprozessoren. INTERKAMA-Kongreß 1977. 675 S., Springer-Verlag, Berlin/Heidelberg/New York. (Inhalt: Meßtechnik und Mustererkennung in der Fertigungstechnik – Automatisierung von Meß- und Prüfsystemen – Einsatz fortgeschrittener Regelungsverfahren – Warten und Leitstände – Räumlich verteilte Prozeßrechnersysteme – Zuverlässigkeit und Sicherheit/Geräte – Rechnergestützter Entwurf und Anwendungsprogrammierung von Regelungs-, Steuerungs- und Überwachungssystemen.)

240. *Young, J. F. (K. Jürgens),* Einführung in die Informationstheorie, 206 S., 51 Abb., 20 Tabellen. R. Oldenbourg-Verlag, München/Wien 1975. (Inhalt: Information – Sicherheit und Überwachung – Ungleiche Wahrscheinlichkeiten – Maximale Information – Verbundinformation – Geschwindigkeit und Bandbreite – Abtastraum – Rausch-Hyperkugel – Leistung und Bandbreite – Mittlere Information – Übertragungsgeschwindigkeit – Wahrscheinlichkeit – Formale Behandlung der Wahrscheinlichkeit – Ausführliche Literaturzusammenstellung.)

241. *Zühlsdorf, W.* und *H. G. Mende,* Kleines Handbuch der Steuerungstechnik. 3. Auflage, 364 S., 281 Abb., 5 Tabellen. Hüttig-Verlag, Heidelberg 1972. (Inhalt: Untersuchung der Gesetzmäßigkeiten technischer Vorgänge – Gegenüberstellung der Automatisierungsverfahren – Eingabeglieder – Steuerglieder – Meldeglieder – Stellglieder – Entwurf elektrischer Steuerungen – Darstellungsmethoden – Überwachung von Steuerungen – Schaltlehre – Kontaktarme und kontaktlose Steuerungen – Beispiele digitaler Steuerungen – Ein universelles Digital-Meß-, Steuer- und -Regelsystem – 107 Literaturangaben.)

Meßtechnik

242. *Henning, F.,* Temperaturmessung. 3. Auflage (*H. Moder, U. Schley, W. Thomas, C. Tingwaldt*), 358 S., 125 Abbildungen. Springer-Verlag, Berlin/Heidelberg/New York 1977. (Inhalt: Allgemeine Grundlagen – Gasthermometer – Flüssigkeits- und Metallausdehnungsthermometer – Widerstandsthermometer – Thermopaare – Optische Temperaturmeßverfahren für Festkörper – Optische Meßverfahren für heiße Gase und Plasmen – Sonstige Temperaturmeßverfahren – Temperaturfixpunkte – Erzeugung tiefer und hoher Thermostate – Ausführliche Literaturangaben – Ausführliches Sachverzeichnis.)

243. *Lieneweg, F.,* Handbuch der technischen Temperaturmessung. 636 S., 329 Abbildungen. Verlag Vieweg, Braunschweig 1976. (Inhalt: Grundlagen der Temperaturmessung – Berührungsthermometer – Analoge und digitale Verfahren für Temperaturmessung – Prüfverfahren und -einrichtungen für Berührungsthermometer – Mantel und Schutzrohre für Thermometer – Statische und dynamische Einflüsse auf die Temperaturanzeige von Thermometern – Technische Anordnungen und Anwendungen von Berührungsthermometern – Temperaturmessung in Flammen – Thermographie – Messung höchster Temperaturen.)

244. *Lindorf, H.* Technische Temperaturmessungen. 4. Auflage, 208 S., 136 Abb., 36 Tabellen. Verlag Girardet, Essen 1970. (Inhalt: Temperaturmessung mit Berührungsthermometern/Flüssigkeits-Glasthermometer, Feder-, Metallausdehnungs- und Widerstandsthermometer, Thermoelemente – Schutzrohre für Berührungsthermometer – Zeitverhalten, Einbau und Anwendung, Eichung und Prüfung der Berührungsthermometer – Strahlungsthermometer/Gesamt- und Bandstrahlungspyrometer – Spektral- und Farbpyrometer – Eichung und Prüfung der Strahlungspyrometer – Besondere Temperaturmeßverfahren/mit Schmelzkörpern und Temperaturmeßfarben – Schreibende Temperaturmeßgeräte/Unmittelbare Registrierung mit Tinte, Punktschreiber, Kompensationsschreiber.)

245. *Lück, W.,* Feuchtigkeit – Grundlagen, Messen, Regeln. 296 S., 201 Abb., 41 Tafeln. R. Oldenbourg-Verlag, München/Wien 1964. (Inhalt: Anwendungsgebiete der Feuchtemeßtechnik – Gesetze der feuchten Luft – Feuchte Stoffe – Grundprinzipien der Feuchtemessung – Das Messen – Die Meßverfahren der Luftfeuchtemessung – Eichung von Luftfeuchte-Meßgeräten – Meßverfahren der Materialfeuchtemessung – Die Stoffe und die Meßverfahren – Feuchteregelung – 234 Literaturangaben.)

246. *Woschni, E.-G.,* Meßgrößenverarbeitung – Elektrische Meßgrößenerfassung und -verarbeitung nichtelektrischer Größen. 156 S., 105 Abb., 1 Tafel. Verlag Chemie, Weinheim 1965. (Inhalt: Behandelte Messung als Teilgebiet der Informationsverarbeitung – Meßgrößenaufnehmer – Meßwertverarbeitung und -übertragung – Meßwertausgabe – 72 Literaturangaben – Ausführliches Sachverzeichnis.)

Energie

247. *Banco, D.* und *P. Ludwikowski,* Programm Energieforschung und Energietechnologien 1977 bis 1980. gwf-gas/erdgas 118 (1977), Nr. 9, S. 399/406.

248. *Bischoff G.* und *W. Gocht,* Das Energiehandbuch. 2. Auflage, 311 S., 166 Abb., 96 Tabellen Verlag Vieweg, Braunschweig 1976. (Inhalt: Vorkommen, Lagerstätten und Reserven von Energieträgern auf der Erde – Entstehung organischer Energieträger – Braunkohle, Steinkohle, Erdöl und Erdgas – Uran und Thorium – Wasserkraft – Kernenergie – Elektrizitätsversorgung – Gasversorgung – Sonstige Energiequellen – Weltwirtschaft der primären Energieträger.)

249. *BP,* Zahlen aus der Mineralölwirtschaft. Ausgabe Sommer 1977. 70 S., Hamburg.
(Inhalt: Rohölmengen und Förderung – Erdgasmengen und Förderung – Spezielle Mineralölwirtschaftsangaben – Energie-Verbrauch in der BRD –Energie-Umrechnungsfaktoren – Mineralöl-Umrechnungsfaktoren.)

250. *BP,* Energie 2000. 35 S., 25 Abb., 6 Tabellen. Hamburg 1977.
(Inhalt: Energiemarktperspektiven für Westeuropa – Energiemarktentwicklung in der Bundesrepublik Deutschland 1975/1985 und 1985/2000 – Grundsätze und Förderungen an eine zukunftsorientierte Energiepolitik.)

251. *Edye, E.,* Was kommt nach Öl und Gas? – Entwicklungstendenzen der Energiedarbietung. 21 S., 15 Abb., 3 Tabellen. Esso, Hamburg 1977.
(Inhalt: Weltvorräte an Energie-Rohstoffen – Deckung des Weltenergiebedarfs durch fossile Energie-Rohstoffe – Zukunft der Verflüssigung und Vergasung von Kohle – Kohlevorräte und -Förderung der Welt – Vom Uran zum Leichtwasser-Reaktor – Schneller Brüter und Hochtemperatur-Reaktor – Wiederaufbereitung und Lagerung – Kernkraftwerke.)

252. *Eickenhorst, H.* und *J. Paul,* Jahrbuch der Wärmerückgewinnung. 3. Ausgabe 1977/1978. 284 S., 310 Abb., 54 Tafeln. Vulkan-Verlag, Essen.
(Inhalt: Wärmerückgewinnungssysteme – Wärmepumpen – Rationelle Energieanwendung auf allen Gebieten – 400 Literaturhinweise.)

253. *VIK,* Statistik der Energiewiertschaft 1975/76. 130 S., 150 Tafeln. Essen.
(Inhalt: Daten der Energieerzeugung, des Energieverbrauchs und des Energiehandels, geordnet nach den Energieträgern Kohle, Mineralöl, Gas und Elektrizität.)

Anmerkung: Siehe auch Nr. 156, 181.

Umwelt, Sicherheit

253a. *Internationales Handbuch für Umweltschutz-Technologie.* Springer-Verlag, Berlin/Heidelberg/New York 1977.

254. *Jetter, U.,* Technik im Umweltschutz – Aufgaben, Verfahren, Probleme. 181 S., Verlag Girardet, Essen 1977.
(Inhalt: Technik und Umwelt – Meßtechnik im Umweltschutz – Mülltechnik – Wasser- und Abwassertechnik – Luft-, Staub- und Klimatechnik – Umrechnungstabelle für Energiemaße – Literatur.)

255. *Moll, W. L. H.,* Taschenbuch für Umweltschutz.
Bd. 1: Chemische und technologische Informationen. 237 S., 8 Abb., 47 Tabellen. Verlag Steinkopf 1973.
(Inhalt: Umweltbelastung durch Luft, Wasser, Energie, Verkehr, Chemikalien, Kunststoffe, Verpackung, Müll und Abfälle.)
Bd. 2: Biologische Informationen. 234 S., 3 Abb., 50 Tabellen. Verlag Steinkopf 1976.
(Inhalt: Lebensschutz – Bevölkerungspolitik, Gesundheitswesen, Arzneimittel, Kosmetika, Ernährung.)

256. *Bitter, P., D. Graewe, H. Groß, H. Hillebrand, H. Ohlert* und *D. Schmidt* (herausgegeben von der Messerschmitt-Bölkow-Blohm GmbH, München), Technische Zuverlässigkeit. 227 S., 89 Abb., mehrere Tabellen. Springer-Verlag, Berlin/Heidelberg/New York 1971.
(Inhalt: Mathematische Wahrscheinlichkeit – Zuverlässigkeitsfunktion – Zuverlässigkeit von Systemen – Wartbarkeit – Datenerfassung.)

257. *Grunert, G.,* Sicherheit von Kopf bis Fuß – Vom Helm bis zum Schutzanzug. Betriebstechnik/Arbeitssicherheit 18 (1977), Nr. 6, S. 23/26. 7 Abbildungen.
(Inhalt: Kopfschutz – Gehörschutz – Augenschutz – Handschutz – Körperschutz – Atemschutz – Verantwortung.)

258. *Hofmann, W.,* Zuverlässigkeit von Meß-, Steuer-, Regel- und Sicherheitssystemen. 227 S., 100 Abb., 5 Tabellen. Thiemig-Taschenbücher, Bd. 32. Verlag Thiemig, München 1968.
(Inhalt: Begriff zur technischen Sicherheit – Sicherheitssysteme – Allgemeiner Aufbau von Meß-, Steuer-, Regel- und Sicherheitssystemen – Gewährleistung der Energieversorgung – Signalauswahl – Zuverlässigkeit von Bauelementen – Zuverlässigkeit von Geräten und Anlagen – 107 Literaturangaben.)

259. *Nabert, K.* und *G. Schön,* Sicherheitstechnische Kennzahlen brennbarer Gase und Dämpfe. 2. Auflage. 176/8 S., 1970.

260. *Schuster, F.,* Normung und Sicherheit. gwf-gas/erdgas 114 (1973), S. 305/306, 1 Abb., 3 Literaturhinweise.
(Inhalt: Unmittelbare, mittelbare und hinweisende Sicherheitstechnik – Sicherheitsmaßnahmen – Sicherheitstechnische Grundforderungen für Gasverbrauchseinrichtungen – Qualitative und quantitative Zuverlässigkeit – Verwendungsbeanspruchung.)

Statistische Methoden

261. *Bosch, K., G. Jordan-Engeln* und *G. R. Klotz,* Statistik. 284 S., 107 Abbildungen. Verlag Vieweg, Braunschweig 1976.
(Inhalt: Begriffswelt der Statistik – Beschreibende Statistik – Wahrscheinlichkeit – Zufallsvariable – Grenzwertsätze und Normalverteilung – Anwendungen – Zusammenhänge und Strukturen – Die Sendungen – Mathematische Begriffe.)

262. *Goldberg, S.,* Die Wahrscheinlichkeit – Einführung in die Wahrscheinlichkeitsrechnung und Statistik. (*K. Wigand*). 324 S., 30 Abb., 44 Tabellen. Verlag Vieweg, Braunschweig 1973.

263. *Müller, P. H.* und 10 Mitarbeiter. Lexikon der Wahrscheinlichkeitsrechnung und mathematischen Statistik. 278 S., Akademie-Verlag, Berlin 1970.
(Inhalt: Außer den Begriffserläuterungen alphabetisch geordneter Ausdrücke 80 Literaturangaben.)

264. *Sachs, L.,* Statistische Auswertungsmethoden. 669 S., 59 Abb., 190 Tabellen. Springer-Verlag, Berlin/Heidelberg/ New York 1968.
(Inhalt: Mathematische Grundlagen – Statistische Entscheidungstechnik – Anwendung statistischer Verfahren in Medizin und Technik – Vergleich unabhängiger Stichproben gemessener Werte – Prüfverfahren – Korrelation und Regression als Abhängigkeitsmaße – Auswertung von Mehrfeldertafeln – Varianzanalytische Methoden – Umfangreiche Literaturangaben und ein ebenfalls umfangreiches Sachverzeichnis.)

265. *Sachs, L.,* Statistische Methoden – Ein Soforthelfer. 3. Auflage, 105 S., 5 Abb., 25 Tabellen, 1 Klapptafel. Springer-Verlag, Berlin/Heidelberg/New York 1976.
(Inhalt: Grundlagen und Ziele statistischer Methoden – Mittelwerte und Variabilität, unklassifizierte Beobachtungen – Häufigkeitsverteilung und Summenhäufigkeitsverteilung – Normalverteilung – Vertrauensbereiche – Statistische Tests: Gemessene Beobachtung/Beurteilung von Meßreihen, Gezählte Beobachtungen/Beurteilung von Häufigkeiten – Wieviel Beobachtungen werden benötigt – Korrelation und Regression – Anhang: Schnellverfahren für den Vergleich mehrerer Mittelwerte.)

Randbereiche

266. *Böge, A.,* Arbeitshilfen und Formeln für das technische Studium I. 2. Auflage, 264 S., 446 Abbildungen. Verlag Vieweg, Braunschweig 1976.
(Inhalt: Grundlagen betreffend: Mathematik – Physik – Chemie – Werkstoffkunde – Statik – Dynamik – Hydrostatik – Festigkeitslehre – Wärmelehre – Elektrotechnik.)

267. *Böttcher, P. (Forberg),* Technisches Zeichnen. 17. Auflage, 256 S., 998 Abb., 445 Abb. in Tafeln, 154 Übungsaufgaben. Deutsches Inst. für Normung, Berlin 1976.
(Inhalt: Handhabung und Behandlung der Zeichengeräte – Zeichenbogen – Darstellung und Bemaßung einfacher Werkstücke – Darstellung hoher und abgebrochener Werkstücke – Zeichenregeln – Toleranzen – Bauelemente – Geometrische Übungen – Projektionszeichnen – Parallelperspektiven – Zeichnungsarten.)

268. *Schuster, F.,* Ausbildung von akademischen Wärme- und Brennstoff-Ingenieuren. ENERGIE 27 (1975), Nr. 9, S. 231/233.
(Inhalt: Vergleich der Studienpläne TH Aachen/Brennstoffingenieurwesen und TH-Uni Wien/Verfahrensingenieurwesen, Chemie-Ingenierwesen einschl. Gas- und Feuerungstechnik – Vorschlag eines kombinierten neuen Studienplans – 5 Literaturhinweise.)

269. *Seiffert, H.,* Einführung in das wissenschaftliche Arbeiten – Bibliographie, Dokumentation, Manuskript, Datenverarbeitung. (*B. Bachmair*), 163 S., 17 Abbildungen, Verlag Vieweg, Braunschweig 1972.
(Inhalt: Materialauffindung – Materialauswertung – Materialdarstellung – Literaturführer/40 Angaben mit Inhaltskennzeichnung.)

270. *Steinbuch, K.,* Automat und Mensch – Auf dem Weg zu einer kybernetischen Anthropologie. 4. Auflage, 266 S., 131 Abb., 7 Tafeln. Heidelberger Taschenbücher Bd. 81. Springer-Verlag, Berlin/Heidelberg/New York 1971.
(Inhalt: Kybernetische Anthropologie – Signal und Information – Informationstheorie – Logische Verknüpfungen und Zuordner – Signale in Raum und Zeit – Speicher – Regelung – Informationsverarbeitung – Zeichenerkennung – Lernende Automaten – Bedingte Reflexe, die Lernmatrix und andere adaptive Strukturen – Sprechen und Hören – Aufnahme und Verarbeitung von Informationen durch den Menschen – Bewußtsein und Kybernetik – Automat und Mensch im Weltraum – Ein hypothetisches cognitives System – Kybernetik und Organisation – Presse und Kybernetik – 130 Literaturangaben.)

Sachwortverzeichnis

GPSR Compliance

The European Union's (EU) General Product Safety Regulation (GPSR) is a set of rules that requires consumer products to be safe and our obligations to ensure this.

If you have any concerns about our products, you can contact us on ProductSafety@springernature.com

In case Publisher is established outside the EU, the EU authorized representative is:

Springer Nature Customer Service Center GmbH
Europaplatz 3
69115 Heidelberg, Germany

Batch number: 10584556

Printed by Printforce, the Netherlands